高等数学(下)

北京邮电大学高等数学双语教学组　编

北京邮电大学出版社
www. buptpress. com

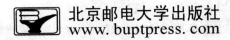

内 容 提 要

本书是根据国家教育部非数学专业数学基础课教学指导分委员会制定的工科类本科数学基础课程教学基本要求编写的教材,全书分为上、下两册,此为下册,主要包括微分方程、向量与空间解析几何、多元函数的微分和应用、重积分、曲线积分与曲面积分.本书对基本概念的叙述清晰准确,对基本理论的论述简明易懂,例题习题的选配典型多样,强调基本运算能力的培养及理论的实际应用.本书可作为高等理工科院校非数学类专业本科生的教材,也可供其他专业选用和社会读者阅读.

图书在版编目(CIP)数据

高等数学. 下/ 北京邮电大学高等数学双语教学组编 . - -北京:北京邮电大学出版社,2013.1(2016.7 重印)
ISBN 978-7-5635-3367-1

Ⅰ.①高… Ⅱ.①北… Ⅲ.①高等数学—双语教学—高等学校—教材 Ⅳ.①O13

中国版本图书馆 CIP 数据核字(2012)第 315855 号

书　　名:高等数学(下)
作　　者:北京邮电大学高等数学双语教学组
责任编辑:赵玉山
出版发行:北京邮电大学出版社
社　　址:北京市海淀区西土城路 10 号(邮编:100876)
发 行 部:电话:010-62282185　传真:010-62283578
E-mail:publish@bupt.edu.cn
经　　销:各地新华书店
印　　刷:北京源海印刷有限责任公司
开　　本:787 mm×960 mm　1/16
印　　张:18.25
字　　数:394 千字
印　　数:4 001—4 500 册
版　　次:2013 年 1 月第 1 版　2016 年 7 月第 3 次印刷

ISBN 978-7-5635-3367-1　　　　　　　　　　　　定　价:37.00 元
· 如有印装质量问题,请与北京邮电大学出版社发行部联系 ·

前　言

关于高等数学

高等数学(微积分)是一门研究运动和变化的数学,产生于16世纪至17世纪,是受当时科学家们在研究力学问题时对相关数学知识的需要而逐渐发展起来的.高等数学中微分处理的目的是求已知函数的变化率的问题,例如,曲线的斜率、运动物体的速度和加速度等;而积分处理的目的则是在当函数的变化率已知时,如何求原函数的问题,例如,通过物体当前的位置和作用在该物体上的力来预测该物体的未来位置,计算不规则平面区域的面积,计算曲线的长度等.现在,高等数学已经成为高等院校学生尤其是工科学生最重要的数学基础课程之一,学生在这门课程上学习情况的好坏对其能否顺利学习后续课程有着至关重要的影响.

关于本书

本书是我们编写的英文"高等数学"的中译本,以便于接受双语数学教学的学生能够对照英文教材进行预习、复习或自习.本书的所有作者都在北京邮电大学主讲了多年的双语"高等数学"课程,获得了丰富的教学经验,了解学生在学习双语"高等数学"课程中所面临的问题与困难.本书函数、空间解析几何及微分部分由张文博、王学丽和朱萍三位副教授编写,级数、微分方程及积分部分则由艾文宝教授和袁健华副教授编写,全书由孙洪祥教授审阅校对.此外,本书在内容编排和讲解上适当吸收了欧美国家微积分教材的一些优点.由于作者水平有限,加上时间匆忙,书中出现一些错误在所难免,欢迎并感谢读者通过邮箱(jianhuayuan@bupt.edu.cn)指出错误,以便我们及时纠正.

致谢

本书在编写过程中得到北京邮电大学、北京邮电大学理学院和国际学院的教改项目资金支持,作者在此表示衷心感谢.同时也借此机会,感谢所有在本书写作过程中支持和帮助过我们的同事和朋友.

致学生的话

高等数学的学习没有捷径可走,它需要你们付出艰苦的努力.只要你能勤奋学习并持之以恒,定能取得成功.希望你们能喜欢这本书,并预祝你们取得成功!

目　录

第 7 章　微分方程 …… 1

7.1　微分方程的基本概念 …… 1

7.1.1　微分方程举例 …… 1

7.1.2　基本概念 …… 3

7.1.3　一阶微分方程的几何解释 …… 4

习题 7.1 …… 5

7.2　一阶微分方程 …… 5

7.2.1　一阶可分离变量方程 …… 6

7.2.2　一阶齐次微分方程 …… 7

7.2.3　一阶线性微分方程 …… 9

7.2.4　伯努利方程 …… 12

7.2.5　其他可化为一阶线性微分方程的例子 …… 13

习题 7.2 …… 15

7.3　可降阶的二阶微分方程 …… 16

习题 7.3 …… 19

7.4　高阶线性微分方程 …… 20

7.4.1　高阶线性微分方程举例 …… 20

7.4.2　线性微分方程解的结构 …… 22

习题 7.4 …… 25

7.5　高阶常系数线性方程 …… 26

7.5.1 高阶常系数齐次线性方程 …… 26

7.5.2 高阶常系数非齐次线性方程 …… 29

习题 7.5 …… 35

7.6 *欧拉微分方程 …… 36

习题 7.6 …… 37

7.7 微分方程的应用 …… 37

习题 7.7 …… 41

第 8 章 向量与空间解析几何 …… 43

8.1 平面向量和空间向量 …… 43

8.1.1 向量 …… 43

8.1.2 向量的运算 …… 44

8.1.3 平面向量 …… 46

8.1.4 直角坐标系 …… 48

8.1.5 空间中的向量 …… 50

习题 8.1 …… 53

8.2 向量的乘积 …… 54

8.2.1 两个向量的数量积 …… 54

8.2.2 两个向量的向量积 …… 58

8.2.3 向量的三元数量积 …… 61

8.2.4 向量乘积的应用 …… 64

习题 8.2 …… 66

8.3 平面和空间直线 …… 67

8.3.1 平面方程 …… 68

8.3.2 空间直线的方程 …… 71

习题 8.3 …… 76

8.4 曲面和空间曲线 …… 78

8.4.1 柱面 …… 78

8.4.2 锥面 …… 81

8.4.3 旋转曲面 …… 81

8.4.4 二次曲面 …… 83

8.4.5　空间曲线 …… 88
8.4.6　柱面坐标系 …… 91
8.4.7　球面坐标系 …… 92
习题 8.4 …… 93

第 9 章　多元函数的微分 …… 96

9.1　多元函数的定义及其基本性质 …… 96
9.1.1　$\mathbf{R}^2$ 和 $\mathbf{R}^n$ 空间 …… 96
9.1.2　多元函数 …… 102
9.1.3　函数的可视化 …… 103
9.1.4　多元函数的极限和连续 …… 106
习题 9.1 …… 112
9.2　多元函数的偏导数及全微分 …… 113
9.2.1　偏导数 …… 114
9.2.2　全微分 …… 117
9.2.3　高阶偏导数 …… 124
9.2.4　方向导数和梯度 …… 126
习题 9.2 …… 133
9.3　多元复合函数及隐函数的微分 …… 135
9.3.1　多元复合函数的偏导数和全微分 …… 135
9.3.2　隐函数的微分 …… 141
9.3.3　方程组确定的隐函数的微分 …… 142
习题 9.3 …… 145

第 10 章　多元函数的应用 …… 148

10.1　利用全微分来近似计算函数值 …… 148
习题 10.1 …… 150
10.2　多元函数的极值 …… 150
10.2.1　无条件极值 …… 151
10.2.2　全局最大值点和全局最小值点 …… 153
10.2.3　最小二乘法 …… 156

10.2.4　条件极值 …… 157
10.2.5　拉格朗日乘子法 …… 159
习题 10.2 …… 161
10.3　几何应用 …… 162
10.3.1　曲线的弧长 …… 162
10.3.2　曲线的切线与法平面 …… 165
10.3.3　曲面的切平面和法线 …… 169
10.3.4　*曲面的曲率 …… 173
习题 10.3 …… 174
综合练习 …… 177

第 11 章　重积分 …… 178

11.1　二重积分的概念和性质 …… 178
11.1.1　二重积分的概念 …… 178
11.1.2　二重积分的性质 …… 181
习题 11.1 …… 182
11.2　二重积分的计算 …… 183
11.2.1　二重积分的几何意义 …… 183
11.2.2　直角坐标系下的二重积分 …… 184
11.2.3　极坐标系下的二重积分 …… 190
11.2.4　*二重积分的一般换元法 …… 196
习题 11.2 …… 201
11.3　三重积分 …… 205
11.3.1　三重积分的概念和性质 …… 205
11.3.2　直角坐标系下的三重积分 …… 206
11.3.3　柱坐标与球面坐标下的三重积分 …… 210
11.3.4　*三重积分的一般换元换元法 …… 217
习题 11.3 …… 218
11.4　重积分的应用 …… 222
11.4.1　曲面面积 …… 222
11.4.2　重心 …… 225

11.4.3　转动惯量 …… 226
习题 11.4 …… 227

第 12 章　曲线积分与曲面积分 …… 228

12.1　线积分 …… 228
12.1.1　对弧长的曲线积分 …… 228
12.1.2　对坐标的曲线积分 …… 233
12.1.3　两类曲线积分的联系 …… 237
习题 12.1 …… 238
12.2　格林公式及其应用 …… 241
12.2.1　格林公式 …… 241
12.2.2　曲线积分与路径无关的条件 …… 246
习题 12.2 …… 253
12.3　曲面积分 …… 256
12.3.1　对面积的曲面积分 …… 256
12.3.2　对坐标的曲面积分 …… 260
习题 12.3 …… 266
12.4　高斯公式 …… 269
习题 12.4 …… 273
12.5　斯托克斯公式及其应用 …… 274
12.5.1　斯托克斯公式 …… 274
12.5.2　*空间曲线积分与路径无关的条件 …… 277
习题 12.5 …… 278

参考文献 …… 280

第 7 章

微分方程

通常，我们在研究事物的变化规律时，首先根据问题的特殊性质及其相关知识建立数学模型．有关连续量变化规律的数学模型往往是含有函数导数或者微分的关系式，这样的关系式就是微分方程，而所研究的变化规律，就是微分方程满足一定条件的解．求出满足该微分方程的未知函数就是解微分方程．在前面讲过的已知导函数 $f(x)$ 求原函数 $F(x)$ 的问题，实际上就是用不定积分求解最简单的微分方程

$$\frac{dy}{dx}=f(x).$$

可以看出，求解微分方程的基本思路主要运用"积分"这一工具．在本章中我们先介绍微分方程的基本概念，然后重点阐述几类微分方程的积分求解．

7.1 微分方程的基本概念

7.1.1 微分方程举例

首先，通过两个实例来介绍有关微分方程的基本概念．

例 7.1.1 设 xOy 平面上某一曲线通过点(1,2)，且在任意点 $P(x,y)$ 处的切线斜率都是 $2x$．求该曲线的方程．

解 由导数的几何意义，所求曲线 $y=f(x)$ 应该满足

$$\frac{dy}{dx}=2x \quad 或 \quad dy=2x dx. \tag{7.1.1}$$

这一方程涉及了未知函数 $y=f(x)$ 的导函数（或微分）．将式(7.1.1)两边对 x 积分得

$$y=\int 2x dx = x^2+C, \tag{7.1.2}$$

其中 C 是任意常数.

等式 (7.1.2) 表示一族曲线.由于所求曲线过点(1,2)，即

$$x=1,\qquad y=2. \tag{7.1.3}$$

将式(7.1.3)代入式(7.1.2)得

$$2=1+C,$$

于是

$$C=1.$$

因此，所求曲线方程为

$$y=x^2+1. \tag{7.1.4}$$

例 7.1.2 设一质量为 m 的质点从高度 H 处自由下落(见图 7.1.1)，其初速度为 V_0.若空气阻力忽略不计，试求在下落过程中任意时刻 t 质点的高度 $h(t)$.

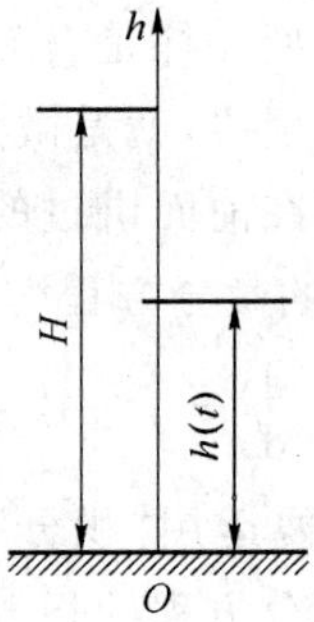

图 7.1.1

解 设质点开始下落的时刻为初始时刻 $t=0$，且在下落过程中任意时刻 t 质点的高度为 $h=h(t)$.根据牛顿定律，h 满足以下方程：

$$m\frac{\mathrm{d}^2h}{\mathrm{d}t^2}=-mg,$$

或

$$\frac{\mathrm{d}^2h}{\mathrm{d}t^2}=-g. \tag{7.1.5}$$

为求 $h(t)$，将式(7.1.5)两边积分得

$$\frac{\mathrm{d}h}{\mathrm{d}t}=-gt+C_1. \tag{7.1.6}$$

再次积分得

$$h=-\frac{1}{2}gt^2+C_1t+C_2, \tag{7.1.7}$$

其中 C_1 与 C_2 都是任意常数.

所求函数 $h(t)$ 需满足以下两个附加条件，称为**初始条件**：

$$h|_{t=0}=H;\quad V|_{t=0}=\left.\frac{\mathrm{d}h}{\mathrm{d}t}\right|_{t=0}=V_0. \tag{7.1.8}$$

将这些条件代入式(7.1.7)得

$$C_1=V_0,\quad C_2=H.$$

因此所求的函数 $h(t)$ 为

$$h(t)=-\frac{1}{2}gt^2+V_0t+H, \tag{7.1.9}$$

式(7.1.9)就是物理学里经典的自由落体运动中物体下落过程中高 h 随时间 t 变化的一般规律.

7.1.2　基本概念

由上述两个实例我们可以得到有关微分方程的几个基本概念.

定义 7.1.3 (微分方程). 微分方程是含有未知函数的导数或微分的方程.

用符号表示，微分方程可写为

$$F(x,y,y',y'',\cdots,y^{(n)})=0.$$

若未知函数 y 是自变量 x 的一元函数，称此微分方程为常微分方程.

7.1.1 节的两个例子中 $\frac{\mathrm{d}y}{\mathrm{d}x}=2x$ 和 $\frac{\mathrm{d}^2h}{\mathrm{d}t^2}=-g$ 就是两个简单的微分方程.

定义 7.1.4(方程的阶). 微分方程的阶是指方程所含的未知函数的最高阶导数或微分的阶数.

例如，方程

$$\frac{\mathrm{d}y}{\mathrm{d}x}=2x,\ y\mathrm{d}x+x\mathrm{d}y=0,\ \frac{\mathrm{d}y}{\mathrm{d}x}+2y^2+xy=0$$

都是一阶方程. 而以下方程

$$\frac{\mathrm{d}^2h}{\mathrm{d}t^2}=\mathrm{g},\ y''+3y'+3y=\mathrm{e}^x,\ y''+(y')^3=x$$

的阶数都是 2.

定义 7.1.5(解，通解及初始条件，特解). 微分方程的解是满足微分方程的函数 $y=f(x)$，换句话说就是将函数 $y=f(x)$ 代入微分方程后，微分方程可化为一恒等式，那么函数 $y=f(x)$ 就是该微分方程的解.

如果微分方程的解包含有任意常数，且其中独立的任意常数的个数等于该方程的阶数，则这样的解被称微分方程的**通解**. 通常，n 阶微分方程的通解指由 n 个相互独立的常数决定的一族解.

若所有的常数都已给出，则称此解为微分方程的**特解**.

确定一个具体的特解的条件称为**初始条件**. 一般地，它们可反映运动的初始位置或所求曲线在给定点的性质，并可用来确定通解中任意常数的值，从而得出一特解. 例如，解(7.1.2)与(7.1.7)分别是方程(7.1.1)与方程(7.1.5)的通解；方程(7.1.3)与方程(7.1.8)分别是方程(7.1.1)与方程(7.1.5)的初始条件；解(7.1.4)与(7.1.9)分别是方程(7.1.1)与方程(7.1.5)的特解.

$h=-\frac{1}{2}gt^2+C_1t$ 与 $h=-\frac{1}{2}gt^2+C_1+2C_2$ 都是方程 $\frac{\mathrm{d}^2h}{\mathrm{d}t^2}=-g$ 的解，但它们都不是方程的通解，因为前者只包含一个任意常数，而后者看似有两个任意常数，但它们可以化成一个常数 $C=C_1+2C_2$.

例 7.1.6 验证 $y=\frac{1}{x+C}$ 是微分方程 $y'+y^2=0$ 的通解.

解 将 $y'=-\frac{1}{(x+C)^2}$ 与 $y=\frac{1}{x+C}$ 代入所给微分方程可得

$$-\frac{1}{(x+C)^2}+\left(\frac{1}{x+C}\right)^2=0.$$

因此，函数 $y=\frac{1}{x+C}$ 是微分方程 $y'+y^2=0$ 的通解.

7.1.3 一阶微分方程的几何解释

微分方程的解在几何上表示曲线，称它为微分方程的积分曲线. 通解表示一族积分曲线，而特解则是由定解条件确定的积分曲线中的某一特定曲线. 我们通过例 7.1.1 对微分方程及其解作简单的几何解释.

微分方程(7.1.1) 表明在平面 xOy 上 任一点 $P(x,y)$，有且仅有一个值 $2x=y'|_{(x,y)}$，它是线性元（或线段）在 P 处的斜率. 几何学上，诸如式(7.1.2)的微分方程描述了如图 7.1.2(a) 所示的一段线性元.

求解方程(7.1.1)就是找出这些抛物线 $y=x^2+C$，使得在任一点 P，对应抛物线的切线刚好与线性元在 P 点处一致. 由图 7.1.2(b)可看出有无穷多条抛物线，它们可由常数 C 确定. 这些抛物线族代表方程的通解. 任意给定点 $P_0(x_0,y_0)$ 代表一个初始条件，且满足初始条件 $y|_{x=x_0}=y_0$ 的特解，即过点 $P_0(x_0,y_0)$的抛物线. 例如，满足初始条件 $y|_{x=1}$ 的特解是抛物线 $y=x^2$.

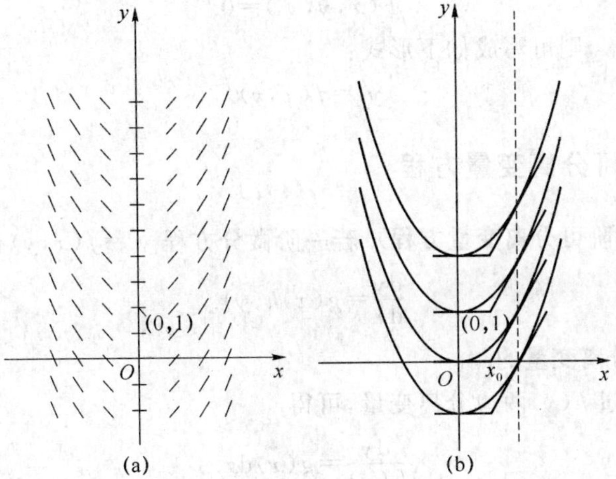

图 7.1.2

习题 7.1

1. 指出下列微分方程的阶：

(1) $y'-2y=x+2$；　(2) $x^2y''-3xy'+y=x^4e^x$；

(3) $(1+x^2)(y')^3-2xy=0$；　(4) $xy'''+\cos^2\dfrac{dy}{dx}+y=\tan x$；

(5) $x\ln x dy+(y-\ln x)dx=0$；　(6) $L\dfrac{d^2Q}{dt^2}+R\dfrac{dQ}{dt}+\dfrac{Q}{C}=0$.

2. 函数 y 是否是所给微分方程的解？

(1) $xy'=2y, y=5x^2$；　(2) $y''+y=0, y=3\sin x-4\cos x$；

(3) $y''-2y'+y=0, y=x^2e^x$；　(4) $y''-(\lambda_1+\lambda_2)y'+\lambda_1\lambda_2(y')^2+yy'-2y'=0, y=\ln(x)$.

3. 求下列曲线的方程：

(1) 曲线上任一点 $P(x,y)$ 处的切线都是 x^2.

(2) 曲线上任一点 $P(x,y)$ 到原点的距离等于点 P 与点 Q 之间的距离，其中 Q 点是曲线上过点 P 的切线与 x 轴的交点.

7.2　一阶微分方程

一阶微分方程的一般形式为

$$F(x,y,y')=0.$$

若此方程可以解出 y'，则可写成如下形式：

$$y'=f(x,y).$$

7.2.1 一阶可分离变量方程

定义 7.2.1（一阶可分离变量方程）. 若一阶微分方程 $y'=f(x,y)$有如下形式：

$$\frac{\mathrm{d}y}{\mathrm{d}x}=g(x)h(y). \tag{7.2.1}$$

则称该微分方为**可分离变量的**.

若 $h(y)\neq 0$，通过 $h(y)$两边分离变量，可得

$$\frac{\mathrm{d}y}{h(y)}=g(x)\mathrm{d}x. \tag{7.2.2}$$

设 $y=y(x)$ 是方程(7.2.1)的解. 将其代入方程(7.2.1)或等价方程(7.2.2) 可得

$$\frac{y'(x)\mathrm{d}x}{h[y(x)]}=g(x)\mathrm{d}x.$$

两边积分得

$$\int\frac{y'(x)}{h[y(x)]}\mathrm{d}x=\int g(x)\mathrm{d}x+C.$$

这里，为了达到强调任意常数的目的，通常明确将其写出. 通过代入得

$$\int\frac{\mathrm{d}y}{h(y)}=\int g(x)\mathrm{d}x+C. \tag{7.2.3}$$

由方程(7.2.3)确定的隐函数 $y=y(x,C)$是方程(7.2.1)的通解. 这种通过分离变量来求解微分方程的方法称为**分离变量法**.

若 $h(y)$ 有零点 y_0，即 $h(y_0)=0$，则 $y=y_0$ 也是方程(7.2.1)的解. 方程 (7.2.1)**全部解**为

$$\begin{cases}y=y(x,C),\\ y=y_0.\end{cases}$$

在许多情况下，解 $y=y_0$ 有可能包含在通解中.

例 7.2.2 求方程$\frac{\mathrm{d}y}{\mathrm{d}x}=2xy$ 的通解.

解 容易看出该方程为可分离变量的. 设 $y\neq 0$ 并分离变量得

$$\frac{\mathrm{d}y}{y}=2x\mathrm{d}x.$$

两边积分

$$\int\frac{\mathrm{d}y}{y}=\int 2x\mathrm{d}x+C_1,$$

所以

$$\ln|y|=x^2+C_1,$$

因此

$$|y|=\mathrm{e}^{x^2+C_1}=\mathrm{e}^{C_1}\mathrm{e}^{x^2},$$

或

$$y=C\mathrm{e}^{x^2},$$

其中 $C=\pm\mathrm{e}^{C_1}$，是任意非零常数.

显然 $y=0$ 也是所求方程的解，若常数 C 可取零，它包含在通解 $y=C\mathrm{e}^{x^2}$ 中．因此，所求方程的通解为 $y=C\mathrm{e}^{x^2}$，其中 C 是任意常数，并且通解也是所求方程的全部解.

例 7.2.3　求方程 $xy\mathrm{d}x+(x^2+1)\mathrm{d}y=0$ 满足初始条件 $y|_{x=0}=1$ 的特解.

解　分离变量可得

$$\frac{\mathrm{d}y}{y}=-\frac{x}{x^2+1}\mathrm{d}x.$$

两边积分得

$$\ln|y|=-\frac{1}{2}\ln(x^2+1)+C_1,$$

因此方程的通解为

$$y=\frac{C}{\sqrt{x^2+1}},$$

其中 $C=\pm\mathrm{e}^{C_1}$.

将初始条件 $y|_{x=0}=1$ 代入到通解中可得

$$C=1.$$

因此，所求特解为

$$y=\frac{1}{\sqrt{x^2+1}}$$

7.2.2　一阶齐次微分方程

定义 7.2.4　具有如下形式的一阶微分方程

$$\frac{\mathrm{d}y}{\mathrm{d}x}=f\left(\frac{y}{x}\right) \tag{7.2.4}$$

称为**齐次微分方程**．

例如，方程 $\frac{\mathrm{d}y}{\mathrm{d}x}=3\left(\frac{y}{x}\right)^2$ 与 $\frac{\mathrm{d}y}{\mathrm{d}x}=\frac{2y}{x}+5$ 都是齐次微分方程，方程 $\frac{\mathrm{d}y}{\mathrm{d}x}=\frac{5x+6y}{x-3y}$ 也是齐次微分方程，因为它可以退化为

$$\frac{dy}{dx}=\frac{5+6\dfrac{y}{x}}{1-3\dfrac{y}{x}}.$$

齐次微分方程可通过变量转换化成可分离变量的微分方程.

设 $u=\dfrac{y}{x}$,即 $y=ux$,因此

$$\frac{dy}{dx}=u+x\frac{du}{dx}.$$

将其代入方程 (7.2.4)有

$$u+x\frac{du}{dx}=f(u),$$

或

$$x\frac{du}{dx}=f(u)-u.$$

它是可分离开变量的微分方程.通过分离变量得到它的解 $u=u(x,C)$之后,方程(7.2.4)的通解可由代换 $u=\dfrac{y}{x}$或 $y=xu(x,C)$求得.

例 7.2.5 求方程 $x\dfrac{dy}{dx}-y=2\sqrt{xy}$的通解.

解 两边同除以 x 并移项得

$$\frac{dy}{dx}=\frac{y}{x}+2\sqrt{\frac{y}{x}}. \tag{7.2.5}$$

该方程化为一个齐次微分方程.设 $u=\dfrac{y}{x}$,或 $y=xu$,则

$$\frac{dy}{dx}=u+x\frac{du}{dx}.$$

代入方程(7.2.5)得

$$x\frac{du}{dx}=2\sqrt{u}. \tag{7.2.6}$$

分离变量有

$$\frac{du}{2\sqrt{u}}=\frac{dx}{x},(u\neq 0).$$

两边积分,可得

$$\sqrt{u}=\ln|x|+C_1 \text{或} e^{\sqrt{u}}=Cx.$$

根据变换 $u=\dfrac{y}{x}$,可得所求方程的通解为

$$e^{\sqrt{\frac{y}{x}}}=Cx \text{ 或 } y=x(\ln Cx)^2. \tag{7.2.7}$$

容易看出 $u=0$ 也满足方程(7.2.6).

注意到 $u=0$ 等价于 $y=0$，因此 $y=0$ 也是所求方程的解. 显然 $y=0$ 没有包含在式(7.2.7)的通解中（不能从式(7.2.7)中选择适当常数 C 得到). 因此所求方程的全部解为

$$\begin{cases} y=x(\ln Cx)^2, \\ y=0. \end{cases}$$

例 7.2.6　求方程 $\dfrac{\mathrm{d}y}{\mathrm{d}x}=\dfrac{y}{y-x}$ 的通解.

解　用 y 除等式右端的分子与分母,有

$$\frac{\mathrm{d}y}{\mathrm{d}x}=\frac{1}{1-\dfrac{x}{y}}\ (y\neq 0).$$

因此,

$$\frac{\mathrm{d}x}{\mathrm{d}y}=1-\frac{x}{y}. \tag{7.2.8}$$

它是一个齐次微分方程. 设 $u=\dfrac{x}{y}$,或 $x=yu$,则

$$\frac{\mathrm{d}x}{\mathrm{d}y}=u+y\frac{\mathrm{d}u}{\mathrm{d}y}.$$

代入方程(7.2.8)得

$$y\frac{\mathrm{d}u}{\mathrm{d}y}=1-2u. \tag{7.2.9}$$

分离变量得

$$\frac{\mathrm{d}u}{1-2u}=\frac{\mathrm{d}y}{\mathrm{y}}.$$

两边积分得 $-\dfrac{1}{2}\ln(1-2u)=\ln y+C_1$ 或

$$(1-2u)=Cy^{-2}.$$

根据变换 $u=\dfrac{x}{y}$,可得所求方程的通解为

$$\left(1-\frac{2x}{y}\right)=Cy^{-2}\quad \text{或}\quad y^2-2xy=C.$$

7.2.3　一阶线性微分方程

定义 7.2.7 (一阶线性微分方程)若一阶微分方程可写成如下形式:

$$y'+P(x)y=Q(x), \tag{7.2.10}$$

则该方程称为**一阶线性微分方程**. 或简称为线性微分方程.

若 $Q(x)\equiv 0$,方程(7.2.10)变成

$$y'+P(x)y=0, \tag{7.2.11}$$

称之为**齐次线性微分方程**,且若$Q(x)\neq 0$,方程（7.2.10)称为**非齐次线性微分方程**.

例如,方程 $y'=2xy$ 是齐次线性微分方程，而方程 $y'=2xy+1$ 是非齐次线性微分方程.

求解线性微分方程

齐次线性微分方程（7.2.11)可通过分离变量求解

$$\frac{dy}{y}=-P(x)dx.$$

两边积分后有

$$\ln|y|=-\int P(x)dx+C_1,$$

因此

$$y=Ce^{-\int P(x)dx}. \tag{7.2.12}$$

现在设法求非齐次线性微分方程(7.2.10).设 $y=f(x)$是方程(7.2.10)的解,则 $f(x)/e^{-\int P(x)dx}$一定是 x 的函数,用 $h(x)$ 表示.那么所求方程的解有如下形式

$$y=h(x)e^{-\int P(x)dx}. \tag{7.2.13}$$

因此只须确定未知函数 $h(x)$即可.由于

$$y'=h'(x)e^{-\int P(x)dx}-P(x)h(x)e^{-\int P(x)dx}, \tag{7.2.14}$$

将式(7.2.13)式与(7.2.14)代入式(7.2.10)有

$$h'(x)e^{-\int P(x)dx}-P(x)h(x)e^{-\int P(x)dx}+P(x)h(x)e^{-\int P(x)dx}=Q(x).$$

化简得

$$h'(x)=Q(x)e^{\int P(x)dx},$$

因此

$$h(x)=\int Q(x)e^{\int P(x)dx}dx+C,$$

将 $h(x)$的表达式代入式(7.2.13)可得

$$y=Ce^{-\int P(x)dx}+e^{\int P(x)dx}\int Q(x)e^{\int P(x)dx}dx \tag{7.2.15}$$

它是非齐次线性微分方程(7.2.10)的通解.通过将以常数换成变量求通解的方法称为**常数变易法**.

例 7.2.8 求微分方程 $y'+y=x$ 的通解.

解 用分离变量法,很容易得到齐次线性微分方程

$$y'+y=0$$

的通解为

$$y=C\mathrm{e}^{-x}.$$

下面求所给方程的通解. 设

$$y=h(x)\mathrm{e}^{-x} \tag{7.2.16}$$

是所求方程的解,其中 $h(x)$ 是待定函数. 将其代入所求方程得

$$h'(x)\mathrm{e}^{-x}-h(x)\mathrm{e}^{-x}+h(x)\mathrm{e}^{-x}=x,$$

即

$$h'(x)=x\mathrm{e}^{x},$$

所以

$$h(x)=\int x\mathrm{e}^{x}\mathrm{d}x=x\mathrm{e}^{x}-\mathrm{e}^{x}+C,$$

将其代入式(7.2.16)可得所求方程的通解为

$$y=(x\mathrm{e}^{x}-\mathrm{e}^{x}+C)\mathrm{e}^{-x}=C\mathrm{e}^{-x}+x-1.$$

例 7.2.9　求方程 $\dfrac{\mathrm{d}y}{\mathrm{d}x}=\dfrac{y}{y^3+x}$ 的通解及满足初始条件 $y|_{x=0}=1$ 的特解.

解　这一方程看上去似乎不属于我们已经学过的类型. 但若将 y 看作是自变量,并重写方程

$$\frac{\mathrm{d}x}{\mathrm{d}y}=\frac{y^3+x}{y}=\frac{x}{y}+y^2, \tag{7.2.17}$$

则它是未知函数 $x=x(y)$ 的一阶线性微分方程 .

相应的齐次方程为

$$\frac{\mathrm{d}x}{\mathrm{d}y}=\frac{x}{y}.$$

通过分离变量,可得它的通解为

$$x=Cy.$$

为求方程(7.2.17)的通解,设

$$x=h(y)y,$$

因此

$$\frac{\mathrm{d}x}{\mathrm{d}y}=h'(y)y+h(y),$$

代入式(7.2.17)可得

$$h'(y)y+h(y)=h(y)+y^2,$$

即

$$h'(y)=y,$$

因此

$$h(y)=\int y\mathrm{d}y+C=\frac{1}{2}y^2+C.$$

故所求方程的通解为

$$x=\frac{1}{2}y^3+Cy.$$

将初始条件 $y|_{x=0}=1$ 代入通解，可得

$$C=-\frac{1}{2}.$$

因此，所求方程的特解是

$$x=\frac{1}{2}y(y^2-1).$$

7.2.4 伯努利方程

定义 7.2.10 形如

$$\frac{\mathrm{d}y}{\mathrm{d}x}+P(x)y=Q(x)y^{\alpha},(\alpha\neq 0,1)$$

的微分方程称为**伯努利方程**.

伯努利方程可通过适当的变换化为线性方程. 为展示这一过程，方程两边都除以 y^{α} 可得

$$y^{-\alpha}\frac{\mathrm{d}y}{\mathrm{d}x}+P(x)y^{1-\alpha}=Q(x). \tag{7.2.18}$$

这里做变换 $z=y^{1-\alpha}$，有

$$\frac{\mathrm{d}z}{\mathrm{d}x}=(1-\alpha)y^{-\alpha}\frac{\mathrm{d}y}{\mathrm{d}x}.$$

则式(7.2.18)可化成如下线性方程：

$$\frac{\mathrm{d}z}{\mathrm{d}x}+(1-\alpha)P(x)z=(1-\alpha)Q(x). \tag{7.2.19}$$

因此，伯努利方程可以做变换 $z=y^{1-\alpha}$ 得到线性方程(7.2.19)，也就是说伯努利方程的通解可由求方程(7.2.19)的通解得到．如果想求全部解，需要检验 $y=0$ 是否也是方程的解.

例 7.2.11 求方程 $\frac{\mathrm{d}y}{\mathrm{d}x}-xy=-\mathrm{e}^{-x^2}y^3$ 的通解.

解 容易看出方程是伯努利方程，两边都除以 y^3 得

$$y^{-3}\frac{\mathrm{d}y}{\mathrm{d}x}-xy^{-2}=-\mathrm{e}^{-x^2}. \tag{7.2.20}$$

设 $z=y^{-2}$，则 $\frac{\mathrm{d}z}{\mathrm{d}x}=-2y^{-3}\frac{\mathrm{d}y}{\mathrm{d}x}$，代入方程 (7.2.20) 可得

$$\frac{\mathrm{d}z}{\mathrm{d}x}+2xz=2\mathrm{e}^{-x^2}.$$

它是一个非齐次线性方程. 不难求出它的通解为

$$z=e^{-x^2}(2x+C).$$

通过变换 $z=y^{-2}$ 可得所求方程的通解为

$$y^2=e^{x^2}/(2x+C).$$

显然 $y=0$ 也是所求方程的解,但不能通过选择合适 C 使其包含在通解中,因此,全部解为

$$\begin{cases} y^2=\dfrac{e^{x^2}}{2x+C}, \\ y=0. \end{cases}$$

7.2.5　其他可化为一阶线性微分方程的例子

例 7.2.12　求方程 $yy'+2xy^2-x=0$ 满足初始条件 $y|_{x=0}=1$ 的特解.

解　此方程不属于前面所提到的任何类型,但若将其重写为如下形式:

$$\frac{1}{2}(y^2)'+2xy^2-x=0,$$

则由变换 $u=y^2$,可将其化为线性方程

$$u'+4xu=2x. \tag{7.2.21}$$

易求得方程(7.2.21)的通解为

$$u=Ce^{-2x^2}+\frac{1}{2}.$$

因此

$$y^2=Ce^{-2x^2}+\frac{1}{2}.$$

将初始条件 $y|_{x=0}=1$ 代入,可得 $C=\frac{1}{2}$. 故所求的特解是

$$y^2=\frac{1}{2}(e^{-2x^2}+1).$$

例 7.2.13　求方程 $\frac{1}{\sqrt{y}}y'-\frac{4x}{x^2+1}\sqrt{y}=x$ 的通解.

解　此方程不属于前面所提到的任何类型,但若将其重写为如下形式

$$2(\sqrt{y})'-\frac{4x}{x^2+1}\sqrt{y}=x,$$

则由变换 $u=\sqrt{y}$,可将其化为线性方程

$$2u'-\frac{4x}{x^2+1}u=x. \tag{7.2.22}$$

由分离变量法,可得式(7.2.22)的通解为

$$u=\frac{1}{4}(x^2+1)[C+\ln(x^2+1)].$$

因此所求方程的通解为

$$y=\frac{1}{16}(x^2+1)^2[C+\ln(x^2+1)]^2.$$

例 7.2.14 求方程 $y'=\cos(x+y)$的通解.

解 设 $u=x+y$,故 $u'=1+y'$.则所求方程可化为

$$u'=\cos u+1=2\cos^2\frac{u}{2}.$$

根据分离变量法可得

$$\int\frac{\mathrm{d}u}{2\cos^2\frac{u}{2}}=\int\mathrm{d}x,$$

因此,

$$\tan\frac{u}{2}=x+C,$$

由变换 $u=x+y$ 可得所求方程的通解如下:

$$\tan\frac{x+y}{2}=x+C.$$

例 7.2.15 求方程 $xy'+y=y(\ln x+\ln y)$的通解.

解 由于方程的右边可写为 $y\ln(xy)$,且左边恰好是$\frac{\mathrm{d}}{\mathrm{d}x}(xy)$,可尝试做变换 $u=xy$. 则所求方程化为

$$\frac{\mathrm{d}u}{\mathrm{d}x}=y\ln u.$$

由于包含三个变量,此方程并不适合直接求解,但如果写出 $y=\frac{u}{x}$,它可化成

$$\frac{\mathrm{d}u}{\mathrm{d}x}=\frac{u}{x}\ln u.$$

分离变量得

$$\frac{\mathrm{d}u}{u\ln u}=\frac{\mathrm{d}x}{x}.$$

两边积分可得

$$\ln|\ln u|=\ln|x|+\ln|C|=\ln|Cx|,$$

即

$$u=\mathrm{e}^{Cx}.$$

因此所求方程的通解为

$$y=\frac{1}{x}\mathrm{e}^{Cx}.$$

习题 7.2

1. 用分离变量法求下列微分方程的通解：

(1) $\frac{dy}{dx}=\frac{x}{y}$；　(2) $dy+y\tan x dx=0$；

(3) $\frac{dy}{dx}=\frac{\sqrt{1-y^2}}{\sqrt{1-x^2}}$；　(4) $\frac{x}{1+y}dx-\frac{y}{1+x}dy=0, y|_{x=0}=1$；

(5) $(xy^2+x)dx+(y-x^2y)dy=0$；　(6) $y'\sin x=y\ln y$；

(7) $(1+x^2)dy-\sqrt{1-y^2}\,dx=0$；　(8) $\arctan y dy+(1+y^2)x dx=0$.

2. 求下列一阶线性微分方程的通解：

(1) $xy'+y=e^x$；　(2) $xy'-y=x^2e^x$；

(3) $\cos^2 x\frac{dy}{dx}+y=\tan x$；　(4) $\tan t\frac{dx}{dt}-x=5$；

(5) $x\ln x dy+(y-\ln x)dx=0$；　(6) $(1+x^2)y'-2xy=(1+x^2)^2$；

(7) $\frac{ds}{dt}+s\cos t=\frac{1}{2}\sin 2t$；　(8) $xy'-y=\frac{x}{\ln x}$.

3. 求下列方程的解：

(1) $(2x^2-y^2)+3xy\frac{dy}{dx}=0$；　(2) $xy'=y\ln\frac{y}{x}$；

(3) $(x^3+y^3)dx-3xy^2dy=0$；　(4) $3y^2y'-y^3=x+1$；

(5) $y'-x^2y^2=y$；　(6) $y'=\frac{x}{y}+\frac{y}{x}, y|_{x=-1}=2$；

(7) $y'+2xy=2x^3y^3$；　(8) $(x+y)^2y'=a^2$（a 是常数）；

(9) $y'=\frac{1}{e^y+x}$；　(10) $\frac{dy}{dx}=(x+y)^2$；

(11) $(\cos y-2x)'=1$；　(12) $y'=\sin^2(x-y+1)$；

(13) $x^2y'+xy=y^2, y|_{x=1}=1$；　(14) $yy'-y^2=x^2$；

(15) $xdy-ydx=y^2e^y dy$；　(16) $(1+e^{\frac{x}{y}})dx+e^{\frac{x}{y}}\left(1-\frac{x}{y}\right)dy=0$.

4. 已知一微分方程$\frac{dy}{dx}=\psi\left(\frac{ax+by+c}{dx+ey+f}\right)$，其中 $\psi(u)$是连续函数，a,b,c,d,e,f 都是常数.

(1) 若 $ae\neq bd$，证明可选取适当的常数 h 与 k，使得所给微分方程可以通过变换 $x=u+h, y=v+k$ 化为齐次微分方程；

(2) 若 $ae=bd$，证明所给微分方程可通过适当的变换化成一个可分离变量方程；

(3) 求下列方程的通解：

(a) $\frac{dy}{dx}=\frac{x+y+2}{x-y-3}$；　　(b) $\frac{dy}{dx}=\frac{1+x-y}{2+x-y}$.

7.3 可降阶的二阶微分方程

一般来说，方程的阶数越高求解也就越复杂. 有一些简单的高阶微分方程可用适当的变量代换降低阶数化为低阶微分方程求解. 以二阶微分方程为例，具有如下形式

$$y''=f(x,y,y')$$

的二阶微分方程可用适当的变量代换降低阶数化为一阶微分方程来求解，这类微分方程称为可降阶的. 本节将介绍三类可降阶的二阶微分方程的求解.

(1) $y''=f(x)$

此方程很简单. 只需将 $f(x)$ 连续积分两次即可.

例 7.3.1 求方程 $y''=\sin x$ 的通解.

解

$$y'=-\cos x+C_1,$$

且

$$y=\int(-\cos x+C_1)dx+C_2=-\sin x+C_1x+C_2.$$

(2) $y''=f(x,y')$

此方程没有明确包含未知函数 y.

令 $y'=p$，则 $y''=\frac{dp}{dx}$，方程可化为

$$\frac{dp}{dx}=f(x,p).$$

它是关于 x 的未知函数 p 的一阶微分方程. 两边积分，可得其通解为

$$p=g(x,C_1),$$

从 $p=\frac{dy}{dx}$，即 $\frac{dy}{dx}=g(x,C_1)$，得原方程的解为

$$y=\int g(x,C_1)dx+C_2.$$

例 7.3.2 求方程 $(1+x^2)y''=2xy'$ 且满足初始条件 $y|_{x=0}=1, y'|_{x=0}=3$ 的特解.

解 设 $y'=p$，则 $y''=\frac{dp}{dx}$. 代入微分方程得

$$(1+x^2)\frac{\mathrm{d}p}{\mathrm{d}x}=2xp.$$

分离变量可得

$$\frac{\mathrm{d}p}{p}=\frac{2x}{1+x^2}\mathrm{d}x.$$

两边积分得

$$\ln|p|=\ln(1+x^2)+\ln|C_1|,$$

于是

$$p=C_1(1+x^2),$$

或

$$\frac{\mathrm{d}y}{\mathrm{d}x}=C_1(1+x^2). \tag{7.3.1}$$

再次积分可得原方程的通解,即

$$y=C_1\left(x+\frac{1}{3}x^3\right)+C_2. \tag{7.3.2}$$

将初始条件 $y'|_{x=0}=3, y|_{x=0}=1$ 分别代入式(7.3.1)和式(7.3.2),可得

$$C_1=3, C_2=1.$$

因此,所求的特解是

$$y=x^3+3x+1.$$

例 7.3.3　求方程 $y''+y'=2x^2+1$ 的通解.

解

解法Ⅰ. 设 $y'=p$, 则 $y''=\frac{\mathrm{d}p}{\mathrm{d}x}$. 代入微分方程得

$$p'+p=2x^2+1.$$

它是一阶线性微分方程. 容易求出其解为

$$p=Ce^{-x}+2x^2-4x+5,$$

或

$$y'=Ce^{-x}+2x^2-4x+5.$$

两边积分得

$$y=C_1+C_2e^{-x}+\frac{2}{3}x^3-2x^2+5x.$$

解法Ⅱ. 所求方程两边积分得

$$y'+y=\frac{2}{3}x^3+x+C_1.$$

此一阶线性微分方程的解为

$$y=C_1+C_2e^{-x}+\frac{2}{3}x^3-2x^2+5x.$$

它也是所求方程的通解.

(3) $y''=f(y,y')$

这一方程没有明确地包含变量 x. 再次令 $y'=p$，现在考虑 p 是 y 的函数（之前是 x 的函数），则

$$y''=\frac{dp}{dx}=\frac{dp}{dy}\cdot\frac{dy}{dx}=p\frac{dp}{dy}.$$

因此，方程可化为

$$p\frac{dp}{dy}=f(y,p). \tag{7.3.3}$$

若方程(7.3.3)的通解 $p=g(y,C_1)$，因为 $p=y'$ 可知

$$\frac{dy}{dx}=g(y,C_1).$$

分离变量可得

$$\frac{dy}{g(y,C_1)}=dx.$$

将上述方程积分，可得原问题的解.

例 7.3.4 求方程 $yy''-(y')^2=0$ 的通解.

解 设 $y'=p$，则 $y''=\frac{dp}{dx}=\frac{dp}{dy}\cdot\frac{dy}{dx}=p\frac{dp}{dy}$. 代入微分方程得

$$yp\frac{dp}{dy}-p^2=0,$$

即

$$p\left(y\frac{dp}{dy}-p\right)=0,$$

或

$$\begin{cases}p=0,\\ y\dfrac{dp}{dy}-p=0.\end{cases}$$

由 $p=0$，可得 $\frac{dy}{dx}=0$，故 $y=C$.

由方程 $y\frac{dp}{dy}-p=0$ 可得

$$p=C_1y,$$

或

$$\frac{dy}{dx}=C_1y,$$

因此
$$y=C_2e^{C_1x}.\tag{7.3.4}$$
显然，当 $C_1=0$ 时式(7.3.4)包含 $y=C$. 因此，所求方程的通解即式(7.3.4).

例 7.3.5　求方程 $yy''-(y')^2=y^2\ln y$ 的通解.

解　设 $y'=p$，则 $y''=\frac{dp}{dx}=\frac{dp}{dy}\frac{dy}{dx}=p\frac{dp}{dy}$. 代入原方程可得
$$yp\frac{dp}{dy}-p^2=y^2\ln y,$$
设 $u(y)=p^2(y)$，可得
$$u'-\frac{2}{y}u=2y\ln y.$$
求解可得
$$u=y^2(C_1+\ln^2 y),$$
或
$$p=\sqrt{y^2(C_1+\ln^2 y)}.$$
因此
$$y'=\sqrt{y^2(C_1+\ln^2 y)}.$$
分离变量解得
$$\ln(\ln y+\sqrt{C_1+\ln^2 y})=x+C_2.$$

习题 7.3

1. 求下列方程的通解：

(1) $y''=\frac{1}{1+x^2}$；　(2) $y'''=\cos x+\sin x$；

(3) $y''=y'+x$；　(4) $y'''=y''$；

(5) $2y''+5y'=5x^2-2x-1$；　(6) $y''=1+(y')^2$；

(7) $y^3y''-1=0$；　(8) $y''-2(y')^2+y=0$.

2. 求下列方程在给定初始条件下的特解：

(1) $y^3y''+1=0, y|_{x=1}=1, y'|_{x=1}=0$；

(2) $y''-a(y')^2=0$ (a 是常数)，$y|_{x=0}=0, y'|_{x=0}=-1$；

(3) $y'''=e^{ax}$ (a 是常数)，$y|_{x=1}=y'|_{x=1}=y''|_{x=1}=0$；

(4) $y''+(y')^2=1, y|_{x=0}=0, y'|_{x=0}=0$.

7.4 高阶线性微分方程

7.4.1 高阶线性微分方程举例

例 7.4.1（弹簧的机械振动）. 考虑如图 7.4.1 所示的简单减震装置问题. 设一质量为 m 的物体安装在弹簧上，当物体稳定在位置 O 时，作用在物体上的重力大小等于弹簧的弹力，方向相反，这个位置是物体的平衡位置. 若在垂直方向有一随时间周期变化的外界强迫力 $f_1(t)=H\sin pt$ 作用在物体上，物体受外力驱使而上下振动. 试求振动过程中位移与时间的关系所满足的微分方程.

解 选取物体的平衡位置为坐标原点，垂直向下为 x 轴正方向. 设振动初始时刻为 $t=0$ 且 t 时刻物体距离平衡点 O 的距离是 $x(t)$. 可建立 $x(t)$ 所满足的方程.

振动过程中，物体受到三个力的作用：外界强迫力、介质阻力和弹力.

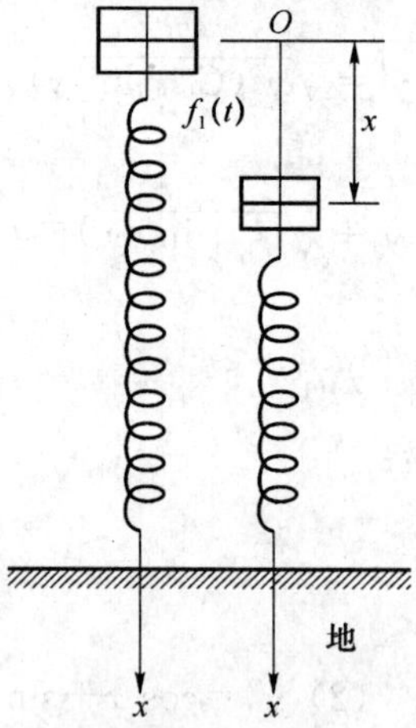

图 7.4.1

根据胡克定律，弹力

$$f=-kx,$$

其中 k 是弹簧的弹性系数. 设振动过程中物体所受的介质阻力 f_0 与运动速度 v 成正比，即

$$f_0=-\mu v=-\mu\frac{\mathrm{d}x}{\mathrm{d}t},$$

其中 μ 为介质的阻尼系数. 负号表示阻力方向与速度方向相反. 因此根据牛顿第二定律可得

$$ma=-kx-\mu\frac{\mathrm{d}x}{\mathrm{d}t}+f_1(t).$$

由于加速度 $a=\frac{d^2x}{dt^2}$,则 $x(t)$应满足微分方程：

$$m\frac{d^2x}{dt^2}+\mu\frac{dx}{dt}+kx=H\sin pt.$$

将微分方程改写为

$$\frac{d^2x}{dt^2}+2\delta\frac{dx}{dt}+\omega^2x=h\sin pt, \tag{7.4.1}$$

其中 $\delta=\frac{\mu}{2m},\omega=\sqrt{\frac{k}{m}},h=\frac{H}{m}$.

由于物体在原点处由静止开始运动,且运动的初始时刻是 $t=0$,故此运动还应满足初始条件：

$$x\Big|_{t=0}=0,v\Big|_{t=0}=\frac{dx}{dt}\Big|_{t=0}=0. \tag{7.4.2}$$

于是,振动过程中位移随时间的变化规律应满足微分方程(7.4.1)及初始条件 (7.4.2).

显然式(7.4.1)是一个二阶线性微分方程.

例 7.4.2 (*L*-*C*-*R* 电路中的电压变化规律). 图 7.4.2 是一个 L-C-R 电路图,其中 R 为电阻,L 为电感,C 为电容. 设电容器已经充电且它的两极板间电压为 E. 当开关 K 闭合后,电容器放电且此时电路中将有电流 i 通过并产生电磁振荡. 求电容器两极板件的电压 u_C 的变化规律所满足的微分方程.

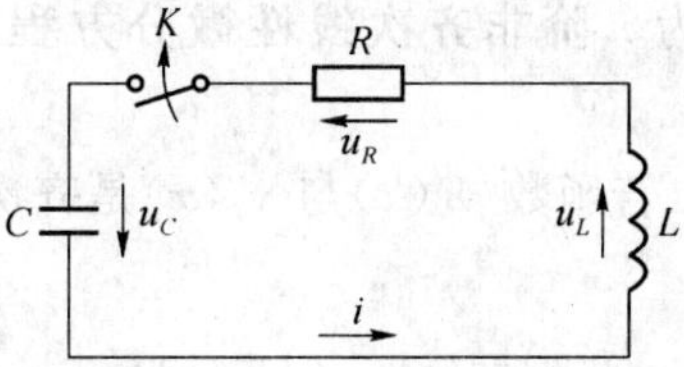

图 7.4.2

解　根据回路电压定律可知,电容、电感、电阻上的电压 u_C,u_L,u_R 应满足如下关系：

$$u_L+u_R+u_C=0. \tag{7.4.3}$$

由于 $i=C\frac{du_C}{dt}$,故

$$u_R=Ri=RC\frac{du_C}{dt},$$

$$u_L=L\frac{di}{dt}=LC\frac{d^2u_C}{dt^2}.$$

代入式(7.4.3)可得

$$LC\frac{d^2u_C}{dt^2}+RC\frac{du_C}{dt}+u_C=0,$$

或

$$\frac{d^2 u_C}{dt^2}+\frac{R}{L}\frac{du_C}{dt}+\frac{1}{LC}u_C=0. \tag{7.4.4}$$

这是一个二阶线性微分方程. 设开关闭合时刻 $t=0$. 根据所给条件，u_C 还应满足如下初始条件：

$$u_C\big|_{t=0}=E,\quad \frac{du_C}{dt}\bigg|_{t=0}=\frac{1}{C}i\bigg|_{t=0}=0.$$

7.4.2 线性微分方程解的结构

定义 7.4.3(二阶线性微分方程). 二阶微分方程的一般形式为

$$\frac{d^2 y}{dx^2}+P_1(x)\frac{dy}{dx}+P_2(x)y=F(x). \tag{7.4.5}$$

其中未知函数 $y(x)$及其导数都是线性的. 若 $F(x)\equiv 0$，即

$$\frac{d^2 y}{dx^2}+P_1(x)\frac{dy}{dx}+P_2(x)y=0, \tag{7.4.6}$$

则方程称为**二阶齐次线性微分方程**；若 $F(x)\neq 0$，则式(7.4.5)称为**二阶非齐次线性微分方程**.

一般地，一个 n **阶微分方程**可写成如下形式

$$y^{(n)}(x)+P_1(x)y^{(n-1)}(x)+\cdots+P_{n-1}(x)y'(x)+P_n(x)y(x)=F(x).$$

类似地，若 $F(x)\neq 0$，方程称为 n **阶非齐次线性微分方程**，否则称为 n **阶齐次线性微分方程**.

定理 7.4.4(解的叠加性). 若函数 $y_1(x)$与 $y_2(x)$是齐次线性方程(7.4.6)的两个解，则它们的任意线性组合

$$y(x)=c_1 y_1(x)+c_2 y_2(x) \tag{7.4.7}$$

也是方程(7.4.6)的解.

证明 将函数 $y=c_1 y_1+c_2 y_2$代入方程

$$\begin{aligned}&(c_1 y_1''+c_2 y_2'')+P_1(x)(c_1 y_1'+c_2 y_2')+P_2(x)(c_1 y_1+c_2 y_2)\\&=c_1[y_1''+P_1(x)y_1'+P_2(x)y_1]+c_2[y_2''+P_1(x)y_2'+P_2(x)y_2]\\&=c_1\times 0+c_2\times 0=0.\end{aligned}$$

众所周知，二阶方程的通解恰好包含两个任意常数. 如果找到方程(7.4.6)两个解 y_1 和 y_2，那么它们的线性组合 $c_1 y_1+c_2 y_2$ 是否一定是式(7.4.6)的通解？答案是否定的，因为 y_1 与 y_2 可能是线性相关的. 例如，假设 $y_2=3y_1$，则

$$y=c_1 y_1+c_2 y_2=(c_1+3c_2)y_1. \tag{7.4.8}$$

可以看到两个任意常数可以写成一个任意常数 $c=c_1+3c_2$. 因此它不是方程的通解.

定义 7.4.5(函数的线性相关性). 设 $f_i(x)(i=1,2,\cdots,n)$是定义在区间 I 的 n 个函数. 若存在 n 个不全为零的常数 $c_1,c_2,\cdots,c_n$，使得

$$c_1f_1(x)+c_2f_2(x)+\cdots+c_nf_n(x)=0 \tag{7.4.9}$$

对所有的 $x\in I$ 都成立，则称此 n 个函数 $f_i(x)(i=1,2,\cdots,n)$ 在区间 I 上**线性相关**，否则，称它们在区间 I 上**线性无关**.

例 7.4.6　证明函数 e^x 与 $2e^x$ 在区间 $I=(-\infty,+\infty)$ 上线性相关.

证明　取 $c_1=-2$ 且 $c_2=1$，恒等式

$$-2\times e^x+1\times 2e^x=0$$

对所有的 $x\in(-\infty,+\infty)$ 成立. 因此，e^x 与 $2e^x$ 在区间 I 上线性相关.

例 7.4.7　证明函数 $\cos 2x$ 与 $\sin 2x$ 在区间 $I=(-\infty,+\infty)$ 上线性无关.

证明　设存在常数 c_1 与 c_2 使得

$$c_1\sin 2x+c_2\cos 2x=0$$

对所有的 $x\in I$ 成立.

取 $x=\frac{\pi}{4}$ 及 $x=0$，可得

$$\begin{cases}c_1\times 1+c_2\times 0=0,\\ c_1\times 0+c_2\times 1=0.\end{cases}$$

则

$$c_1=c_2=0.$$

函数 $\cos 2x$ 与 $\sin 2x$ 在区间 $I=(-\infty,+\infty)$ 上线性无关.

例 7.4.8　证明函数组 $1,x,x^2,\cdots,x^{n-1}$ 在任何区间 I 线性无关.

证明　假设它们线性相关，则必存在 n 个不全为零的常数 c_i $(i=0,1,2,\cdots,n-1)$，使得

$$c_0+c_1x+c_2x^2+\cdots+c_{n-1}x^{n-1}=0 \tag{7.4.10}$$

对所有的 $x\in I$ 成立. 由于式(7.4.10)是关于 x 的 $n-1$ 次代数方程，由代数学基本定理可知，它最多有 $n-1$ 个实根，换句话说，至多只有 I 中的 $n-1$ 个点使得式(7.4.10)成立，这一矛盾说明要使式(7.4.10)在区间 I 上成立，只能是所有的 $c_i=0(i=0,1,\cdots,n-1)$ 均为零. 因此所给函数组在任何区间 I 都线性无关.

对于区间 I 上两函数 $f_1(x)$ 与 $f_2(x)$，假设在 I 上有 $f_1(x)\neq 0$，它们线性相关的条件为当且仅当存在一常数 c，使得

$$\frac{f_2(x)}{f_1(x)}=c,\quad \forall x\in I. \tag{7.4.11}$$

例如，函数 e^{2x} 与 e^{3x} 在任何区间上均线性相关，因为

$$\frac{e^{2x}}{e^{3x}}=e^{-x}\neq c.$$

定理 7.4.9(二阶齐次线性方程通解的结构). 若 $y_1(x)$ 与 $y_2(x)$ 是方程(7.4.6)的两个线性无关的解，则方程(7.4.6)的通解为

$$y=c_1y_1(x)+c_2y_2(x),\tag{7.4.12}$$

其中 c_1,c_2 是两个任意常数.此外,方程(7.4.6)的每一个解都可以由式(7.4.12)表出.

定理中的结论 1 可由定理 7.4.4 与定义 7.4.5 得出.(结论 2 的证明超出本书讨论范围,略去).这一定理可推广到 n 阶齐次线性方程.

定理 7.4.10(n 阶齐次线性方程通解的结构). 若 $y_1(x),y_2(x),\cdots,y_n(x)$ 是方程

$$y^{(n)}(x)+P_1(x)y^{(n-1)}(x)+\cdots+P_{n-1}(x)y'(x)+P_n(x)y(x)=0$$

的 n 个线性无关的解,则此方程的通解为

$$y=c_1y_1(x)+c_2y_2(x)+\cdots+c_ny_n(x).\tag{7.4.13}$$

此外,方程的每一个解都可以由式(7.4.13)表出.

定理 7.4.11(非齐次线性方程通解的结构). 设函数 $\overline{y}$ 是二阶非齐次线性方程(7.4.5)的一个特解,函数 $Y=c_1y_1+c_2y_2$ 是对应齐次线性方程(7.4.6)的通解,则方程(7.4.5)的任意解均可由下式表出

$$y=Y+\overline{y}=c_1y_1+c_2y_2+\overline{y}.\tag{7.4.14}$$

证明 将式(7.4.14)代入式(7.4.5)可得

$$\begin{aligned}&Y''+\overline{y}''+P_1(x)\ (Y'+\overline{y}')+P_2(x)(Y+\overline{y})\\&=[Y''+P_1(x)Y'+P_2(x)Y]+[\overline{y}''+P_1(x)\overline{y}'+P_2(x)\overline{y}]\\&=0+F(x)=F(x).\end{aligned}$$

因此 y 是方程(7.4.5)的通解.

下证方程 (7.4.5)的任意解 $\hat{y}$均可由式(7.4.14)表出.也就是说,$\hat{y}$可由表达式(7.4.14)得出.事实上,由于

$$\begin{aligned}&\hat{y}''-\overline{y}''+P_1(x)(\hat{y}'-\overline{y}')+P_2(x)(\hat{y}-\overline{y})\\&=[\hat{y}''+P_1(x)\hat{y}'+P_2(x)\hat{y}]-[\overline{y}''+P_1(x)\overline{y}'+P_2(x)\overline{y}]\\&=F(x)-F(x)=0.\end{aligned}$$

因此 $\hat{y}-\overline{y}$是相应齐次方程的一个解并可由

$$\hat{y}-\overline{y}=c_1y_1+c_2y_2$$

选取适当常数 c_1与 c_2 得到.

定理 7.4.12(非齐次线性方程特解的叠加原理). 若 y_1与 y_2 分别是两非齐次线性方程

$$y''+P_1(x)y'+P_2(x)y=F_1(x)\quad 与\quad y''+P_1(x)y'+P_2(x)y=F_2(x)$$

的两个解,则 y_1+y_2 必是以下方程的解

$$y''+P_1(x)y'+P_2(x)y=F_1(x)+F_2(x).\tag{7.4.15}$$

证明 将 y_1+y_2代入方程(7.4.15)可得

$$\begin{aligned}&(y_1''+y_2'')+P_1(x)(y_1'+y_2')+P_2(x)(y_1+y_2)\\&=[y_1''+P_1(x)y_1'+P_2(x)y_1]+[y_2''+P_1(x)y_2'+P_2(x)y_2]\\&=F_1(x)+F_2(x).\end{aligned}$$

例 7.4.13　设 $\overline{y}=\frac{1}{2}e^x$ 是某二次非齐次方程的特解，且 $y_1=\cos x,y_2=\sin x$ 是其对应齐次线性方程的两个解．求此二次非齐次线性方程的通解．

解　显然 $\cos x$ 与 $\sin x$ 线性无关，因此所给齐次线性方程的通解为

$$Y=c_1\cos x+c_2\sin x.$$

由于 $\overline{y}=\frac{1}{2}e^x$ 是特解，可得二阶非齐次线性方程的通解为

$$y=Y+\overline{y}=c_1\cos x+c_2\sin x+\frac{1}{2}e^x.$$

习题 7.4

1．下列函数组哪些是线性相关的，哪些是线性无关？并给出简要原因．

(1) x,x^2；　　(2) $x,3x$；

(3) e^{-x},e^x；　　(4) $e^{3x},6e^{3x}$；

(5) $e^x\cos 2x,e^x\sin 2x$；　　(6) $\sin 2x,\cos x\sin x$；

(7) $e^{x^2},2xe^{x^2}$；　　(8) $\ln x,x\ln x$．

2．证明在自变量的变换 $x=\varphi(t)$ 下，n 阶线性微分方程仍是 n 阶线性微分方程，并且齐次线性微分方程仍变为齐次线性微分方程．其中 $x=\varphi(t)$ 具有 n 阶连续导数且 $\varphi'(t)=0$．

3．设 e^x,x^2e^x 是某二阶齐次线性方程的两个特解．证明它们线性无关并求方程的通解．

4．验证 $y_1=x$ 与 $y_2=\sin x$ 是方程 $(y')^2-yy''=1$ 的两个线性无关的解．$y=c_1x+c_2\sin x$ 是该方程的通解吗？

5．设 y_1 与 y_2 线性无关．证明若 $A_1B_2-A_2B_1\neq 0$，$A_1y_1+A_2y_2$ 与 $B_1y_1+B_2y_2$ 也线性无关．

6．设 $y_1=1+x+x^3,y_2=2-x-x^3$ 是某二阶非齐次线性方程的两个特解，且 $y_1^*=x$ 是对应齐次线性方程的一个特解．求此二阶非线性方程满足初始条件 $y|_{x=0}=5$ 与 $y'|_{x=0}=-2$ 的特解．

7．设 $y_1=x,y_2=x+e^x,y_3=1+x+e^x$ 都是方程

$$y''+a_1(x)y'+a_2(x)y=Q(x)$$

的解．求此方程的通解．

7.5 高阶常系数线性方程

7.5.1 高阶常系数齐次线性方程

高阶齐次线性微分方程的一般形式为

$$y^{(n)}+a_1y^{(n-1)}+a_2y^{(n-2)}+\cdots+a_ny=f(x), \tag{7.5.1}$$

其中 $a_1,a_2,\cdots,a_n$ 均为实常数.本节将介绍求解方程(7.5.1)的方法.为简洁起见,这里仅讨论二阶微分方程,但此方法可推广至 n 阶微分方程.

常系数二阶齐次线性方程的一般形式为

$$y''+a_1y'+a_2y=0, \tag{7.5.2}$$

其中 a_1 与 a_2 都是常数.

由于指数函数求导后仍是指数函数,自然地可联想到指数函数有可能是方程的一个解,故寻找一个具有这种形式的特解

$$y=\mathrm{e}^{\lambda x},$$

其中 λ 为某一待定常数.则

$$y'=\lambda\mathrm{e}^{\lambda x},\quad y''=\lambda^2\mathrm{e}^{\lambda x}.$$

将上式代入方程(7.5.2)可得

$$\mathrm{e}^{\lambda x}(\lambda^2+a_1\lambda+a_2)=0.$$

由于 $\mathrm{e}^{\lambda x}\neq0$,故有

$$\lambda^2+a_1\lambda+a_2=0. \tag{7.5.3}$$

显然,对二次代数方程(7.5.3)的每一个根 λ ,就对应微分方程(7.5.2)的一个解 $\mathrm{e}^{\lambda x}$.代数方程(7.5.3)成为齐次线性微分方程 (7.5.2) 的**特征方程**,它的根称为**特征值**或**特征根**.

特征方程有两个根,设为 λ_1 和 λ_2.下面分别讨论两根的不同情况.

(1) **λ_1 和 λ_2 是两不同实根**,$\lambda_1\neq\lambda_2$.此时,两个特解

$$y_1=\mathrm{e}^{\lambda_1x},y_2=\mathrm{e}^{\lambda_2x}$$

线性无关.这是因为

$$\frac{\mathrm{e}^{\lambda_1x}}{\mathrm{e}^{\lambda_2x}}=\mathrm{e}^{(\lambda_1-\lambda_2)x}\neq\text{常数}.$$

因此根据定理 7.4.9,方程(7.5.2)的通解为

$$y=c_1\mathrm{e}^{\lambda_1x}+c_2\mathrm{e}^{\lambda_2x},$$

其中 c_1 与 c_2 是任意常数.

(2) **两根都是实数且相等**，$\lambda_1=\lambda_2=-\frac{1}{2}a_1$. 此时，只能找出一个特解 $y_1=e^{\lambda_1 x}$，还需找出另一个与 y_1 线性无关的解 $y_2(x)$. 由于 y_2 与 y_1 线性无关，则 y_2 与 y_1 的比值不是常数，且还是 x 的函数，设比值为 $h(x)$. 即

$$\frac{y_2}{y_1}=h(x) \quad \text{或} \quad y_2=h(x)y_1. \tag{7.5.4}$$

则

$$y_2'=h'y_1+hy_1', \quad y_2''=h''y_1+2h'y_1'+hy_1''.$$

将它们代入方程(7.5.2)可得

$$e^{\lambda_1 x}[(\lambda_1^2+a_1\lambda_1+a_2)h+(2\lambda_1+a_1)h'+h'']=0.$$

由于 λ_1 是重根，有 $\lambda_1^2+a_1\lambda_1+a_2=0$ 且 $2\lambda_1+a_1=0$，将其代入以上方程并消去 $e^{\lambda_1 x}$ 可得

$$(2\lambda_1+a_1)h'+h''=0.$$

这是一个关于 h 的二阶可约方程. 设 $h'=p$，有

$$p'+(2\lambda_1+a_1)p=0,$$

由分离变量法求解可得

$$p=h'=ce^{-(2\lambda_1+a_1)x}.$$

取 $c=1$，注意到 $\lambda_1=-\frac{a_1}{2}$，再次积分，可得

$$h=\int e^{-(2\lambda_1+a_1)x}\,dx=\int e^0\,dx=x+c_0.$$

取 $c_0=0$ 并将 h 代入式(7.5.4)，方程(7.5.2)的另一个线性无关的特解可选为

$$y_2=xe^{\lambda_1 x}.$$

因此，齐次方程(7.5.2)的通解为

$$y=c_1y_1+c_2y_2=(c_1+c_2x)e^{\lambda_1 x},$$

其中 c_1 与 c_2 是任意常数.

(3) **特征方程(7.5.3)有一对共轭复根**$\lambda_1=\alpha+i\beta$，$\lambda_2=\alpha-i\beta$. 此时，根据(1)可得齐次方程(7.5.2)有两个特解

$$y_1=e^{(\alpha+i\beta)x}, y_2=e^{(\alpha-i\beta)x},$$

它们显然线性无关. 但这种复数形式的解不便使用. 为了得到实数形式的解，可利用欧拉公式，将这些解改写为

$$y_1=e^{\alpha x}(\cos\beta x+i\sin\beta x), y_2=e^{\alpha x}(\cos\beta x-i\sin\beta x).$$

根据解的叠加原理可知

$$\frac{1}{2}(y_1+y_2)=e^{\alpha x}\cos\beta x \quad \text{与} \quad \frac{1}{2i}(y_1-y_2)=e^{\alpha x}\sin\beta x$$

都仍是方程(7.5.2)的解，它们显然线性无关. 因此方程(7.5.2)的通解为

$$y=e^{\alpha x}(c_1\cos\beta x+c_2\sin\beta x).$$

其中 c_1 与 c_2 是任意常数.

例 7.5.1 求方程 $y''+7y'+12y=0$ 的通解.

解 所给方程的特征方程为

$$\lambda^2+7\lambda+12=0.$$

易得其特征值为 $\lambda_1=-3,\lambda_2=-4$，因此原方程的通解为

$$y=c_1\mathrm{e}^{-3x}+c_2\mathrm{e}^{-4x}.$$

例 7.5.2 求方程 $y''-12y'+36y=0$ 的通解以及满足初始条件 $y(0)=1,y'(0)=0$ 的特解.

解 所给方程的特征方程为

$$\lambda^2-12\lambda+36=0.$$

解之得

$$\lambda_1=\lambda_2=6.$$

因此，通解为

$$y=\mathrm{e}^{6x}(c_1+c_2x).$$

代入初始条件有

$$\begin{cases}1=\mathrm{e}^0(c_1+c_2 0)=c_1,\\0=6\mathrm{e}^0(c_1+c_2 0)+c_2\mathrm{e}^0=6\mathrm{c}_1+\mathrm{c}_2,\end{cases}$$

则

$$c_1=1,c_2=-6.$$

因此，所求特解为

$$y=\mathrm{e}^{6x}(1-6x).$$

例 7.5.3 求方程 $y''-y=0$ 的通解.

解 所给方程的特征方程为

$$\lambda^2-1=0.$$

解之得

$$\lambda_1=\lambda_2=1.$$

因此，通解为

$$y=\mathrm{e}^x(c_1+c_2x).$$

例 7.5.4 求方程 $y''+2y'+5y=0$ 的通解.

解 特征方程为

$$\lambda^2+2\lambda+5=0,$$

且其特征值为

$$\lambda_1=-1+2\mathrm{i},\lambda_2=-1-2\mathrm{i}.$$

因此通解为

$$y=\mathrm{e}^{-x}(c_1\cos 2x+c_2\sin 2x).$$

例 7.5.5　求方程 $y^{(4)}-2y'''-3y''+8y'-4y=0$ 的通解.

解　所给方程的特征方程为

$$\lambda^4-2\lambda^3-3\lambda^2+8\lambda-4=0,$$

特征值为

$$\lambda_1=2,\lambda_2=-2,\lambda_3=1,\lambda_4=1.$$

对应于 λ_1 与 λ_2 可得原方程的两个特解为 e^{2x},e^{-2x}. 对应于 $\lambda_3=\lambda_4=1$,利用情形(2)中所用的待定函数法,可得两个特解为 e^x,xe^x. 可以证明 $\{e^{2x},e^{-2x},e^x,xe^x\}$ 线性无关(证明留给读者). 则原方程的通解为

$$y=c_1e^{2x}+c_2e^{-2x}+c_3e^x+c_4xe^x.$$

一般地,为求解 n 阶齐次线性方程

$$y^{(n)}+a_1y^{(n-1)}+a_2y^{(n-2)}+\cdots+a_ny=0,$$

可先写出它的特征方程

$$\lambda^n+a_1\lambda^{n-1}+a_2\lambda^{n-2}+\cdots+a_n=0,$$

求出特征值,然后求出与这些特征根相对应的线性无关的特解. 因此可用定理 7.4.9写出方程的通解. 当特征值是一单实根 λ 或一对共轭单复根 $\alpha\pm i\beta$,对应的特解与二阶方程的情形相同,分别是 $e^{\lambda x}$, $e^{\alpha x}\cos\beta x$ 与 $e^{\alpha x}\sin\beta x$. 若特征值包含 k,$(k\geqslant 2)$重实复根 λ,则对应有 k 个线性无关的特解

$$e^{\lambda x},xe^{\lambda x},x^2e^{\lambda x},\cdots,x^{k-1}e^{\lambda x}.$$

若特征值包含 $k(k\geqslant 2)$重共轭复根 $\alpha\pm i\beta$,则对应有 $2k$ 个线性无关的实解

$$e^{\alpha x}\cos\beta x,e^{\alpha x}\sin\beta x,xe^{\alpha x}\cos\beta x,xe^{\alpha x}\sin\beta x,\cdots,x^{k-1}e^{\alpha x}\cos\beta x,x^{k-1}e^{\alpha x}\sin\beta x.$$

例 7.5.6　求方程 $y^{(4)}-4y'''(x)+10y''(x)-12y'(x)+5y(x)=0$ 的通解.

解　该微分方程对应的特征方程为

$$\lambda^4-4\lambda^3+10\lambda^2-12\lambda+5=0,$$

解之得到特征值为

$$\lambda=1,1,1\pm 2i.$$

则对应线性无关的特解为

$$e^x,xe^x,e^x\cos 2x,e^x\sin 2x.$$

故所求通解为

$$y=(c_1+c_2x)e^x+e^x(c_3\cos 2x+c_4\sin 2x)=e^x(c_1+c_2x+c_3\cos 2x+c_4\sin 2x).$$

7.5.2　高阶常系数非齐次线性方程

二阶常系数非齐次线性方程的一般形式为

$$y''+a_1y'+a_2y=F(x). \tag{7.5.5}$$

对于二阶常系数非齐次线性方程,我们可以先求出对应的二阶常系数齐次微分方程的

通解，以及方程(7.5.5)相应的一个特解，根据非齐次方程通解结构定理可知，非齐次方程的通解就是齐次方程的通解与一个特解之和. 在 7.5.1 节里，我们介绍了求解二阶常系数齐次微分方程通解的方法，下面我们针对方程(7.5.5)中对非齐次项$F(x)$的几种常见的特殊类型进行讨论，介绍求其特解的待定系数法.

1° $F(x)=\varphi(x)e^{\mu x}$，其中 μ 是常数，且 $\varphi(x)$是一个 m 次($m \geqslant 0$)多项式，即

$$\varphi(x)=b_m x^m+b_{m-1}x^{m-1}+\cdots+b_1 x+b_0.$$

要求方程(7.5.5)的特解，需要找到一个函数 $y^*(x)$满足方程(7.5.5). 由于 $F(x)$ 是一个多项式与函数 $e^{\mu x}$ 的乘积，又因为它的导数也是一个多项式与指数函数的乘积，想到应该令

$$y^*(x)=Z(x)e^{\mu x}, \tag{7.5.6}$$

其中 $Z(x)$是一待定多项式. 将式(7.5.6)代入方程(7.5.5)并消去 $e^{\mu x}$后可得

$$(\mu^2+a_1\mu+a_2)Z(x)+(2\mu+a_1)Z'(x)+Z''(x)=\varphi(x). \tag{7.5.7}$$

多项式 $Z(x)$的次数的选取，应使式(7.5.7)左边的多项式次数等于 $\varphi(x)$的次数.

我们分三种情况讨论：

(1) μ **不是特征值**. 此时，$\mu^2+a_1\mu+a_2\neq 0$. 从式(7.5.7)可假设 $Z(x)$是一与 $\varphi(x)$同次数的多项式，即

$$Z(x)=B_m x^m+B_{m-1}x^{m-1}+\cdots+B_1 x+B_0 \triangleq Q_m(x). \tag{7.5.8}$$

将式(7.5.8)代入恒等式 (7.5.7)并比较等式两边同次数项的系数，可确定系数 $B_i(i=0,1,\cdots,m)$. 然后将 $Z(x)$代入式(7.5.6)，可得方程(7.5.5)的特解 $y^*(x)$.

(2) μ **是一单的特征值**. 此时，

$$\mu^2+a_1\mu+a_2=0, \quad 2\mu+a_1\neq 0.$$

为使恒等式(7.5.7)的左端的次数也是 m，可令

$$Z(x)=x(B_m x^m+B_{m-1}x^{m-1}+\cdots+B_1 x+B_0)=xQ_m(x).$$

(3) μ **是二重特征值**. 这表明

$$\mu^2+a_1\mu+a_2=0, \quad 2\mu+a_1=0.$$

按照情形(2)的思想，令

$$Z(x)=x^2(B_m x^m+B_{m-1}x^{m-1}+\cdots+B_1 x+B_0)=x^2 Q_m(x).$$

例 7.5.7 求方程 $y''-5y'+6y=xe^{2x}$的通解.

解 对应齐次方程的特征方程为

$$\lambda^2-5\lambda+6=0,$$

故特征值为 $\lambda_1=2,\lambda_2=3$. 因此齐次方程的通解为

$$x=c_1e^{2x}+c_2e^{3x}.$$

现在求非齐次方程的一个特解. 由于 $\mu=2$ 是一单的特征值，故令

$$y^*=x(B_0+B_1x)e^{2x}.$$

求导后代入原方程，并化简可得

$$-2B_1x+2B_1-B_0=x.$$

比较等式两边同次幂的系数可得

$$-2B_1=1,2B_1-B_0=0,$$

从而

$$B_1=-\frac{1}{2},B_0=-1.$$

于是，所求特解为

$$y^*=-\left(x+\frac{x^2}{2}\right)e^{2x}.$$

所以，原方程的通解为

$$y=c_1e^{2x}+c_2e^{3x}-\left(x+\frac{x^2}{2}\right)e^{2x}.$$

2° $F(x)=e^{\mu x}\varphi(x)\cos vx$ 或 $F(x)=e^{\mu x}\varphi(x)\sin vx$.

这里也可以用处理情形 1°的方法. 容易证明（证明留给读者）若函数 $y=y_R(x)\pm iy_I(x)$ 是方程

$$y''+a_1(x)y'+a_2(x)y=f_1(x)\pm if_2(x),$$

一对解，其中 i 是虚数单位，则其实部与虚部，$y_R(x)$ 与 $y_I(x)$，分别是方程

$$y''+a_1(x)y'+a_2(x)y=f_1(x)$$

与

$$y''+a_1(x)y'+a_2(x)y=f_2(x)$$

的解. 因此，对于给定方程

$$y''+a_1(x)y'+a_2(x)y=e^{\mu x}\varphi(x)\cos vx \tag{7.5.9}$$

或

$$y''+a_1(x)y'+a_2(x)y=e^{\mu x}\varphi(x)\sin vx, \tag{7.5.10}$$

可先求微分方程

$$y''+a_1y'+a_2y=e^{\mu x}\varphi(x)\cos vx+ie^{\mu x}\varphi(x)\sin vx=e^{(\mu+iv)x}\varphi(x) \tag{7.5.11}$$

的特解，然后分出特解的实部与虚部，即分别是方程(7.5.9)与方程(7.5.10)的特解.

例 7.5.8　求方程 $y''+y=xe^x\cos x$ 的通解.

解　对应齐次线性方程的特征方程为

$$\lambda^2+1=0,$$

特征值为

$$\lambda=\pm i,$$

从而齐次线性方程的通解为

$$y=c_1\cos x+c_2\sin x.$$

为求原方程的特解，先求方程

$$y''+y=xe^{(1+i)x}. \tag{7.5.12}$$

由于 $\mu=1+i$ 不是特征值，令

$$y^*=(B_0+B_1x)e^{(1+i)x}.$$

将 y^* 代入式(7.5.12)，然后合并同类项，可得

$$B_1(1+2i)x+[2B_1(1+i)+2B_0i+B_0]=x.$$

比较 x 同次幂项的系数，可得

$$B_1=\frac{1}{1+2i}=\frac{1-2i}{5},B_0=-\frac{2(1+i)}{1+2i}B_1=\frac{-2+14i}{25},$$

从而

$$y^*=e^x\left(\frac{1-2i}{5}x+\frac{-2+14i}{25}\right)(\cos x+i\sin x).$$

它的实部

$$\begin{aligned}y_R^*&=e^x\left[\left(\frac{1}{5}x-\frac{2}{25}\right)\cos x+\left(\frac{2}{5}x-\frac{14}{25}\right)\sin x\right]\\&=\frac{e^x}{25}[(5x-2)\cos x+(10x-14)\sin x]\end{aligned}$$

是原方程的一个特解. 则原方程的通解为

$$y(x)=c_1\cos x+c_2\sin x+\frac{e^x}{25}[(5x-2)\cos x+(10x-14)\sin x].$$

在上例中，为求一个特解，我们需要进行复数运算.

这种方法有时候是比较复杂的. 因此，导出一种不进行复数运算就能求特解的方法颇为重要. 假设

$$y^*=x^kZ(x)e^{(\mu\pm iv)x},$$

其中，若 $\mu\pm iv$ 不是特征值，$k=0$；若 $\mu\pm iv$ 是特征值，$k=1$. 由于 $Z(x)$是与 $\varphi(x)$具有相同次数的 m 次复值多项式，可改写为

$$Z(x)=R(x)\pm iI(x).$$

于是

$$\begin{aligned}y^*&=x^k[R(x)+iI(x)]e^{\mu x}(\cos vx+i\sin vx)\\&=x^ke^{\mu x}[R(x)\cos vx-I(x)\sin vx]+ix^ke^{\mu x}[I(x)\cos vx+R(x)\sin vx],\end{aligned}$$

从而其实部与虚部分别为

$$y_R^*=x^ke^{\mu x}[R(x)\cos vx-I(x)\sin vx]\text{and } y_I^*=x^ke^{\mu x}[I(x)\cos vx+R(x)\sin vx].$$

这表明我们可直接假设一个特解为

$$y^*=x^k e^{\mu x}[Z_1(x)\cos vx+Z_2(x)\sin vx],$$

其中 $Z_1(x)$ 与 $Z_2(x)$ 都是次数与 $\varphi(x)$ 相同的实系数多项式；若 $\mu\pm \mathrm{i}v$ 不是特征值，$k=0$；若 $\mu\pm \mathrm{i}v$ 是特征值，$k=1$.

例 7.5.9　求方程 $y''-3y'+2y=x\cos x$ 满足初始条件 $y(0)=\frac{22}{25}$，$y'(0)=\frac{19}{25}$ 的特解.

解　容易求得对应齐次线性方程的通解为

$$y(x)=c_1 e^x+c_2 e^{2x}.$$

由于 $\mu=\mathrm{i}$ 不是特征值，原方程的特解可设为

$$y^*=(A_0+A_1x)\cos x+(B_0+B_1x)\sin x.$$

代入原方程并整理得

$$(A_0-3A_1-3B_0+2B_1)\cos x+(3A_0+B_0-2A_1-3B_1)\sin x+$$
$$(A_1-3B_1)x\cos x+(3A_1+B_1)x\sin x=x\cos x.$$

比较等式两边的系数有

$$A_0-3A_1-3B_0+2B_1=0, 3A_0+B_0-2A_1-3B_1=0,$$
$$A_1-3B_1=1, 3A_1+B_1=0,$$

从而

$$A_1=\frac{1}{10}, B_1=-\frac{3}{10}, A_0=-\frac{3}{25}, B_0=-\frac{17}{50}.$$

因此

$$y^*=\left(-\frac{3}{25}+\frac{1}{10}x\right)\cos x-\left(\frac{17}{50}+\frac{3}{10}x\right)\sin x.$$

需要指出，特解 $y^*(x)$ 通常不满足所给的初始条件. 因此为求所需特解，应先求其通解. 根据非齐次线性方程的通解的结构可知原方程的通解为

$$y=c_1 e^x+c_2 e^{2x}-\frac{3}{25}\cos x-\frac{17}{50}\sin x+\frac{1}{10}x\cos x-\frac{3}{10}x\sin x.$$

为求适合初始条件的特解，从上述函数 y 的微分可得

$$y'=c_1 e^x+2c_2 e^{2x}-\frac{12}{50}\cos x-\frac{9}{50}\sin x-\frac{3}{10}x\cos x-\frac{1}{10}x\sin x.$$

将初始条件代入以上两式，可得

$$c_1+c_2-\frac{3}{25}=y(0)=\frac{22}{25},$$

$$c_1+2c_2-\frac{6}{25}=y'(0)=\frac{19}{25},$$

从而

$$c_1=1, c_2=0.$$

于是，所求特解为

$$y=e^{x}+\left(-\frac{3}{25}+\frac{1}{10}x\right)\cos x-\left(\frac{17}{50}+\frac{3}{10}x\right)\sin x.$$

例 7.5.10 求方程 $y''+3y=\sin 2x$ 的特解.

解 我们可利用例 7.5.9的方法来求解.然而,由于这个方程不含 y'项,且正弦函数的二阶倒数仍是正弦函数,自然联想到可假设特解有如下形式:

$$y^{*}=A\sin 2x.$$

将其代入原方程,可得

$$(-4A+3A)\sin 2x=\sin 2x,$$

由此得

$$A=-1,$$

从而

$$y^{*}=-\sin 2x$$

是原方程的一个特解.

上述求特解的方法可推广到一般 n 阶常系数线性方程:

$$y^{(n)}+a_1y^{(n-1)}+a_2y^{(n-2)}+\cdots+a_{n-1}y'+a_ny=F(x),$$

其中 $F(x)$是 1° 或 2°中所示的函数.若 μ(或 $\mu+\mathrm{i}v$)是对应特征方程的 k 重根,$k=0,1,\cdots,n$ $\left(\text{或 } k=0,1,\cdots,\left[\frac{n}{2}\right]\right)$,则可令特解为

$$y^{*}=x^{k}Z(x)e^{\mu x}\left(\text{或 } y^{*}=x^{k}e^{\mu x}\left[Z_1(x)\cos vx+Z_2(x)\sin vx\right]\right)$$

其中 $Z(x)$,$Z_1(x)$ 与 $Z_2(x)$ 均是与 $\varphi(x)$同次数的待定多项式.

例 7.5.11 求方程 $y^{(6)}+y^{(5)}-2y^{(4)}=x-1$ 的通解.

解 对应齐次方程的特征方程为

$$\lambda^{6}+\lambda^{5}-2\lambda^{4}=\lambda^{4}(\lambda-1)(\lambda+2)=0,$$

故特征值为 $\lambda_1=0$ (4 重根),$\lambda_2=1$(单根),$\lambda_3=-2$ (单根).于是齐次线性方程的通解为

$$y=c_1e^{x}+c_2e^{-2x}+c_3x^{3}+c_4x^{2}+c_5x+c_6.$$

由于 $\mu=0$ 是 4 重特征值,故令原方程的特解为

$$y^{*}=x^{4}(Ax+B).$$

代入原方程得

$$120A-240Ax-48B=x-1,$$

比较同次幂系数,得

$$-240A=1,120A-48B=-1,$$

从而

$$A=-\frac{1}{240},B=\frac{1}{96}$$

于是,原方程的通解为

$$y=c_1e^x+c_2e^{-2x}+c_3x^3+c_4x^2+c_5x+c_6+\frac{1}{96}x^4-\frac{1}{240}x^5.$$

习题 7.5

1. 求下列方程的通解：

(1) $y''+y'-2y=0$；　(2) $y''-9y'=0$；

(3) $y''+8y'+15y=0$；　(4) $y''-6y'+9y=0$；

(5) $\frac{d^2x}{dt^2}+9x=0$；　(6) $\frac{d^2x}{dt^2}+x=0$；

(7) $y''-5y+6y=0$；　(8) $y''-4y'+5y=0$；

(9) $4\frac{d^2x}{dt^2}-20\frac{dx}{dt}+25x=0$；　(10) $\frac{d^2x}{dt^2}+2\frac{dx}{dt}+2x=0$；

(11) $y'''-3ay''+3a^2y'-a^3y=0$；　(12) $y^{(4)}+2y''+y=0$.

2. 求下列方程满足给定初始条件的特解：

(1) $y''-y=0,y|_{x=0}=0,y'|_{x=0}=1$；

(2) $y''+2y'+2y=0,y|_{x=0}=1,y'|_{x=0}=-1$；

(3) $4y''+4y'+y=0,y|_{x=0}=2,y'|_{x=0}=0$；

(4) $y''+4y'+29y=0,y|_{x=0}=0,y'|_{x=0}=15$；

(5) $y''+2y'+10y=0,y|_{x=0}=1,y'|_{x=0}=2$；

(6) $y^{(4)}-a^4y=0\ (a>0),y|_{x=0}=1,y'|_{x=0}=0,y''|_{x=0}=-a^2,y'''|_{x=0}=0$.

3. 写出下列方程具有待定系数的特解形式：

(1) $y''-5y'+4y=(x^2+1)e^x$；(2) $x''-6x'+9x=(2t+1)e^{3t}$；

(3) $y''-4y'+8y=3e^x\sin x$；　(4) $y''+a_1y'+a_2y=A$，其中 a_1,a_2,A 是常数.

4. 求下列各方程通解或满足初始条件的特解：

(1) $2y''+y'-y=2e^x$；　(2) $y''+a^2y=e^x$；

(3) $y''-7y'+12y=x$；　(4) $y''-3y'=-6x+2$；

(5) $2y''+5y'=5x^2-2x-1$；　(6) $y''+3y'+2y=3xe^{-x}$；

(7) $y''-2y'+5y=e^x\sin 2x$；　(8) $y''-6y'+9y=(x+1)e^{3x}$；

(9) $y''-4y'+4y=x^2e^{2x}$；　(10) $y''+4y=x\cos x$；

(11) $y''+4y=\cos 2x,y(0)=0,y'(0)=2$；

(12) $y''-10y'+9y=e^{2x},y(0)=\frac{6}{7},y'(0)=\frac{33}{7}$.

7.6 *欧拉微分方程

一般地，高于一阶的非线性微分方程用初等方法求解是比较困难的.然而，一些特殊类型的方程可通过适当的变换把它化成常系数线性微分方程，从而使求解问题变得简单.下面，我们将介绍在后续课程中颇有用处的一类方程——欧拉微分方程.

具有如下形式的方程

$$x^n\frac{\mathrm{d}^n y}{\mathrm{d}x^n}+a_1x^{n-1}\frac{\mathrm{d}^{n-1}y}{\mathrm{d}x^{n-1}}+\cdots+a_{n-1}x\frac{\mathrm{d}y}{\mathrm{d}x}+a_ny=f(x)$$

称为**欧拉方程**，其中 $a_1,a_2,\cdots,a_n$ 都是常数.

这类方程可通过变换

$$x=\mathrm{e}^{\tau}\text{或 }\tau=\ln x$$

化为常系数线性微分方程，下面通过例子具体说明.

例 7.6.1 求方程 $x^2y''-xy'+y=0$ 的通解.

解 这是一个欧拉微分方程.令

$$x=\mathrm{e}^{\tau}\text{或 }\tau=\ln x$$

从而
$$\frac{\mathrm{d}y}{\mathrm{d}x}=\frac{\mathrm{d}y}{\mathrm{d}\tau}\frac{\mathrm{d}\tau}{\mathrm{d}x}=\frac{1}{x}\frac{\mathrm{d}y}{\mathrm{d}\tau},\frac{\mathrm{d}^2y}{\mathrm{d}x^2}=\frac{1}{x^2}\left(\frac{\mathrm{d}^2y}{\mathrm{d}\tau^2}-\frac{\mathrm{d}y}{\mathrm{d}\tau}\right).$$

代入原方程，化简可得

$$\frac{\mathrm{d}^2y}{\mathrm{d}\tau^2}-2\frac{\mathrm{d}y}{\mathrm{d}\tau}+y=0.$$

这是一个二阶常系数齐次线性微分方程，容易求得其通解为

$$y=(c_1\tau+c_2)\mathrm{e}^{\tau}.$$

把变量 τ 换成 $\ln x$ 可得原方程的通解为

$$y=(c_1\ln x+c_2)x.$$

例 7.6.2 求方程

$$(x+2)^2\frac{\mathrm{d}^3y}{\mathrm{d}x^3}+(x+2)\frac{\mathrm{d}^2y}{\mathrm{d}x^2}+\frac{\mathrm{d}y}{\mathrm{d}x}=1$$

的通解.

解 令 $x+2=t$，原方程化为

$$t^2\frac{\mathrm{d}^3y}{\mathrm{d}t^3}+t\frac{\mathrm{d}^2y}{\mathrm{d}t^2}+\frac{\mathrm{d}y}{\mathrm{d}t}=1.$$

这不是欧拉方程，但两边乘以 t 就可化成欧拉方程，即

$$t^3\frac{\mathrm{d}^3y}{\mathrm{d}t^3}+t^2\frac{\mathrm{d}^2y}{\mathrm{d}t^2}+t\frac{\mathrm{d}y}{\mathrm{d}t}=t.$$

再令 $t=e^{\tau}$，欧拉方程可化为

$$\frac{d^3y}{d\tau^3}-2\frac{d^2y}{d\tau^2}+2\frac{dy}{d\tau}=e^{\tau}.$$

易求得它的通解为

$$y=c_0+e^{\tau}(c_1\cos\tau+c_2\sin\tau)+e^{\tau}.$$

所以，原方程的通解为

$$y=c_0+(x+2)[c_1\cos\ln(x+2)+c_2\sin\ln(x+2)+1].$$

习题 7.6

求下列方程的通解：

(1) $x^2y''+xy'-y=0$；　　(2) $x^2y''-2y=0$；

(3) $y''-\frac{y'}{x}+\frac{y}{x^2}=\frac{2}{x}$；　　(4) $x^2y''-2xy'+2y=\ln^2x-2\ln x$；

(5) $x^3y'''+3x^2y''-2xy'+2y=0$；　　(6) $x^2y''+xy'-4y=x^3$；

(7) $x^3y'''+xy'-y=3x^4$；　　(8) $x^3y'''-x^2y''+2xy'-2y=x^3+3x$.

7.7　微分方程的应用

微分方程是运用数学知识，特别是微积分学去解决实际问题的一个重要渠道. 现在，微分方程在很多学科领域内有着重要的应用，如电磁场问题、自动控制、各种电子学装置的设计、弹道的计算、飞机和导弹飞行的稳定性的研究、化学反应过程稳定性的研究等. 这些问题都可以化为求常微分方程的解，或者化为研究解的性质的问题. 本节我们介绍微分方程在一些实际问题中的应用，首先需要建立数学模型，即根据实际问题的背景和相关知识建立适当的微分方程及其初始条件，然后再求微分方程满足一定条件的解.

例 7.7.1　设一平面曲线上任一点 P 到原点的距离等于点 P 与点 Q 之间的距离，其中 Q 点是曲线过点 P 的切线与 x 轴的交点. 求该平面曲线的方程（见图 7.7.1）.

解　设 $P(x,y)$ 是所求曲线 $y=f(x)$ 上任意一点. 根据假设可知确定曲线方程的条件是

$$|OP|=|PQ|. \tag{7.7.1}$$

为求 $|PQ|$ 的长度，我们先写出切线 PQ 的方程：

$$Y-y=y'(X-x).$$

其中(X,Y)是切线上的动点.

令$Y=0$,交点Q横坐标为

$$X=x-\frac{y}{y'},$$

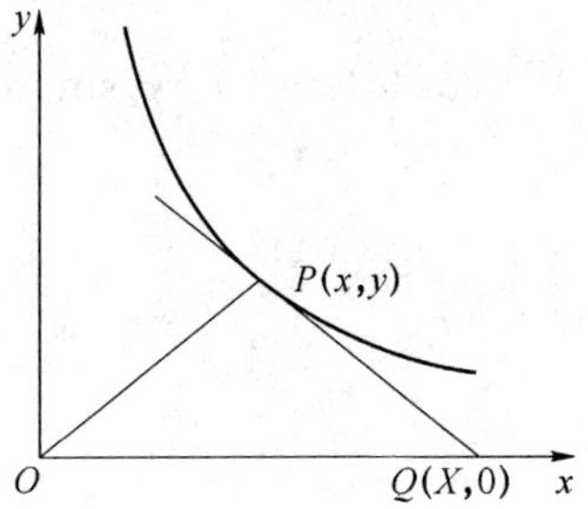

图 7.7.1

从而 $PQ=\sqrt{(x-X)^2+y^2}=\sqrt{\left(\frac{y}{y'}\right)^2+y^2}$.

因此,条件(7.7.1)的坐标表示为

$$\sqrt{x^2+y^2}=\sqrt{\left(\frac{y}{y'}\right)^2+y^2}.$$

化简可得

$$x^2=\left(\frac{y}{y'}\right)^2 \text{或 } y'=\pm\frac{y}{x}.$$

易得方程的通解为

$$y=Cx \text{ 或 } y=\frac{C}{x}.$$

显然,这两族曲线都满足题意要求.一族是双曲线 $y=\frac{C}{x}$,另一族是射线 $y=Cx$.

例 7.7.2 求例 7.4.1 中建立的微分方程并加以讨论.

解 例 7.4.1 中的微分方程是

$$x''+2\delta x'+\omega^2 x=h\sin pt, \tag{7.7.2}$$

其中 $\delta=\frac{\mu}{2m}$,$\omega=\sqrt{\frac{k}{m}}$,$h=\frac{H}{m}$.这里 μ 是介质的阻尼系数,m 为物体的质量,k 为弹簧的弹性系数,且 $h\sin pt$ 为周期变化的外界强迫力.这一方程称为强迫振动方程,对应齐次方程

$$y''+2\delta y'+\omega^2 y=0 \tag{7.7.3}$$

被称为自由振动方程.

1. 自由振动

考虑齐次方程(7.7.3). 它的特征方程为

$$\lambda^2+2\delta\lambda+\omega^2=0,$$

故特征值为

$$\lambda_1=-\delta+\sqrt{\delta^2-\omega^2},\lambda_2=-\delta-\sqrt{\delta^2-\omega^2}.$$

下面分三种情况讨论：

(1) $\delta^2-\omega^2>0$. 此时，方程(7.7.3)的通解为

$$x=c_1\mathrm{e}^{\lambda_1 t}+c_2\mathrm{e}^{\lambda_2 t}(\lambda_1<0,\lambda_2<0).$$

它满足当 $t\to+\infty$ 时，$x\to0$. 这说明不会产生振动（见图 7.7.2).

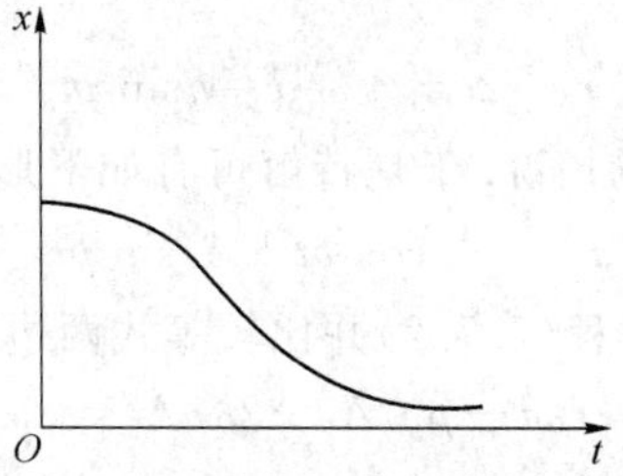

图 7.7.2

(2) $\delta^2-\omega^2=0$. 则 $\lambda_1=\lambda_2=-\delta$，因此通解为

$$x=(c_1+c_2t)\mathrm{e}^{-\delta t}.$$

当 $t\to+\infty$ 时，$x\to0$，但不如之前情况迅速，这是由于 c_1+c_2t 项(见图 7.7.2).

(3) $\delta^2-\omega^2<0$. 此时，有一对共轭复的特征根

$$\lambda_{1,2}=-\delta\pm\mathrm{i}\sqrt{\omega_2-\delta_2},$$

则其通解为

$$\begin{aligned}x&=\mathrm{e}^{-\delta t}(c_1\cos\sqrt{\omega^2-\delta^2}\,t+c_2\sin\sqrt{\omega^2-\delta^2}\,t)\\&=A\mathrm{e}^{-\delta t}\sin(\sqrt{\omega^2-\delta^2}\,t+\varphi),\end{aligned}$$

其中 $A=\sqrt{c_1^2+c_2^2}$ 及 $\varphi=\arctan\dfrac{c_1}{c_2}$都是任意常数.

① $\delta\neq0$. 当 $t\to+\infty$ 时，运动的振幅 $A\mathrm{e}^{-\delta t}$ 逐渐趋于零，这是一阻尼振动（见图 7.7.3).

② $\delta=0$. 则有

$$x=A\sin(\sqrt{\omega^2-\delta^2}\,t+\varphi).$$

这种振动称为谐振动.

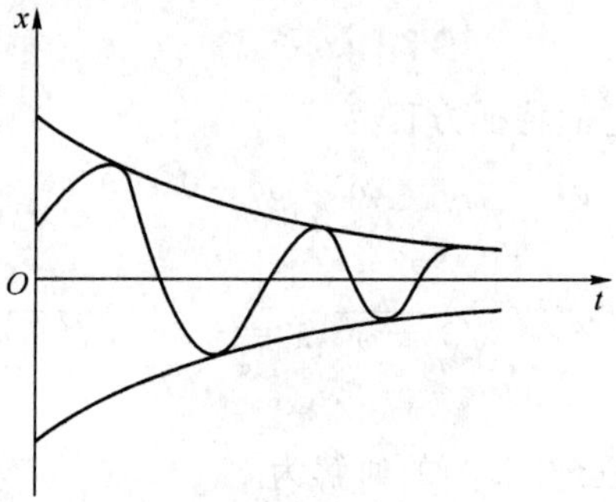

图 7.7.3

2. 强迫振动

方程形如

$$x''+2\delta x'+\omega^2 x=h\sin pt.$$

我们只考虑 $\delta\neq 0$ 且 $\delta^2-\omega^2<0$ 的情况. 于是特解可有如下形式：

$$x^*=A_1\cos pt+A_2\sin pt,$$

由于 $\mathrm{i}p$ 不是特征根. 将其代入方程(7.7.2)并比较等式两边的系数可得

$$\begin{cases}(\omega^2-p^2)A_1+2\delta pA_2=0,\\(\omega^2-p^2)A_2-2\delta pA_1=h,\end{cases}$$

从而

$$A_1=-\frac{2\delta ph}{(\omega^2-p^2)^2+4\delta^2p^2},A_2=\frac{h(\omega^2-p^2)}{(\omega^2-p^2)^2+4\delta^2p^2}.$$

于是

$$x^*=\frac{h(\omega^2-p^2)}{(\omega^2-p^2)^2+4\delta^2p^2}\sin pt-\frac{2\delta ph}{(\omega^2-p^2)^2+4\delta^2p^2}\cos pt=B\sin(pt-\psi),$$

其中

$$B=\frac{h}{\sqrt{(\omega^2-p^2)^2+4\delta^2p^2}},\psi=\arctan\frac{2p\delta}{\omega^2-p^2}.$$

所以强迫振动方程的通解为

$$x=A\mathrm{e}^{-\delta t}\sin(\sqrt{\omega^2-\delta^2}\,t+\varphi)+B\sin(pt-\psi).$$

通解的第一项随着 t 的增加而减小，即

$$x\approx x^*=B\sin(pt-\psi),t\gg 1.$$

换句话说，它主要取决与外界强迫力的作用. 这里 p 是强迫力周期运动的频率.

当阻尼 μ 很小时，振动的振幅为

$$B=\frac{h}{\sqrt{(\omega^2-p^2)^2+4\delta^2p^2}}\approx\frac{h}{|\omega^2-p^2|}.$$

显然，当外界强迫力的频率接近弹簧的固有频率时振幅 B 将会很大. 这时就会产生所谓的共

振现象. 共振现象在很多问题中有很大的破坏作用. 它可能引起机器损坏、桥梁折断以及建筑物倒塌等严重事故. 例如,1831 年一队士兵以整齐的步伐通过英国曼彻斯特附近的布劳顿吊桥时,由于整齐的步伐产生了周期性的外力,且这个外力的频率非常接近吊桥的固有频率,从而引起了共振,导致了吊桥的倒塌.

因此,在一些工程问题中,常常需要事先算出固有频率,从而调整有关参数并采取各种措施避免共振现象的发生.

另外,有时共振又很有用. 例如,收音机与电视机必须要调节频率使之与所接收的电台、电视台广播频率相同,产生共振,才能收到所需要的信息.

习题 7.7

1. 一曲线过点(1,0)且曲线上任一点 $P(x,y)$处的切线在 y 轴上的截距等于 P 点与原点的距离. 求该曲线的方程.

2. 一曲线过点(2,8). 两坐标轴及曲线上任意一点(x,y)分别向两坐标轴所作的垂线围成一矩形. 该曲线将此矩形分成两部分,其中一部分的面积是另一部分的两倍. 求该曲线的方程.

3. 设一降落伞质量为 m,启动时的初速度为 v_0. 若空气阻力与速度成正比,求降落伞的速度 v 与时间 t 的关系.

4. 一容器内有含 1 kg 盐的 10 L 盐溶液. 现在以 3 L/min 的速度向里注水,同时以 2 L/min 的速度向外抽取盐溶液. 求一小时后容器内的含盐总量.

5. 根据经济学原理,市场上商品价格的变化率与需求量和供应量的差成正比. 设一特定商品,供应量为 Q_1,需求量为 Q_2,它们分别是价格 P 的下列线性函数:

$$Q_1=-a+bP;Q_2=c-\mathrm{d}P,$$

其中 a,b,c,d 均为正实数. 求商品价格变化率与时间 t 的关系.

6. 令 $y(t)$表示时刻 t 时鱼缸内水的高度,$V(t)$表示水的体积. 水从鱼缸底部的面积为 a 的小孔漏出. 托里拆利定律指出

$$\frac{\mathrm{d}V}{\mathrm{d}t}=-a\sqrt{2gy},$$

其中 g 是重力加速度.

(1) 设鱼缸是一高 6 m、半径 2 m 的圆柱体,$g=980\ \mathrm{cm/s^2}$,小孔是半径为 1 cm 的圆形孔. 证明 y(以厘米为单位)满足如下微分方程:

$$\frac{\mathrm{d}y}{\mathrm{d}t}=-\frac{7\sqrt{10}}{288}y;$$

(2) 设在时刻 $t=0$ 时鱼缸是满的,求在时刻 t 时水的高度,及将水排完所需的时间.

7. 学习曲线是指描述一个人学习新技能的能力 $y(t)$的曲线图. 设 M 是一个人学习新技

能能力的最大值，且比例$\frac{dy}{dt}$满足

$$\frac{dy}{dt}=a[M-y(t)],$$

其中 a 正常数.求此学习曲线，假设 $y(0)=0$.

8. 探照灯的反射镜是由一旋转曲面绕一平面曲线形成的.它要求通过反射后所有从光源处发出的光变成与旋转轴平行光束.

(1) 求平面曲线的方程；

(2) 设计一探照灯使得交叉面的最大半径为 R，最大深度为 H.求平面曲线的方程.

9. 根据下列两种情况，建立肿瘤增长的数学模型并求解.

(1) 设肿瘤体积增长率正比于 V_b，其中 V 是肿瘤的体积，b 是常数.开始时，肿瘤的体积是 V_0.当 $b=\frac{2}{3}$及 $b=1$ 时，求肿瘤体积 V 的变化率.用 t 表示.若 $b=1$，肿瘤体积增大一倍需多长时间？

(2) 设肿瘤体积的增长率的形式是 $k(t)V$，这里$k(t)$是时间 t 的减函数，$k(t)$在 t 时刻的变化率正比于 $k(t)$的值.求函数 $V(t)$，肿瘤增长一倍所需时间及体积增长的上限.

10. 设一物体以初速度 ν_0 沿斜面下滑.设斜面的倾角为 θ，且物体与斜面的摩擦系数为 μ.证明物体下滑的距离随时间 t 的变化规律为

$$s=\frac{1}{2}g(\sin\theta-\mu\sin\theta)t^2+\nu_0 t.$$

11. 一质量为 m 的质点，由静止初始状态沉入液体.下沉时液体的阻力与下沉的速度成正比.求质点的运动规律.

第 8 章

向量与空间解析几何

这一章介绍向量和空间解析几何的基本概念. 这些概念不仅对第 9 章多元函数的微分学的学习很重要,而且可以应用到物理、机械等其他学科以及工程领域.

8.1 平面向量和空间向量

8.1.1 向量

自然界中的某些量既有大小又有方向. 例如,力由其大小和作用方向确定,它不可能仅由大小或者仅由作用方向确定;运动物体的速度用速度大小和运动方向来描述.

向量理论的建立最初用于处理涉及力和速度的问题. 用有向线段表示力(或者速度)很自然. 力的大小(或者运动物体的速度快慢)用线段的长度表示,而力的方向(或者运动方向)用箭头和线段的位置表示. 因此,向量最初就定义为有向线段,然后人们将它进行了推广和加工,从代数的角度将向量定义为 n 元有序数组,写作$[\nu_1,\nu_2,\cdots,\nu_n]$. 现在,向量作为线性代数的一个术语,被定义为线性空间的元素,与有向线段已经没有太多直观上的联系.

尽管向量的代数定义在表示的简单化和有效性方面有诸多好处,但以这种方式介绍向量可能让人感觉不到定义的来源,并且很难将理论与几何问题或物理问题联系起来,因此我们更倾向于向量的几何定义.

定义 8.1.1 向量是是一个既有大小又有方向的量,它通常用一条有向线段来表示.

我们将用黑体字母或者明确的起点和终点来表示向量.

这样图 8.1.1 中的向量从 O 到 P,用$\overrightarrow{OP}$或者 $\boldsymbol{a}$ 来表示. 点 O 称为这个向量的起点,点 P 称为它的终点.

定义 8.1.2 如果两个向量 $\boldsymbol{a}$ 和 $\boldsymbol{b}$ 具有相同的大小和方向,则称它们为**相等**,记为 $\boldsymbol{a}=\boldsymbol{b}$. 向量 $\boldsymbol{b}$ 的负向量,是指与向量 $\boldsymbol{b}$ 有相同大小,但方向相反的向量,记作$-\boldsymbol{b}$.

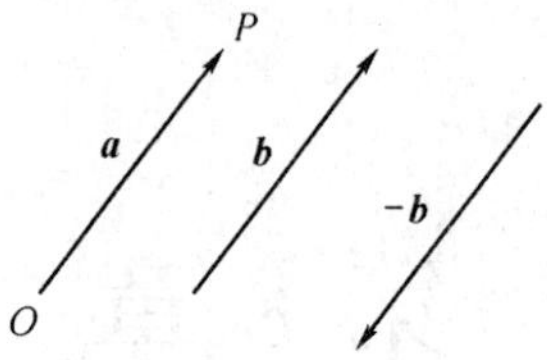

图 8.1.1

根据上面的定义，我们知道大小相同但方向不同的向量是不同的向量. 同时，方向相同但大小不同的向量也是不同的向量.

值得注意的是，一个点可以看作是长度为零的向量. 因为点没有特定的方向，与我们前面定义的向量有点不同，因此在定义 8.1.1 中我们补充一个特殊的向量，记作 $\mathbf{0}$ ，称为零向量. 由定义知，零向量是唯一的长度为 0 的向量. 当我们谈到向量时，一个向量为零向量的条件是当且仅当这个向量的起点和终点是重合的. 向量 $\boldsymbol{a}$ 的长度或者大小记作 $|\boldsymbol{a}|$ ，它总是个非负数. 长度为 1 的向量称为单位向量. 如果 $\boldsymbol{a}\neq\mathbf{0}$，那么 $\frac{\boldsymbol{a}}{|\boldsymbol{a}|}$ 是一个与向量 $\boldsymbol{a}$ 同方向的单位向量. 两个非零向量 $\boldsymbol{a}$ 和 $\boldsymbol{b}$ 如果具有相同或者相反的方向，则称它们平行或者共线，记作 $\boldsymbol{a}//\boldsymbol{b}$. 在此情形下，通过平行移动，可以将 $\boldsymbol{a}$ 和 $\boldsymbol{b}$ 移到同一条线上. 因为零向量的方向是任意的，所以对于任意一个向量 $\boldsymbol{a}$，我们都有 $\mathbf{0}//\boldsymbol{a}$. 如果两个非零向量 $\boldsymbol{a}$ 和 $\boldsymbol{b}$ 的方向垂直，那么称它们是垂直的或者正交的，记作 $\boldsymbol{a}\perp\boldsymbol{b}$. 对于向量 $\boldsymbol{a}_1,\boldsymbol{a}_2,\cdots,\boldsymbol{a}_k(k\geqslant 3)$，如果当它们的起点移动到同一点时，它们的终点和起点在同一个平面上，则称它们共面.

8.1.2 向量的运算

在创造一个数学理论时，对于一些新引入的量，我们必须从判定其加、减、乘等运算的意义出发. 向量的加、减、乘不同于实数的相应运算. 这些新运算可以为研究力、速度等其他物理概念提供合适的理论.

定义 8.1.3 设 $\boldsymbol{a}$ 和 $\boldsymbol{b}$ 是两个向量，从 $\boldsymbol{a}$ 的终点画一个等于 $\boldsymbol{b}$ 的向量，那么 $\boldsymbol{a}$ 与 $\boldsymbol{b}$ 的和 $\boldsymbol{a}+\boldsymbol{b}$ 是从 $\boldsymbol{a}$ 的起点指向 $\boldsymbol{b}$ 的终点的向量.

这个定义可以用图 8.1.2 解释. 注意在做向量的和时向量不需要是平行的或者垂直的. 向量的和通常称为合力，每个和项称为合力的分量. 我们用三个向量 $\boldsymbol{a}$，$\boldsymbol{b}$ 以及 $\boldsymbol{a}+\boldsymbol{b}$ 作一个三角形，称为**向量三角形**. 这种方法常常在物理学中使用. 例如，两个力作用在一个物体上等于其合力单独作用在这个物体上.

定理 8.1.4 向量加法满足交换律，即两个向量的和与加法的顺序无关.

证明 对于任意两个向量 $\boldsymbol{a}$ 和 $\boldsymbol{b}$，下证 $\boldsymbol{a}+\boldsymbol{b}=\boldsymbol{b}+\boldsymbol{a}$. 参见图 8.1.3，当产生向量的和 $\boldsymbol{a}+\boldsymbol{b}$ 时，$\boldsymbol{a}$ 和 $\boldsymbol{b}$ 是平行四边形的下半部分，而当产生向量的和 $\boldsymbol{b}+\boldsymbol{a}$ 时，$\boldsymbol{a}$ 和 $\boldsymbol{b}$ 是同一个平行四边形的上半部

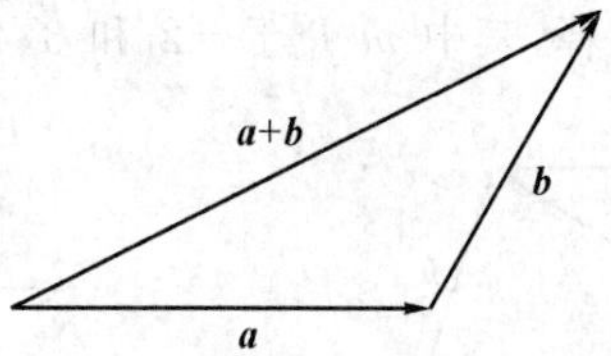

图 8.1.2

分,因此 $\boldsymbol{a}+\boldsymbol{b}$ 和 $\boldsymbol{b}+\boldsymbol{a}$ 是这个平行四边形的同一条对角线,故等式成立.

定理 8.1.5　对任意向量 $\boldsymbol{a}$,有

$$\boldsymbol{0}+\boldsymbol{a}=\boldsymbol{a}+\boldsymbol{0}=\boldsymbol{a}.$$

证明　由零向量和向量加法的定义易得.

定理 8.1.6　向量加法满足结合律.

证明　设 $\boldsymbol{a},\boldsymbol{b},\boldsymbol{c}$ 是三个向量,下证

$$(\boldsymbol{a}+\boldsymbol{b})+\boldsymbol{c}=\boldsymbol{a}+(\boldsymbol{b}+\boldsymbol{c}).$$

由图 8.1.4 知 $\overrightarrow{OE}=\boldsymbol{a}+\boldsymbol{b}$,然后加 $\boldsymbol{c}$ 得到

$$\overrightarrow{OF}=(\boldsymbol{a}+\boldsymbol{b})+\boldsymbol{c}.$$

同理,$\overrightarrow{DF}=\boldsymbol{b}+\boldsymbol{c}$,然后加 $\boldsymbol{a}$ 得到$\overrightarrow{OF}=\boldsymbol{a}+(\boldsymbol{b}+\boldsymbol{c})$,故两个向量和 $(\boldsymbol{a}+\boldsymbol{b})+\boldsymbol{c}$ 与 $\boldsymbol{a}+(\boldsymbol{b}+\boldsymbol{c})$ 有相同合力,从而向量加法满足结合律.

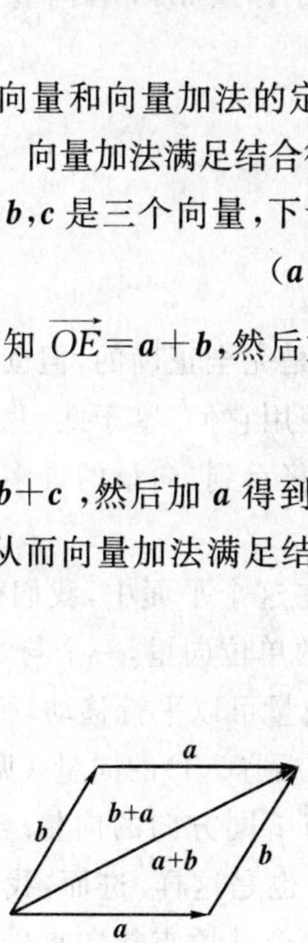

图 8.1.3

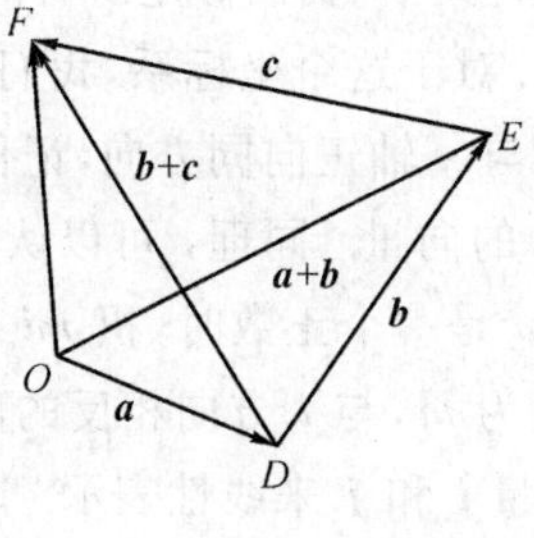

图 8.1.4

定义 8.1.7　向量 $\boldsymbol{a}$ 与向量 $\boldsymbol{b}$ 之差等于 $\boldsymbol{a}$ 与 $\boldsymbol{b}$ 的负向量之和,即

$$\boldsymbol{a}-\boldsymbol{b}=\boldsymbol{a}+(-\boldsymbol{b}).$$

参见图 8.1.5 中的平行四边形 $OPQR$,从 O 到 P 的向量等于 $\boldsymbol{a}-\boldsymbol{b}$,从 R 到 Q 的向量也等于 $\boldsymbol{a}-\boldsymbol{b}$,因此,如果 $\boldsymbol{a}$ 和 $\boldsymbol{b}$ 的起点相同,那么从 $\boldsymbol{b}$ 的终点指向 $\boldsymbol{a}$ 的终点的向量就是 $\boldsymbol{a}-\boldsymbol{b}$. 如果我们将向量 $\boldsymbol{a}$ 加到它自身上,那么得到相同方向上的一个向量,只是长度是 $\boldsymbol{a}$ 的两倍,记作 $\boldsymbol{a}+\boldsymbol{a}=2\boldsymbol{a}$. 当数字和向量同时出现时,为了区别,我们把数字称为标量或者数量.

定义 8.1.8　标量 m 和向量 $\boldsymbol{a}$ 的 **积**,记作 $m\boldsymbol{a}$. 当 m 是正数时,其积是一个与 $\boldsymbol{a}$ 同方向,长度是 $\boldsymbol{a}$ 的 m 倍的向量;当 m 是负数时,其积是一个与 $\boldsymbol{a}$ 方向相反,长度是 $\boldsymbol{a}$ 的 m 倍的向量.

这个定义可以用图 8.1.6 解释，其中 m 介于 -2 和 $3/4$ 之间.

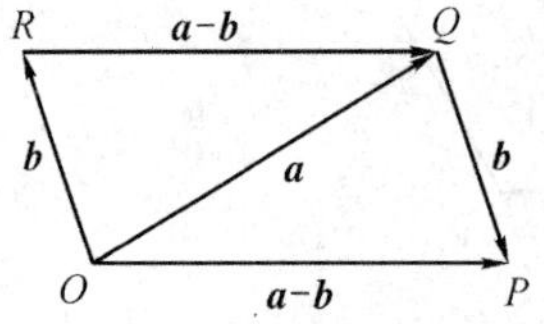

图 8.1.5

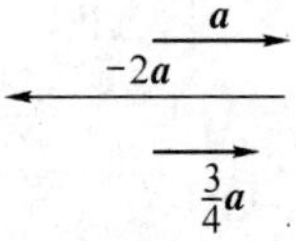

图 8.1.6

定理 8.1.9 标量与向量的乘法满足分配律，即对于标量 m,n 和向量 $\boldsymbol{a},\boldsymbol{b}$，我们有

$$m(\boldsymbol{a}+\boldsymbol{b})=m\boldsymbol{a}+m\boldsymbol{b} \tag{8.1.1}$$

和

$$(m+n)\boldsymbol{a}=m\boldsymbol{a}+n\boldsymbol{a}. \tag{8.1.2}$$

8.1.3 平面向量

在前面的几小节中，尽管我们向量的引入在逻辑上是完全正确的，但读者可能仍然有疑问：因为不清楚如何使用向量进行计算，因此无法真正使用它们. 鉴于此，我们现在所需要的是向量的表示方法. 事实上，坐标系是一个好办法，我们将看到，向量的许多运算通过坐标系来操作将有很多好处.

在本小节的后文中，我们假定所有的向量都共面. 在这个平面中，我们引入通常的 x 坐标轴和 y 坐标轴. 对于这个坐标系，我们引入两个特殊的单位向量，一个与 x 轴正向同方向，记作 $\boldsymbol{i}$；另外一个与 y 轴正向同方向，记作 $\boldsymbol{j}$. 因为每个向量可以平行移动，所以可以认为 $\boldsymbol{i}$ 是从(0,0)到 (1,0)的向量. 同理，可以认为 $\boldsymbol{j}$ 是从 (0,0) 到(0,1)的向量（见图 8.1.7).

由定义，当 m 是一个正数时，积 $m\boldsymbol{i}$ 是长度为 m，与 $\boldsymbol{i}$ 同方向的向量. 当 m 是一个负数时，积 $m\boldsymbol{i}$ 是长度为 m，与 $\boldsymbol{i}$ 方向相反的向量. 同理，$m\boldsymbol{j}$ 也是这样. 进而，我们发现任何向量都可以用单位向量 $\boldsymbol{i}$ 和 $\boldsymbol{j}$ 来线性表示. 事实上，设 $\boldsymbol{v}$ 是一个从原点指向点(a,b)的向量，如图 8.1.8所示. 显然，$a\boldsymbol{i}$ 和 $b\boldsymbol{j}$ 是给定向量的水平分量和垂直分量，故 $\boldsymbol{v}=a\boldsymbol{i}+b\boldsymbol{j}$. 向量 $a\boldsymbol{i}$ 称为 $\boldsymbol{v}$ 的 x **分量**，$b\boldsymbol{j}$ 称为 $\boldsymbol{v}$ 的 $\boldsymbol{y}$ **分量**. 向量 $a\boldsymbol{i}$ 也称为 $\boldsymbol{v}$ 在 x 轴上的 **投影向量**，$b\boldsymbol{j}$ 称为 $\boldsymbol{v}$ 在 y 轴上的**投影向量**. 标量 a 和 b 分别称为 $\boldsymbol{v}$ 在 x 轴和 y 轴上的**投影**.

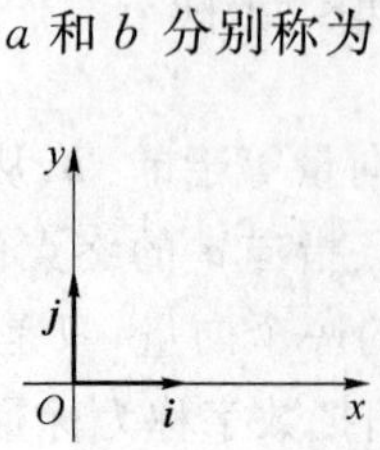

图 8.1.7

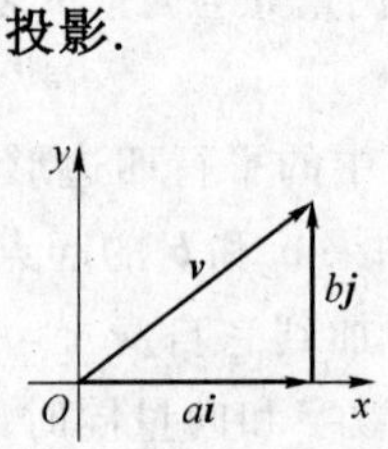

图 8.1.8

对于向量 $\boldsymbol{v}$,我们可以用平行四边形定理去求 $\boldsymbol{v}$ 的长度. 因为 $\boldsymbol{v}$ 的 x 分量长度是 a,$\boldsymbol{v}$ 的 y 分量长度是 b,所以我们有

$$|\boldsymbol{v}|=\sqrt{a^2+b^2}.$$

向量 $\boldsymbol{v}$ 除以 $|\boldsymbol{v}|$ 的结果是一个与 $\boldsymbol{v}$ 同向的单位向量. 例如,对于向量 $\boldsymbol{v}=\boldsymbol{i}-\boldsymbol{j}$,其长度为

$$|\boldsymbol{v}|=\sqrt{1^2+1^2}=\sqrt{2},$$

因此

$$\frac{\boldsymbol{v}}{|\boldsymbol{v}|}=\frac{\boldsymbol{i}-\boldsymbol{j}}{\sqrt{2}}=\frac{\sqrt{2}}{2}\boldsymbol{i}-\frac{\sqrt{2}}{2}\boldsymbol{j}$$

是一个与 $\boldsymbol{i}-\boldsymbol{j}$ 同向的单位向量.

定理 8.1.10　如果 $\boldsymbol{v}_1=a_1\boldsymbol{i}+b_1\boldsymbol{j}$, $\boldsymbol{v}_2=a_2\boldsymbol{i}+b_2\boldsymbol{j}$,那么

$$\boldsymbol{v}_1+\boldsymbol{v}_2=(a_1+a_2)\boldsymbol{i}+(b_1+b_2)\boldsymbol{j} \tag{8.1.3}$$

且

$$\boldsymbol{v}_1-\boldsymbol{v}_2=(a_1-a_2)\boldsymbol{i}+(b_1-b_2)\boldsymbol{j}. \tag{8.1.4}$$

证明　由定理 8.1.4、定理 8.1.6 以及定理 8.1.9 ,我们有

$$\begin{aligned}\boldsymbol{v}_1+\boldsymbol{v}_2&=(a_1\boldsymbol{i}+b_1\boldsymbol{j})+(a_2\boldsymbol{i}+b_2\boldsymbol{j})\\&=a_1\boldsymbol{i}+b_1\boldsymbol{j}+a_2\boldsymbol{i}+b_2\boldsymbol{j}\\&=(a_1+a_2)\boldsymbol{i}+(b_1+b_2)\boldsymbol{j}.\end{aligned}$$

我们将式 (8.1.4)的证明留给读者.

值得注意的是,如果 $P_1(x_1,y_1)$ 和 $P_2(x_2,y_2)$ 是两个点,那么

$$\overrightarrow{P_1P_2}=(x_2-x_1)\boldsymbol{i}+(y_2-y_1)\boldsymbol{j}.$$

这很容易理解,因为假定 O 是原点,那么

$$\overrightarrow{OP_1}=x_1\boldsymbol{i}+y_1\boldsymbol{j},\overrightarrow{OP_2}=x_2\boldsymbol{i}+y_2\boldsymbol{j},\text{且 }\overrightarrow{P_1P_2}=\overrightarrow{OP_2}-\overrightarrow{OP_1}.$$

定理 8.1.11　设 $\boldsymbol{v}=a\boldsymbol{i}+b\boldsymbol{j}$,m 是任意数,那么 $m\boldsymbol{v}=(ma)\boldsymbol{i}+(mb)\boldsymbol{j}$.

证明　由定理 8.1.9 和 $(mn)\boldsymbol{v}=m(n\boldsymbol{v})$易得.

例 8.1.12　给定 $\boldsymbol{a}=4\boldsymbol{i}+3\boldsymbol{j}$, $\boldsymbol{b}=-2\boldsymbol{i}+\boldsymbol{j}$,求 $3\boldsymbol{a}$, $-4\boldsymbol{b}$,$3\boldsymbol{a}-4\boldsymbol{b}$ 及 $3\boldsymbol{a}+4\boldsymbol{b}$.

解　由定理 8.1.10 和定理 8.1.11 ,我们有

$$\begin{gathered}3\boldsymbol{a}=3(4\boldsymbol{i}+3\boldsymbol{j})=12\boldsymbol{i}+9\boldsymbol{j},\\-4\boldsymbol{b}=-4(-2\boldsymbol{i}+\boldsymbol{j})=8\boldsymbol{i}-4\boldsymbol{j},\\3\boldsymbol{a}-4\boldsymbol{b}=(12\boldsymbol{i}+9\boldsymbol{j})+(8\boldsymbol{i}-4\boldsymbol{j})=20\boldsymbol{i}+5\boldsymbol{j},\\3\boldsymbol{a}+4\boldsymbol{b}=(12\boldsymbol{i}+9\boldsymbol{j})+4(-2\boldsymbol{i}+\boldsymbol{j})=4\boldsymbol{i}+13\boldsymbol{j}.\end{gathered}$$

例 8.1.13　求连接点 $P(-2,4)$ 和 $Q(8,2)$线段中点的坐标.

解 我们先求从原点到该线段中点的向量，它等于从原点到点 P 的向量加上从 P 到 Q 的向量的一半（见图 8.1.9）. 从原点到 P 和 Q 的向量分别记作 $\boldsymbol{a}$ 和 $\boldsymbol{b}$，则有

$$\boldsymbol{a}=-2\boldsymbol{i}+4\boldsymbol{j},$$
$$\boldsymbol{b}=8\boldsymbol{i}+2\boldsymbol{j},$$
$$\boldsymbol{b}-\boldsymbol{a}=10\boldsymbol{i}-2\boldsymbol{j}.$$

从而所求向量为

$$\begin{aligned}\boldsymbol{v}&=\boldsymbol{a}+\frac{1}{2}(\boldsymbol{b}-\boldsymbol{a})\\&=(-2\boldsymbol{i}+4\boldsymbol{j})+\frac{1}{2}(10\boldsymbol{i}-2\boldsymbol{j})\\&=3\boldsymbol{i}+3\boldsymbol{j}.\end{aligned}$$

这个结果表明 $\boldsymbol{v}$ 的终点是点 (3,3)，它们是 PQ 中点的坐标.

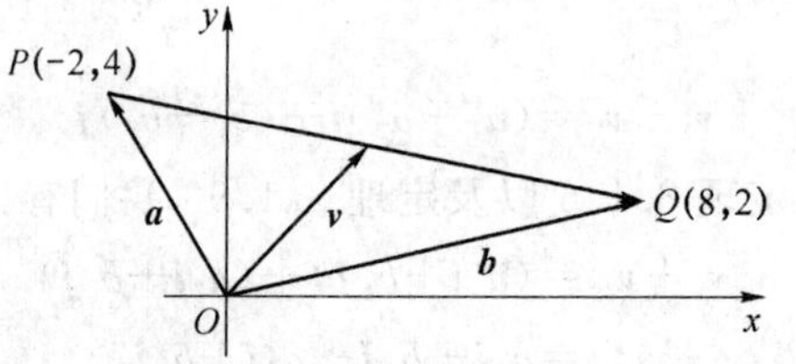

图 8.1.9

8.1.4 直角坐标系

为了确定三维空间中点的位置，我们必须有固定的参照系. 选定一个点 O 作为原点，从 O 引出三条两两互相垂直的有向线段（见图 8.1.10），这三条线分别称为 x **轴**、y **轴**以及 z **轴**.

为了方便，我们习惯将 x 轴和 y 轴画在水平面上，而将 z 轴画在垂直面上. 三条轴有相同的原点 O 和长度单位. 它们的正向符合**右手规则**：伸出右手握住 z 轴，使得四个手指从 x 轴的正向逆时针转向 y 轴的正向，大拇指的指向就是 z 轴的正向（见图 8.1.10）. 这三条坐标轴形成空间**直角坐标系**，点 O 称为**坐标原点**或者简称**原点**. 这样一个坐标系称为**右手坐标系**. 将 z 轴的正向和负向交换，则可得到**左手坐标系**. 尽管左手坐标系有时也用到，但我们在这里仅考虑右手坐标系.

x 轴和 y 轴一起决定的水平平面称为 xy **平面**. 同理，xz **平面**是包含 x 轴和 z 轴的垂

直平面，yz **平面**是由 y 轴和 z 轴确定的平面. 空间中 x,y,z 坐标都是正数的点构成的集合称为 **第一卦限**，其他七个卦限如图 8.1.11 所示.

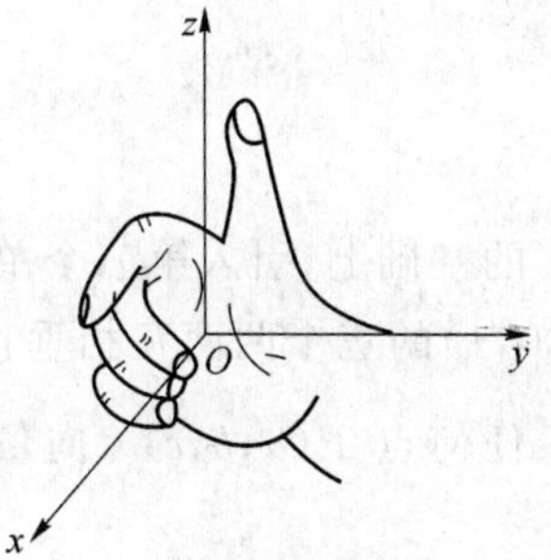

图 8.1.10

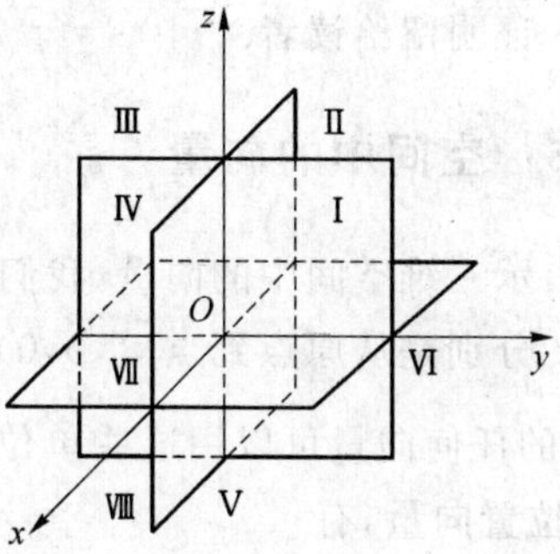

图 8.1.11

如果 P 是空间中的任意一点，对于固定的参照系它有三个坐标，这些坐标记作 $P(x,y,z)$. P 的 x **坐标**表示点 P 到 yz 平面的有向距离，而 y **坐标**表示从点 P 到 xz 平面的有向距离，而 z **坐标**表示从点 P 到 xy 平面的有向距离，见图 8.1.12，它们分别是有向距离 DP，EP 以及 FP. 这些线段是一个长方体的边，长方体的每个面垂直于其中的一个坐标轴. 在图 8.1.12中，A 是 P 在 x 轴上的投影，B 是 P 在 y 轴上的投影，C 是 P 在 z 轴上的投影. 显然，P 的坐标也可以这样定义：x 是有向距离 OA，y 是有向距离 OB，z 是有向距离 OC.

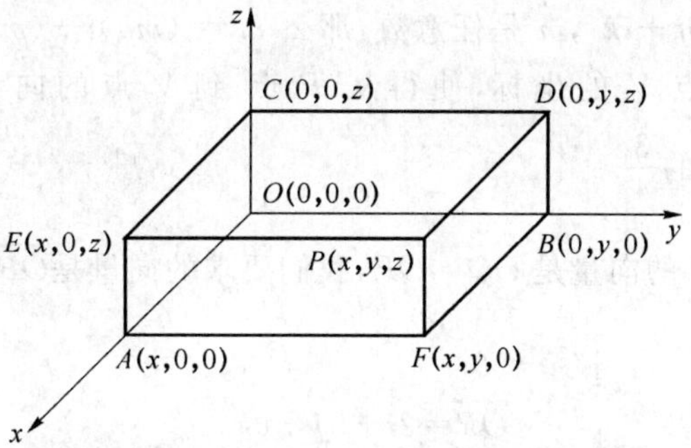

图 8.1.12

前面的讨论说明了下列事实.

定理 8.1.14　对于给定的坐标轴，空间的点和三元有序实数组 (x,y,z) 一一对应，即每个点 P 唯一决定了一个有序三元实数组 (x,y,z)，它们是 P 的坐标；反过来，每个有序三元

实数组 (x,y,z) 唯一确定了以它们为坐标的空间中的一个点. 很多平面几何中的定理均可以推广到立体几何中. 作为一个简单例子，我们有下面的定理.

定理 8.1.15 从原点 O 到点 $P(x,y,z)$ 的距离等于 $\sqrt{x^2+y^2+z^2}$.

证明 证明留给读者.

8.1.5 空间中的向量

为了表示三维空间中的向量，我们在单位向量 $\boldsymbol{i}$ 和 $\boldsymbol{j}$ 的基础上，引入第三个单位向量 $\boldsymbol{k}$. 约定 $\boldsymbol{i},\boldsymbol{j},\boldsymbol{k}$ 分别是从原点到点 $(1,0,0)$，$(0,1,0)$，和 $(0,0,1)$ 的三个两两互相垂直的单位向量. 空间中的任何向量可以用这些单位向量来表示. 对于任何点 $P(a,b,c)$，向量 $\boldsymbol{r}=\overrightarrow{OP}$ 称为点 P 的**位置向量**，有

$$\overrightarrow{OP}=a\boldsymbol{i}+b\boldsymbol{j}+c\boldsymbol{k}. \tag{8.1.5}$$

向量 $a\boldsymbol{i}$，$b\boldsymbol{j}$ 和 $c\boldsymbol{k}$ 分别是向量 $\boldsymbol{r}$ 的 x，y 和 z 分量.

因为任何向量均可以平行移动，因此我们可以认为向量是从坐标原点开始的，从而任何向量都能写成式(8.1.5)的形式. 下面的结果是 8.1.3 节中定理 8.1.10 在三维空间中的推广，其证明与平面向量的情形类似，不再赘述.

定理 8.1.16 如果 $\boldsymbol{v}_1=a_1\boldsymbol{i}+b_1\boldsymbol{j}+c_1\boldsymbol{k}$，且 $\boldsymbol{v}_2=a_2\boldsymbol{i}+b_2\boldsymbol{j}+c_2\boldsymbol{k}$，那么

$$\boldsymbol{v}_1+\boldsymbol{v}_2=(a_1+a_2)\boldsymbol{i}+(b_1+b_2)\boldsymbol{j}+(c_1+c_2)\boldsymbol{k}, \tag{8.1.6}$$

且

$$\boldsymbol{v}_1-\boldsymbol{v}_2=(a_1-a_2)\boldsymbol{i}+(b_1-b_2)\boldsymbol{j}+(c_1-c_2)\boldsymbol{k}. \tag{8.1.7}$$

同理，如果 $\boldsymbol{v}=a\boldsymbol{i}+b\boldsymbol{j}+c\boldsymbol{k}$，$m$ 是任意数，那么 $m\boldsymbol{v}=(ma)\boldsymbol{i}+(mb)\boldsymbol{j}+(mc)\boldsymbol{k}$.

例 8.1.17 求分点 V 的坐标，使得从 P 点到 V 点的向量是从 $P(2,5,6)$ 点到 $Q(6,-7,-2)$ 点的向量的 $\frac{3}{4}$.

解 注意从 P 到 Q 的向量是 $\overrightarrow{OQ}-\overrightarrow{OP}$，我们要求的向量是 $\overrightarrow{OP}+\frac{3}{4}(\overrightarrow{OQ}-\overrightarrow{OP})$ 的终点. 因此，我们有

$$\overrightarrow{OP}=2\boldsymbol{i}+5\boldsymbol{j}+6\boldsymbol{k},$$

$$\overrightarrow{OQ}=6\boldsymbol{i}-7\boldsymbol{j}-2\boldsymbol{k},$$

$$\overrightarrow{OQ}-\overrightarrow{OP}=4\boldsymbol{i}-12\boldsymbol{j}-8\boldsymbol{k}.$$

于是，从原点到所求点的向量是

$$\begin{aligned}\boldsymbol{v}&=2\boldsymbol{i}+5\boldsymbol{j}+6\boldsymbol{k}+\frac{3}{4}(4\boldsymbol{i}-12\boldsymbol{j}-8\boldsymbol{k})\\&=5\boldsymbol{i}-4\boldsymbol{j}-0\boldsymbol{k}.\end{aligned}$$

故所求点的坐标是 $(5,-4,0)$.

根据定理 8.1.15,向量 $\boldsymbol{r}=x\boldsymbol{i}+y\boldsymbol{j}+z\boldsymbol{k}$ 的长度为

$$|\boldsymbol{r}|=\sqrt{x^2+y^2+z^2}. \tag{8.1.8}$$

当我们指定向量 $\boldsymbol{r}$ 沿着三个坐标轴的分量 x,y 和 z 时,这个向量就完全确定了.而当我们指定向量的长度以及它与每个坐标轴的夹角时,这个向量也完全确定了.这些夹角称为此向量的**方向角**,记作 α,β 和 γ,如图 8.1.13 所示:

α 是该向量与 x 轴正向的夹角;

β 是该向量与 y 轴正向的夹角;

γ 是该向量与 z 轴正向的夹角.

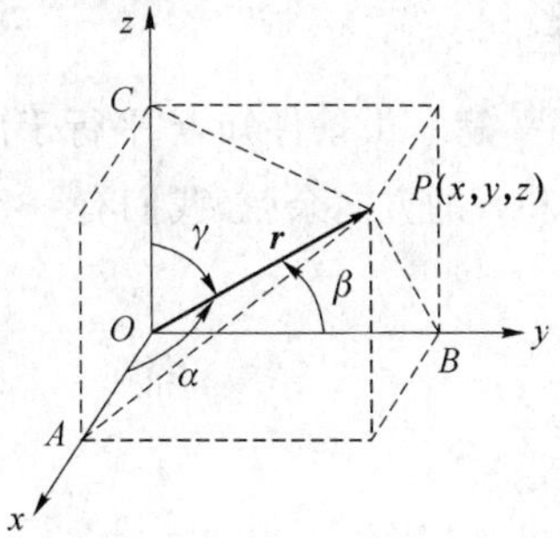

图 8.1.13

由定义知,这些夹角位于 0 到 π 之间,事实上,我们更对这些夹角的余弦值感兴趣.如果 P 在第一卦限,则由图 8.1.13 中直角三角形知

$$\cos\alpha=\frac{x}{\sqrt{x^2+y^2+z^2}},\text{直角三角形 } OAP;$$

$$\cos\beta=\frac{y}{\sqrt{x^2+y^2+z^2}},\text{直角三角形 } OBP;$$

$$\cos\gamma=\frac{z}{\sqrt{x^2+y^2+z^2}},\text{直角三角形 } OCP. \tag{8.1.9}$$

当然,如果 P 不在第一卦限,那么 $\cos\alpha,\cos\beta$ 和 $\cos\gamma$ 中的某些数值将是负的.例如,如果 P 位于 xz 平面的左边,那么 β 是钝角,从而 $\cos\beta$ 是负的.在此情形下,y 也是负的.对于任何位置的点 P,只要 $|\boldsymbol{r}|\neq 0$,等式(8.1.9)都成立.

三元有序数组 $(\cos\alpha,\cos\beta,\cos\gamma)$ 称为向量 $\boldsymbol{r}$ 的**方向余弦**,显然,它们确定了 $\boldsymbol{r}$ 的方向.但是,这些方向余弦不能是任意的,因为它们需要满足条件

$$\cos^2\alpha+\cos^2\beta+\cos^2\gamma=1.$$

上式可从式 (8.1.9) 得到,即

$$\begin{aligned}\cos^2\alpha+\cos^2\beta+\cos^2\gamma&=\frac{x^2}{x^2+y^2+z^2}+\frac{y^2}{x^2+y^2+z^2}+\frac{z^2}{x^2+y^2+z^2}\\&=\frac{x^2+y^2+z^2}{x^2+y^2+z^2}\\&=1.\end{aligned}$$

如果 m 是任何非零常数,那么三元有序数组

$$(m\cos\alpha,m\cos\beta,m\cos\gamma)$$

也指定了 $\boldsymbol{r}$ 的方向,这样的三元有序数组称为向量 $\boldsymbol{r}$ 的**方向数**;反过来,对于给定的方向数,我们总能找到向量的方向余弦,见下面例子.

最后需要指出的是，如果知道了向量的长度和方向余弦，那么这个向量完全被确定了. 结合式(8.1.8) 和式(8.1.9)，我们有

$$\boldsymbol{r}=|\boldsymbol{r}|(\cos\alpha\,\boldsymbol{i}+\cos\beta\,\boldsymbol{j}+\cos\gamma\,\boldsymbol{k}).$$

因为 $x=|\boldsymbol{r}|\cos\alpha, y=|\boldsymbol{r}|\cos\beta, z=|\boldsymbol{r}|\cos\gamma$，所以向量的分量显然是一组方向数. 用方向余弦乘以 $|\boldsymbol{r}|$ 得到分量；反过来，分量除以 $|\boldsymbol{r}|$ 得到方向余弦.

例 8.1.18 设 $\boldsymbol{r}$ 是一个长度为 21 且方向数为 (2,−3,6) 的向量，求 $\boldsymbol{r}$ 的方向余弦和分量.

解 由条件知，$\boldsymbol{r}$ 平行于向量 $\boldsymbol{s}=2\boldsymbol{i}-3\boldsymbol{j}+6\boldsymbol{k}$，故 $|\boldsymbol{s}|=\sqrt{2^2+(-3)^2+6^2}=7$，从而，对于 $\boldsymbol{s}$ 和 $\boldsymbol{r}$ 的方向余弦，我们有

$$\cos\alpha=\frac{2}{7},\cos\beta=-\frac{3}{7},\cos\gamma=\frac{6}{7}.$$

那么

$$\boldsymbol{r}=21\left(\frac{2}{7}\boldsymbol{i}-\frac{3}{7}\boldsymbol{j}+\frac{6}{7}\boldsymbol{k}\right)=6\boldsymbol{i}-9\boldsymbol{j}+18\boldsymbol{k}.$$

例 8.1.19 求从 $P(4,8,-3)$ 到 $Q(-1,6,2)$ 向量的方向余弦.

解 显然，$\overrightarrow{PQ}=\overrightarrow{OQ}-\overrightarrow{OP}$，故

$$\begin{aligned}\overrightarrow{PQ}&=-\boldsymbol{i}+6\boldsymbol{j}+2\boldsymbol{k}-(4\boldsymbol{i}+8\boldsymbol{j}-3\boldsymbol{k})\\&=-5\boldsymbol{i}-2\boldsymbol{j}+5\boldsymbol{k}.\end{aligned}$$

那么 $|\overrightarrow{PQ}|=\sqrt{(-5)^2+(-2)^2+5^2}=3\sqrt{6}$，从而由式 (8.1.9)我们得到

$$\cos\alpha=\frac{-5}{3\sqrt{6}},\cos\beta=\frac{-2}{3\sqrt{6}},\cos\gamma=\frac{5}{3\sqrt{6}}.$$

这个例子蕴含着下面的定理.

定理 8.1.20 从 $P(a_1,a_2,a_3)$ 到 $Q(b_1,b_2,b_3)$的向量长度为

$$|\overrightarrow{PQ}|=\sqrt{(b_1-a_1)^2+(b_2-a_2)^2+(b_3-a_3)^2},\tag{8.1.10}$$

且当 P 和 Q 是不同点时，那么$\overrightarrow{PQ}$的方向余弦为

$$\cos\alpha=\frac{b_1-a_1}{|\overrightarrow{PQ}|},\cos\beta=\frac{b_2-a_2}{|\overrightarrow{PQ}|},\cos\gamma=\frac{b_3-a_3}{|\overrightarrow{PQ}|}.$$

证明

$$\begin{aligned}\overrightarrow{PQ}&=\overrightarrow{OQ}-\overrightarrow{OP}\\&=b_1\boldsymbol{i}+b_2\boldsymbol{j}+b_3\boldsymbol{k}-(a_1\boldsymbol{i}+a_2\boldsymbol{j}+a_3\boldsymbol{k})\\&=(b_1-a_1)\boldsymbol{i}+(b_2-a_2)\boldsymbol{j}+(b_3-a_3)\boldsymbol{k}.\end{aligned}$$

故定理成立.

根据上面的定理,式 (8.1.10) 给出了点 $P(a_1,a_2,a_3)$ 到 $Q(b_1,b_2,b_3)$的距离.

习题 8.1

A

1. 向量 $\boldsymbol{a}=2\boldsymbol{i}+\boldsymbol{j}-2\boldsymbol{k}$ 是一个单位向量吗? 如果不是,求与 $\boldsymbol{a}$ 同方向的单位向量.

2. 设 $\boldsymbol{p}$ 是从原点到点 P 的向量, $\boldsymbol{q}$ 是从原点到点 Q 的向量, 求向量 $\boldsymbol{p},\boldsymbol{q},\overrightarrow{PQ},\boldsymbol{p}+\boldsymbol{q}$, $\boldsymbol{p}-\boldsymbol{q}$的分量形式:

(1) $P(3,2),Q(5,-4)$;

(2) $P(0,8,-6),Q(4,-3,6)$.

3. 设 $\boldsymbol{a}=\boldsymbol{i}+2\boldsymbol{j}+3\boldsymbol{k},\boldsymbol{b}=4\boldsymbol{i}-3\boldsymbol{j}-\boldsymbol{k},\boldsymbol{c}=-5\boldsymbol{i}-3\boldsymbol{j}+5\boldsymbol{k},\boldsymbol{d}=-7\boldsymbol{i}+\boldsymbol{j}-15\boldsymbol{k}$,且 $\boldsymbol{e}=4\boldsymbol{i}-7\boldsymbol{k}$. 计算下列向量:

(1) $2\boldsymbol{a}-\boldsymbol{c}$;

(2) $3\boldsymbol{a}-2\boldsymbol{b}+\boldsymbol{c}-2\boldsymbol{d}+\boldsymbol{e}$;

(3) $4\boldsymbol{a}+2\boldsymbol{b}+\boldsymbol{c}+\boldsymbol{d}$.

4. 设向量 $\boldsymbol{a}=-2\boldsymbol{i}+3\boldsymbol{j}+x\boldsymbol{k}$ 和 $\boldsymbol{b}=y\boldsymbol{i}-6\boldsymbol{j}+2\boldsymbol{k}$ 共线,求 x 和 y 的值.

5. 点 $P(-1,2,3)$ 和 $N(2,3,-1)$ 位于哪个卦限? 求点 P 分别关于坐标平面、坐标轴以及原点的对称点的坐标.

6. 求向量 $\boldsymbol{a}=2\boldsymbol{i}+\boldsymbol{j}-2\boldsymbol{k}$ 和 $\boldsymbol{b}=6\boldsymbol{i}-3\boldsymbol{j}+2\boldsymbol{k}$ 的方向余弦.

7. 假定向量 $\boldsymbol{b}$ 平行于向量 $\boldsymbol{a}=\boldsymbol{i}+\boldsymbol{j}-\boldsymbol{k}$,且 $\boldsymbol{b}$ 和 z 轴正向的夹角是锐角,求 $\boldsymbol{b}$ 的方向余弦.

8. 是否存在一个向量,使得其方向角为 $\pi/4,\pi/4,\pi/3$?

9. 求从第一个点到第二个点的向量长度:

(1) $(3,2,-2),(7,4,2)$;

(2) $(5,-1,-6),(-3,-5,2)$.

10. 给定点 $A(1,1,1)$ 和点 $B(1,2,0)$,如果点 P 将线段 AB 分成比例为 $2:1$ 的两个部分,求点 P 的坐标.

B

1. 假定 $\boldsymbol{a}=-\boldsymbol{i}+3\boldsymbol{j}+\boldsymbol{k},\boldsymbol{b}=8\boldsymbol{i}+2\boldsymbol{j}-4\boldsymbol{k},\boldsymbol{c}=\boldsymbol{i}+2\boldsymbol{j}-\boldsymbol{k}$,且 $\boldsymbol{d}=-\boldsymbol{i}+\boldsymbol{j}+3\boldsymbol{k}$,求标量 m,n 以及 p 使得

$$m\boldsymbol{a}+n\boldsymbol{b}+p\boldsymbol{c}=\boldsymbol{d}.$$

2. 假设向量 $\boldsymbol{a}_1$ 和 $\boldsymbol{a}_2$ 不共线, $\overrightarrow{AB}=\boldsymbol{a}_1-2\boldsymbol{a}_2,\overrightarrow{BC}=2\boldsymbol{a}_1+3\boldsymbol{a}_2,\overrightarrow{CD}=-\boldsymbol{a}_1-5\boldsymbol{a}_2$. 证明 A,

B,D 三点共线.

3. 假定三个力 $\boldsymbol{F}_1=(1,2,3)$,$\boldsymbol{F}_2=(-2,3,-4)$和 $\boldsymbol{F}_3=(3,-4,-1)$ 作用在同一点上,求合力 $\boldsymbol{F}$ 的大小和方向.

4. 设点 P_0,P_1 和 P_2共线,且依次出现:

(1) 如果 $|P_0P_2|=2|P_0P_1|$ 且 P_0和 P_1分别为 (1,2,3) 和 (4,6,-9),求点 P_2 的坐标;

(2) 如果 $2|P_0P_1|=3|P_1P_2|$ 且 P_0和 P_1分别为 (-2,7,4) 和(7,-2,1),求点 P_2 的坐标.

5. 证明任何三角形的三条中线对应的向量构成一个三角形.

8.2　向量的乘积

8.2.1　两个向量的数量积

到目前为止,我们尚未定义两个向量 $\boldsymbol{a}$ 和 $\boldsymbol{b}$ 的乘积.事实上,有两种不同的方式来定义,它们在物理、工程以及其他领域里都有重要意义.我们先定义数量积然后定义向量积 . 向量 $\boldsymbol{a}$ 和 $\boldsymbol{b}$ 的**数量积**(或者**点积**)$\boldsymbol{a}\cdot\boldsymbol{b}$ 是一个数,而 $\boldsymbol{a}$ 和 $\boldsymbol{b}$ 的**向量积**(或者**叉积**)$\boldsymbol{a}\times\boldsymbol{b}$ 是一个向量.本小节讲数量积,接下来的小节讲向量积.

向量的数量积有代数定义,也有几何定义.对于几何定义,我们有更深的理解,但一些定理的证明可能比较麻烦;对于代数定义,尽管用它很容易证明我们所需要的定理,但读者理解起来困难些.因此,我们采取折中办法,在证明中用代数定义,同时讨论其几何性质.

数量积的代数定义(看起来不是很自然)如下.

定义 8.2.1　设 $\boldsymbol{a}=a_1\boldsymbol{i}+a_2\boldsymbol{j}+a_3\boldsymbol{k}$,$\boldsymbol{b}=b_1\boldsymbol{i}+b_2\boldsymbol{j}+b_3\boldsymbol{k}$,那么 $\boldsymbol{a}$ 和 $\boldsymbol{b}$ 的**数量积**或者**点积**,记作 $\boldsymbol{a}\cdot\boldsymbol{b}$,定义为

$$\boldsymbol{a}\cdot\boldsymbol{b}=a_1b_1+a_2b_2+a_3b_3. \tag{8.2.1}$$

例 8.2.2　设 $\boldsymbol{a}=3\boldsymbol{i}-2\boldsymbol{j}+\boldsymbol{k}$,$\boldsymbol{b}=2\boldsymbol{i}+4\boldsymbol{j}-\boldsymbol{k}$,求 $\boldsymbol{a}\cdot\boldsymbol{b}$.

解　由公式(8.2.1),我们有

$$\boldsymbol{a}\cdot\boldsymbol{b}=3\times2+(-2)\times4+1\times(-1)=-3.$$

注意所得结果是一个数.

$\boldsymbol{a}\cdot\boldsymbol{b}$ 的不同寻常的定义源自于下面这个定理.

定理 8.2.3　两个向量 $\boldsymbol{a}$ 和 $\boldsymbol{b}$ 的数量积是它们各自的长度乘以它们间夹角 θ 的余弦值,即

$$\boldsymbol{a}\cdot\boldsymbol{b}=|\boldsymbol{a}||\boldsymbol{b}|\cos\theta. \tag{8.2.2}$$

尽管空间中的两个向量 $\boldsymbol{a}$ 和 $\boldsymbol{b}$ 可能不相交,但我们可以移动它们,使得原点是它们的公共起点,因此 $\boldsymbol{a}$ 和 $\boldsymbol{b}$ 之间的夹角 θ 的定义是合理的.定义名称中的“数量”是因为该积确实是

一个数量.

因为 $\cos\theta=\cos(-\theta)$,所以夹角 θ 取正取负没有关系.但是我们限制 θ 在 0 到 π 之间.如果 $\boldsymbol{a}$ 与 $\boldsymbol{b}$ 方向相同,则夹角为 0;如果 $\boldsymbol{a}$ 与 $\boldsymbol{b}$ 方向相反,则夹角为 π.显然,如果 $\boldsymbol{a}$ 与 $\boldsymbol{b}$ 是非零向量,那么 $\boldsymbol{a}$ 与 $\boldsymbol{b}$ 互相垂直当且仅当 $\boldsymbol{a}\cdot\boldsymbol{b}=0$,而 $\boldsymbol{a}$ 与 $\boldsymbol{b}$ 平行当且仅当 $\boldsymbol{a}\cdot\boldsymbol{b}=\pm|\boldsymbol{a}||\boldsymbol{b}|$.

我们在给出定理 8.2.3 的证明之前,先看一些简单的事实.

定理 8.2.4　对于任何向量 $\boldsymbol{a},\boldsymbol{b},\boldsymbol{c}$ 以及数量 m,我们有

(1) $\boldsymbol{0}\cdot\boldsymbol{a}=\boldsymbol{a}\cdot\boldsymbol{0}=0$.

(2) $\boldsymbol{a}\cdot\boldsymbol{a}>0$,当 $\boldsymbol{a}\neq\boldsymbol{0}$ 时.

(3) $\boldsymbol{a}\cdot\boldsymbol{b}=\boldsymbol{b}\cdot\boldsymbol{a}$.

(4) $\boldsymbol{a}\cdot(\boldsymbol{b}+\boldsymbol{c})=\boldsymbol{a}\cdot\boldsymbol{b}+\boldsymbol{a}\cdot\boldsymbol{c}$.

(5) $(m\boldsymbol{a})\cdot\boldsymbol{b}=m(\boldsymbol{a}\cdot\boldsymbol{b})=\boldsymbol{a}\cdot(m\boldsymbol{b})$.

证明　我们只证 (4) 和 (5),将 (1)～(3) 的证明留给读者.设 $\boldsymbol{a}=a_1\boldsymbol{i}+a_2\boldsymbol{j}+a_3\boldsymbol{k}$,$\boldsymbol{b}=b_1\boldsymbol{i}+b_2\boldsymbol{j}+b_3\boldsymbol{k}$,$\boldsymbol{c}=c_1\boldsymbol{i}+c_2\boldsymbol{j}+c_3\boldsymbol{k}$,对于 (4),我们有

$$\begin{aligned}\boldsymbol{a}\cdot(\boldsymbol{b}+\boldsymbol{c})&=(a_1\boldsymbol{i}+a_2\boldsymbol{j}+a_3\boldsymbol{k})\cdot[(b_1+c_1)\boldsymbol{i}+(b_2+c_2)\boldsymbol{j}+(b_3+c_3)\boldsymbol{k}]\\&=a_1(b_1+c_1)+a_2(b_2+c_2)+a_3(b_3+c_3)\\&=a_1b_1+a_1c_1+a_2b_2+a_2c_2+a_3b_3+a_3c_3\\&=(a_1b_1+a_2b_2+a_3b_3)+(a_1c_1+a_2c_2+a_3c_3)\\&=\boldsymbol{a}\cdot\boldsymbol{b}+\boldsymbol{a}\cdot\boldsymbol{c},\end{aligned}$$

即,$\boldsymbol{a}\cdot(\boldsymbol{b}+\boldsymbol{c})=\boldsymbol{a}\cdot\boldsymbol{b}+\boldsymbol{a}\cdot\boldsymbol{c}$.

对于 (5),因为

$$m\boldsymbol{a}=m(a_1\boldsymbol{i}+a_2\boldsymbol{j}+a_3\boldsymbol{k})=(ma_1)\boldsymbol{i}+(ma_2)\boldsymbol{j}+(ma_3)\boldsymbol{k}$$

且 $\boldsymbol{b}=b_1\boldsymbol{i}+b_2\boldsymbol{j}+b_3\boldsymbol{k}$,我们有

$$\begin{aligned}(m\boldsymbol{a})\cdot\boldsymbol{b}&=(ma_1)b_1+(ma_2)b_2+(ma_3)b_3\\&=m(a_1b_2+a_2b_2+a_3b_3)\\&=m(\boldsymbol{a}\cdot\boldsymbol{b}).\end{aligned}$$

同理可得第二个等式.

推论 8.2.5　对于任意向量 $\boldsymbol{a}$,有 $\boldsymbol{a}\cdot\boldsymbol{a}=|\boldsymbol{a}|^2$.

证明　设 $\boldsymbol{a}=a_1\boldsymbol{i}+a_2\boldsymbol{j}+a_3\boldsymbol{k}$,由定义知,

$$\begin{aligned}\boldsymbol{a}\cdot\boldsymbol{a}&=(a_1\boldsymbol{i}+a_2\boldsymbol{j}+a_3\boldsymbol{k})\cdot(a_1\boldsymbol{i}+a_2\boldsymbol{j}+a_3\boldsymbol{k})\\&=a_1^2+a_2^2+a_3^2\\&=|a|^2,\end{aligned}$$

得证.

对于单位向量 $\boldsymbol{i},\boldsymbol{j},\boldsymbol{k}$,由定义 8.2.1 我们有

$$\begin{aligned}&\boldsymbol{i}\cdot\boldsymbol{i}=1,\quad &&\boldsymbol{i}\cdot\boldsymbol{j}=0,\quad &&\boldsymbol{i}\cdot\boldsymbol{k}=0;\\&\boldsymbol{j}\cdot\boldsymbol{i}=0,&&\boldsymbol{j}\cdot\boldsymbol{j}=1,&&\boldsymbol{j}\cdot\boldsymbol{k}=0;\\&\boldsymbol{k}\cdot\boldsymbol{i}=0,&&\boldsymbol{k}\cdot\boldsymbol{j}=0,&&\boldsymbol{k}\cdot\boldsymbol{k}=1.\end{aligned}$$

现在我们来证明定理 8.2.3.

如图 8.2.1,不妨设给定的向量 $\boldsymbol{a}$ 和 $\boldsymbol{b}$ 都以原点作为起点,设点 $A(a_1,a_2,a_3)$ 和 $B(b_1,b_2,b_3)$ 分别为它们的终点. 考虑三角形 OAB,我们用三角形的余弦定理来决定角 θ 对边的长度,有

$$|\boldsymbol{b}-\boldsymbol{a}|^2=|\boldsymbol{a}|^2+|\boldsymbol{b}|^2-2|\boldsymbol{a}||\boldsymbol{b}|\cos\theta,$$

即

$$|\boldsymbol{a}||\boldsymbol{b}|\cos\theta=\frac{1}{2}(|\boldsymbol{a}|^2+|\boldsymbol{b}|^2-|\boldsymbol{b}-\boldsymbol{a}|^2). \tag{8.2.3}$$

对于等式(8.2.3)右边的向量长度,应用式(8.1.8)和式(8.1.10)得

$$\begin{aligned}|\boldsymbol{a}||\boldsymbol{b}|\cos\theta&=\frac{1}{2}[a_1^2+a_2^2+a_3^2+b_1^2+b_2^2+b_3^2-(b_1-a_1)^2-(b_2-a_2)^2-(b_3-a_3)^2]\\&=a_1b_1+a_2b_2+a_3b_3\\&=\boldsymbol{a}\cdot\boldsymbol{b},\end{aligned}$$

故得证.

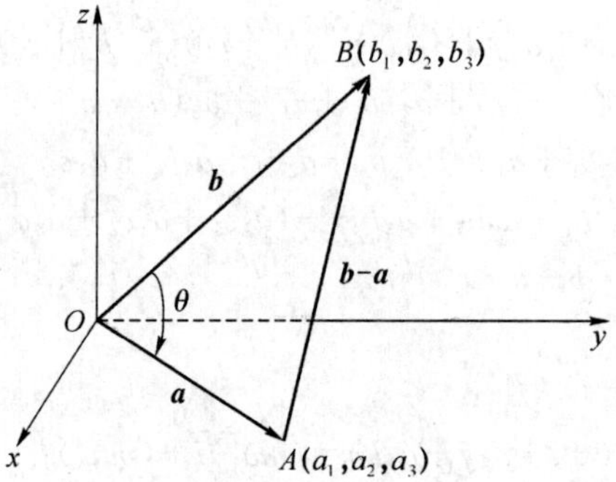

图 8.2.1

例 8.2.6 设点 $A(1,-4,3)$,$B(3,-1,2)$,$C(6,1,9)$, $D(1,2,2)$,证明:过点 A 和 B 的直线与过点 C 和 D 的线垂直.

证明 向量 $\overrightarrow{AB}$ 和 $\overrightarrow{CD}$ 表示了这两条直线的方,如果这两个向量的数量积为 0,那么这两条线是垂直的. 事实上,

$$\overrightarrow{AB}=\overrightarrow{OB}-\overrightarrow{OA}=3\boldsymbol{i}-\boldsymbol{j}+2\boldsymbol{k}-(\boldsymbol{i}-4\boldsymbol{j}+3\boldsymbol{k})=2\boldsymbol{i}+3\boldsymbol{j}-\boldsymbol{k},$$

$$\overrightarrow{CD}=\overrightarrow{OD}-\overrightarrow{OC}=\boldsymbol{i}+2\boldsymbol{j}+2\boldsymbol{k}-(6\boldsymbol{i}+\boldsymbol{j}+9\boldsymbol{k})=-5\boldsymbol{i}+\boldsymbol{j}-7\boldsymbol{k}.$$

由定义,数量积为

$$\begin{aligned}\overrightarrow{AB}\cdot\overrightarrow{CD}&=(2\boldsymbol{i}+3\boldsymbol{j}-\boldsymbol{k})\cdot(-5\boldsymbol{i}+\boldsymbol{j}-7\boldsymbol{k})\\&=2(-5)+3\times1+(-1)(-7)\\&=0.\end{aligned}$$

故这两条线是垂直的.

例 8.2.7 证明:向量 $\boldsymbol{a}=2\boldsymbol{i}-3\boldsymbol{j}-4\boldsymbol{k}$ 与 $\boldsymbol{b}=-6\boldsymbol{i}+9\boldsymbol{j}+12\boldsymbol{k}$ 平行.

证明 向量 $\boldsymbol{a}$ 和 $\boldsymbol{b}$ 的数量积为

$$\boldsymbol{a}\times\boldsymbol{b}=2\times(-6)+(-3)\times9+(-4)\times12=-87.$$

又

$$|\boldsymbol{a}|=\sqrt{2^2+(-3)^2+(-4)^2}=\sqrt{29},$$
$$|\boldsymbol{b}|=\sqrt{(-6)^2+9^2+12^2}=3\sqrt{29}.$$

从而有 $|\boldsymbol{a}||\boldsymbol{b}|=87$,故 $\boldsymbol{a}\cdot\boldsymbol{b}=-|\boldsymbol{a}||\boldsymbol{b}|$,因此这两个向量是平行的.

例 8.2.8　如果两个向量分别为从原点到点 $A(1,-2,-2)$ 和 $B(6,3,-2)$的向量,求夹角 AOB.

解　用 $\boldsymbol{a}$ 记 $\overrightarrow{OA}$,用 $\boldsymbol{b}$ 记$\overrightarrow{OB}$,则我们有

$$\boldsymbol{a}=\boldsymbol{i}-2\boldsymbol{j}-2\boldsymbol{k},$$
$$\boldsymbol{b}=6\boldsymbol{i}+3\boldsymbol{j}-2\boldsymbol{k}.$$

为了求夹角,我们将其代入下面的等式

$$\boldsymbol{a}\cdot\boldsymbol{b}=|\boldsymbol{a}||\boldsymbol{b}|\cos\theta.$$

左边的积为

$$\boldsymbol{a}\cdot\boldsymbol{b}=1\times6+(-2)\times3+(-2)\times(-2)=4.$$

$\boldsymbol{a}$ 和 $\boldsymbol{b}$ 的长度分别为

$$|\boldsymbol{a}|=\sqrt{1^2+(-2)^2+(-2)^2}=3,$$
$$|\boldsymbol{b}|=\sqrt{6^2+3^2+(-2)^2}=7,$$

于是我们有

$$\cos\theta=\frac{\boldsymbol{a}\cdot\boldsymbol{b}}{|\boldsymbol{a}||\boldsymbol{b}|}=\frac{4}{21},$$

从而

$$\theta=\arccos\frac{4}{21}\approx79°.$$

除了上面提到的几何应用,数量积在机械方面也很有用. 假设力 $\boldsymbol{F}$ 作用在物体 O 上(见图 8.2.2).如果这个力使物体移动了一个位移,那么说力 $\boldsymbol{F}$ 做功了.用向量 $\boldsymbol{s}$ 表示位移的大小和方向,这个功的大小被定义为移动的距离和力 $\boldsymbol{F}$ 沿着 $\boldsymbol{s}$ 方向上的分量的乘积,即

$$W=|\boldsymbol{s}||\boldsymbol{F}|\cos\theta,$$

其中 θ 是 $\boldsymbol{F}$ 和 $\boldsymbol{s}$ 的夹角,这等价于

$$W=\boldsymbol{s}\cdot\boldsymbol{F}.$$

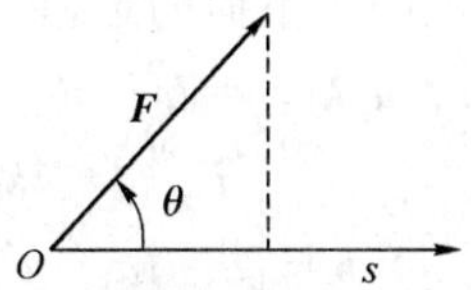

图 8.2.2

8.2.2 两个向量的向量积

与数量积一样，我们可以给出向量积的代数定义和几何定义，代数定义看上去不是很自然，但在某些结果的证明中很方便.

定义 8.2.9 设 $\boldsymbol{a}=a_1\boldsymbol{i}+a_2\boldsymbol{j}+a_3\boldsymbol{k}$ 和 $\boldsymbol{b}=b_1\boldsymbol{i}+b_2\boldsymbol{j}+b_3\boldsymbol{k}$ 是两个向量，它们的**向量积**（或者**叉积**）记作 $\boldsymbol{a}\times\boldsymbol{b}$，定义为

$$\boldsymbol{a}\times\boldsymbol{b}=(a_2b_3-a_3b_2)\boldsymbol{i}+(a_3b_1-a_1b_3)\boldsymbol{j}+(a_1b_2-a_2b_1)\boldsymbol{k}. \tag{8.2.4}$$

乍一看，这个定义有点怪，可能很难理解为什么要以如此复杂的方式定义 $\boldsymbol{a}\times\boldsymbol{b}$，但是这样定义的 $\boldsymbol{a}\times\boldsymbol{b}$ 有很重要的几何性质，见下面的定理.

定理 8.2.10 两个向量 $\boldsymbol{a}$ 和 $\boldsymbol{b}$ 的向量积 $\boldsymbol{a}\times\boldsymbol{b}$ 是一个向量，其长度为 $|\boldsymbol{a}||\boldsymbol{b}|\sin\theta$，且垂直于 $\boldsymbol{a}$ 和 $\boldsymbol{b}$ 所在的平面，使得 $\boldsymbol{a}$，$\boldsymbol{b}$ 以及 $\boldsymbol{a}\times\boldsymbol{b}$ 符合右手规则，记作

$$\boldsymbol{a}\times\boldsymbol{b}=(|\boldsymbol{a}||\boldsymbol{b}|\sin\theta)\boldsymbol{e}, \tag{8.2.5}$$

其中 $\boldsymbol{e}$ 是垂直于 $\boldsymbol{a}$ 和 $\boldsymbol{b}$ 所在平面的单位向量，且 $\boldsymbol{a}$，$\boldsymbol{b}$ 以及 $\boldsymbol{e}$ 形成右手规则（见图 8.2.3).

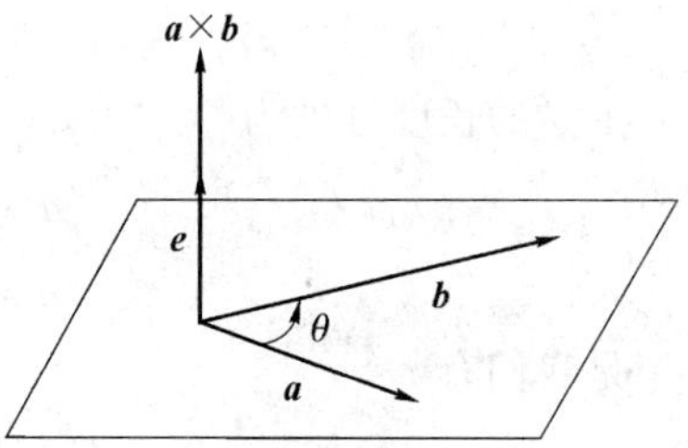

图 8.2.3

注意，如果 $\boldsymbol{a}$ 和 $\boldsymbol{b}$ 平行，那么它们没有确定一个平面，从而向量 $\boldsymbol{e}$ 没有定义，但在此情形下，$\theta=0$ 或者 $\theta=\pi$，从而 $\sin\theta=0$，故在等式(8.2.5)中，$\boldsymbol{a}\times\boldsymbol{b}=\boldsymbol{0}$，此时没有必要确定 $\boldsymbol{e}$.

我们也可以说 $\boldsymbol{e}$ 是一个单位向量，当右手指从 $\boldsymbol{a}$ 旋转角度 θ 到 $\boldsymbol{b}$ 时，大拇指的指向就是 $\boldsymbol{e}$ 的方向.

为了证明定理 8.2.10，我们需要做一些准备. 先回到 $\boldsymbol{a}\times\boldsymbol{b}$ 定义中的式(8.2.4)，看看从它我们能得到什么启发. 首先，式 (8.2.4) 很难记. 如果我们熟悉行列式，能接受向量作为行列式的元素，那么我们有

$$\begin{vmatrix}\boldsymbol{i} & \boldsymbol{j} & \boldsymbol{k}\\ a_1 & a_2 & a_3\\ b_1 & b_2 & b_3\end{vmatrix}=\boldsymbol{i}\begin{vmatrix}a_2 & a_3\\ b_2 & b_3\end{vmatrix}-\boldsymbol{j}\begin{vmatrix}a_1 & a_3\\ b_1 & b_3\end{vmatrix}+\boldsymbol{k}\begin{vmatrix}a_1 & a_2\\ b_1 & b_2\end{vmatrix}$$

$$=(a_2b_3-a_3b_2)\boldsymbol{i}+(a_3b_1-a_1b_3)\boldsymbol{j}+(a_1b_2-a_2b_1)\boldsymbol{k}.$$

这就是式 (8.2.4)的右边，因此证明了下面的定理.

定理 8.2.11 如果 $\boldsymbol{a}=a_1\boldsymbol{i}+a_2\boldsymbol{j}+a_3\boldsymbol{k}$，$\boldsymbol{b}=b_1\boldsymbol{i}+b_2\boldsymbol{j}+b_3\boldsymbol{k}$，那么

$$\boldsymbol{a}\times\boldsymbol{b}=\begin{vmatrix}\boldsymbol{i} & \boldsymbol{j} & \boldsymbol{k}\\ a_1 & a_2 & a_3\\ b_1 & b_2 & b_3\end{vmatrix}. \tag{8.2.6}$$

尽管有多种方式展开该行列式，但最终结果都是一样的，就是等式 (8.2.4)的右边.

例 8.2.12　求 $\boldsymbol{a}\times\boldsymbol{b}$,其中 $\boldsymbol{a}=\boldsymbol{i}+2\boldsymbol{j}-3\boldsymbol{k}$,$\boldsymbol{b}=4\boldsymbol{i}-5\boldsymbol{j}-6\boldsymbol{k}$.

解　由式(8.2.6),我们有

$$\boldsymbol{a}\times\boldsymbol{b}=\begin{vmatrix}\boldsymbol{i} & \boldsymbol{j} & \boldsymbol{k}\\ 1 & 2 & -3\\ 4 & -5 & -6\end{vmatrix}=-27\boldsymbol{i}-6\boldsymbol{j}-13\boldsymbol{k}. \tag{8.2.7}$$

定理 8.2.13　设 $\boldsymbol{a},\boldsymbol{b},\boldsymbol{c}$ 是三个向量, m 是一个数量,则

(1) $\boldsymbol{a}\times\boldsymbol{0}=\boldsymbol{0}\times\boldsymbol{a}=\boldsymbol{0}$.

(2) $m(\boldsymbol{a}\times\boldsymbol{b})=(m\boldsymbol{a})\times\boldsymbol{b}=\boldsymbol{a}\times(m\boldsymbol{b})$.

(3) $(\boldsymbol{a}+\boldsymbol{b})\times\boldsymbol{c}=\boldsymbol{a}\times\boldsymbol{c}+\boldsymbol{b}\times\boldsymbol{c}$.

(4) $\boldsymbol{a}\times(\boldsymbol{b}+\boldsymbol{c})=\boldsymbol{a}\times\boldsymbol{b}+\boldsymbol{a}\times\boldsymbol{c}$.

(5) $\boldsymbol{a}\times\boldsymbol{b}=-(\boldsymbol{b}\times\boldsymbol{a})$.

证明　我们使用式(8.2.6) 和行列式的性质来证明.

对于(1),如果行列式的任意行全为 0,那么行列式为 0,故

$$\boldsymbol{a}\times\boldsymbol{0}=\begin{vmatrix}\boldsymbol{i} & \boldsymbol{j} & \boldsymbol{k}\\ a_1 & a_2 & a_3\\ 0 & 0 & 0\end{vmatrix}=0\boldsymbol{i}+0\boldsymbol{j}+0\boldsymbol{k}=\boldsymbol{0}.$$

同理可证 $\boldsymbol{0}\times\boldsymbol{a}=\boldsymbol{0}$.

对于(2)的前一半,我们先看$(m\boldsymbol{a})\times\boldsymbol{b}$,

$$(m\boldsymbol{a})\times\boldsymbol{b}=\begin{vmatrix}\boldsymbol{i} & \boldsymbol{j} & \boldsymbol{k}\\ ma_1 & ma_2 & ma_3\\ b_1 & b_2 & b_3\end{vmatrix}=m\begin{vmatrix}\boldsymbol{i} & \boldsymbol{j} & \boldsymbol{k}\\ a_1 & a_2 & a_3\\ b_1 & b_2 & b_3\end{vmatrix}=m(\boldsymbol{a}\times\boldsymbol{b}),$$

同理可证 $\boldsymbol{a}\times(m\boldsymbol{b})=m(\boldsymbol{a}\times\boldsymbol{b})$.

对于(3),其中 $\boldsymbol{c}=c_1\boldsymbol{i}+c_2\boldsymbol{j}+c_3\boldsymbol{k}$,

$$\begin{aligned}(\boldsymbol{a}+\boldsymbol{b})\times\boldsymbol{c}&=\begin{vmatrix}\boldsymbol{i} & \boldsymbol{j} & \boldsymbol{k}\\ a_1+b_1 & a_2+b_2 & a_3+b_3\\ c_1 & c_2 & c_3\end{vmatrix}\\ &=\begin{vmatrix}\boldsymbol{i} & \boldsymbol{j} & \boldsymbol{k}\\ a_1 & a_2 & a_3\\ c_1 & c_2 & c_3\end{vmatrix}+\begin{vmatrix}\boldsymbol{i} & \boldsymbol{j} & \boldsymbol{k}\\ b_1 & b_2 & b_3\\ c_1 & c_2 & c_3\end{vmatrix}\\ &=\boldsymbol{a}\times\boldsymbol{c}+\boldsymbol{b}\times\boldsymbol{c}.\end{aligned}$$

同理可证(4).最后, 对于(5),我们交换行列式的两行得

$$\boldsymbol{a}\times\boldsymbol{b}=\begin{vmatrix}\boldsymbol{i} & \boldsymbol{j} & \boldsymbol{k}\\ a_1 & a_2 & a_3\\ b_1 & b_2 & b_3\end{vmatrix}=-\begin{vmatrix}\boldsymbol{i} & \boldsymbol{j} & \boldsymbol{k}\\ b_1 & b_2 & b_3\\ a_1 & a_2 & a_3\end{vmatrix}=-\boldsymbol{b}\times\boldsymbol{a}.$$

值得注意的是,上面定理中的 (5) 告诉我们向量积不满足交换律.改变乘积因子的顺序

时，结果相差一个负号，故这条规则称为乘法的反交换律.

下面结果是定理 8.2.11 的一部分，它给出了 $\boldsymbol{a}\times\boldsymbol{b}$ 的长度.

定理 8.2.14 设 $\boldsymbol{a}$ 和 $\boldsymbol{b}$ 是任意两个向量，则

$$|\boldsymbol{a}\times\boldsymbol{b}|=|\boldsymbol{a}||\boldsymbol{b}|\sin\theta.$$

证明 我们将证明 $|\boldsymbol{a}\times\boldsymbol{b}|^2=|\boldsymbol{a}|^2|\boldsymbol{b}|^2-(\boldsymbol{a}\cdot\boldsymbol{b})^2$，这需要大量的计算. 由式(8.2.4)得

$$\begin{aligned}|\boldsymbol{a}\times\boldsymbol{b}|^2&=(a_2b_3-a_3b_2)^2+(a_3b_1-a_1b_3)^2+(a_1b_2-a_2b_1)^2\\&=a_2^2b_3^2+a_3^2b_2^2+a_3^2b_1^2+a_1^2b_3^2+a_1^2b_2^2+a_2^2b_1^2-2a_2a_3b_2b_3-2a_1a_3b_1b_3-2a_1a_2b_1b_2\\&=(a_1^2+a_2^2+a_3^2)(b_1^2+b_2^2+b_3^2)-(a_1b_1+a_2b_2+a_3b_3)^2\\&=|\boldsymbol{a}|^2|\boldsymbol{b}|^2-(\boldsymbol{a}\cdot\boldsymbol{b})^2.\end{aligned}$$

由定理 8.2.3 我们有 $\boldsymbol{a}\cdot\boldsymbol{b}=|\boldsymbol{a}||\boldsymbol{b}|\cos\theta$，则

$$\begin{aligned}|\boldsymbol{a}\times\boldsymbol{b}|^2&=|\boldsymbol{a}|^2|\boldsymbol{b}|^2-|\boldsymbol{a}|^2|\boldsymbol{b}|^2\cos^2\theta\\&=|\boldsymbol{a}|^2|\boldsymbol{b}|^2(1-\cos^2\theta)\\&=|\boldsymbol{a}|^2|\boldsymbol{b}|^2\sin^2\theta.\end{aligned}$$

因为 $\theta\in[0,\pi]$，故 $\sin\theta\geqslant 0$，从而 $|\boldsymbol{a}\times\boldsymbol{b}|=|\boldsymbol{a}||\boldsymbol{b}|\sin\theta$.

例 8.2.15 设向量 $\boldsymbol{a}=\boldsymbol{i}+2\boldsymbol{j}-3\boldsymbol{k}$ 与 $\boldsymbol{b}=4\boldsymbol{i}-5\boldsymbol{j}-6\boldsymbol{k}$ 之间的夹角为 θ，求 $\sin\theta$.

解 对于上面的向量，我们已经在例 8.2.13 中计算出 $\boldsymbol{a}\times\boldsymbol{b}=-27\boldsymbol{i}-6\boldsymbol{j}-13\boldsymbol{k}$. 由定理 8.2.15 得

$$\sin\theta=\frac{|\boldsymbol{a}\times\boldsymbol{b}|}{|\boldsymbol{a}||\boldsymbol{b}|}=\frac{\sqrt{(-27)^2+(-6)^2+(-13)^2}}{\sqrt{1^2+2^2+(-3)^2}\sqrt{4^2+(-5)^2+(-6)^2}}=\frac{\sqrt{467}}{7\sqrt{11}}.$$

当 $\theta\in(0,\pi)$ 时，$\sin\theta>0$，故如果我们希望判断给定向量之间的夹角 θ 是锐角还是钝角，通过向量积计算 $\sin\theta$ 是没用的. 为此，我们计算 $\boldsymbol{a}\cdot\boldsymbol{b}$. 当 $\theta\in\left[0,\frac{\pi}{2}\right)$ 时，$\boldsymbol{a}\cdot\boldsymbol{b}>0$，而当 $\theta\in\left(\frac{\pi}{2},\pi\right]$ 时，$\boldsymbol{a}\cdot\boldsymbol{b}<0$.

下面的推论是定理 8.2.14 的一个直接结果.

推论 8.2.16 如果 $\boldsymbol{a}$ 和 $\boldsymbol{b}$ 是平行四边形的相邻边，那么该平行四边形的面积是 $|\boldsymbol{a}\times\boldsymbol{b}|$.

例 8.2.17 设 $A(1,0,-1)$，$B(3,-1,-5)$，$C(4,2,0)$ 是三角形的顶点，求该三角形的面积.

解 向量 $\overrightarrow{AB}$ 和 $\overrightarrow{AC}$ 是三角形的两条边，这两个向量向量积的大小等于以它们为相邻边的平行四边形的面积，而所求三角形的面积等于这个平行四边形面积的一半，故由

$$\overrightarrow{AB}=2\boldsymbol{i}-\boldsymbol{j}-4\boldsymbol{k},$$

$$\overrightarrow{AC}=3\boldsymbol{i}+2\boldsymbol{j}+\boldsymbol{k},$$

得

$$\overrightarrow{AB}\times\overrightarrow{AC}=\begin{vmatrix} \boldsymbol{i} & \boldsymbol{j} & \boldsymbol{k} \\ 2 & -1 & -4 \\ 3 & 2 & 1 \end{vmatrix}=7\boldsymbol{i}-14\boldsymbol{j}+7\boldsymbol{k}.$$

于是,这个向量的大小为 $\sqrt{7^2+(-14)^2+7^2}=7\sqrt{6}$,故所求三角形的面积为 $\frac{7\sqrt{6}}{2}$.

下面结果很容易由定理 8.2.15 得到.

推论 8.2.18　$\boldsymbol{a}\times\boldsymbol{b}=0$ 当且仅当 $\boldsymbol{a}$ 与 $\boldsymbol{b}$ 平行.

同数量积一样,单位向量 $\boldsymbol{i},\boldsymbol{j},\boldsymbol{k}$ 之间向量积的结果如下:

$$\boldsymbol{i}\times\boldsymbol{i}=\boldsymbol{0},\quad \boldsymbol{i}\times\boldsymbol{j}=\boldsymbol{k},\quad \boldsymbol{i}\times\boldsymbol{k}=-\boldsymbol{j};$$
$$\boldsymbol{j}\times\boldsymbol{i}=-\boldsymbol{k},\quad \boldsymbol{j}\times\boldsymbol{j}=\boldsymbol{0},\quad \boldsymbol{j}\times\boldsymbol{k}=\boldsymbol{i};$$
$$\boldsymbol{k}\times\boldsymbol{i}=\boldsymbol{j},\quad \boldsymbol{k}\times\boldsymbol{j}=-\boldsymbol{i},\quad \boldsymbol{k}\times\boldsymbol{k}=\boldsymbol{0}.$$

8.2.3　向量的三元数量积

在物理和工程问题中,有些积涉及三个或者更多的向量.对于给定的三个向量 $\boldsymbol{a}$,$\boldsymbol{b}$ 和 $\boldsymbol{c}$,我们有很多种方法通过数量积和向量积来定义积:$\boldsymbol{a}\cdot\boldsymbol{b}\cdot\boldsymbol{c}$,$(\boldsymbol{a}\times\boldsymbol{b})\times\boldsymbol{c}$,$\boldsymbol{a}\times(\boldsymbol{b}\times\boldsymbol{c})$,$\boldsymbol{a}\cdot(\boldsymbol{b}\times\boldsymbol{c})$ 以及$(\boldsymbol{a}\times\boldsymbol{b})\cdot\boldsymbol{c}$.

上面第一种方式没有意义,因为 $\boldsymbol{a}\cdot\boldsymbol{b}$ 是一个数,故得到数 $\boldsymbol{a}\cdot\boldsymbol{b}$ 与向量 $\boldsymbol{c}$ 的数量积,而这是不可能的.

一般情况下,三元向量积 $(\boldsymbol{a}\times\boldsymbol{b})\times\boldsymbol{c}$ 和 $\boldsymbol{a}\times(\boldsymbol{b}\times\boldsymbol{c})$ 是不相等的.这两个积都能直接由向量表示,后面我们将导出它们的计算公式.可以证明 $\boldsymbol{a}\cdot(\boldsymbol{b}\times\boldsymbol{c})$与$(\boldsymbol{a}\times\boldsymbol{b})\cdot\boldsymbol{c}$是相等的,因为这个积的结果是一个数量,故称为三个向量的**三元数量积**.

1. 三元数量积

三元数量积有下面的几何意义.

定理 8.2.19　如果向量 $\boldsymbol{a}$,$\boldsymbol{b}$,$\boldsymbol{c}$ 符合右手规则(不共面),那么$\boldsymbol{a}\cdot(\boldsymbol{b}\times\boldsymbol{c})$是以 $\boldsymbol{a}$,$\boldsymbol{b}$ 和 $\boldsymbol{c}$ 为相邻边的平行六面体的体积 (见图 8.2.4).

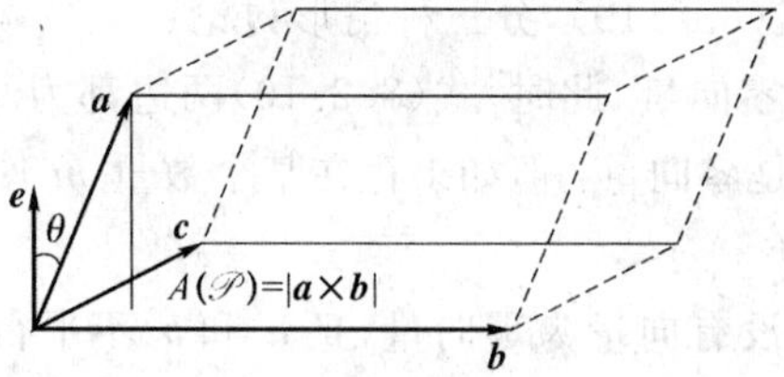

图 8.2.4

证明　用 $A(\mathscr{P})$ 表示以 $\boldsymbol{b}$ 和 $\boldsymbol{c}$ 为相邻边的平行四边形的面积,用 h 表示以该平行四边形

为底的平行六面体的高，由初等几何知平行六面体的体积 $V=A(\mathscr{P})h$. 根据推论 8.2.17 我们有 $A(\mathscr{P})=|\boldsymbol{b}\times\boldsymbol{c}|$，而且 $\boldsymbol{b}\times\boldsymbol{c}$ 是一个垂直于 $\boldsymbol{b}$ 和 $\boldsymbol{c}$ 所在平面的向量，与 $\boldsymbol{a}$ 位于同一侧，这是因为 $\boldsymbol{a},\boldsymbol{b}$ 和 $\boldsymbol{c}$ 符合右手规则，从而 $\boldsymbol{b}\times\boldsymbol{c}=A(\mathscr{P})\boldsymbol{e}$，其中 $\boldsymbol{e}$ 是图 8.2.4 中的单位向量. 进一步，

$$\boldsymbol{a}\cdot\boldsymbol{e}=|\boldsymbol{a}||\boldsymbol{e}|\cos\alpha=|\boldsymbol{a}|\cos\alpha=h,$$

故

$$\boldsymbol{a}\cdot(\boldsymbol{b}\times\boldsymbol{c})=\boldsymbol{a}\cdot(A(\mathscr{P})\boldsymbol{e})=A(\mathscr{P})\boldsymbol{a}\cdot\boldsymbol{e}=A(\mathscr{P})\boldsymbol{h}=V.$$

如果 $\boldsymbol{a},\boldsymbol{b}$ 和 $\boldsymbol{c}$ 符合左手规则，那么 $\boldsymbol{a}\cdot(\boldsymbol{b}\times\boldsymbol{c})=-V$. 在此情形下，$\boldsymbol{b}\times\boldsymbol{c}$ 指向“错误”方向，并且 $\boldsymbol{a}\cdot(\boldsymbol{b}\times\boldsymbol{c})$ 是负数. 当然，如果 $\boldsymbol{a},\boldsymbol{b}$ 和 $\boldsymbol{c}$ 共面，那么“六面体”是平的，从而 $V=0$.

由此我们得到下面的结果.

定理 8.2.20 设 $\boldsymbol{a},\boldsymbol{b},\boldsymbol{c}$ 是三个向量，则

$$\boldsymbol{a}\cdot(\boldsymbol{b}\times\boldsymbol{c})=\boldsymbol{b}\cdot(\boldsymbol{c}\times\boldsymbol{a})=\boldsymbol{c}\cdot(\boldsymbol{a}\times\boldsymbol{b}) \tag{8.2.8}$$

且

$$\boldsymbol{a}\cdot(\boldsymbol{b}\times\boldsymbol{c})=(\boldsymbol{a}\times\boldsymbol{b})\cdot\boldsymbol{c}. \tag{8.2.9}$$

证明 首先假定 $\boldsymbol{a},\boldsymbol{b}$ 和 $\boldsymbol{c}$ 符合右手规则，那么式(8.2.8)中的三项给出了同一个平行六面体的体积. 第一项是将 $\boldsymbol{b}$ 和 $\boldsymbol{c}$ 作为底，第二项是将 $\boldsymbol{c}$ 和 $\boldsymbol{a}$ 作为底，而第三项是将 $\boldsymbol{a}$ 和 $\boldsymbol{b}$ 作为底，故这三项相等. 当 $\boldsymbol{a},\boldsymbol{b}$ 和 $\boldsymbol{c}$ 共面或者符合左手规则时，我们将证明留给读者.

因为数量积满足交换律，故 $\boldsymbol{c}\cdot(\boldsymbol{a}\times\boldsymbol{b})=(\boldsymbol{a}\times\boldsymbol{b})\cdot\boldsymbol{c}$，从而由式(8.2.8)得到式(8.2.9).

式 (8.2.8) 说明 $\boldsymbol{a},\boldsymbol{b},\boldsymbol{c}$ 的任何循环置换不会改变三元数量积的结果. 式 (8.2.9)说明我们可以把数量积和向量积放在任何位置，只要每对向量之间有乘积符号. 比三元数量积简单很多的一种涉及三个向量的积是 $(\boldsymbol{a}\cdot\boldsymbol{b})\boldsymbol{c}$，其中数量 $m=\boldsymbol{a}\cdot\boldsymbol{b}$ 乘以 $\boldsymbol{c}$ 直接写作 $m\boldsymbol{c}$.

2. *三元向量积

下面我们考虑向量积 $(\boldsymbol{a}\times\boldsymbol{b})\times\boldsymbol{c}$.

定理 8.2.21 设 $\boldsymbol{a},\boldsymbol{b},\boldsymbol{c}$ 是三个向量，则

$$(\boldsymbol{a}\times\boldsymbol{b})\times\boldsymbol{c}=(\boldsymbol{a}\cdot\boldsymbol{c})\boldsymbol{b}-(\boldsymbol{b}\cdot\boldsymbol{c})\boldsymbol{a}, \tag{8.2.10}$$

$$\boldsymbol{a}\times(\boldsymbol{b}\times\boldsymbol{c})=(\boldsymbol{a}\cdot\boldsymbol{c})\boldsymbol{b}-(\boldsymbol{a}\cdot\boldsymbol{b})\boldsymbol{c}. \tag{8.2.11}$$

证明 首先我们证明式(8.2.10)，分三种情形讨论：

情形 1. 有一个向量为零向量，此时，式(8.2.10)两边都为 0，故成立.

情形 2. 所有向量都不是零向量，但如果存在某个数量 m 使得 $\boldsymbol{b}=m\boldsymbol{a}$，那么，式(8.2.10)两边都为 0.

情形 3. 现在我们假定没有向量为零向量，且 $\boldsymbol{a}$ 和 $\boldsymbol{b}$ 不平行，则式(8.2.10)左边的向量与 $\boldsymbol{a}$ 和 $\boldsymbol{b}$ 所在平面平行，故存在某个数量 m 和 n 使得

$$(\boldsymbol{a}\times\boldsymbol{b})\times\boldsymbol{c}=m\boldsymbol{a}+n\boldsymbol{b}. \tag{8.2.12}$$

为了简化 m 和 n 的计算，我们在 $\boldsymbol{a}$ 和 $\boldsymbol{b}$ 所在的平面引入正交单位向量 $\boldsymbol{i}'$ 和 $\boldsymbol{j}'$，其中

$\boldsymbol{i}'=\boldsymbol{a}/|\boldsymbol{a}|$，以及第三个单位向量 $\boldsymbol{k}'=\boldsymbol{i}'\times\boldsymbol{j}'$，将我们所有向量用单位向量 $\boldsymbol{i}',\boldsymbol{j}',\boldsymbol{k}'$ 表示：

$$\begin{aligned}\boldsymbol{a}&=a_1\boldsymbol{i}',\\ \boldsymbol{b}&=b_1\boldsymbol{i}'+b_2\boldsymbol{j}',\\ \boldsymbol{c}&=c_1\boldsymbol{i}'+c_2\boldsymbol{j}'+c_3\boldsymbol{k}'.\end{aligned}$$

则

$$\boldsymbol{a}\times\boldsymbol{b}=a_1b_2\boldsymbol{k}',$$

且

$$(\boldsymbol{a}\times\boldsymbol{b})\times\boldsymbol{c}=-a_1b_2c_2\boldsymbol{i}'+a_1b_2c_1\boldsymbol{j}'.$$

把它与式 (8.2.12)的右边比较，我们得

$$m(a_1\boldsymbol{i}')+n(b_1\boldsymbol{i}'+b_2\boldsymbol{j}')=-a_1b_2c_2\boldsymbol{i}'+a_1b_2c_1\boldsymbol{j}'.$$

这等价于数量等式

$$\begin{aligned}ma_1+nb_1&=-a_1b_2c_2,\\ nb_2&=a_1b_2c_1.\end{aligned}$$

如果 b_2 是 0，那么 $\boldsymbol{a}$ 平行于 $\boldsymbol{b}$，与条件矛盾，故 b_2 不为 0. 我们可以解上面方程求出 n，

$$n=a_1c_1=\boldsymbol{a}\cdot\boldsymbol{c}.$$

代入得

$$\begin{aligned}ma_1&=-nb_1-a_1b_2c_2\\ &=-a_1c_1b_1-a_1b_2c_2,\end{aligned}$$

因为 $|\boldsymbol{a}|=a_1\neq 0$，除以 a_1 得

$$m=-(b_1c_1+b_2c_2)=-(\boldsymbol{b}\cdot\boldsymbol{c}).$$

把 m 和 n 的值代入式(8.2.12)，得到式(8.2.10).

对于式(8.2.11)，由式(8.2.10) 通过交换字母 $\boldsymbol{a},\boldsymbol{b}$ 和 $\boldsymbol{c}$ 得到等式

$$(\boldsymbol{b}\times\boldsymbol{c})\times\boldsymbol{a}=(\boldsymbol{b}\cdot\boldsymbol{a})\boldsymbol{c}-(\boldsymbol{c}\cdot\boldsymbol{a})\boldsymbol{b}.$$

如果我们交换因子 $\boldsymbol{b}\times\boldsymbol{c}$ 与 $\boldsymbol{a}$，我们必须改变等式右边的符号，这将得到式(8.2.11)，从而定理得证.

式(8.2.10)和式(8.2.11) 可以用于简化三个或者更多个向量的乘积表达式.

例 8.2.22　用式(8.2.10)和式(8.2.11) 来表示 $(\boldsymbol{a}\times\boldsymbol{b})\times(\boldsymbol{c}\times\boldsymbol{d})$.

解　为了方便，记 $\boldsymbol{c}\times\boldsymbol{d}=\boldsymbol{v}$，由式(8.2.10)得

$$(\boldsymbol{a}\times\boldsymbol{b})\times\boldsymbol{v}=(\boldsymbol{a}\cdot\boldsymbol{v})\boldsymbol{b}-(\boldsymbol{b}\cdot\boldsymbol{v})\boldsymbol{a},$$

或者

$$(\boldsymbol{a}\times\boldsymbol{b})\times(\boldsymbol{c}\times\boldsymbol{d})=[\boldsymbol{a}\cdot(\boldsymbol{c}\times\boldsymbol{d})]\boldsymbol{b}-[\boldsymbol{b}\cdot(\boldsymbol{c}\times\boldsymbol{d})]\boldsymbol{a}.$$

上式将结果表示成数量乘以向量 $\boldsymbol{b}$ 与数量乘以向量 $\boldsymbol{a}$ 的差，我们也可以将该结果表示成数量乘以向量 $\boldsymbol{c}$ 与数量乘以向量 $\boldsymbol{d}$ 的差.

8.2.4 向量乘积的应用

数量积和向量积对解决三维空间几何问题很有用.

例 8.2.23 求点 $A(1,2,3)$ 到连接点 $B(-1,2,1)$和 $C(4,3,2)$的直线的距离.

解 我们画一个经过三点的平面,如图 8.2.5 所示,显然,距离 s 可以由式子

$$s=|\overrightarrow{BA}|\sin\theta$$

计算出. 因为 $\overrightarrow{BA}\times\overrightarrow{BC}=(|\overrightarrow{BA}||\overrightarrow{BC}|\sin\theta)\boldsymbol{e}$,我们能通过$\overrightarrow{BA}\times\overrightarrow{BC}$的大小,并且除以$\overrightarrow{BC}$的大小求出 s,从而

$$s=\frac{|\overrightarrow{BA}\times\overrightarrow{BC}|}{|\overrightarrow{BC}|}.$$

通过上面的计算,我们有

$$\overrightarrow{BA}=2\boldsymbol{i}+2\boldsymbol{k},\ \overrightarrow{BC}=5\boldsymbol{i}+\boldsymbol{j}+\boldsymbol{k},$$

$$\overrightarrow{BA}\times\overrightarrow{BC}=\begin{vmatrix}\boldsymbol{i} & \boldsymbol{j} & \boldsymbol{k}\\ 2 & 0 & 2\\ 5 & 1 & 1\end{vmatrix}=-2\boldsymbol{i}+8\boldsymbol{j}+2\boldsymbol{k},$$

$$s=\frac{|-2\boldsymbol{i}+8\boldsymbol{j}+2\boldsymbol{k}|}{|5\boldsymbol{i}+\boldsymbol{j}+\boldsymbol{k}|}=\frac{\sqrt{(-2)^2+8^2+2^2}}{\sqrt{5^2+1^2+1^2}}=\frac{2}{3}\sqrt{6}.$$

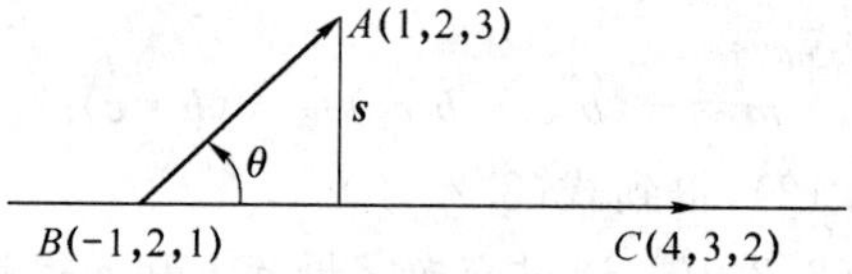

图 8.2.5

例 8.2.24 求点 $P(2,2,9)$ 到点 $A(2,1,3)$,$B(3,3,5)$,$C(1,3,6)$所在平面的距离.

解 如图 8.2.6 所示,向量 $\overrightarrow{AB}$和 $\overrightarrow{AC}$位于给定三点所在的平面 $\mathscr{P}$ 上,故 $\overrightarrow{AB}\times\overrightarrow{AC}$给出了垂直于平面 $\mathscr{P}$的单位向量 $\boldsymbol{e}$ 的方向,从而

$$\boldsymbol{e}=\frac{\overrightarrow{AB}\times\overrightarrow{AC}}{|\overrightarrow{AB}\times\overrightarrow{AC}|}.$$

那么点 P 到平面 $\mathscr{P}$ 的距离为

$$s=|\overrightarrow{AP}|\cos\alpha=\overrightarrow{AP}\cdot\boldsymbol{e}=\frac{\overrightarrow{AP}\cdot(\overrightarrow{AB}\times\overrightarrow{AC})}{|\overrightarrow{AB}\times\overrightarrow{AC}|}.$$

通过计算,我们有

$$\overrightarrow{AB}=\boldsymbol{i}+2\boldsymbol{j}+2\boldsymbol{k},\qquad \overrightarrow{AC}=-\boldsymbol{i}+2\boldsymbol{j}+3\boldsymbol{k},\qquad \overrightarrow{AP}=\boldsymbol{j}+6\boldsymbol{k},$$

$$\overrightarrow{AB}\times\overrightarrow{AC}=\begin{vmatrix}\boldsymbol{i} & \boldsymbol{j} & \boldsymbol{k}\\ 1 & 2 & 2\\ -1 & 2 & 3\end{vmatrix}=2\boldsymbol{i}-5\boldsymbol{j}+4\boldsymbol{k},$$

$$s=\frac{(\boldsymbol{j}+6\boldsymbol{k})\cdot(2\boldsymbol{i}-5\boldsymbol{j}+4\boldsymbol{k})}{|2\boldsymbol{i}-5\boldsymbol{j}+4\boldsymbol{k}|}=\frac{1\times(-5)+6\times 4}{\sqrt{2^2+(-5)^2+4^2}}=\frac{19}{15}\sqrt{5}.$$

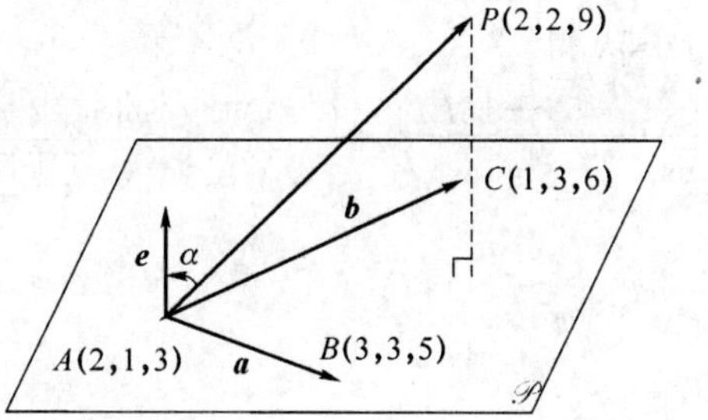

图 8.2.6

例 8.2.25　求两条线 $\mathscr{L}_1$ 和 $\mathscr{L}_2$ 的距离，其中 $\mathscr{L}_1$ 过点 $A(1,2,1)$ 和 $B(2,7,3)$，而 $\mathscr{L}_2$ 过点 $C(2,3,5)$ 和 $D(0,6,6)$.

解　如果 $\boldsymbol{n}=\overrightarrow{AB}\times\overrightarrow{CD}$，那么 $\boldsymbol{n}$ 是一个与两条线 $\mathscr{L}_1$ 和 $\mathscr{L}_2$ 都垂直的向量，故过直线 $\mathscr{L}_1$ 的平面 $\mathscr{P}_1$ 平行于过直线 $\mathscr{L}_2$ 的平面 $\mathscr{P}_2$，即这两个平面都垂直于向量 $\boldsymbol{n}$，如图 8.2.7 所示. 如果我们在两个平面上各取一个点，将连接这两点的线段投影到公垂线，我们可以得到这两个平面之间的距离，设为 s，它也是两条直线之间的距离. 这样，如果我们选择点 A 和 D，且 $\boldsymbol{n}_0=\boldsymbol{n}/|\boldsymbol{n}|$ 作为单位法向量，那么

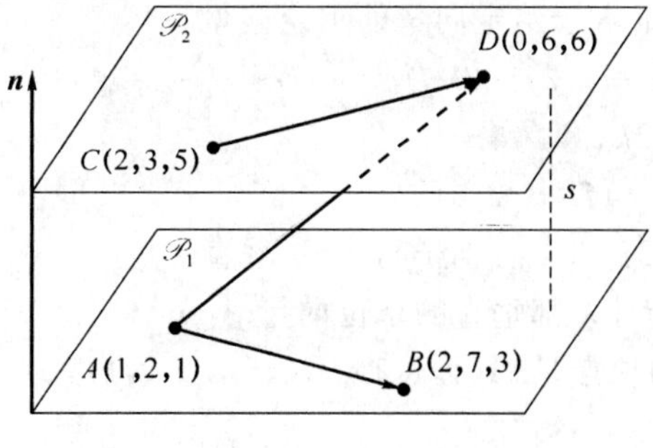

图 8.2.7

$$s=|\overrightarrow{AD}\cdot\boldsymbol{n}_0|=\left|\overrightarrow{AD}\cdot\frac{\overrightarrow{AB}\times\overrightarrow{CD}}{|\overrightarrow{AB}\times\overrightarrow{CD}|}\right|.$$

在这个公式中，如果我们用 $\overrightarrow{AC}$ 或者 $\overrightarrow{BC}$ 或者 $\overrightarrow{BD}$ 代替 $\overrightarrow{AD}$，将得到相同的结果.

通过计算，我们有

$$\overrightarrow{AB}=\boldsymbol{i}+5\boldsymbol{j}+2\boldsymbol{k},\quad \overrightarrow{CD}=-2\boldsymbol{i}+3\boldsymbol{j}+\boldsymbol{k},$$

$$\boldsymbol{n}=\overrightarrow{AB}\times\overrightarrow{CD}=\begin{vmatrix}\boldsymbol{i} & \boldsymbol{j} & \boldsymbol{k}\\ 1 & 5 & 2\\ -2 & 3 & 1\end{vmatrix}=-\boldsymbol{i}-5\boldsymbol{j}+13\boldsymbol{k},$$

$$|\boldsymbol{n}|=|\overrightarrow{AB}\times\overrightarrow{CD}|=\sqrt{(-1)^2+(-5)^2+13^2}=\sqrt{195}.$$

最后，由$\overrightarrow{AD}=-\boldsymbol{i}+4\boldsymbol{j}+5\boldsymbol{k}$得，

$$s=\left|\frac{(-\boldsymbol{i}+4\boldsymbol{j}+5\boldsymbol{k})\cdot(-\boldsymbol{i}-5\boldsymbol{j}+13\boldsymbol{k})}{\sqrt{195}}\right|=\frac{(-1)\times(-1)+4\times(-5)+5\times13}{\sqrt{195}}=\frac{46}{\sqrt{195}}.$$

习题 8.2

A

1. 求数量积 $\boldsymbol{a}\cdot\boldsymbol{b}$ 和这两个向量之间夹角的余弦值：

(1) $\boldsymbol{a}=8\boldsymbol{i}+8\boldsymbol{j}-4\boldsymbol{k},\boldsymbol{b}=\boldsymbol{i}-2\boldsymbol{j}-3\boldsymbol{k}$；

(2) $\boldsymbol{a}=\boldsymbol{i}-2\boldsymbol{j}+2\boldsymbol{k},\boldsymbol{b}=\boldsymbol{i}+\boldsymbol{j}+\boldsymbol{k}$；

(3) $\boldsymbol{a}=\boldsymbol{i}-\boldsymbol{j}-\boldsymbol{k},\boldsymbol{b}=4\boldsymbol{i}-8\boldsymbol{j}+\boldsymbol{k}$；

(4) $\boldsymbol{a}=2\boldsymbol{i}-2\boldsymbol{j}-\boldsymbol{k},\boldsymbol{b}=16\boldsymbol{i}+8\boldsymbol{j}+2\boldsymbol{k}$.

2. 设向量 $\boldsymbol{b}$ 和 $\boldsymbol{a}=2\boldsymbol{i}-\boldsymbol{j}+2\boldsymbol{k}$ 共线，且 $\boldsymbol{a}\cdot\boldsymbol{b}=-18$，求向量 $\boldsymbol{b}$.

3. 求向量积 $\boldsymbol{a}\times\boldsymbol{b}$ 和垂直于给定向量的单位向量：

(1) $\boldsymbol{a}=3\boldsymbol{i}-4\boldsymbol{j}-2\boldsymbol{k},\mathrm{b}=\boldsymbol{i}-2\boldsymbol{j}-2\boldsymbol{k}$；

(2) $\boldsymbol{a}=2\boldsymbol{i}-\boldsymbol{k},\boldsymbol{b}=\boldsymbol{j}+2\boldsymbol{k}$；

(3) $\boldsymbol{a}=4\boldsymbol{i}-3\boldsymbol{j},\mathrm{b}=3\boldsymbol{i}+4\boldsymbol{j}$.

4. 求 z 使得向量 $\boldsymbol{i}+2\boldsymbol{j}+3\boldsymbol{k}$ 与 $4\boldsymbol{i}+5\boldsymbol{j}+z\boldsymbol{k}$ 垂直..

5. 求一个与 $\boldsymbol{i}+\boldsymbol{j}$ 和 $\boldsymbol{j}+\boldsymbol{k}$ 都垂直的单位向量.

6. 如果一个三角形的顶点是 $A(1,1,1),B(-1,-1,1),C(1,-1,-1)$，计算该三角形每个角的余弦值.

7. 计算立方体的对角线与它的一个面上的对角线夹角的余弦值.

8. 设 $\boldsymbol{a}$ 和 $\boldsymbol{b}$ 是单位向量，证明 $\boldsymbol{a}+\boldsymbol{b}$ 平分 $\boldsymbol{a}$ 与 $\boldsymbol{b}$ 的夹角.

9. 用习题 8 的结果求一个向量，使其平分 $3\boldsymbol{i}+2\boldsymbol{j}+6\boldsymbol{k}$ 与 $9\boldsymbol{i}+6\boldsymbol{j}+2\boldsymbol{k}$ 的夹角.

10. 判断下面哪些向量互相平行，哪些向量互相垂直：

(1) $\boldsymbol{a}=\boldsymbol{i}+3\boldsymbol{j}-5\boldsymbol{k},\boldsymbol{b}=4\boldsymbol{i}+2\boldsymbol{j}+2\boldsymbol{k}$；

(2) $\boldsymbol{a}=6\boldsymbol{i}+9\boldsymbol{j}-15\boldsymbol{k}, \boldsymbol{b}=2\boldsymbol{i}+3\boldsymbol{j}-5\boldsymbol{k}$;

(3) $\boldsymbol{a}=3\boldsymbol{i}-2\boldsymbol{j}+7\boldsymbol{k}, \boldsymbol{b}=\boldsymbol{i}-2\boldsymbol{j}-\boldsymbol{k}$.

11. 如果 $\boldsymbol{a}+3\boldsymbol{b}$ 和 $7\boldsymbol{a}-5\boldsymbol{b}$ 垂直,$\boldsymbol{a}-4\boldsymbol{b}$ 和 $7\boldsymbol{a}-2\boldsymbol{b}$ 垂直,求 $\boldsymbol{a}$ 和 $\boldsymbol{b}$ 之间的夹角.

12. 计算下列平行四边形的面积:

(1) $\boldsymbol{a}=3\boldsymbol{i}+2\boldsymbol{j}$ 和 $\boldsymbol{b}=\boldsymbol{i}-\boldsymbol{j}$ 是相邻边;

(2) $\boldsymbol{a}=4\boldsymbol{i}-\boldsymbol{j}+\boldsymbol{k}$ 和 $\boldsymbol{b}=3\boldsymbol{i}+\boldsymbol{j}+\boldsymbol{k}$ 是相邻边.

13. 设 $|\boldsymbol{a}|=1, |\boldsymbol{b}|=2$,它们之间的夹角是 $\pi/3$,计算 $|2\boldsymbol{a}-3\boldsymbol{b}|$,并且求以 $\boldsymbol{a}$ 和 $\boldsymbol{b}$ 为相邻边的平行四边形的面积.

14. 计算以 $A(1,2,3), B(3,4,5), C(2,4,7)$ 为顶点的三角形的面积.

15. 计算以 $A(3,0,0), B(0,3,0), C(0,0,2), D(4,5,6)$ 为顶点的平行六面体的体积.

16. 计算下列平行六面体的体积,其中三条边分别是向量 $\boldsymbol{a}, \boldsymbol{b}, \boldsymbol{c}$:

(1) $\boldsymbol{a}=\boldsymbol{i}-\boldsymbol{j}-\boldsymbol{k}, \boldsymbol{b}=\boldsymbol{i}+3\boldsymbol{j}+\boldsymbol{k}, \boldsymbol{c}=2\boldsymbol{i}+3\boldsymbol{j}+5\boldsymbol{k}$;

(2) $\boldsymbol{a}=2\boldsymbol{i}-\boldsymbol{j}+\boldsymbol{k}, \boldsymbol{b}=\boldsymbol{i}+2\boldsymbol{j}+3\boldsymbol{k}, \boldsymbol{c}=\boldsymbol{i}+\boldsymbol{j}-2\boldsymbol{k}$.

17. 求点 $A(3,-1,2)$ 到过点 $B(1,1,3)$ 和 $C(1,3,5)$ 的直线的距离.

18. 求点 $P(2,1,1)$ 到点 $A(1,-1,1), B(-2,4,3), C(0,1,2)$ 所在平面的距离.

B

1. 设 $\boldsymbol{a}$ 是空间中任意一个向量,证明 $\boldsymbol{a}=(\boldsymbol{a}\cdot\boldsymbol{i})\boldsymbol{i}+(\boldsymbol{a}\cdot\boldsymbol{j})\boldsymbol{j}+(\boldsymbol{a}\cdot\boldsymbol{k})\boldsymbol{k}$.

2. 设单位向量 $\boldsymbol{a}, \boldsymbol{b}$ 和 $\boldsymbol{c}$ 满足 $\boldsymbol{a}+\boldsymbol{b}+\boldsymbol{c}=\boldsymbol{0}$,求 $\boldsymbol{a}\cdot\boldsymbol{b}+\boldsymbol{b}\cdot\boldsymbol{c}+\boldsymbol{c}\cdot\boldsymbol{a}$.

3. (1) 如果 $\boldsymbol{a}\cdot\boldsymbol{b}=\boldsymbol{c}\cdot\boldsymbol{b}, \boldsymbol{b}\neq\boldsymbol{0}$,那么 $\boldsymbol{a}=\boldsymbol{c}$ 成立吗?如果 $\boldsymbol{a}\neq\boldsymbol{c}$,那么 $\boldsymbol{a}, \boldsymbol{b}, \boldsymbol{c}$ 之间的关系是什么?

(2) 如果 $\boldsymbol{a}\times\boldsymbol{b}=\boldsymbol{c}\times\boldsymbol{b}, \boldsymbol{b}\neq\boldsymbol{0}, \boldsymbol{a}\neq\boldsymbol{c}$,那么 $\boldsymbol{a}, \boldsymbol{b}, \boldsymbol{c}$ 之间的关系是什么?

4. 设 $\boldsymbol{a}+\boldsymbol{b}+\boldsymbol{c}=\boldsymbol{0}$,证明 $\boldsymbol{a}\times\boldsymbol{b}=\boldsymbol{b}\times\boldsymbol{c}=\boldsymbol{c}\times\boldsymbol{a}$,并给出几何解释.

5. 证明下列等式:

(1) $(\boldsymbol{a}\times\boldsymbol{b})\cdot(\boldsymbol{c}\times\boldsymbol{d})=(\boldsymbol{a}\cdot\boldsymbol{c})(\boldsymbol{b}\cdot\boldsymbol{d})-(\boldsymbol{a}\cdot\boldsymbol{d})(\boldsymbol{b}\cdot\boldsymbol{c})$;

(2) $\boldsymbol{a}\times(\boldsymbol{b}\times\boldsymbol{c})+\boldsymbol{b}\times(\boldsymbol{c}\times\boldsymbol{a})+\boldsymbol{c}\times(\boldsymbol{a}\times\boldsymbol{b})=\boldsymbol{0}$.

6. 证明顶点为 $A(x_1, y_1, 0), B(x_2, y_2, 0), C(x_3, y_3, 0)$ 的三角形的面积等于下面行列式的绝对值

$$\frac{1}{2}\begin{vmatrix} x_1 & y_1 & 1 \\ x_2 & y_2 & 1 \\ x_3 & y_3 & 1 \end{vmatrix}.$$

8.3　平面和空间直线

在空间解析几何中,我们将处理与平面解析几何同样的两个问题:建立曲面和空间曲线

的方程;用方程来了解曲面和曲线的形状和性质.本节我们将介绍用数量积和向量积来建立平面和空间直线的方程.

8.3.1 平面方程

平面可以由它上面不共线的三个点确定,也可以由平面上的一个点和它的方向确定,这个方向定义为与平面垂直的向量.

首先,我们证明一元、二元和三元线性方程表示的图形都是平面.

定理 8.3.1 空间直角坐标系下,每个平面都可以用线性方程表示.反过来,每个线性方程表示的图形都是平面.

证明 设点 $P_1(x_1,y_1,z_1)$是给定平面的一个点,且

$$\boldsymbol{n}=A\boldsymbol{i}+B\boldsymbol{j}+C\boldsymbol{k}$$

与平面垂直（见图 8.3.1),则 $P(x,y,z)$ 在平面上当且仅当向量

$$\overrightarrow{P_1P}=(x-x_1)\boldsymbol{i}+(y-y_1)\boldsymbol{j}+(z-z_1)\boldsymbol{k}$$

垂直于 $\boldsymbol{n}$,故它们的数量积为 0,从而有

$$\boldsymbol{n}\cdot\overrightarrow{P_1P}=0$$

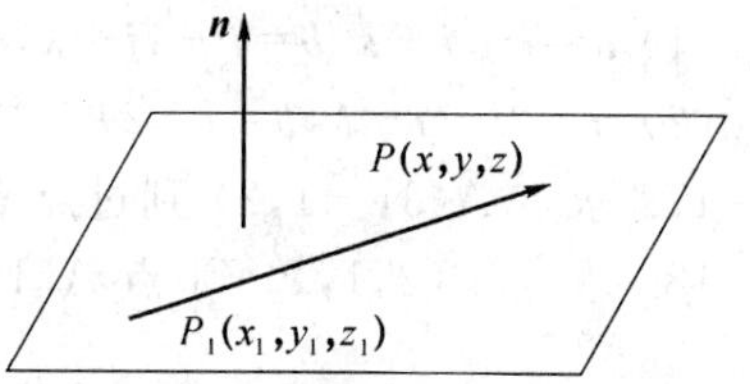

图 8.3.1

或者

$$A(x-x_1)+B(y-y_1)+C(z-z_1)=0. \tag{8.3.1}$$

这是过点 $P_1(x_1,y_1,z_1)$ 且与向量 $\boldsymbol{n}=A\boldsymbol{i}+B\boldsymbol{j}+C\boldsymbol{k}$ 垂直的平面方程.令 D 为常数 $-Ax_1-By_1-Cz_1$,那么方程为

$$Ax+By+Cz+D=0. \tag{8.3.2}$$

反过来,形式为式(8.3.2)的方程表示一个平面.从这个方程出发,我们可以找到一个满足方程的点 $P_1(x_1,y_1,z_1)$,因此

$$Ax_1+By_1+Cz_1+D=0.$$

减去式(8.3.2) 得

$$A(x-x_1)+B(y-y_1)+C(z-z_1)=0,$$

它具有式 (8.3.1)的形式，故式 (8.3.2) 表示一个与向量 $\boldsymbol{n}=A\boldsymbol{i}+B\boldsymbol{j}+C\boldsymbol{k}$ 垂直的平面.

注意,与平面垂直的任何非零向量称为该平面的**法线向量**.例如,向量 $\boldsymbol{n}=A\boldsymbol{i}+B\boldsymbol{j}+C\boldsymbol{k}$ 是方程(8.3.1) 表示的平面的一个法线向量.我们已经知道,平面完全由它上的一个点和一个法线向量确定,故方程(8.3.1) 称为**平面的点法式方程**,而方程 (8.3.2)称为**平面的一般式方程**.

例 8.3.2 写出过点 $P_1(4,-3,2)$ 且与向量 $\boldsymbol{n}=2\boldsymbol{i}-3\boldsymbol{j}+5\boldsymbol{k}$ 垂直的平面方程.

解 我们用 $\boldsymbol{i},\boldsymbol{j}$ 和 $\boldsymbol{k}$ 的系数 作为 x,y 和 z 的系数,得到方程

$$2x-3y+5z+D=0.$$

对于 D 的任何值,上面方程表示与给定向量垂直的平面.如果

$$2\times 4+(-3)\times(-3)+5\times 2+D=0 \quad 或者 \quad D=-27,$$

那么此方程满足给定点的坐标，故所求平面方程为

$$2x-3y+5z-27=0.$$

下面的例子告诉我们怎样求不共线的三点确定的平面方程.

例 8.3.3　求过点 $P_1(1,2,6)$，$P_2(4,4,1)$和 $P_3(2,3,5)$的平面方程.

解　与三角形 $P_1P_2P_3$的两条边垂直的向量是三角形所在平面的法线向量，为了求这样一个向量，我们记

$$\overrightarrow{P_1P_2}=3\boldsymbol{i}+2\boldsymbol{j}-5\boldsymbol{k},$$

$$\overrightarrow{P_1P_3}=\boldsymbol{i}+\boldsymbol{j}-\boldsymbol{k},$$

$$\boldsymbol{n}=A\boldsymbol{i}+B\boldsymbol{j}+C\boldsymbol{k}.$$

求系数 A，B 和 C 使得 $\boldsymbol{n}$ 与其他向量垂直，故

$$\boldsymbol{n}\cdot\overrightarrow{P_1P_2}=3A+2B-5C=0,$$

$$\boldsymbol{n}\cdot\overrightarrow{P_1P_3}=A+B-C=0.$$

解这些方程得 $A=3C$ 和 $B=-2C$，取 $C=1$，我们有 $\boldsymbol{n}=3\boldsymbol{i}-2\boldsymbol{j}+\boldsymbol{k}$. 则平面 $3x-2y+z+D=0$ 垂直于向量 $\boldsymbol{n}$，代入给定点的坐标得 $D=-5$，故所求平面方程为

$$3x-2y+z-5=0.$$

当然，我们能用平面的一般式方程 (8.3.2) 去求不共线三点所在平面的方程，这涉及解线性方程组. 假定平面与 x 轴，y 轴，z 轴的交点分别为 a，b 和 c，其中 a，b，c 是非零常数，即点$(a,0,0)$，$(0,b,0)$和 $(0,0,c)$ 位于平面上. 容易验证平面的方程能写成如下形式：

$$\frac{x}{a}+\frac{y}{b}+\frac{z}{c}=1. \tag{8.3.3}$$

它称为**平面的截距式方程**.

下面我们考虑一些特殊平面的方程.

(1) 如果平面过原点 $O(0,0,0)$，那么由等式 (8.3.2)得 $D=0$，从而，过原点的平面方程有如下形式

$$Ax+By+Cz=0.$$

(2) 如果平面平行于 z 轴，那么它的法线向量 $\boldsymbol{n}=A\boldsymbol{i}+B\boldsymbol{j}+C\boldsymbol{k}$ 垂直于 $\boldsymbol{k}$，从而，$\boldsymbol{n}\cdot\boldsymbol{k}=C=0$，故平面方程为

$$Ax+By+D=0.$$

同理，平行于 x 轴的平面方程和平行于 z 轴的平面方程分别为

$$By+Cz+D=0 \text{ 和 } Ax+Cz+D=0.$$

(3) 由 (1) 和(2)知，过 x 轴，y 轴和 z 轴的平面方程分别为

$$By+Cz=0,Ax+Cz=0 \text{ 以及 } Ax+By=0.$$

(4) 如果平面垂直于 z 轴，那么 $\boldsymbol{n}$ 平行于 $\boldsymbol{k}$，从而 $A=B=0$，

故方程为

$$Cz+D=0\text{，或者 } z=-\frac{D}{C}\text{，方程右边是一个常数.}$$

同理，垂直于 x 轴和 y 轴的平面方程分别为

$$Ax+D=0 \text{ 和 } By+D=0.$$

特别地，$x=0$，$y=0$ 以及 $z=0$ 分别是坐标平面 yz 平面，xz 平面以及 xy 平面的方程.

下面我们介绍两个平面的夹角.假定两个平面的方程为 $\mathscr{P}_i$：$A_ix+B_iy+C_iz+D_i=0$，$i=1,2$. 如果两个平面不互相垂直，那么**两平面的夹角**定义为它们法线向量的夹角，并且是锐角. 如果两个平面互相垂直，那么**两平面的夹角**规定为 $\frac{\pi}{2}$，故这个夹角可以由下列公式计算出来：

$$\cos\theta=\frac{|\boldsymbol{n}_1\cdot\boldsymbol{n}_2|}{|\boldsymbol{n}_1||\boldsymbol{n}_2|}=\frac{|A_1A_2+B_1B_2+C_1C_2|}{\sqrt{A_1^2+B_1^2+C_1^2}\sqrt{A_2^2+B_2^2+C_2^2}}, \tag{8.3.4}$$

其中 $\boldsymbol{n}_i=A_i\boldsymbol{i}+B_i\boldsymbol{j}+C_i\boldsymbol{k}(i=1,2)$.

显然，$\mathscr{P}_1$ 和 $\mathscr{P}_2$ 平行或者相等当且仅当 $\frac{A_1}{A_2}=\frac{B_1}{B_2}=\frac{C_1}{C_2}$，而 $\mathscr{P}_1$ 和 $\mathscr{P}_2$ 垂直当且仅当 $A_1A_2+B_1B_2+C_1C_2=0$.

例 8.3.4 求两个平面 $2x+y-2z=5$ 和 $3x-6y-2z=7$ 的夹角.

解 由平面的方程，我们知道它们的法线向量：

$$\boldsymbol{n}_1=2\boldsymbol{i}+\boldsymbol{j}-2\boldsymbol{k},\boldsymbol{n}_2=3\boldsymbol{i}-6\boldsymbol{j}-2\boldsymbol{k}.$$

由式(8.3.4) 得

$$\cos\theta=\frac{|\boldsymbol{n}_1\cdot\boldsymbol{n}_2|}{|\boldsymbol{n}_1||\boldsymbol{n}_2|}=\frac{4}{21},\theta=\arccos\frac{4}{21}\approx79^\circ.$$

例 8.3.5 求一个平行于例 8.3.4 中两个平面的交线的向量.

解 所求向量为

$$\boldsymbol{v}=\boldsymbol{n}_1\times\boldsymbol{n}_2=\begin{vmatrix}\boldsymbol{i}&\boldsymbol{j}&\boldsymbol{k}\\2&1&-2\\3&-6&-2\end{vmatrix}=-14\boldsymbol{i}-2\boldsymbol{j}-15\boldsymbol{k}.$$

我们通过给出点到平面的距离公式来结束这一小节.

定理 8.3.6 设 $Ax+By+Cz+D=0$ 是一个平面，$P_1(x_1,y_1,z_1)$ 是该平面外的点，那么点 P_1 到该平面的距离

$$d=\frac{|Ax_1+By_1+Cz_1+D|}{\sqrt{A^2+B^2+C^2}}. \tag{8.3.5}$$

证明 假定 $P_2(x_2,y_2,z_2)$ 是给定平面上的一个点，$\boldsymbol{n}=\pm(A\boldsymbol{i}+B\boldsymbol{j}+C\boldsymbol{k})$ 的起点为 P_2，且垂直于平面，选择 $\boldsymbol{n}$ 的符号使得它与 P_1 位于同一侧，如图 8.3.2 所示，则所求距离 $d=|\overrightarrow{P_2P_1}|\cos\theta$. 注意，

$$\overrightarrow{P_2P_1}=(x_1-x_2)\boldsymbol{i}+(y_1-y_2)\boldsymbol{j}+(z_1-z_2)\boldsymbol{k},$$

故

$$\begin{aligned}
d &= |\overrightarrow{P_2P_1}| \cos\theta \\
&= \frac{\boldsymbol{n} \cdot \overrightarrow{P_2P_1}}{|\boldsymbol{n}|} \\
&= \frac{\pm(A\boldsymbol{i}+B\boldsymbol{j}+C\boldsymbol{k}) \cdot [(x_1-x_2)\boldsymbol{i}+(y_1-y_2)\boldsymbol{j}+(z_1-z_2)\boldsymbol{k}]}{\sqrt{A^2+B^2+C^2}} \\
&= \frac{\pm[A(x_1-x_2)+B(y_1-y_2)+C(z_1-z_2)]}{\sqrt{A^2+B^2+C^2}} \\
&= \frac{\pm(Ax_1+By_1+Cz_1-Ax_2-By_2-Cz_2)}{\sqrt{A^2+B^2+C^2}}.
\end{aligned}$$

由于 P_2 在平面上，所以 $-Ax_2-By_2-Cz_2=D$. 为了去掉符号带来的模糊性，我们取分子的绝对值得

$$d=\frac{|Ax_1+By_1+Cz_1+D|}{\sqrt{A^2+B^2+C^2}},$$

定理得证.

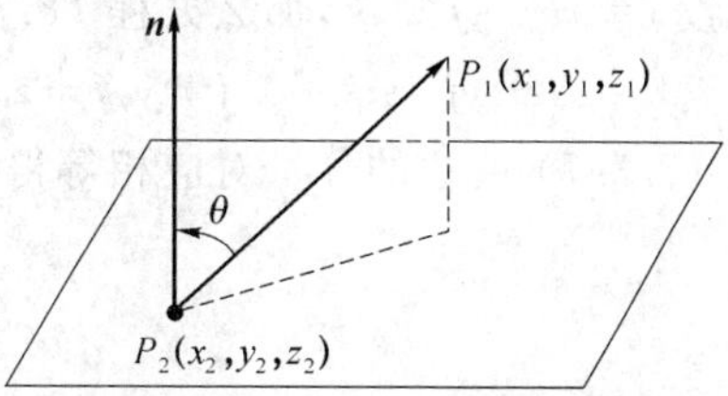

图 8.3.2

例 8.3.7　求点 $(4,-6,1)$ 到平面 $2x+3y-6z-2=0$ 的距离.

解　将 A,B,C,D,x_1,y_1，以及 z_1 值代入式(8.3.5)得

$$d=\frac{|2\times4+3(-6)+(-6)\times1-2|}{\sqrt{2^2+3^2+(-6)^2}}=\frac{18}{7}.$$

8.3.2　空间直线的方程

空间直线完全由其上的两个点确定，或者由该线上的一个点和它的方向确定.

直线 $\mathscr{L}$ 的方向可以由平行于直线的向量给出. 与直线 $\mathscr{L}$ 平行的任何非零向量 $\boldsymbol{a}=(l,m,n)$ 都称为这条直线的**方向向量**，且数 l,m 和 n 称为直线 $\mathscr{L}$ 的**方向数**. 如果点 $P_0(x_0,y_0,z_0)$ 和 $P_1(x_1,y_1,z_1)$ 位于直线上，那么

$$\overrightarrow{P_0P_1}=\overrightarrow{OP_1}-\overrightarrow{OP_0}=(x_1-x_0)\boldsymbol{i}+(y_1-y_0)\boldsymbol{j}+(z_1-z_0)\boldsymbol{k},$$

给出了直线的方向.

为了得到直线的向量方程，我们可以先从 O 走到 P_0，然后沿着该直线走向量 P_0P_1 的某个 t 倍，即可到达该直线上的任何点 P，如图 8.3.3 所示. 这样如果 $\boldsymbol{r}$ 是点 P 的位置向量，那么存在数量 t 使得

$$\boldsymbol{r}=\overrightarrow{OP_0}+t\,\overrightarrow{P_0P_1}. \tag{8.3.6}$$

反过来，对每个实数 t，方程(8.3.6)中的向量 $\boldsymbol{r}$ 是经过点 P_0 和 P_1 的直线上点的位置向量，从而我们证明了式(8.3.6)是过点 P_0 和 P_1 的直线的**向量方程**. 注意，如果 $t\in[0,1]$，那

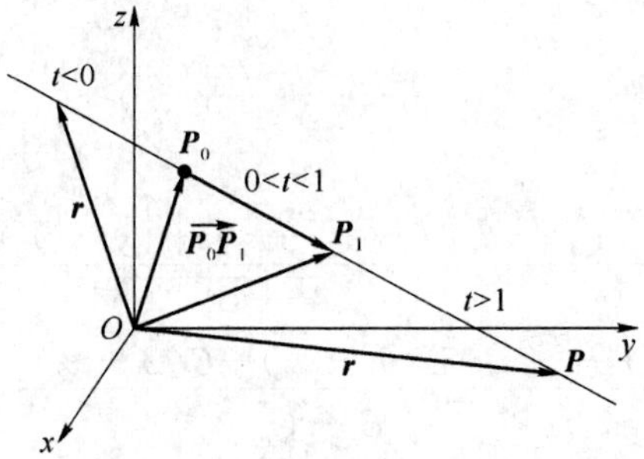

图 8.3.3

么 P 在连接点 P_0 和 P_1 的线段上. 如果 $t>1$，那么从左到右的点依次为 P_0, P_1, P. 如果 $t<0$，那么从左到右的点依次为 P, P_0, P_1.

设 $\boldsymbol{r}=x\boldsymbol{i}+y\boldsymbol{j}+z\boldsymbol{k}$，那么方程 (8.3.6) 可以写成

$$x\boldsymbol{i}+y\boldsymbol{j}+z\boldsymbol{k}=x_0\boldsymbol{i}+y_0\boldsymbol{j}+z_0\boldsymbol{k}+t(x_1-x_0)\boldsymbol{i}+t(y_1-y_0)\boldsymbol{j}+t(z_1-z_0)\boldsymbol{k}. \tag{8.3.7}$$

由式 (8.3.7) 两边的分量对应相等得

$$\begin{aligned} x&=x_0+t(x_1-x_0), \\ y&=y_0+t(y_1-y_0), \\ z&=z_0+t(z_1-z_0). \end{aligned} \tag{8.3.8}$$

这给出了直线的参数式方程.

简单起见，我们令 $x_1-x_0=a, y_1-y_0=b, z_1-z_0=c$，那么向量 $a\boldsymbol{i}+b\boldsymbol{j}+c\boldsymbol{k}$ 平行于该直线且 (a,b,c) 是该直线的方向数，于是式(8.3.8)等价于

$$x=x_0+at, \qquad y=y_0+bt, \qquad z=z_0+ct. \tag{8.3.9}$$

因为式(8.3.9)是关于 t 的方程组，只要 a,b 和 c 不全为 0，消去 t 得

$$\frac{x-x_0}{a}=\frac{y-y_0}{b}=\frac{z-z_0}{c}, \tag{8.3.10}$$

这称为直线的**对称式方程**. 总之，式(8.3.6)、式(8.3.8)、式(8.3.9)和式(8.3.10)都表示同一条空间直线，且向量 $a\boldsymbol{i}+b\boldsymbol{j}+c\boldsymbol{k}$ 平行于该直线，其中

$$a=x_1-x_0, \qquad b=y_1-y_0, \qquad c=z_1-z_0.$$

方程 (8.3.6)是直线的**向量方程**，而式(8.3.8) 或者式(8.3.9) 是直线的**参数方程**，式(8.3.10) 是直线的对称式方程，其中分母是方向数. 注意，式(8.3.10) 可以看作

$$\frac{x-x_0}{a}=\frac{y-y_0}{b} \quad 和 \quad \frac{y-y_0}{b}=\frac{z-z_0}{\mathrm{c}},$$

其中 a,b 和 c 不能同时取 0，且第一个方程是垂直于 xy 平面的平面方程，第二个方程是垂直于 yz 平面的平面方程，而直线就是这两个平面的交线. 回忆 8.3.1 节中的最后两个例子，我们知道任何两个相交的平面确定了一条空间直线，且只有交线上的点才能同时满足这两个平面方程，故线性方程组

$$\begin{cases}A_1x+B_1y+C_1z+D_1=0,\\A_2x+B_2y+C_2z+D_2=0\end{cases}\tag{8.3.11}$$

表示两个平面的交线，从而式(8.3.11)称为**直线的一般式方程**.

例 8.3.8　求过点 $P_1(1,0,-1)$ 和 $P_2(-1,2,1)$且平行于两个平面 $3x+y-2z-6=0$ 和 $4x-y+3z=0$ 交线的平面方程.

解　我们的主要问题是找一个所求平面的法线向量 $\boldsymbol{n}=\overrightarrow{P_1P_2}\times\boldsymbol{v}$，两个给定平面的交线平行于向量

$$\boldsymbol{v}=\boldsymbol{n}_1\times\boldsymbol{n}_2=\begin{vmatrix}\boldsymbol{i}&\boldsymbol{j}&\boldsymbol{k}\\3&1&-2\\4&-1&3\end{vmatrix}=\boldsymbol{i}-17\boldsymbol{j}-7\boldsymbol{k},$$

其中 $\boldsymbol{n}_1$和 $\boldsymbol{n}_2$是两个给定平面的法线向量. 向量 $\overrightarrow{P_1P_2}=-2\boldsymbol{i}+2\boldsymbol{j}+2\boldsymbol{k}$ 位于所求平面上. 现在我们平行移动 $\boldsymbol{v}$ 直到它也位于所求平面上，我们取

$$\boldsymbol{n}=\overrightarrow{P_1P_2}\times\boldsymbol{v}=20\boldsymbol{i}-12\boldsymbol{j}+32\boldsymbol{k}$$

作为平面的法线向量. 事实上，

$$\frac{1}{4}\boldsymbol{n}=5\boldsymbol{i}-3\boldsymbol{j}+8\boldsymbol{k}$$

也可以作为平面的法线向量. 将

$$A=5,\quad B=-3,\quad C=8$$

代入方程 (8.3.1)，因为 $P_1(1,0,-1)$ 在这个平面上，故 $x_1=1,y_1=0,z_1=-1$，从而所求平面方程为

$$5(x-1)-3(y-0)+8(z+1)=0,$$

或者

$$5x-3y+8z+3=0.$$

例 8.3.9　求过点 $P(1,2,3)$ 和 $Q(-1,1,2)$的直线的向量方程. 该直线与 xy 平面相交于哪里?

解　显然，$\overrightarrow{PQ}=-2\boldsymbol{i}-\boldsymbol{j}-\boldsymbol{k}$，故我们得到向量方程

$$\boldsymbol{r}=\boldsymbol{i}+2\boldsymbol{j}+3\boldsymbol{k}+t(-2\boldsymbol{i}-\boldsymbol{j}-\boldsymbol{k}).$$

这给出了参数方程

$$x=1-2t,\quad y=2-t,\quad z=3-t.$$

当 $z=0$ 时，这条直线与 xy 平面相交，解这个参数方程组得 $t=3$，从而 $x=-5$ 和 $y=-1$，故交点是 $(-5,-1,0)$.

例 8.3.10　求连接点 P_0 和 P_1 的线段中点的坐标公式.

解　见图 8.3.3，显然，中点的位置向量是

$$\boldsymbol{r}=\overrightarrow{OP_0}+\frac{1}{2}\overrightarrow{P_0P_1}.$$

在方程(8.3.7)或者方程(8.3.8)中令 $t=1/2$，我们有

$$x=x_0+\frac{1}{2}(x_1-x_0),\qquad y=y_0+\frac{1}{2}(y_1-y_0),\qquad z=z_0+\frac{1}{2}(z_1-z_0),$$

或者

$$x=\frac{x_0+x_1}{2},\qquad y=\frac{y_0+y_1}{2},\qquad z=\frac{z_0+z_1}{2}.$$

例 8.3.11 求过点(2，－1，3)且平行于向量 $\boldsymbol{v}=2\boldsymbol{i}-5\boldsymbol{j}+6\boldsymbol{k}$ 的直线的对称式方程和参数式方程.

解 显然，直线的方向数是(2，－5，6). 由方程(8.3.10)得直线的对称式方程

$$\frac{x-2}{2}=\frac{y+1}{-5}=\frac{z-3}{6}.$$

令这个方程的每个部分都为 t，解出 x,y 和 z，得到参数式方程

$$x=2+2t,\qquad y=-1-5t,\qquad z=3+6t.$$

这里我们从对称式方程得到参数式方程，反过来，我们也能从参数式方程得到对称式方程.

例 8.3.12 求过两个相交平面 $\mathscr{P}_1: 2x+5y-3z+4=0$ 和 $\mathscr{P}_2: -x-3y+z-1=0$ 的交线 $\mathscr{L}$ 且垂直于平面 $\mathscr{P}_2$ 的平面 $\mathscr{P}$ 的方程.

解 解法Ⅰ. 取 $z=0$，方程 $\mathscr{P}_1$ 和 $\mathscr{P}_2$ 联立得

$$\begin{cases}2x+5y=-4,\\-x-3y=1.\end{cases}$$

解上面的线性方程组，得

$$x=-7,y=2,$$

从而 $P_0(-7,2,0)$ 是 $\mathscr{L}$ 上的点. 又因为两个平面的法线向量的向量积为

$$\boldsymbol{n}_1\times\boldsymbol{n}_2=\begin{vmatrix}\boldsymbol{i}&\boldsymbol{j}&\boldsymbol{k}\\2&5&-3\\-1&3&1\end{vmatrix}=(-4,1,-1),$$

故 $\mathscr{L}$ 的方向向量可以取

$$\boldsymbol{a}=(4,-1,1).$$

令 $\boldsymbol{n}$ 是 $\mathscr{P}$ 的法线向量，那么由条件知 $\boldsymbol{n}\perp\boldsymbol{a}$. 因为 $\boldsymbol{n}\perp\boldsymbol{n}_2$，其中 $\boldsymbol{n}_2=(-1,-3,1)$ 是 $\mathscr{P}_2$ 的法线向量，$\boldsymbol{n}$ 可以取

$$\boldsymbol{n}=\boldsymbol{a}\times\boldsymbol{n}_2=\begin{vmatrix}\boldsymbol{i}&\boldsymbol{j}&\boldsymbol{k}\\4&-1&1\\-1&-3&1\end{vmatrix}=(2,-5,-13).$$

因为点 $P_0(-7,2,0)$ 在平面 $\mathscr{P}$ 上，故 $\mathscr{P}$ 的方程为

$$2(x+7)-5(y-2)-13z=0,$$

或者

$$2x-5y-13z+24=0.$$

解法Ⅱ.（**平面束方法**）　设 $\mathscr{L}$ 的方程为

$$\begin{cases}A_1x+B_1y+C_1z+D_1=0,\\A_2x+B_2y+C_2z+D_2=0.\end{cases}$$

我们构造方程

$$A_1x+B_1y+C_1z+D_1+t(A_2x+B_2y+C_2z+D_2)=0,$$

即

$$(A_1+tA_2)x+(B_1+tB_2)y+(C_1+tC_2)z+(D_1+tD_2)=0, \tag{8.3.12}$$

其中参数 t 是任意实常数.易证方程(8.3.12)表示除了平面 $A_2x+B_2y+C_2z+D_2=0$ 以外的所有过直线 $\mathscr{L}$ 的平面,其中参数 t 的取值范围为$(-\infty,+\infty)$,故方程(8.3.12)称为过直线 $\mathscr{L}$ 的平面束方程.现在我们用平面束方法求平面 $\mathscr{P}$ 的方程.过直线 $\mathscr{L}$ 的平面束方程为

$$2x+5y-3z+4+t(-x-3y+z-1)=0,$$

或者

$$(2-t)x+(5-3t)y+(-3+t)z+4-t=0.$$

因为平面 $\mathscr{P}$ 与 $\mathscr{P}_2$ 垂直,故我们有

$$(2-t)\times(-1)+(5-3t)\times(-3)+(-3+t)\times 1=0.$$

解上面方程得 $t=\dfrac{20}{11}$,从而 $\mathscr{P}$ 的方程为

$$2x-5y-13z+24=0.$$

这一节的最后我们定义两个夹角:两条直线的夹角;直线与平面的夹角.

两条直线如果不垂直,那么它们的方向向量的夹角中的锐角称为**这两条直线的夹角**,否则称其夹角为$\dfrac{\pi}{2}$.设

$$\mathscr{L}_1:\frac{x-x_1}{a_1}=\frac{y-y_1}{b_1}=\frac{z-z_1}{c_1}\quad 和\quad \mathscr{L}_2:\frac{x-x_2}{a_2}=\frac{y-y_2}{b_2}=\frac{z-z_2}{c_2}$$

是两条给定直线,那么它们的方向向量可以分别选 $\boldsymbol{n}_1=a_1\boldsymbol{i}+b_1\boldsymbol{j}+c_1\boldsymbol{k}$ 和$\boldsymbol{n}_2=a_2\boldsymbol{i}+b_2\boldsymbol{j}+c_2\boldsymbol{k}$.设 θ 是这两条直线 $\mathscr{L}_1$和 $\mathscr{L}_2$的夹角,则

$$\cos\theta=\frac{\boldsymbol{n}_1\cdot\boldsymbol{n}_2}{|\boldsymbol{n}_1||\boldsymbol{n}_2|}=\frac{|a_1a_2+b_1b_2+c_1c_2|}{\sqrt{a_1^2+\mathrm{b}_1^2+\mathrm{c}_1^2}\sqrt{a_2^2+b_2^2+c_2^2}}. \tag{8.3.13}$$

显然,$\mathscr{L}_1$和 $\mathscr{L}_2$平行或者重合当且仅当 $\dfrac{a_1}{a_2}=\dfrac{b_1}{b_2}=\dfrac{c_1}{c_2}$,且 $\mathscr{L}_1$和 $\mathscr{L}_2$垂直当且仅当 $a_1a_2+b_1b_2+c_1c_2=0$.

下面我们看一个简单例子.

例 8.3.13　求 $\mathscr{L}_1:\dfrac{x-1}{1}=\dfrac{y}{-4}=\dfrac{z+3}{1}$和 $\mathscr{L}_2:\dfrac{x}{2}=\dfrac{y+2}{-2}=\dfrac{z}{-1}$的夹角 θ.

解　把 a_1,a_2,b_1,b_2,c_1 以及 c_2 的值代入式(8.3.13),我们得

$$\cos\theta=\frac{|1\times 2+(-4)\times(-2)+1\times(-1)|}{\sqrt{1^2+(-4)^2+1^2}\sqrt{2^2+(-2)^2+(-1)^2}}=\frac{1}{\sqrt{2}},$$

故 $\theta=\frac{\pi}{4}$.

下面介绍直线和平面的夹角.设 $\mathscr{L}:\frac{x-x_0}{a}=\frac{y-y_0}{b}=\frac{z-z_0}{c}$ 是一条直线，$\mathscr{P}:Ax+By+Cz+D=0$ 是一个平面，如果直线 $\mathscr{L}$ 与平面 $\mathscr{P}$ 不垂直，**直线与平面的夹角**定义为直线 $\mathscr{L}$ 与它在平面 $\mathscr{P}$ 上的投影向量之间的锐角(见图 8.3.4)，否则称直线与平面的夹角为 $\frac{\pi}{2}$.

设 θ 是直线 $\mathscr{L}$ 与平面 $\mathscr{P}$ 的夹角.显然，直线 $\mathscr{L}$ 的方向向量 $a\boldsymbol{i}+b\boldsymbol{j}+c\boldsymbol{k}$ 与平面 $\mathscr{P}$ 的法线向量 $A\boldsymbol{i}+B\boldsymbol{j}+C\boldsymbol{k}$ 的夹角或者是 $\frac{\pi}{2}-\theta$ 或者是 $\frac{\pi}{2}+\theta$，这意味着

$$\sin\theta=\left|\cos\left(\frac{\pi}{2}\pm\theta\right)\right|=\frac{|Aa+Bb+Cc|}{\sqrt{A^2+B^2+C^2}\sqrt{a^2+b^2+c^2}}. \qquad (8.3.14)$$

易证，$\mathscr{L}$ 平行于或者位于 $\mathscr{P}$ 上当且仅当 $Aa+Bb+Cc=0$，因为前者等价于直线 $\mathscr{L}$ 的方向向量垂直于 $\mathscr{P}$ 的法线向量.注意，$\mathscr{L}$ 垂直于 $\mathscr{P}$ 当且仅当 $\frac{A}{a}=\frac{B}{b}=\frac{C}{c}$，因为前者等价于直线 $\mathscr{L}$ 的方向向量平行于 $\mathscr{P}$ 的法线向量.

例 8.3.14 给出过点(4,−2,8)且垂直于平面 $2x-3y+z-4=0$ 的直线 $\mathscr{L}$ 的方程.

解 因为 $\mathscr{L}$ 垂直于平面 $2x-3y+z-4=0$，我们可以取平面的法线向量 $2\boldsymbol{i}-3\boldsymbol{j}+\boldsymbol{k}$ 作为 $\mathscr{L}$ 的方向向量，故直线 $\mathscr{L}$ 的方程为

$$\frac{x-4}{2}=\frac{y+2}{-3}=\frac{z-8}{1}.$$

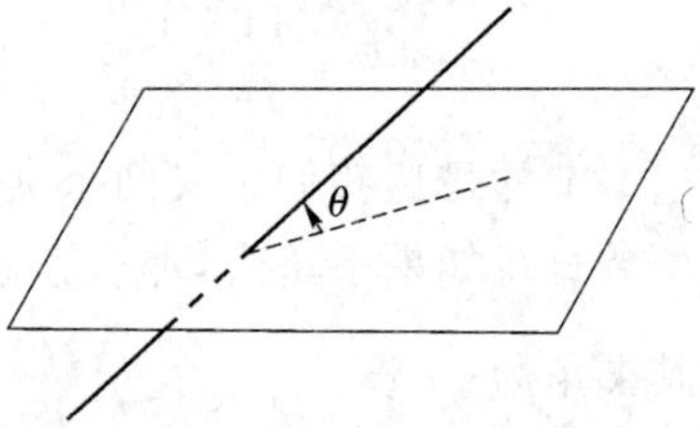

图 8.3.4

习题 8.3

A

1. 求过点(2,−3,5)且与平面 $3x+5y-7z=11$ 平行的平面方程.
2. 求三点(2,−4,3),(−3,5,1)和(4,0,6)所在的平面方程.
3. 求过点(1,1,1)且与平面 $2x+2y+z=3$ 和 $3x-y-2z=5$ 都垂直的平面方程.
4. 求 C 使得平面 $2x-6y+Cz=5$ 与 $x-3y+2z=4$ 互相垂直.
5. 求两个平面的夹角的余弦值：

(1) $2x+y+2z-5=0, 2x-3y+6z+5=0$;

(2) $3x-2y+z-9=0, x-3y-9z+4=0$.

6. 写出直线$\begin{cases}x-y+z=1,\\2x+y+z=4\end{cases}$的对称式方程和参数式方程.

7. 求过点 $P(-9,4,3)$ 且垂直于平面 $2x+6y+9z=0$ 的直线的对称式方程,并且求这条线和平面的交点 Q.

8. 求过点 $P(3,-1,6)$ 且与平面 $x-2y+z=2$ 和 $2x+y-3z=5$ 都平行的直线的对称式方程.

9. 求过原点且和三个坐标轴的夹角都相同的直线的对称式方程.

10. 求过点 $M(3,-2,1)$ 和 $N(-1,0,2)$的直线方程.

11. 求过点$(4,-1,3)$ 且平行于直线 $\dfrac{x-3}{2}=y=\dfrac{z-1}{5}$的直线方程.

12. 证明直线 $\begin{cases}x+2y-z=7,\\-2x+y+z=7\end{cases}$ 平行于 $\begin{cases}3x+6y-3z=8,\\2x-y-z=0.\end{cases}$

13. 求下面两条直线之间的夹角:$\begin{cases}5x-3y+3z=9,\\3x-2y+z=1\end{cases}$和$\begin{cases}2x+2y-z=-23,\\3x+8y+z=18.\end{cases}$

14. 求直线 $\begin{cases}x+y+3z=0,\\x-y-z=0\end{cases}$和平面 $x-y-z+1=0$ 之间的夹角.

15. 求过点$(2,0,-3)$ 且与直线$\begin{cases}x-2y+4z-7=0,\\3x+5y-2z+1=0\end{cases}$垂直的平面的方程.

16. 求过点$(3,1,-2)$ 和直线 $\dfrac{x-4}{5}=\dfrac{y+3}{2}=z$ 的平面方程.

17. 求过点$(1,2,1)$且与直线$\begin{cases}x+2y-z+1=0,\\x-y+z-1=0\end{cases}$ 和 $\begin{cases}2x-y+z=0,\\x-y+z=0\end{cases}$平行的平面方程.

18. 求垂直于平面 $z=0$ 且过点$(1,-1,1)$ 到直线 $\begin{cases}y-z+1=0,\\x=0\end{cases}$的垂线的平面方程.

19. 证明直线$\dfrac{x-1}{9}=\dfrac{y-6}{-4}=\dfrac{z-3}{-6}$ 在平面 $2x-3y+5z=-1$ 上.

20. 求下列过点 P 和 Q 的直线与平面的交点:

(1) $P(-1,5,1), Q(-2,8,-1), 2x-3y+z=10$;

(2) $P(-1,0,9), Q(-3,1,14), 3x+2y-z=6$.

21. 求下列向量,使其垂直于过点 P_1, P_2 和 P_3 的平面:

(1) $P_1(1,3,5), P_2(2,-1,3), P_3(-3,2,-6)$;

(2) $P_1(2,4,6), P_2(-3,1,-5), P_3(2,-6,1)$.

22. 求下列点到平面的距离:

(1) $(2,-4,3)$，$6x+2y-3z+2=0$；

(2) $(-1,1,2)$，$4x-2y+z-2=0$.

23. 设一条直线过点$(3,2,1)$且平行于向量$2\boldsymbol{i}+\boldsymbol{j}-2\boldsymbol{k}$，求点$(-3,-1,3)$到这条直线的距离.

24. 求点$P_1(x_1,y_1,z_1)$到下列直线或者平面的距离：

(1) x轴；

(2) 平面$x=2$；

(3) 平面$y=-3$和$z=5$的交线.

B

1. 证明下列两个方程表示同一条直线：

$$\frac{x-1}{3}=\frac{y-2}{4}=\frac{z-3}{-12} \quad 和 \quad \frac{x+5}{-6}=\frac{y+6}{-8}=\frac{z-27}{24}.$$

2. 求常数k，使得下列三个平面过同一条直线，并且求这条直线的对称式方程：

$$\mathscr{P}_1: 3x+2y+4z=1,$$
$$\mathscr{P}_2: x-8y-2z=3,$$
$$\mathscr{P}_3: kx-3y+z=2.$$

3. 求下列两条直线间的距离：

$$\frac{x-1}{2}=\frac{y-2}{3}=\frac{z+1}{-1} \quad 和 \quad \frac{x+1}{3}=\frac{y-1}{2}=\frac{z-2}{1}.$$

4. 求下列两个平面之间的距离：

$$2x-3y-6z=5 \quad 和 \quad 4x-6y-12z=-11.$$

8.4 曲面和空间曲线

在本节，我们将目光从平面解析几何转移到空间解析几何. 先介绍柱面、锥面以及旋转曲面，然后介绍二次曲面，最后介绍两种不同于直角坐标系的坐标系，它们对解决空间问题很有用.

8.4.1 柱面

我们先介绍曲面的概念. 坐标满足形如$F(x,y,z)=0$方程的全体点构成的集合称为**曲面**. 最简单的曲面是平面，我们已经知道平面的方程是一个线性方程. 与平面解析几何中曲线和方程一样，在空间解析几何中，我们主要解决两类问题：已知图形求曲面方程和画出已知曲面方程的图形.

仅次于平面的简单曲面是**柱面**. 一般情况下，**柱面**是一条直线沿着给定曲线，且始终保持与某条直线平行移动所生成的曲面. 例如，给定的曲线可能是 xy 平面上的

$$f(x,y)=0, \tag{8.4.1}$$

生成柱面的直线总是平行于 z 轴移动. 如果点 $P_0(x,y,0)$ 在曲线(8.4.1)上，那么跟它有相同的 x 坐标和 y 坐标，但 z 是任意的点 $P(x,y,z)$ 在曲面上. 也就是说，无论点 P 的 z 坐标是什么，只要点 P 的 x 坐标和 y 坐标满足方程 $f(x,y)=0$，那么点 P 就在柱面上；反过来，如果点 $P(x,y,z)$ 在柱面上，那么点 $P_0(x,y,0)$ 在 xy 平面中的曲线上，故点 P 的 x 坐标和 y 坐标满足方程(8.4.1).

这样，如果我们将方程 $f(x,y)=0$ 看作是空间轨迹的方程，而不是平面曲线的方程，那么平行于 z 轴(方程中未出现的变量)且以平面 $z=0$ 中的曲线

$$f(x,y)=0$$

作为横截面的轨迹是柱面.

例 8.4.1　柱面

$$y=x^2$$

上的点平行于 z 轴，且横截面是平面 $z=0$ 上的抛物线(见图 8.4.1)，这是一个抛物柱面.

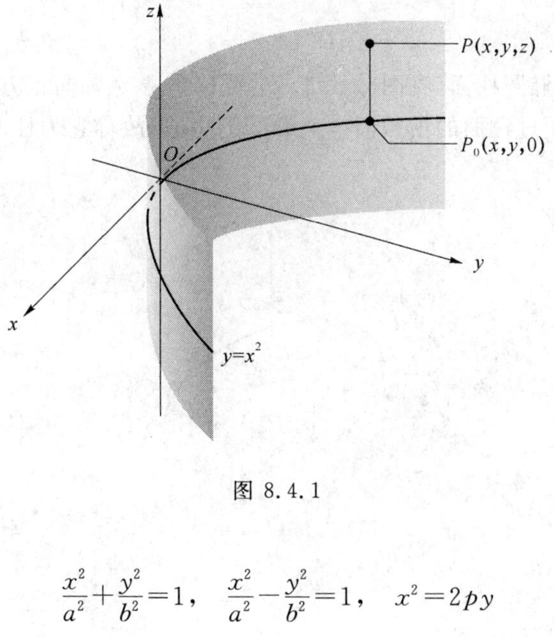

图 8.4.1

一般地，方程

$$\frac{x^2}{a^2}+\frac{y^2}{b^2}=1,\quad \frac{x^2}{a^2}-\frac{y^2}{b^2}=1,\quad x^2=2py$$

分别为**椭圆柱面**，**双曲柱面**，**抛物柱面**(见图 8.4.2). 特别地，当 $a=b$ 时，方程 $\frac{x^2}{a^2}+\frac{y^2}{b^2}=1$ 为 $x^2+y^2=a^2$，这是一个圆柱面.

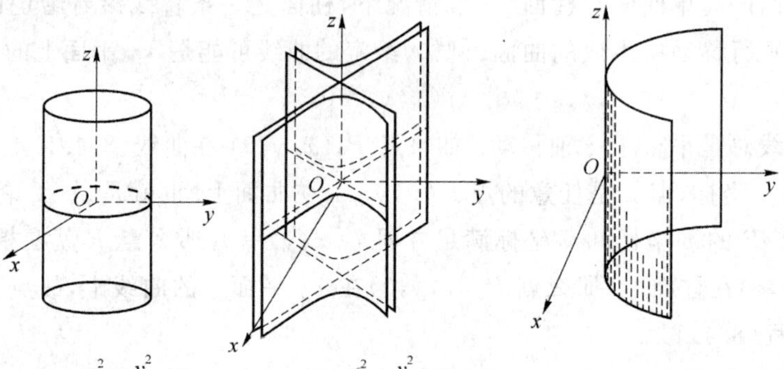

(a) $\frac{x^2}{a^2}+\frac{y^2}{b^2}=1$　　(b) $\frac{x^2}{a^2}-\frac{y^2}{b^2}=1$　　(c) $x^2=2py(p>0)$

图 8.4.2

显然，上面的讨论也适用于平行于其他坐标轴的柱面. 总之，直角坐标下的有变量缺失的方程表示空间的一个柱面，其点平行于这个缺失变量表示的坐标轴. 例如，平行于 z 轴的柱面方程为

$$Ax^2+Bxy+Cy^2+Dx+Ey+F=0.$$

平面 $x+3y-6=0$ 就是这样一个特殊的柱面. 同理可以给出平行于其他坐标轴的柱面方程.

例 8.4.2 曲面

$$y^2+4z^2=4$$

是母线平行于 x 轴的椭圆柱面（见图 8.4.3），它可以沿着 x 轴向正方向和负方向无限伸展. 在此情形，因为 x 轴通过柱面的横截面——椭圆的中心，故称它为柱面的轴.

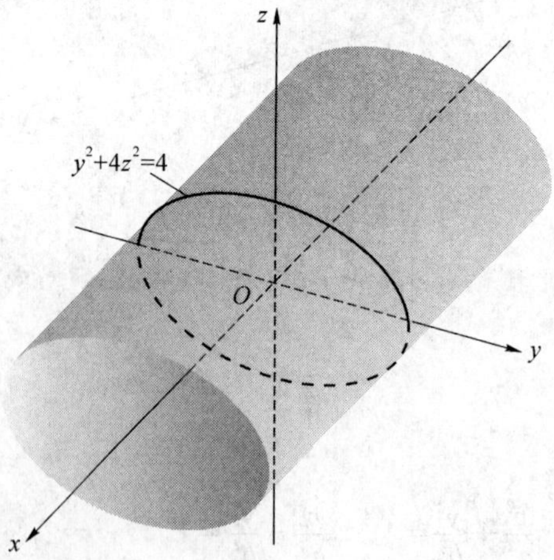

图 8.4.3

8.4.2 锥面

在本小节,我们主要介绍锥面的概念.

过固定点 M_0 的动直线 $\mathscr{L}$ 沿着固定曲线 C 移动形成的曲面 S 称为**锥面**,其中直线 $\mathscr{L}$ 称为锥面的**母线**,曲线 C 称为锥面的**准线**,点 M_0 称为锥面的**顶点**. 显然,锥面由它的顶点 M_0 和准线 C 唯一确定,但锥面的准线不唯一.

设 S 是顶点为 $O(0,0,0)$ 且准线为 C: $\begin{cases} f(x,y)=0, \\ z=z_0 \end{cases}$ 的锥面,其中 z_0 是一个常数. 如果 $P(x,y,z)$ 是锥面 S 上的点(见图 8.4.4),那么点 P 一定位于母线 OP 上,且 OP 与 C 交于点 $P_0(x_0,y_0,z_0)$. 易证点 P 和点 P_0 的坐标满足下列方程:

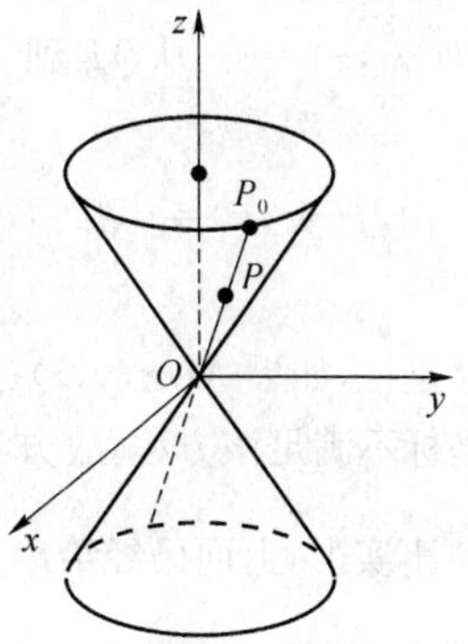

图 8.4.4

$$\frac{x}{x_0}=\frac{y}{y_0}=\frac{z}{z_0}.$$

故

$$x_0=\frac{z_0 x}{z},y_0=\frac{z_0 y}{z}.$$

因为 $P_0 \in C$,则 $f(x_0,y_0)=0$,即

$$f\left(\frac{z_0 x}{z},\frac{z_0 y}{z}\right)=0. \tag{8.4.2}$$

这是顶点为原点且准线为平面 $z=z_0$ 上的曲线 C: $f(x,y)=0$ 的锥面方程.

例如,顶点为原点 O 且准线为椭圆 $\begin{cases} \frac{x^2}{a^2}+\frac{y^2}{b^2}=1, \\ z=c \end{cases}$ (c 是常数) 的锥面方程为

$$\frac{1}{a^2}\left(\frac{cx}{z}\right)^2+\frac{1}{b^2}\left(\frac{cy}{z}\right)^2=1,$$

即

$$\frac{x^2}{a^2}+\frac{y^2}{b^2}=\frac{z^2}{c^2}. \tag{8.4.3}$$

这称为**椭圆锥面**. 当 $a=b$ 时,它变成

$$x^2+y^2=k^2 z^2, \tag{8.4.4}$$

其中 $k=\frac{a}{c}$ 是一个常数,这就是一个圆锥曲面.

8.4.3 旋转曲面

设 C 是平面 $\mathscr{P}$ 上的一条曲线,且 $\mathscr{L}$ 是 $\mathscr{P}$ 上的固定直线. 曲线 C 绕固定直线 $\mathscr{L}$ 旋转一周形

成的曲面称为**旋转曲面**，其中曲线 C 称为旋转曲面的**母线**，固定直线 $\mathscr{L}$ 称为旋转曲面的**轴**.

设 $C:\begin{cases}f(y,z)=0,\\x=0\end{cases}$ 是 yz 平面上的给定曲线，且 C 绕 z 轴旋转一周得到旋转曲面 S. 下面我们来求旋转曲面 S 的方程.

设 $M(x,y,z)$ 是曲面 S 上的点，它是从点 $M_0(0,y_0,z)\in C$ 通过旋转得到的(见图 8.4.5)，故 $f(y_0,z)=0$. 从 M_0 到 z 轴的距离 $|y_0|$ 等于从 M 到 z 轴的距离 $d=\sqrt{x^2+y^2}$，故

$$y_0=\pm\sqrt{x^2+y^2}.$$

由 $f(y_0,z)=0$ 知

$$f(\pm\sqrt{x^2+y^2},z)=0. \tag{8.4.5}$$

也就是说，如果 $M(x,y,z)\in S$，那么 M 的坐标一定满足方程 (8.4.5). 显然，如果 $M\notin S$，那么 M 的坐标不满足该方程，故方程 (8.4.5) 是旋转曲面 S 的方程.

事实上，上面已经给出了求旋转曲面方程的方法：为了求由曲线 $C:\begin{cases}f(y,z)=0,\\x=0\end{cases}$ 绕 z 轴旋转一周得到的旋转曲面的方程，我们只需要把方程 $f(y,z)=0$ 中的 y 用 $\pm\sqrt{x^2+y^2}$ 代替就可以得到所求旋转曲面的方程. 同理，$f(y,\pm\sqrt{x^2+z^2})=0$ 就是曲线 C 绕 y 轴旋转一周得到的旋转曲面的方程，其他情形留给读者. 例如，抛物线 $\begin{cases}y^2=2pz,\\x=0\end{cases}$ 绕 z 轴旋转一周得到的旋转曲面方程为 $x^2+y^2=2pz$，这个曲面称为**旋转抛物面**(见图 8.4.6).

双曲线 $\begin{cases}\dfrac{x^2}{a^2}-\dfrac{y^2}{b^2}=1,\\z=0\end{cases}$ 分别绕 x 轴和 y 轴旋转一周得到的旋转曲面方程为

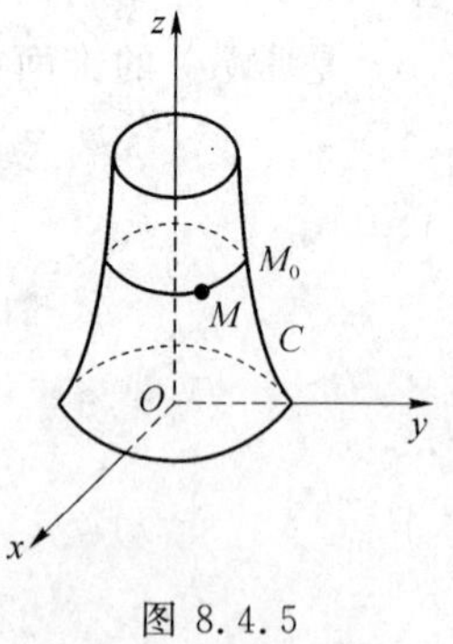

图 8.4.5

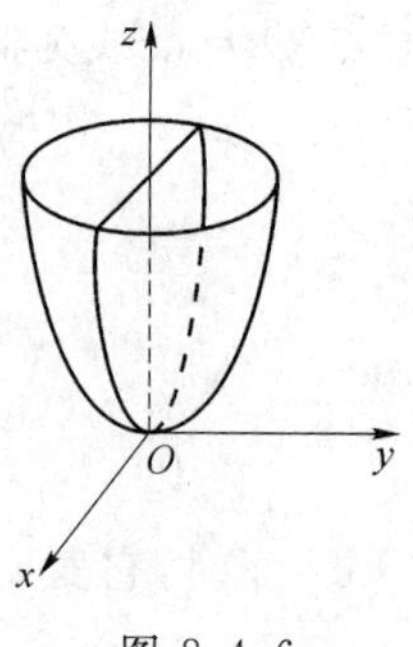

图 8.4.6

$$\frac{x^2}{a^2}-\frac{y^2+z^2}{b^2}=1 \quad 和 \quad \frac{x^2+z^2}{a^2}-\frac{y^2}{b^2}=1,$$

它们分别称为**双叶旋转双曲面**(见图 8.4.7)和**单叶旋转双曲面**(见图 8.4.8).

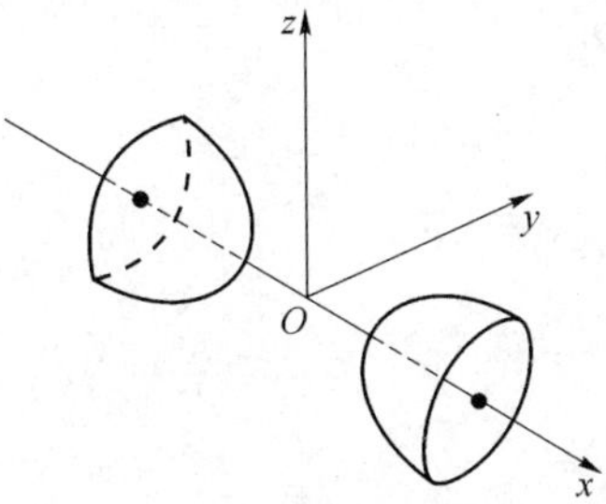

图 8.4.7

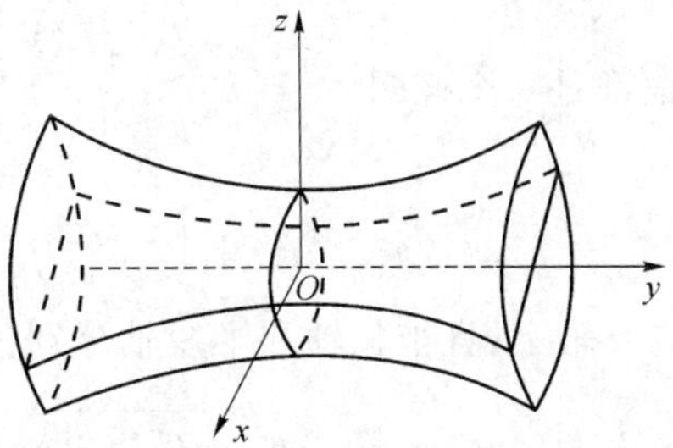

图 8.4.8

8.4.4　二次曲面

变元为 x,y,z 的三元二次方程表示的曲面称为**二次曲面**. 对于二次曲面，我们不会做深入的讨论，主要介绍几种简单的、常见的，并且可以从方程辨别的二次曲面. 就像平面曲线有抛物线，椭圆曲线以及双曲线，二次曲面相应地有**抛物面**、**椭球面**以及**双曲面**. 我们通过分析方程来研究垂直于坐标轴的平面

$$x=\text{常数}, \quad y=\text{常数}, \quad z=\text{常数}$$

与给定曲面相交的曲线的本质特征，这将使我们知道曲面的形状.

例 8.4.3　**球面**是到定点 P_0 的距离为常数的全体点 P 构成的集合. 求以点 $P_0(h,k,m)$ 为球心，半径为 r 的球面方程.

解　设 $P(x,y,z)$ 是球面上的任意点，由距离公式得

$$(x-h)^2+(y-k)^2+(z-m)^2=r^2. \tag{8.4.6}$$

反过来，如果点 $P_1(x_1,y_1,z_1)$ 的坐标满足式(8.4.6)，那么点 P_1 到点 P_0 的距离为 r，故它在球面上，从而，式(8.4.6)就是所求的球面方程.

在下面例子中，我们选择合适的坐标轴，以使得曲面方程形式比较简单. 例如，在下面例 8.4.4 中我们取原点作为椭球面的中心. 如果中心是点(h,k,m)，那么分别用 $x-h$，$y-k$ 和 $z-m$ 代替方程中的 x，y 和 z 即可. 注意，a，b 和 c 始终都是正的常数.

例 8.4.4　**椭球面**

$$\frac{x^2}{a^2}+\frac{y^2}{b^2}+\frac{z^2}{c^2}=1$$

与坐标轴交于 $(\pm a,0,0)$，$(0,\pm b,0)$ 和 $(0,0,\pm c)$，故它位于下面长方体盒子中

$$|x|\leqslant a, \quad |y|\leqslant b, \quad |z|\leqslant c.$$

因为方程中只出现了 x，y 和 z 的偶次幂，故这个曲面关于每个坐标平面对称. 它与坐标平面的截面是椭圆. 例如，当 $z=0$ 时，有

$$\frac{x^2}{a^2}+\frac{y^2}{b^2}=1,$$

它被每个平面

$$z=z_1(|z_1|<c)$$

所截的截面都是一个椭圆

$$\frac{x^2}{a^2\left(1-\frac{z_1^2}{c^2}\right)}+\frac{y^2}{b^2\left(1-\frac{z_1^2}{c^2}\right)}=1$$

其中心都在 z 轴上，且半长轴和半短轴分别为

$$\frac{a}{c}\sqrt{c^2-z_1^2} \quad 和 \quad \frac{b}{c}\sqrt{c^2-z_1^2}.$$

基于这些事实，我们已经知道了曲面的形状，如图 8.4.9 所示.

当三个半轴 a,b 和 c 中的二个相等时，那么对应的曲面是旋转椭球面；当三个半轴都相等时，那么对应的曲面是球面.

例 8.4.5 考虑**椭圆抛物面**

$$\frac{x^2}{a^2}+\frac{y^2}{b^2}=\frac{z}{c},$$

如图 8.4.10 所示，这个曲面关于平面 $x=0$ 和 $y=0$ 对称. 它与坐标轴的唯一交点是原点. 因为方程的左边是非负的，故曲面位于区域 $z\geqslant0$ 内，即曲面始终在 xy 平面的上方. 曲面被 yz 平面所截的截线为

$$x=0, \quad y^2=\frac{b^2}{c}z,$$

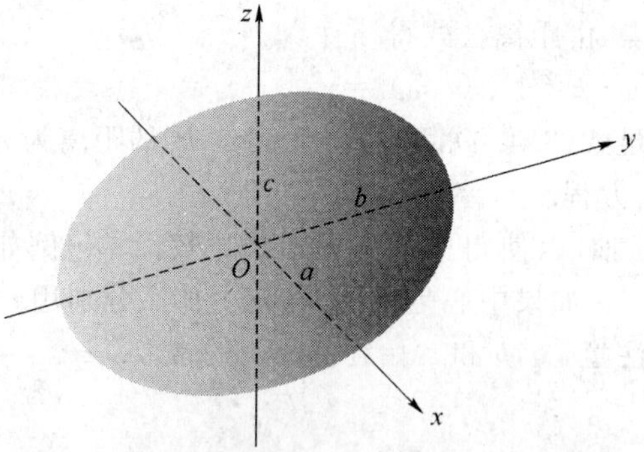

图 8.4.9

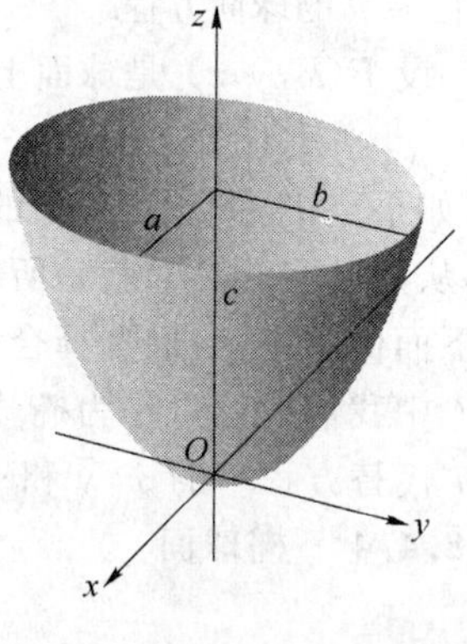

图 8.4.10

这是顶点在原点且开口方向向上的抛物线. 同理，我们可以得到

$$当\ y=0\ 时, x^2=\frac{a^2}{c}z,$$

它也表示这样一个抛物线. 而当 $z=0$ 时，交线退化为一个点 (0,0,0)，曲面与每个垂直于 z 轴的平面$z=z_1>0$的交线是半轴分别为

$$a\sqrt{z_1/c} \ 和 \ b\sqrt{z_1/c}$$

的椭圆,这些半轴随着 z_1 增加而增加. 抛物面无限向上延伸.

当 $a=b$ 时,抛物面是一个旋转抛物面.

例 8.4.6　图 8.4.11 中的椭球锥面

$$\frac{x^2}{a^2}+\frac{y^2}{b^2}=\frac{z^2}{c^2} \tag{8.4.7}$$

关于三个坐标平面对称. 平面 $z=0$ 与该曲面相交于单个点 $(0,0,0)$,而平面 $x=0$ 与该曲面交于两条相交直线

$$x=0,\quad \frac{y}{b}=\pm\frac{z}{c} \tag{8.4.8}$$

平面 $y=0$ 与曲面交于两条相交直线

$$y=0,\quad \frac{x}{a}=\pm\frac{z}{c}. \tag{8.4.9}$$

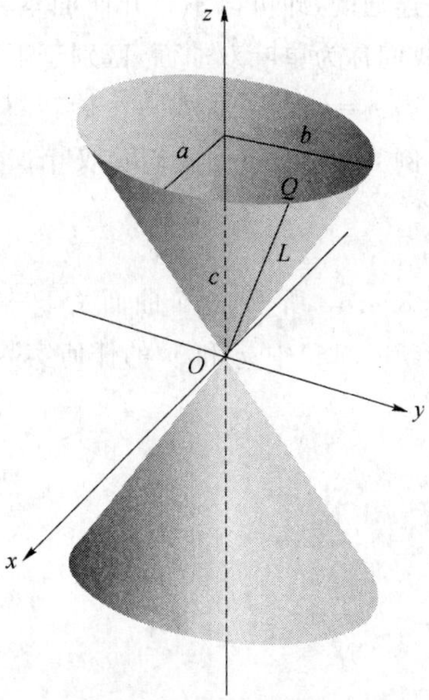

图 8.4.11

该曲面与平面 $z=z_1>0$ 相交于中心在 z 轴上且顶点位于直线(8.4.8)和直线(8.4.9)上的一个椭圆. 事实上,整个曲面由过原点和椭圆

$$z=c,\quad \frac{x^2}{a^2}+\frac{y^2}{b^2}=1$$

上的点 Q 的直线 $\mathscr{L}$ 生成 ,当点 Q 跑遍椭圆时,直线 $\mathscr{L}$ 生成曲面,它是一个截线为椭圆的锥面. 为了证明这一事实,假定 $Q(x_1,y_1,z_1)$ 是曲面上的点,t 是任意一个数量,那么从点 O 到 $P(tx_1,ty_1,tz_1)$ 的向量就是 $\overrightarrow{OQ}$的 t 倍,故当 t 在$(-\infty,+\infty)$ 变换时,点 Q 跑遍直线 $\mathscr{L}$. 但因为 Q 在曲面上,故它满足方程

$$\frac{x_1^2}{a^2}+\frac{y_1^2}{b^2}=\frac{z_1^2}{c^2}$$

两边同乘以 t^2,我们知道点 $Q(tx_1,ty_1,tz_1)$ 也在该曲面上. 这证明了由过点 O 和椭圆上点 Q 的直线 $\mathscr{L}$ 生成的曲面是锥面. 如果 $a=b$,那么所对应的锥面是一个圆锥面.

例 8.4.7　下面我们看**单叶双曲面**

$$\frac{x^2}{a^2}+\frac{y^2}{b^2}-\frac{z^2}{c^2}=1, \tag{8.4.10}$$

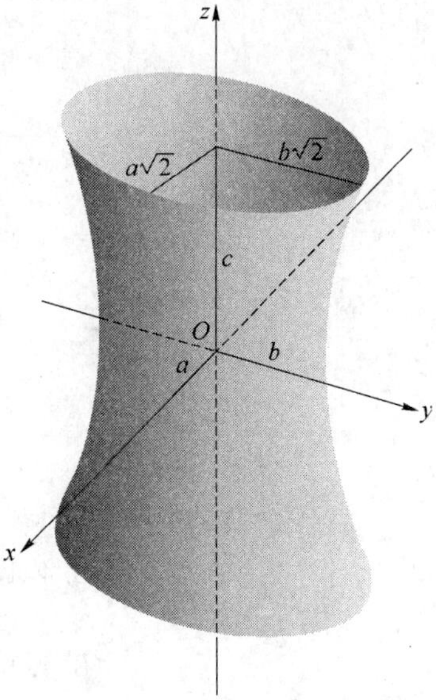

图 8.4.12

如图 8.4.12 所示,这个曲面关于三个坐标平面对称. 它与坐标平面的交线为

双曲线　$\frac{y^2}{b^2}-\frac{z^2}{c^2}=1$,当 $x=0$,　(8.4.11)

双曲线　$\frac{x^2}{a^2}-\frac{z^2}{c^2}=1$,当 $y=0$,　(8.4.12)

$$\text{椭圆}\qquad \frac{x^2}{a^2}+\frac{y^2}{b^2}=1\text{，当 } z=0. \tag{8.4.13}$$

平面 $z=z_1$ 截曲面得到中心在 z 上且顶点在双曲线(8.4.11) 和 (8.4.12)上的椭圆. 曲面是连通的，即可以不离开曲面本身从曲面上的任意一点到达其他任意点. 正是因为这一点，我们称为单叶双曲面，区别于下面的双叶双曲面.

当 $a=b$ 时，曲面是一个旋转双曲面.

例 8.4.8 下面我们看**双叶双曲面**

$$\frac{z^2}{c^2}-\frac{x^2}{a^2}-\frac{y^2}{b^2}=1, \tag{8.4.14}$$

如图 8.4.13 所示，这个曲面关于三个坐标平面对称. 平面 $z=0$ 与曲面不相交. 事实上，对于方程(8.4.14)中 x 和 y 的任何实数值，我们有

$$|z|\geqslant c.$$

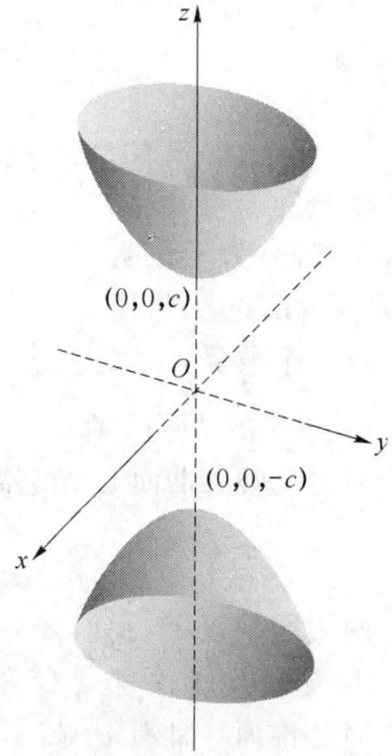

图 8.4.13

截得的双曲线

$$\frac{z^2}{c^2}-\frac{y^2}{b^2}=1,\quad \text{当 } x=0 \text{ 时}, \tag{8.4.15}$$

$$\frac{z^2}{c^2}-\frac{x^2}{a^2}=1,\quad \text{当 } y=0 \text{ 时}, \tag{8.4.16}$$

其顶点和焦点都在 z 轴上. 曲面被分成两个部分，一部分在平面 $z=c$ 的上方，另一部分在平面 $z=-c$ 的下方，故命名为双叶双曲面.

注意，式(8.4.10)和式(8.4.14)的不同在于方程右边为 1 时，左边表达式中的负项个数，这个数目正好对应于双曲面中的叶数. 如果将这两个方程与式(8.4.7)作比较，我们用 0 代替式(8.4.10)或者式(8.4.14)右边的 1 即得到锥面的方程. 事实上，这个锥面渐近双曲面 (8.4.10) 和 (8.4.14)的方式与

$$\frac{y^2}{b^2}-\frac{z^2}{c^2}=0$$

渐近 yz 平面上的两条双曲线

$$\frac{y^2}{b^2}-\frac{z^2}{c^2}=\pm 1$$

的方式一样.

例 8.4.9　如图 8.4.14，**双曲抛物面**

$$\frac{y^2}{b^2}-\frac{x^2}{a^2}=\frac{z}{c} \tag{8.4.17}$$

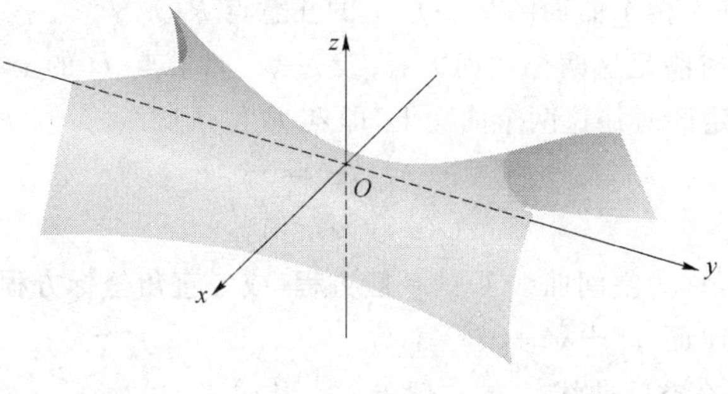

图 8.4.14

关于平面 $x=0$ 和 $y=0$ 对称，与这些平面的交线为

$$y^2=b^2\,\frac{z}{c}，当\ x=0\ 时， \tag{8.4.18}$$

$$x^2=-a^2\,\frac{z}{c}，当\ y=0\ 时， \tag{8.4.19}$$

它们都是抛物线. 在平面 $x=0$ 上，抛物线开口向上且顶点在原点. 在平面 $y=0$ 上的抛物线有相同顶点，但开口向下. 如果我们用平面 $z=z_1>0$ 去截曲面，截线为双曲线

$$\frac{y^2}{b^2}-\frac{x^2}{a^2}=\frac{z_1}{c}, \tag{8.4.20}$$

其焦轴平行于 y 轴且顶点在抛物线(8.4.18)上. 如果(8.4.20)中的 z_1 是负的，那么双曲线的焦轴平行于 x 轴，且顶点位于抛物线(8.4.19)上. 在原点附近，曲面像一个马鞍. 当沿着曲面在 yz 平面上移动时，原点是极小值点. 另外，当沿着曲面在 xy 平面上移动时，原点是极大值点. 这个点称为曲面的**极小极大点**或者**鞍点**.

如果方程(8.4.17)中 $a=b$，那么曲面不是旋转曲面，但当我们把 xy 轴旋转 $\pi/4$ 得到新的 $x'y'$轴，方程可以表示为

$$\frac{2x'y'}{a^2}=\frac{z}{c},$$

8.4.5 空间曲线

在本小节，我们介绍空间曲线方程的两种形式，同时，我们也讨论空间曲线在坐标平面上的投影.

1. 空间曲线的一般形式

我们已经知道空间直线可以看作两个相交平面的交线，同样地，空间曲线可以看作两个相交曲面的交线. 设

$$F(x,y,z)=0 \text{ 和 } G(x,y,z)=0$$

是两个曲面的方程，那么两个曲面的交线 C 上的任意点 $P(x,y,z)$ 一定同时在两个曲面上，这样它的坐标一定同时满足这两个曲面方程. 反过来，如果点 P 的坐标同时满足这两个曲面方程，那么点 P 一定同时在这两个曲面上，即点 P 位于交线 C 上，故方程组

$$\begin{cases}F(x,y,z)=0,\\ G(x,y,z)=0\end{cases} \tag{8.4.21}$$

表示这条空间曲线 C，称为空间曲线 C 的**一般方程**(或者**直角坐标方程**).

例如，如果 C 是球面 $x^2+y^2+z^2=3$ 与平面 $z=1$ 的交线，那么空间曲线 C 的一般方程为

$$\begin{cases}x^2+y^2+z^2=3,\\ z=1.\end{cases}$$

将方程 $z=1$ 代入 $x^2+y^2+z^2=3$，空间曲线 C 的一般方程也可以写成

$$\begin{cases}x^2+y^2=2,\\ z=1.\end{cases}$$

易证，C 是平面 $z=1$ 上的一个以(0,0,1)为中心且半径为 $\sqrt{2}$ 的圆(见图 8.4.15).

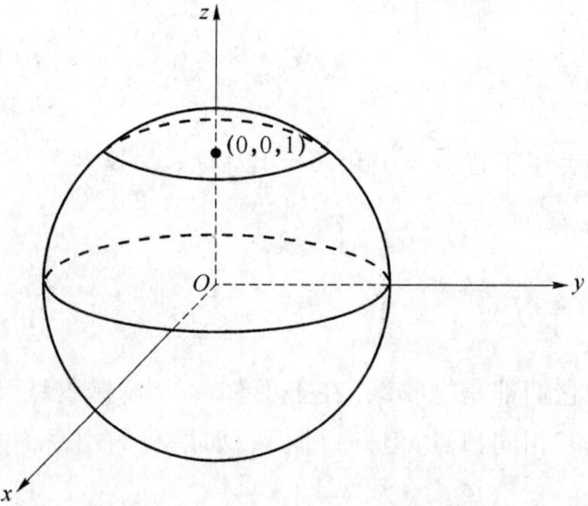

图 8.4.15

2. 空间曲线的参数方程

空间曲线可以像空间直线一样用参数方程表示. 例如，利用圆的参数方程，上面曲线 C 的参数方程可以写成

$$\begin{cases}x=\sqrt{2}\cos\theta,\\ y=\sqrt{2}\sin\theta,\\ z=1,\theta\in[0,2\pi).\end{cases}$$

这是以 θ 为参数的曲线 C 的参数方程.

一般地,当一个物体在时间范围 I 内在空间移动时,我们认为该物体的坐标可以定义为 I 上的函数:

$$x=f(t),\quad y=g(t),\quad z=h(t),\quad t\in I. \tag{8.4.22}$$

点 $(x,y,z)=[f(t),g(t),h(t)],t\in I$,形成了空间**曲线**,我们称该曲线为物体的**轨迹**,称方程(8.4.22) 为曲线的**参数方程**.

空间曲线也可以用向量形式表示. 从原点到时刻 t 时物体位置 $P[f(t),g(t),h(t)]$ 的向量

$$\boldsymbol{r}(t)=\overrightarrow{OP}=f(t)\boldsymbol{i}+\boldsymbol{g}(t)\boldsymbol{j}+h(t)\boldsymbol{k} \tag{8.4.23}$$

是物体的位置向量, 函数 f,g 和 h 是位置向量的**分量函数**,我们把物体的轨迹看作是由 $\boldsymbol{r}$ 跑遍时间范围 I 形成的曲线. 由式(8.4.23)知对每个实数 $t\in I$,存在唯一一个空间向量,记作 $\boldsymbol{r}(t)$,这样式(8.4.23) 定义了一个区间 $I\subseteq\mathbf{R}$ 上的函数,且值域为空间向量的一个集合,这样的函数称为**向量值函数**. 空间曲线 C 也可以用向量值函数 $\boldsymbol{r}(t)=[f(t),g(t),h(t)],t\in I$,表示,我们将在第 9 章介绍向量值函数.

例 8.4.10　画出向量值函数 $\boldsymbol{r}(t)=(\cos t)\boldsymbol{i}+(\sin t)\boldsymbol{j}+t\boldsymbol{k}$ 的图形.

解　向量值函数

$$\boldsymbol{r}(t)=(\cos t)\boldsymbol{i}+(\sin t)\boldsymbol{j}+t\boldsymbol{k}$$

对所有实数 t 都有定义,由 $\boldsymbol{r}$ 形成的曲线是圆柱面 $x^2+y^2=1$ 上的螺旋曲线,其上半部分如图 8.4.16 所示. 因为 $\boldsymbol{r}$ 的 $\boldsymbol{i}$ 和 $\boldsymbol{j}$ 分量满足柱面的方程

$$x^2+y^2=(\cos t)^2+(\sin t)^2=1,$$

故曲线在柱面上. 曲线随着 $\boldsymbol{k}$ 分量 $z=t$ 增加而上升, 每当 t 增加 2π 时,曲线就绕着柱面跑一圈. 方程

$$x=\cos t,\quad y=\sin t,\quad z=t$$

是螺旋线的参数方程,其中 $-\infty<t<\infty$.

3. 空间曲线在坐标平面上的投影

设 Γ 是一条空间曲线,以 Γ 为准线,母线平行于 z 轴的柱面称为 Γ 在 xy 平面上的**投影柱面**,投影柱面与 xy 平面的交线称为 Γ 在 xy 平面上的**投影曲线**(或者**投影**,见图 8.4.17).

设空间曲线 Γ 的一般方程为

$$\begin{cases}F(x,y,z)=0,\\ G(x,y,z)=0.\end{cases} \tag{8.4.24}$$

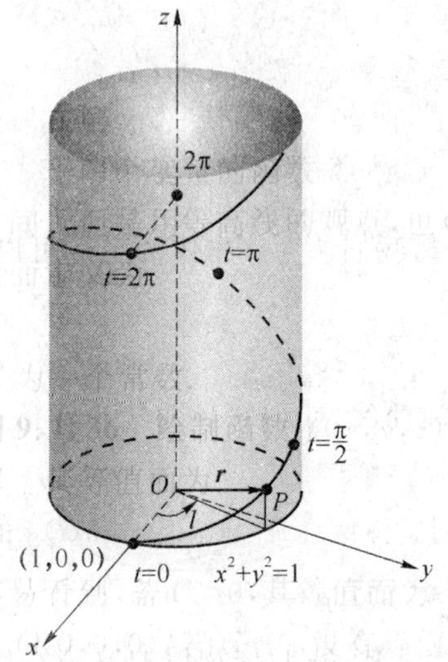

图 8.4.16

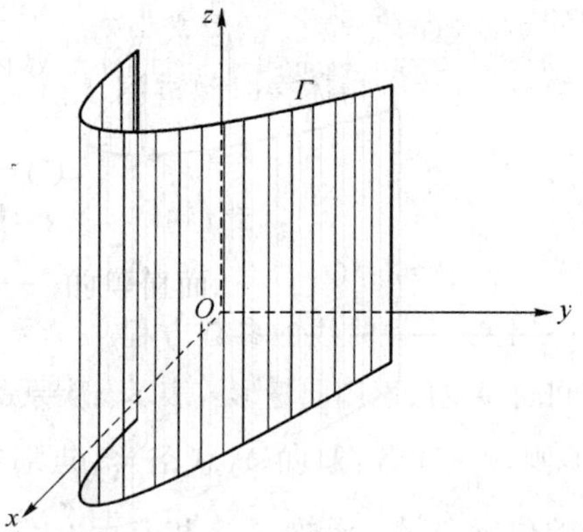

图 8.4.17

为了求 Γ 在 xy 平面上的投影曲线的方程，只需要求 Γ 在 xy 平面上的投影柱面的方程. 因为这个柱面的母线平行于 z 轴，故这个柱面方程不含变量 z. 如果方程组(8.4.24)中有方程不含变量 z，那么它就是所求的 Γ 在 xy 平面上的投影柱面的方程；如果方程组(8.4.24)中两个方程都包含变量 z，那么由这两个方程消去变量 z 得到方程

$$\varphi(x,y)=0.$$

这表示一个母线平行于 z 轴的柱面. 因为 Γ 上任意点的坐标均满足这个不含变量 z 的方程，故它就是 Γ 在 xy 平面上的投影柱面的方程，从而 Γ 在 xy 平面上的投影曲线的方程为

$$\begin{cases}\varphi(x,y)=0,\\ z=0.\end{cases}$$

同理，如果我们从 Γ 的方程消去 x 或者 y，那么分别可以得到 Γ 在 yz 平面或者 xz 平面上的投影曲线的方程.

例 8.4.11 分别求曲线 C

$$\begin{cases}z=\sqrt{4-x^2-y^2},\\ x^2+y^2=2y\end{cases}$$

在三个坐标平面上的投影曲线方程.

解 显然，C 是上半球面 $z=\sqrt{4-x^2-y^2}$ 和圆柱面 $x^2+y^2=2y$ 的交线，如图 8.4.18 所示. 因为曲线 C 位于圆柱面上且这个方程不含变量 z，故 C 在 xy 平面上的投影柱面方程就是 $x^2+y^2=2y$，从而 C 在 xy 平面上的投影曲线方程为

$$\begin{cases}x^2+y^2=2y,\\ z=0.\end{cases}$$

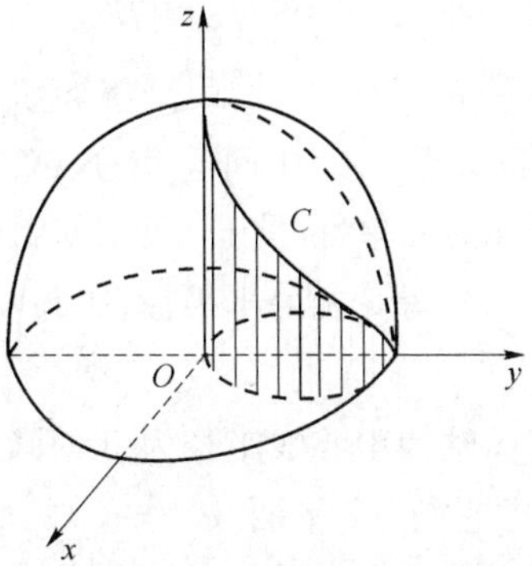

图 8.4.18

从 C 的方程消去变量 x 得 $z=\sqrt{4-2y}$，故 C 在 yz 平面上的投影曲线方程为

$$\begin{cases} z=\sqrt{4-2y}, \\ x=0 \end{cases} \quad (0\leqslant y\leqslant 2).$$

同理，从 C 的方程消去变量 y 得 $x^2+\frac{1}{4}z^4-z^2=0$，故 C 在 xz 平面上的投影曲线方程为

$$\begin{cases} x^2+\frac{1}{4}z^4-z^2=0, \\ y=0 \end{cases} \quad (|x|\leqslant 1, 0\leqslant z\leqslant 2).$$

8.4.6　柱面坐标系

除了直角坐标系以外，还有另外两种坐标系对解决三维空间中的问题很有用，它们是柱面坐标系和球面坐标系，下面我们先介绍柱面坐标系，然后介绍球面坐标系.

柱面坐标系通过把 z 轴放在极坐标的"上方"得到，如图 8.4.19 所示，如果 O 是平面极坐标系的极点，z 轴直立于点 O 且垂直于该平面，那么空间点的坐标 (ρ,φ,z) 确定了点的位置.

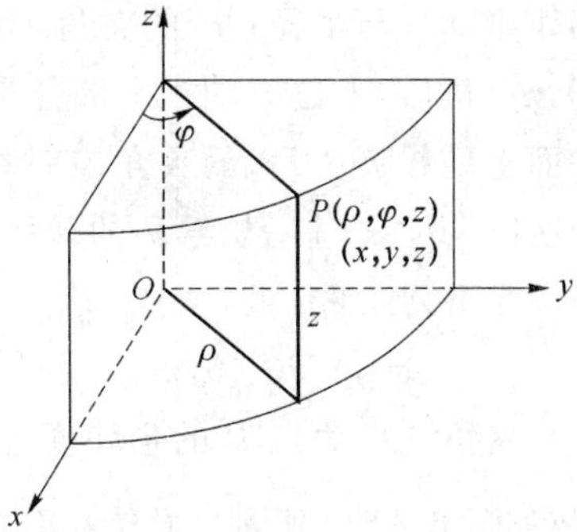

图 8.4.19

在柱面坐标的许多应用中，如果点 P 不在 z 轴上，那么 P 有唯一的柱面坐标，这可以通过限制条件 $\rho\geqslant 0$ 和 $0\leqslant\varphi\leqslant 2\pi$ 达到. 我们总是认为柱面坐标系以下列方式叠加在直角坐标系上，两个坐标系的原点和 z 轴重合，x 轴的正半部分落在极轴上，那么对于给定的一个点，在两个坐标系下的坐标有下列关系：

$$x=\rho\cos\varphi,\quad y=\rho\sin\varphi,\quad z=z. \tag{8.4.25}$$

例 8.4.12　指出下列曲面的图形：

（1）$\varphi=\pi/3$；

（2）$\rho=5$；

（3）$z+\rho=7$；

（4）$\rho(2\sin\varphi+3\cos\varphi)+4z=0$.

解　（1）曲面 $\varphi=\pi/3$ 是一个包含 z 轴的半平面，它与 xy 平面交于一条直线，该直线与 x 轴的正半部分成 $\pi/3$ 的角度.

（2）曲面 $\rho=5$ 就是一个以 z 轴为中心线半径为 5 的圆柱面.

（3）对于曲面 $z+\rho=7$，考虑它与 yz 平面（$\varphi=\pi/2$）的交线，那么 $\rho=y$，从而得到直线 $z+y=7$. 但原方程不含 φ，故曲面就是由直线 $z+y=7$ 绕 z 轴旋转一周得到的锥面.

（4）用方程（8.4.25）我们可以把方程 $\rho(2\sin\varphi+3\cos\varphi)+4z=0$ 变成 $3x+2y+4z=0$，故曲面就是一个过原点且法线向量为 $3\boldsymbol{i}+2\boldsymbol{j}+4\boldsymbol{k}$ 的平面.

例 8.4.13　求马鞍面 $z=x^2-y^2$ 的柱面坐标方程.

解　利用方程（8.4.25），给定的马鞍面方程可以变成

$$z=x^2-y^2=\rho^2\cos^2\varphi-\rho^2\sin^2\varphi=\rho^2(\cos^2\varphi-\sin^2\varphi)=\rho^2\cos 2\varphi.$$

从而，$z=\rho^2\cos 2\varphi$ 是马鞍面的柱面坐标方程.

8.4.7　球面坐标系

在图 8.4.20 中，我们将球面坐标系叠加在直角坐标系上，点 P 的球面坐标为 (r,θ,φ)，其中 r 是点 O 到点 P 的距离，故 $r\geqslant 0$，且 θ 是 z 轴正半部分与半径 OP 的夹角. 注意，θ 属于区间 $[0,\pi]$. 最后，φ 是 x 轴正半部分与射线 OP 在 xy 平面上的投影 OP' 的夹角. 在球面坐标里，φ 位于区间 $[0,2\pi)$ 上，故点 P 的球面坐标 (r,θ,φ) 总是满足下列条件：

$$r\geqslant 0,\quad \theta\in[0,\pi],\quad \varphi\in[0,2\pi).$$

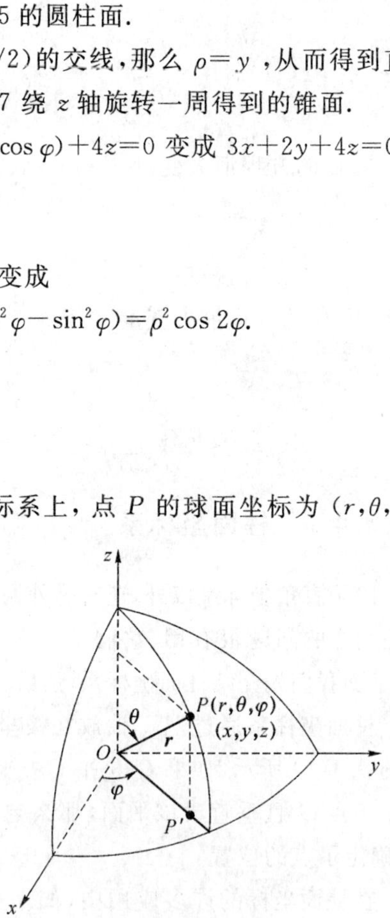

图 8.4.20

夹角 θ 称为点 P 的**余纬度**，而 φ 称为 P 的**经度**. 如图 8.4.20 所示，显然 $|\overrightarrow{OP'}|=r\sin\theta=\rho\geqslant 0$，其中 (ρ,φ) 是 P' 的极坐标，故 $x=\rho\cos\varphi=(r\sin\theta)\cos\varphi$，$y=\rho\sin\varphi=(r\sin\theta)\sin\varphi$，从而

$$x=r\sin\theta\cos\varphi,\quad y=r\sin\theta\sin\varphi,\quad z=r\cos\theta$$

是从球面坐标到直角坐标的变换公式.

例 8.4.14　指出下列曲面的图形：

（1）$r=5$；

(2) $\theta=2\pi/3$；

(3) $\varphi=\pi/2$；

(4) $r=2\sin\theta$.

解　(1) 曲面是以原点为球心半径为 5 的球面.

(2) 曲面 $\theta=2\pi/3$ 是半个锥面，这个锥面的轴为 z 轴，轴与它上任意一点的夹角为 $\pi/3$. 因为只有 xy 平面上的点或者位于 xy 平面下的点才能在该曲面上，故它只是半个锥面.

(3) 曲面 $\varphi=\pi/2$ 是 yz 平面的位于 z 轴右边的那一半.

(4) 方程 $r=2\sin\theta$ 与 φ 无关，故我们得到以 z 轴为旋转轴的旋转曲面. 在 yz 平面，方程 $r=2\sin\theta$ 给出了单位圆，如图 8.4.21 所示. 完整的曲面是这个圆绕 z 轴旋转一周得到的，故它是一个退化的圆环面，其洞的半径为 0.

例 8.4.15　求图 8.4.21 中曲面 $r=2\sin\theta$ 的直角坐标方程.

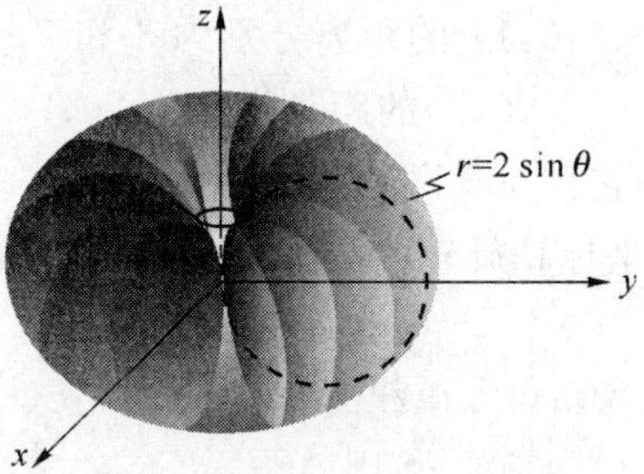

图 8.4.21

解　由 $r=2\sin\theta$，我们知 $r^2=2r\sin\theta$，平方得

$$r^4=4r^2\sin^2\theta=4r^2(1-\cos^2\theta)=4r^2-4r^2\cos^2\theta.$$

因为 $r^2=x^2+y^2+z^2$，故

$$(x^2+y^2+z^2)^2=4(x^2+y^2+z^2)-4z^2,$$

或者

$$(x^2+y^2+z^2)^2=4(x^2+y^2).$$

习题 8.4

A

1. 指出下列曲面的图形. 如果曲面是旋转曲面，解释它是怎样得到的：

(1) $x^2-3y^2=4$；　　(2) $4y^2+z^2=1$；

(3) $x^2=2y$； (4) $2(x-1)^2+(y-2)^2=z^2$；

(5) $4(x-1)^2+9(y-2)^2+4z^2=36$； (6) $\frac{x^2}{4}+\frac{y^2}{4}+\frac{z^2}{9}=1$；

(7) $4x^2-y^2-(z-1)^2=4$； (8) $4x^2-y^2+z=0$；

(9) $x^2-\frac{y^2}{4}+z^2=1$； (10) $x^2-4y^2-4z^2=1$.

2. 求以点 $P(2,-3,6)$为球心半径为 7 的球面方程.

3. 求过原点且球心为 $P(1,3,-2)$的球面方程.

4. 求到点(2,3,1) 和 (4,5,6)距离相等的动点的轨迹方程.

5. 已知三维空间中的动点 P 到点 $A(0,2,0)$的距离总是它到点 $B(0,5,0)$的距离的两倍，证明点 P 在球面上，并且求该球面的中心和半径.

6. 求下列动点的轨迹方程：

(1) 动点到点(1,2,1) 和 (2,0,1) 的距离分别为 3 和 2；

(2) 动点到点(5,0,0) 和 (−5,0,0)的距离之和为 20；

(3) 动点到 x 轴的距离是它到 yz 平面的距离的两倍.

7. 求下列曲线 C 绕给定坐标轴旋转一周得到的旋转曲面的方程.

$$(1)\ C:\begin{cases}x^2+\frac{y^2}{4}=1,\\ z=0,\end{cases}\quad x\text{ 轴}；$$

$$(2)\ C:\begin{cases}z=\sqrt{y-1}\quad(1\leqslant y\leqslant 3),\\ x=0,\end{cases}\quad y\text{ 轴}；$$

$$(3)\ C:\begin{cases}\frac{z^2}{4}-\frac{y^2}{9}=1,\\ x=0,\end{cases}\quad z\text{ 轴}.$$

8. 求下列曲线在每个坐标平面上的投影曲线的方程：

$$(1)\ \begin{cases}z=2x^2+y^2,\\ z=2y;\end{cases}$$

$$(2)\ \begin{cases}x^2+y^2+z^2=a^2,\\ x^2+y^2+(z-a)^2=R^2\end{cases}\quad(0<R<a)；$$

$$(3)\ \begin{cases}x^2+y^2=ay,\\ z=\frac{h}{a}\sqrt{x^2+y^2}\end{cases}\quad(a>0,h>0).$$

9. 将下列给定方程转换成柱面坐标方程：

(1) $x^2+y^2+z^2=16$；

(2) $z=x^3-3xy^2$.

10. 将下列给定方程转换成直角坐标方程：

(1) $\rho=4\cos\varphi$；

(2) $\rho^3=z^2\sin^3\varphi$.

11. 将下列给定方程转换成球面坐标方程,并指出曲面的形状：

(1) $x^2+y^2+z^2-8z=0$；

(2) $z=10-x^2-y^2$.

12. 将下列给定方程转换成直角坐标方程,并指出曲面的形状：

(1) $r\sin\theta=10$；

(2) $r=2\cos\theta+4\sin\theta\cos\varphi$.

B

1. 已知椭球体的主轴与坐标轴重合,且它过椭圆$\begin{cases}\dfrac{x^2}{9}+\dfrac{y^2}{16}=1,\\ z=0\end{cases}$和点 $M(1,2,\sqrt{23})$,求该椭球体的方程.

2. 已知椭圆抛物面的顶点是原点,它关于 xy 平面和 xz 平面对称,且过点$(1,2,0)$ 和 $\left(\dfrac{1}{3},-1,1\right)$,求该椭圆抛物面的方程.

3. 求以 C：$\begin{cases}y=x^2,\\ z=0\end{cases}$为准线且母线平行于向量 $\boldsymbol{i}+2\boldsymbol{j}+\boldsymbol{k}$ 的柱面方程.

4. 证明平面 $2x+12y-z+16=0$ 和曲面 $x^2-4y^2=2z$ 的交线是一条直线,并且求该直线的方程.

5. 已知点 A 和 B 的直角坐标分别为 $(1,0,0)$ 和 $(0,1,1)$,求由线段 AB 绕 z 轴旋转一周得到的旋转曲面 S 的方程.用定积分求由曲面 S 和平面 $z=0$ 和 $z=1$ 所围成的体积.

第 9 章

多元函数的微分

与以前学过的单变量函数一样，本章也是从多元函数的“导数”展开讨论，然后将考虑多元函数的微分以及计算微分的方法. 读者可以将例如极限、导数以及微分等内容与单变量函数的相关内容进行对比，但更要关注它们之间的不同.

9.1 多元函数的定义及其基本性质

正如单变量函数微积分的学习，本节首先讨论多元函数的极限和连续的概念。与单变量函数不同的是，n 元函数中包含 n 个变量的有序组可以被看成是 $\mathbf{R}^n$ 空间的点，因此，我们需要建立空间 $\mathbf{R}^n$ 中函数极限和连续的概念.

9.1.1 $\mathbf{R}^2$ 和 $\mathbf{R}^n$ 空间

1. $\mathbf{R}^2$ 空间中的点集

众所周知，在引入了直角坐标系之后，坐标平面上的点与一个有序的实数对 (x,y) 之间可以建立一个一一映射。因此，一般地，我们也称有序实数对 (x,y) 为坐标平面上的一个点 P。等价地，所有有序实数对的集合也称为 $\mathbf{R}^2$ 空间.

在 $\mathbf{R}^2$ 空间中，我们引入一个称为距离的概念来刻画两点之间的远近.

定义 9.1.1(两点之间的距离). 对空间 $\mathbf{R}^2$ 中的任意两点 P_1 和 P_2，其中 $P_1=(x_1,y_1)$ 且 $P_2=(x_2,y_2)$，则它们之间的距离定义为

$$d(P_1,P_2)=\sqrt{(x_2-x_1)^2+(y_2-y_1)^2}. \tag{9.1.1}$$

由定义 9.1.1，容易证明下列关于距离的性质：

性质 9.1.2(距离的性质).

(1) 距离是一个非负实数，当且仅当两个点重合时才等于零，也即

$$d(P_1,P_2)\geqslant 0,\quad d(P_1,P_2)\Leftrightarrow P_1=P_2; \tag{9.1.2}$$

(2) 距离具有对称性，也即

$$d(P_1,P_2)=d(P_2,P_1); \tag{9.1.3}$$

(3) 三角不等式成立，即

$$d(P_1,P_2)\leqslant d(P_1,P_3)+d(P_3,P_2), \tag{9.1.4}$$

其中 $P_3\in\mathbf{R}^2$.

为能够描述空间 $\mathbf{R}^2$ 中的点集，我们需要引入 $\mathbf{R}^2$ 中点的邻域的概念，它其实是 $\mathbf{R}^2$ 中一个特殊的点集.

定义 9.1.3 (邻域). 设 $P_0(x_0,y_0)$ 为平面 xOy 上的一个点，且 δ 为一个正常数，则到点 P_0 的距离不超过 δ 的所有点的集合称为点 P_0 的邻域，并记为 $U(P_0,\delta)$。也即

$$U(P_0,\delta)=\left\{(x,y)\mid\sqrt{(x-x_0)^2+(y-y_0)^2}<\delta\right\}. \tag{9.1.5}$$

进一步，点 P_0 的**去心邻域**，记为 $\mathring{U}(P_0,\delta)$，定义为

$$\mathring{U}(P_0,\delta)=\left\{(x,y)\mid 0<\sqrt{(x-x_0)^2+(y-y_0)^2}<\delta\right\}. \tag{9.1.6}$$

易见，$U(P_0,\delta)$ 为中心在 P_0，半径为 δ 的圆盘内部(见图 9.1.1)。去心邻域 $\mathring{U}(P_0,\delta)$ 为中心在 P_0，除点 P_0 外半径为 δ 的圆盘内部(见图 9.1.2).

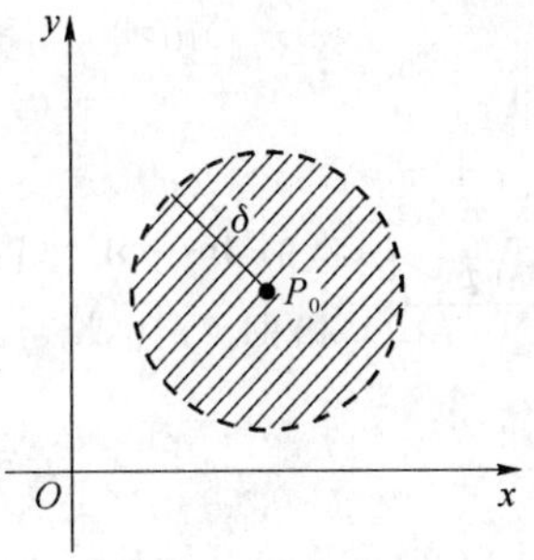

图 9.1.1

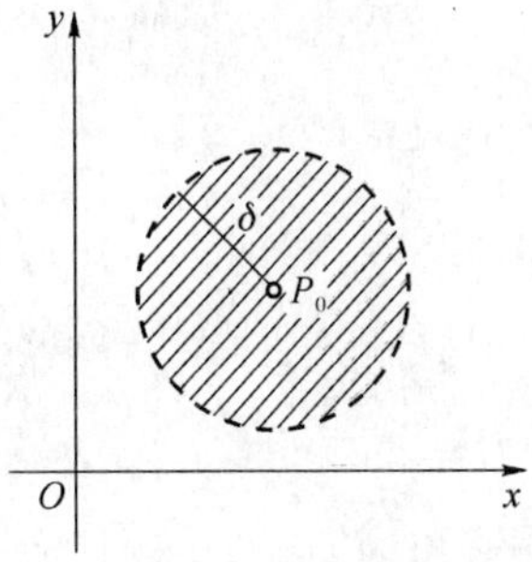

图 9.1.2

一般地，在无须特别关注半径 δ 时，使用简化的记号 $U(P_0)$ 及 $\mathring{U}(P_0)$ 分别表示 $U(P_0,\delta)$ 和 $\mathring{U}(P_0,\delta)$.

定义 9.1.4 (内点、外点、边界点及孤立点). 设 S 为一个点集，$P\in S$ 为其中一个点，若存在邻域 $U(P)$，使得 $U(P)$ 中的所有点均属于点集 S，则称 P 为集合 S 得一个**内点**。若存在一个 $U(P)$，使得 $U(P)$ 中的所有点均不属于点集 S，则称 P 为集合 S 得一个**外点**。若对任意的 UP，至少存在一个 S 中的点且存在一个不属于 S 的点，则称点 P 为一个**边界点**。特别地，若对一个边界点 P 的任意邻域 $U(P)$ 内，除点 P 外均不是 S 中的点，则 P 也称为**孤立点**.

图 9.1.3 中，S 为实线以及实线所包围的所有点构成的集合，则 P_1 为一个内点，P_2 为

一个外点，P_3 为一个边界点.

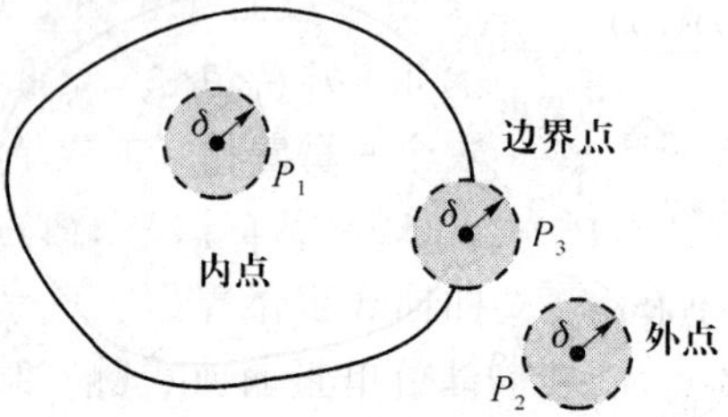

图 9.1.3

注 9.1.5 容易看到，S 的所有内点必然属于集合 S，所有外点必然不属于集合 S，但边界点既可能属于，也可能不属于集合 S.

定义 9.1.6 （**内部、外部和边界**）. 设 S 为 $\mathbf{R}^2$ 上的点集，则 S 的所有内点构成的集合称为 S 的**内部**，记为 $\mathrm{int}S$；集合 S 的所有外点的集合称为 S 的**外部**，记为 $\mathrm{ext}S$；集合 S 的所有边界点的集合称为 S 的**边界**，记为∂S.

例 9.1.7 考虑如下 $\mathbf{R}^2$ 中的点集，并用记号表示其内部、外部和边界.

$$S=\{(x,y)\mid 1\leqslant x^2+y^2<4\}. \tag{9.1.7}$$

解 如图 9.1.4 所示，容易得到

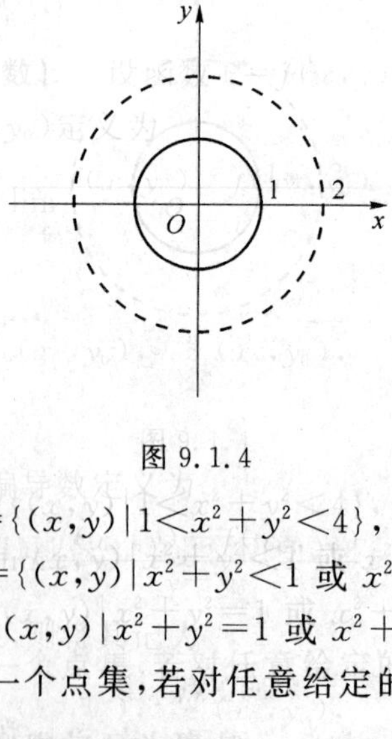

图 9.1.4

$$\mathrm{int}S=\{(x,y)\mid 1<x^2+y^2<4\},$$
$$\mathrm{ext}S=\{(x,y)\mid x^2+y^2<1 \text{ 或 } x^2+y^2>4\},$$
$$\partial S=\{(x,y)\mid x^2+y^2=1 \text{ 或 } x^2+y^2=4\}.$$

定义 9.1.8（**聚点**）. 设 S 为一个点集，若对任意给定的 $\delta>0$，总存在点 P 的去心邻域 $\mathring{U}(P_0,\delta)$，至少有一个点属于 S，则称点 P 为**聚点**.

注 9.1.9 由聚点的定义，容易发现集合 S 的聚点 P 不一定属于集合 S.

例 9.1.10 设

$$S=\{(x,y)\mid 1\leqslant x^2+y^2<4 \text{ 或 } x^2+y^2=0\}. \tag{9.1.8}$$

则容易看到,集合 S 的所有聚点为

$$A=\{(x,y)\mid 1\leqslant x^2+y^2\leqslant 4\}. \tag{9.1.9}$$

而且,$P(1,0)\in A$ 是 S 中的点,但 $P(2,0)\in A$ 不属于 S。$P(0,0)\in S$ 为 S 的边界点,但并不是一个聚点.

现在,我们可以开始对点集进行分类了。一维情形时,“区间”可以为如下的三种形式:开集、闭集和半开半闭集。但是,在高维空间,这些类型并不容易定义。下面给出了开集和闭集的一般定义。这个定义也可以推广到更高维的空间.

定义 9.1.11(开集和闭集). 设 S 为一个 $\mathbf{R}^2$ 中的点集。如果 S 的所有点均为其内点,即 $\mathrm{int}S=S$,则 S 称为开集;若 S 的补集为**开集**,也即 $\mathrm{int}S^c=S^c$,则 S 称为**闭集**.

注 9.1.12 一般地,φ(空集)及 $\mathbf{R}^2$(全空间)定义为既开又闭点集.

直观地说,开集给出了一个将两点区分开来的方法。例如,若 $\mathbf{R}^2$ 空间中,包含某点的开集不含另外一个(与该点不同的)点,则这两个点就被称为**可分的**.

例 9.1.13 $S_1=\{(x,y)|x^2+y^2<1\}$ 为一个开集(图 9.1.5(a)),$S_2=\{(x,y)|x^2+y^2\leqslant 1\}$ 为一个闭集(见图 9.1.5(b)),而 $S_3=\{(x,y)|0<x^2+y^2\leqslant 1\}$ 既不是开集也不是闭集(见图 9.1.5(c)).

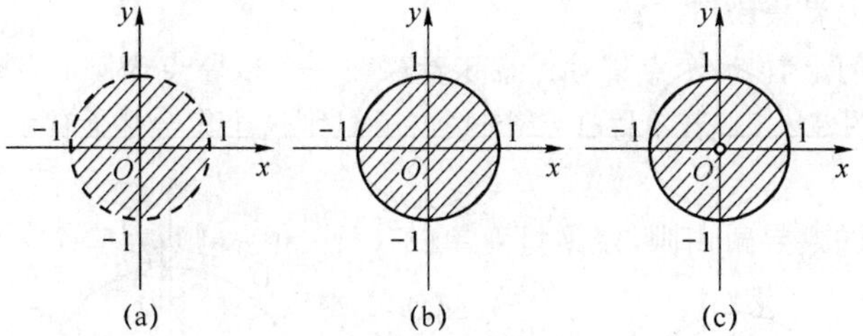

图 9.1.5

接下来,我们将介绍点集的另外一个概念:**区域**。为精确定义这个术语,我们需要首先引入**线段**的定义。几何上看,一条线段就是直线上两点之间的部分。例如,正方形的每一条边均为线段。下面的定义则给出了线段的精确定义。

定义 9.1.14(线段). 令 a 和 b 为 $\mathbf{R}^2$ 中不同的两个点,则点集

$$\{\lambda a+(1-\lambda)b|\lambda\in\mathbf{R},0\leqslant\lambda\leqslant 1\}. \tag{9.1.10}$$

称为连接点 a 和 b 的**线段**.

注 9.1.15 有时,人们需要区分线段的“闭”与“开”。因此,由式(9.1.10)给出的**闭线段**及**开线段**定义为

$$\{\lambda a+(1-\lambda)b|\lambda\in\mathbf{R},0<\lambda<1\} \tag{9.1.11}$$

定义 9.1.16(区域). 设 S 为 $\mathbf{R}^2$ 中的一个开集。若 S 中得任意两点可被 S 内由有限多条线段构成的折线段连接(满足这个条件的集合称为**连通的**,如图 9.1.6 所示),则 S 称为一个**开区域**或一个**区域**。也即区域是一个连通的开集.

此外,一个区域连同其边界的全体称为一个**闭区域**(见图 9.1.6).

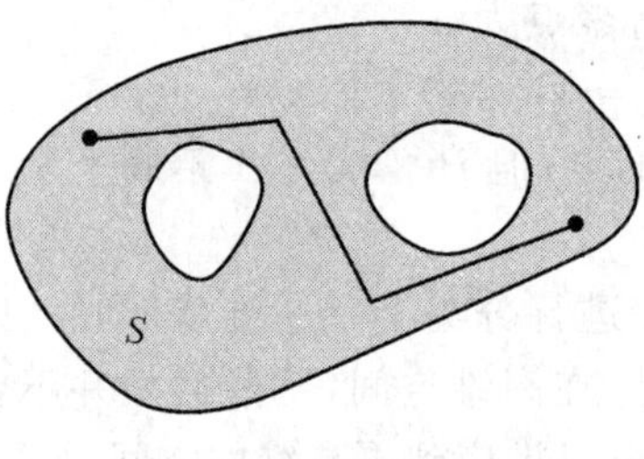

图 9.1.6　连通集与闭区域

注 9.1.17　通常，区域意味着开区域，但有时，区域也有可能表示闭区域。

下面定义点集中的**有界**和**无界**。

定义 9.1.18　（**有界集和无界集**）. 设 S 为一个点集。若存在 $M>0$ 使得对所有的 $P(x,y)\in S$，下列不等式成立

$$\sqrt{x^2+y^2}\leqslant M \tag{9.1.12}$$

则 S 称为**有界集**。若对任意给定的 $M>0$，总存在 $P(x,y)\in S$ 使得

$$\sqrt{x^2+y^2}>M \tag{9.1.13}$$

则称 S 为一个**无界集**.

注 9.1.19　几何上看，一个点集有界意味着存在一个以原点为圆心，半径为 M 的圆可以完全覆盖这个点集(见图 9.1.7)，若不存在一个这样的圆，则这个集合是无界的(见图 9.1.8).

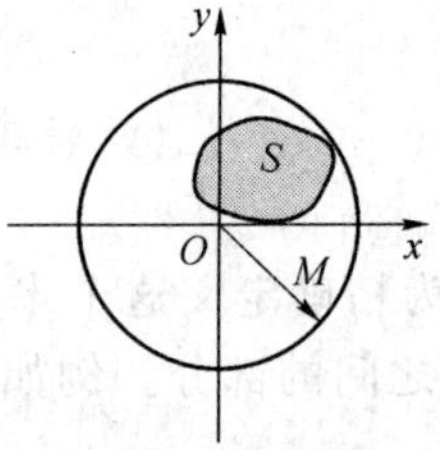

图 9.1.7　有界集

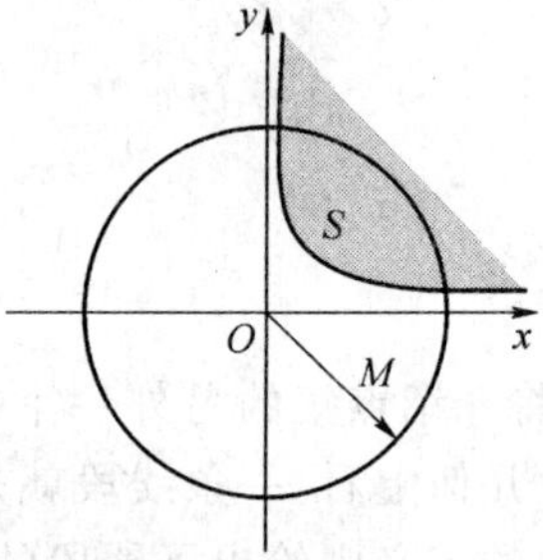

图 9.1.8　无界集

2. $\mathbf{R}^n$ 空间中的相关问题

在空间 $\mathbf{R}^2$ 中，我们已经定义了向量、空间、距离、开集、闭集、区域等概念。读者可以将这些概念直接进行推广.

定义 9.1.20(向量及 $\mathbf{R}^n$).　一个实数构成的有序 n 元组 $\boldsymbol{x}=(x_1,\cdots,x_n)(x_i\in\mathbf{R},i=1,2,\cdots,n,n\geqslant 2)$称为一个 n **维向量**，所有 n 维向量的集合记为

$$\mathbf{R}^n=\{\boldsymbol{x}=(x_1,x_2,\cdots,x_n)\mid x_i\in\mathbf{R},i=1,2,\cdots,n\}. \tag{9.1.14}$$

定义 9.1.21　（**向量加法及标量乘法**）. 令

$$\boldsymbol{x}=(x_1,x_2,\cdots,x_n)\in\mathbf{R}^n,\boldsymbol{y}=(y_1,y_2,\cdots,y_n)\in\mathbf{R}^n. \tag{9.1.15}$$

两个向量 x 与 y 的向量加法定义为

$$\boldsymbol{x}+\boldsymbol{y}=(x_1+y_1, x_2+y_2, \cdots, x_n+y_n). \tag{9.1.16}$$

向量 $\boldsymbol{x}$ 与一个标量 $a\in\mathbf{R}$ 的标量乘法定义为

$$a\boldsymbol{x}=(ax_1, ax_2, \cdots, ax_n). \tag{9.1.17}$$

定义 9.1.22(向量空间). 集合 $\mathbf{R}^n$ 连同其上按照式(9.1.16)和式(9.1.17)定义的加法与标量乘法称为 n 维向量空间,或 **n 维实线性空间**。

定义 9.1.23(内积及欧几里德空间). 假设两个向量 $\boldsymbol{x}$ 与 $\boldsymbol{y}$ 在空间 $\mathbf{R}^n$ 内,则 $\boldsymbol{x}$ 与 $\boldsymbol{y}$ 的内积定义为

$$\langle \boldsymbol{x}, \boldsymbol{y}\rangle = \sum_{i=1}^{n} x_i y_i, \tag{9.1.18}$$

定义了内积的空间 $\mathbf{R}^n$ 称为**欧几里德空间**.

注 9.1.24 一般地,一个 $\mathbf{R}^2$ 中的点(或向量)可以描述为(x,y),因此 $\mathbf{R}^2$ 也表示平面上所有点构成的集合。一个 $\mathbf{R}^3$ 中的点(向量)可以表示为(x,y,z);$\mathbf{R}^3$ 也等价于一个三维空间.

定义 9.1.25(长度、范数及距离). $\mathbf{R}^n$ 中,一个向量 $\boldsymbol{x}$ 的**长度(或范数)**定义为

$$\|\boldsymbol{x}\|=\sqrt{\langle \boldsymbol{x}, \boldsymbol{x}\rangle}=\sqrt{x_1^2+x_2^2+\cdots+x_n^2}. \tag{9.1.19}$$

两个点 $\boldsymbol{x}$ 和 $\boldsymbol{y}$ 之间的**距离**则定义为

$$\rho(\boldsymbol{x}, \boldsymbol{y})=\|\boldsymbol{x}-\boldsymbol{y}\|=\sqrt{(x_1-y_1)^2+(x_2-y_2)^2+\cdots+(x_n-y_n)^2}. \tag{9.1.20}$$

显然,上面的概念都是直接从二维空间 $\mathbf{R}^2$ 扩展来的。此外,其他的概念也可列举如下.

(1) **邻域.** 令 $\boldsymbol{a}$ 为 $\mathbf{R}^n$ 中的一个点,且 $\delta>0$ 为一个常数。$\mathbf{R}^n$ 中包含所有到点 $\boldsymbol{a}$ 距离小于 δ 的点的集合称为 $\boldsymbol{a}$ 的 δ 邻域,记为 $U(\boldsymbol{a},\delta)$.

$$U(\boldsymbol{a},\delta)=\{\boldsymbol{x}\in \mathbf{R}^n \mid \|\boldsymbol{x}-\boldsymbol{a}\|<\delta\}. \tag{9.1.21}$$

$\boldsymbol{a}$ 的 δ 去心邻域,$\mathring{U}(\boldsymbol{a},\delta)$,定义为

$$\mathring{U}(a,\delta)=U(a,\delta)\setminus\{a\}. \tag{9.1.22}$$

与 $\mathbf{R}^2$ 空间类似,若无须强调半径 δ,则 $\boldsymbol{a}$ 的邻域可以写为 $U(\boldsymbol{a})$.

直线 Ox 上,邻域 $U(a,\delta)$仅为一个开区间$(a-\delta,a+\delta)$在平面 x_1Ox_2 上,$U(a,\delta)$为一个圆盘内点的集合,$D=\{(x_1,x_2)\mid(x_1-a_1)^2+(x_2-a_2)^2\leqslant\delta^2\}$,其中$(a_1,a_2)$为点 a 的坐标。在三维空间中 $U(a,\delta)$为一个中心在点 a,半径为 δ 的球内的点.

(2) **内点、外点和边界点.** 假设 $A\subseteq\mathbf{R}^n$ 且 $a\in A$。若存在一个邻域 $U(a)$,使得 $U(a)\subset A$,则 a 称为集合 A 的一个内点,且包含集合 A 的所有内点的集合称为 A 的内部,记为 A^o 或 $\mathrm{int}A$。对一个点 $a\in\mathbf{R}^n$,若存在一个邻域 $U(a)$使得 $U(a)$中的点都不属于 A,或 $U(a)\subset A^c$,则 a 称为集合 A 的一个外点。包含集合 A 的所有外点的集合称为 A 的外部,记为 $\mathrm{ext}A$。对于点 $a\in\mathbf{R}^n$(可以属于也可以不属于集合 A),若满足,对任意的 $\delta>0$,邻域 $U(a,\delta)$,总包含一个 A 的内点和一个 A 的外点,则称其为集合 A 的边界点。包含 A 的所有边界点的集合称为 A 的边界,记为∂A.

(3) **聚点.** 令 $A\subseteq\mathbf{R}^n$ 且点 $a\in\mathbf{R}^n$(a 无须属于 A)。若对任意的 $\delta>0$,去心邻域 $\mathring{U}(a,\delta)$至少包含 A 中的一个点,则 a 称为 A 的一个聚点.

(4) **开集和闭集**. 考虑集合 $A\subseteq\mathbf{R}^n$。若 A 中的点均为 A 的内点，也即 $A^o=A$，则 A 称为 $\mathbf{R}^n$ 中的一个**开集**；若 A 的补集 A^c 为一个开集，则 A 称为一个**闭集**.

(5) **区域**. 令 a 和 b 为 $\mathbf{R}^n$ 中不同的点。点集

$$\{ta+(1-t)b \mid t\in\mathbf{R},0\leqslant t\leqslant 1\} \tag{9.1.23}$$

称为连接 $\mathbf{R}^n$ 中的点 a 和点 b 的线段.

设 A 为一个开集。若 A 中的任意两点均可被有限条线段组成的折线连接(满足这个性质的集合称为连通的)，则 A 称为一个开区域或简称一个**区域**。换句话说，区域为一个连通的开集。一个区域连同其边界称为闭区域.

(6) **有界集和无界集**. 设 $A\subseteq\mathbf{R}^n$。若存在一个常数 $M>0$，使得 $\|\boldsymbol{x}\|<M$ 对一切 $\boldsymbol{x}\in A$ 均成立，则 A 称为**有界集**；否则 A 称为**无界集**。显然，有界集的几何解释就是存在一个中心在半径为 M 的开球，可以包含这个集合.

9.1.2 多元函数

粗略地说，一个多元函数就是具有多个变量的函数。有多个变量的函数通常用于数学地描述复杂的物理模型等。下面是一些多元函数的例子.

例 9.1.26 设 A 为宽 W 高 H 的矩形面积。显然有如下的计算公式

$$A=W\cdot H. \tag{9.1.24}$$

于是，式(9.1.24)就建立了一个将矩形的宽和高映射为其面积的关系。当 W 及 H 独立变化的时候，A 也将改变其取值.

例 9.1.27 设 T 为一个房间的温度。若我们用直角坐标系 $Oxyz$ 表示屋子中的每一个点，则 T 可以说是依赖于 x,y,z 和时间 t 的变化而变化的。尽管很难将这个关系精确给出，但仍然知道 x,y,z 和 t 的变化将会导致 T 的变化.

例 9.1.26 和例 9.1.27 中，都有从一些变量到某一变量的对应关系，这些类型的关系通常称为多元函数。更为正式地，有以下定义.

定义 9.1.28 (多元函数). 设 $A\subseteq\mathbf{R}^n$ 为一个点集。则映射 $f:A\to\mathbf{R}$ 称为一个定义在 A 内或 A 上的 n 个变量的函数，记为

$$u=f(\boldsymbol{x})=f(x_1,x_2,\cdots,x_n), \tag{9.1.25}$$

其中 $\boldsymbol{x}=(x_1,x_2,\cdots,x_n)\in A$ 称为自变量，u 称为因变量。A 称为函数 f 的定义域，记为 $D(f)$. $R(f)=\{u \mid u=f(\boldsymbol{x}),\boldsymbol{x}\in D(f)\}$ 为 f 的值域。具有多于一个自变量的函数也称为**多元函数**.

注 9.1.29 通常两个变量的函数记为 $z=f(x,y)((x,y)\in A\subseteq\mathbf{R}^2)$，三个变量的函数记为 $u=f(x,y,z)((x,y,z)\in A\subseteq\mathbf{R}^3)$.

例 9.1.30 求函数 $z=\ln(1-x^2-2y^2)$ 的定义域.

解 根据对数函数的定义，应有

$$1-x^2-2y^2>0. \tag{9.1.26}$$

因此，这个函数的定义域为

$$D=\{(x,y)\in\mathbf{R}^2 \mid x^2+2y^2<1\}. \tag{9.1.27}$$

这个定义域的图形就是椭圆 $x^2+2y^2=1$ 所围的区域内部(见图 9.1.9(a)).

例 9.1.31　求函数 $z=\sqrt{1-x^2}+\sqrt{y^2-1}$ 的定义域.

解　由平方根函数的定义,有

$$1-x^2\geqslant 0 \tag{9.1.28}$$

及

$$y^2-1\geqslant 0. \tag{9.1.29}$$

因此,有

$$D=\{(x,y)\in \mathbf{R}^2 \mid |x|\leqslant 1\ ,\ |y|\geqslant 1\}. \tag{9.1.30}$$

这个定义域是一个 $\mathbf{R}^2$ 中有两个分支的闭无界区域(见图 9.1.9(b)).

例 9.1.32　求函数 $w=\dfrac{1}{\sqrt{z-x^2-y^2}}$ 的定义域.

解　注意到分母不能为零且平方根要能够计算,因此在根号内的表达式必须取非负值,故

$$z-x^2-y^2\neq 0 \tag{9.1.31}$$

且

$$z-x^2-y^2\geqslant 0, \tag{9.1.32}$$

式(9.1.31)和式(9.1.32)可被化简为

$$z>x^2+y^2. \tag{9.1.33}$$

于是 w 的定义域可以写为

$$D=\{(x,y,z)\in \mathbf{R}^3 \mid z>x^2+y^2\}. \tag{9.1.34}$$

这个定义域为 $\mathbf{R}^3$ 中的一个无界区域,其边界为抛物面 $z=x^2+y^2$(见图 9.1.9(c))

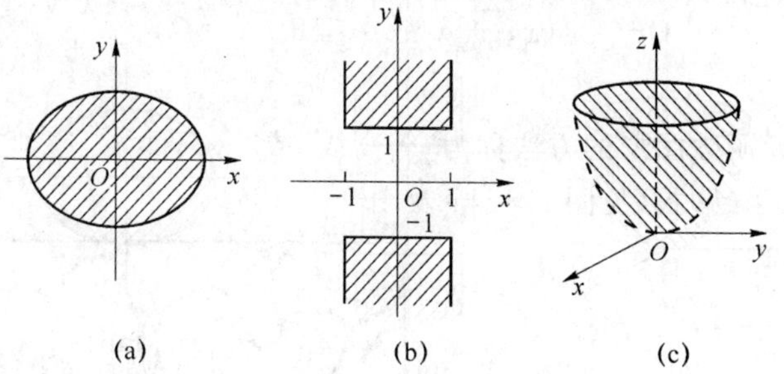

图 9.1.9

9.1.3　函数的可视化

1. 多元函数的图形

通过前面的学习,单变量函数可以在 $\mathbf{R}^2$ 绘制图形来表示。在数学上,单变量函数 $y=f(x)$ 的图形就是 $\mathbf{R}^2$ 上的点集.

$$\mathbf{Gr}f=\{(x,y)\mid x\in I, y=f(x)\}. \tag{9.1.35}$$

这种类型的图形称为函数 $y=f(x)$ 的曲线。

类似地,一个二元函数 $z=f(x,y)((x,y)\in \mathbf{R}^2)$ 可以用 $\mathbf{R}^3$ 中的图形

$$\mathbf{Gr}f=\{(x,y,z)\mid(x,y)\in A, z=f(x,y)\} \tag{9.1.36}$$

来表示。这种类型的图形称为函数 $z=f(x,y)$ 的**曲面**(见图 9.1.10)。显然，这个曲面在平面 xOy 上的投影就是函数 $z=f(x,y)$ 的定义域 $D(f)$。这个曲面在 z 轴上的投影就是 $R(f)$.

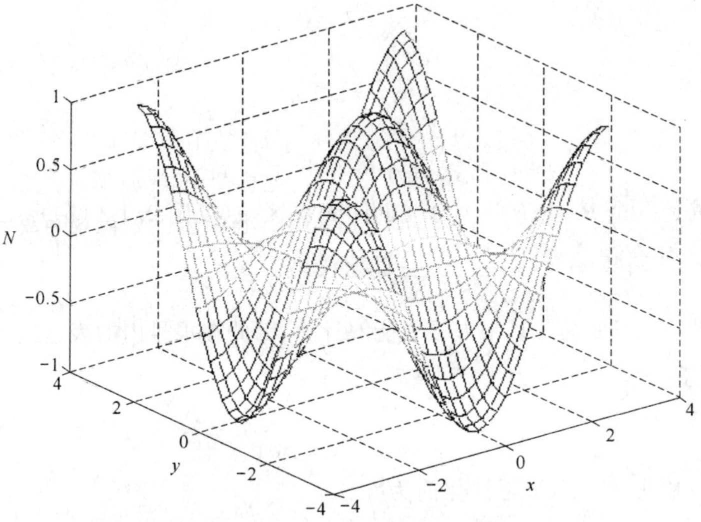

图 9.1.10

一般地，一个 n 元函数

$$u=f(\boldsymbol{x})=f(x_1,\cdots,x_n), \boldsymbol{x}=(x_1,\cdots,x_n)\in\mathbf{R}^n \tag{9.1.37}$$

也可以在 $\mathbf{R}^{n+1}$ 空间中给出，这个图形记为

$$\mathbf{Gr}f=\{(\boldsymbol{x},z)\mid\boldsymbol{x}\in A\subseteq\mathbf{R}^n, z=f(\boldsymbol{x})\}. \tag{9.1.38}$$

2. 等高线

另一种绘制多元函数图形的方法称为“等高线”或“等高面”。这种类型的图形广泛地被用于地图的绘制及天气预报(见图 9.1.11 及图 9.1.12).

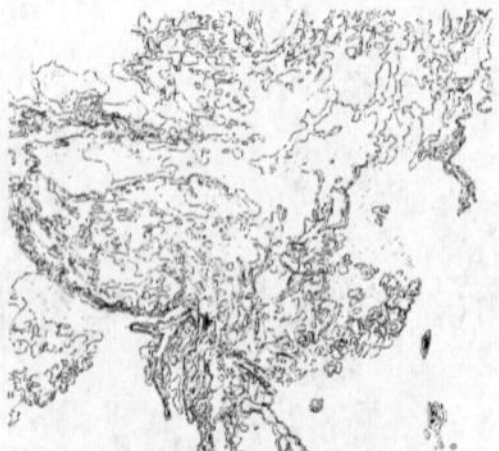

图 9.1.11

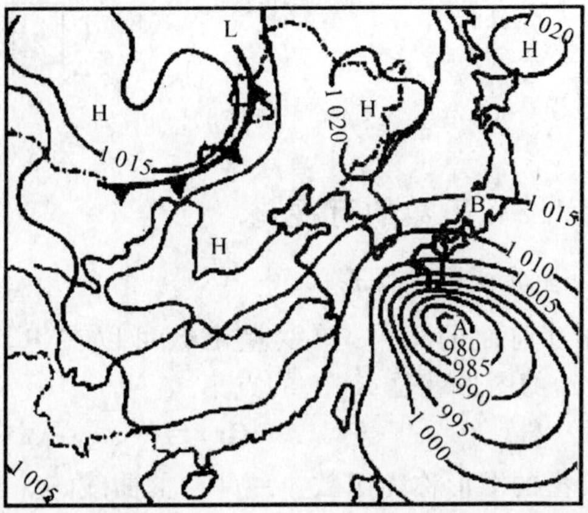

图 9.1.12

定义 9.1.33(二元函数的等高线).　设 $z=f(x,y)$ 为一个定义在 $A\subseteq\mathbf{R}^2$ 上的二元函数。$f:A\rightarrow R(f)\subseteq\mathbf{R}^2$ 的等高线为如下定义的点集

$$\{(x,y)\mid f(x,y)=C,(x,y)\in A\},\tag{9.1.39}$$

其中 $C\in R$ 为一个常数.

一般地,定义 9.1.33 中的常数 C 在函数 f 的值域内,也即

$$C\in R(f).\tag{9.1.40}$$

显然,若定义 9.1.33 中的常数 C 发生改变,等高线也会相应改变 。设在 f 的值域中给出一系列常数,也即

$$C_i\in R(f),i=1,2,\cdots,n,\tag{9.1.41}$$

则可以得到一系列等高线,每一等高线都是一个如下定义的曲线

$$\{(x,y)\mid f(x,y)=C_i,(x,y)\in A\}.\tag{9.1.42}$$

若将这些等高线绘制在同一个坐标系中,不妨设在 xOy 平面中,就可以得到**等高线图.**

若给定的函数图形 $f:D(f)\subseteq\mathbf{R}^2\rightarrow R(f)\subseteq R$,可以按照下面的方法得到函数 f 的等高线图(如图 9.1.13 所示).

第 1 步,选择 $C_i\in R(f),i=1,2\cdots,n$ 的一个序列;

第 2 步,在 xOy 平面上绘制每一条等高线.

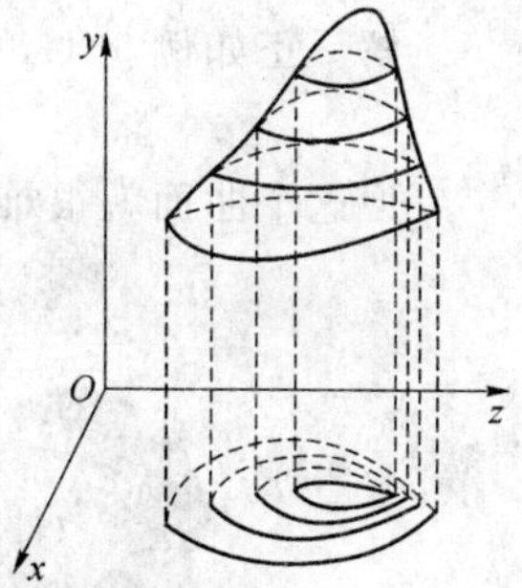

图 9.1.13

例 9.1.34　绘制函数 $z=x^2+y^2$ 等高线图.

解　其等高线为

$$x^2+y^2=C.$$

容易看到,若 $C>0$,其等高线为一个以原点为中心的圆;若 $C=0$,其等高线退化为 $O(0,0)$;若 $C<0$,没有等高线。故函数 $y=x^2+y^2$ 的等高线图形在 xOy 平面之上,并与平面相交于 xOy 的原点(见图 9.1.14).

例 9.1.35　绘制函数 $z=xy$ 的等高线图.

解　函数 $z=xy$ 在 xOy 平面内的等高线为 $xy=C$(见图 9.1.15).

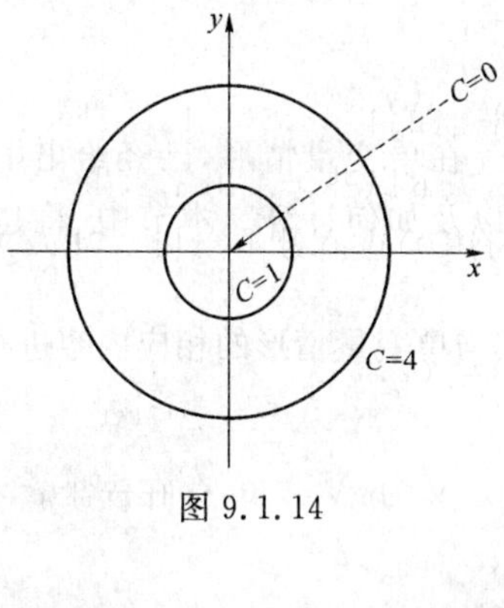

图 9.1.14

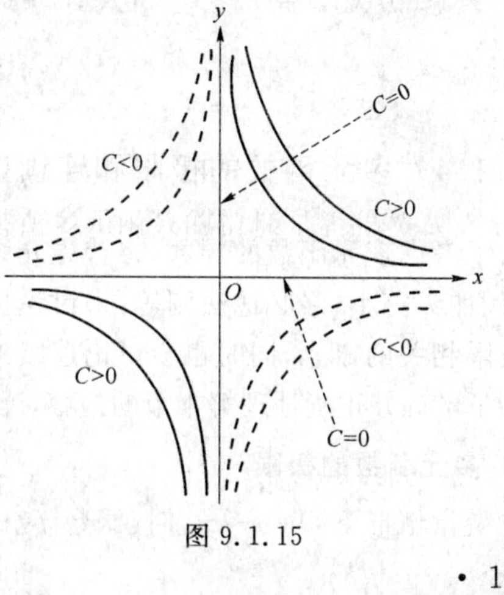

图 9.1.15

若 $C>0$，其等高线为一两分支在一、三卦限中的双曲线；若 $C=0$，等高线为两条直线 $x=0$ 和 $y=0$；若 $C<0$，其等高线为一两分支在二、四卦限中的双曲线。因此函数 $z=xy$ 描述的曲面在第一、三卦限向上弯曲，在第二、四卦限向下弯曲。原点称为这个函数的**鞍点**.

对多于两个变量的函数 $u=f(\boldsymbol{x})=f(x_1,\cdots,x_n)$ 很难绘制其图形，因为它会存在于一个高维空间。但是用等高线的观点，也可以使用函数 f 图形的等值面来得到一些体验。函数的等值面定义为

$$\{\boldsymbol{x}\mid f(\boldsymbol{x})=C\},\tag{9.1.43}$$

其中 C 为一个常数.

例 9.1.36 绘制函数 $f(x,y,z)=x^2+y^2+z^2$ 的等值面.

解 其等值面为

$$x^2+y^2+z^2=C.$$

容易看到，若 $C>0$，其等值面为一个中心在原点，半径为 $\sqrt{C}$ 的球：若 $C=0$，则等值面退化为点 $O(0,0,0)$：若 $C<0$，没有等值面.

例 9.1.37 绘制函数 $f(x,y,z)=x^4+y^4+z^4-(x^2+y^2+z^2)+3(x^2+y^2+z^2)$ 的等值面.

解 正如例 9.1.36，其等值面为

$$f(x,y,z)=C.$$

但这个曲面就很难进行手工绘制了。图 9.1.16 给出了这个函数的部分等值面.

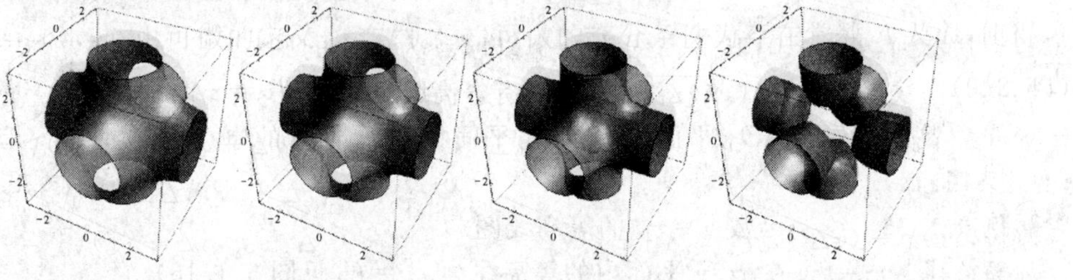

(a) $f(x,y,z)=-5$　(b) $f(x,y,z)=0$　(c) $f(x,y,z)=3$　(d) $f(x,y,z)=5$

图 9.1.16

9.1.4 多元函数的极限和连续

为了考虑多元函数的导数，将首先介绍函数的极限。在单变量情形，已经给出了一系列方法，例如无穷小、洛必达法则等，来讨论极限是否存在以及如何计算。本节中，将建立多元函数极限相关的概念，同时也会讨论连续的概念.

为了准确并正确地理解本节的内容，读者最好能将其与单变量情形的相应内容进行对比.

1. 多元函数的极限

单变量情形下，当 $x\to x_0$ 时，函数 $f(x)$ 极限为 A 的定义为：$\forall\,\varepsilon>0$，存在一个 $\delta>0$，使得

$$|f(x)-A|<\varepsilon, \tag{9.1.45}$$

其中 $x\in\{x|0<|x-x_0|<\delta\}$. 在这个定义中,$x_0$ 为 $D(f)$的一个聚点,而 A 为某一实数.

首先给出二元函数极限的定义. 在 $\mathbf{R}^2$ 空间中,一个点 $\boldsymbol{x}$ 可以写为一个有序对(x,y),两个点之间的距离也就刻画了两个点的接近程度。于是,将单变量情形的结果直接推广,即可定义二元函数 $f(\boldsymbol{x})$或 $f(x,y)$的函数值在 $\boldsymbol{x}$ 充分接近某一 $\boldsymbol{x}_0$(或(x_0,y_0))时,充分靠近某一实数 A 的情形。不严格地讲,有如下的定义:

定义 9.1.38　($\mathbf{R}^2$ 中的极限). 设 $f:\mathbf{R}^2\to\mathbf{R}$,$D(f)$和 $R(f)$分别为其定义域和值域。令 $A\in\mathbf{R}$,x_0 为 $D(f)$的一个聚点。A 为函数 f 在 $\boldsymbol{x}\to\boldsymbol{x}_0$ 时的极限的充要条件为,对任意的 $\varepsilon>0$,存在一个 $\delta>0$,使得

$$|f(\boldsymbol{x})-A|<\varepsilon \tag{9.1.46}$$

对所有满足 $0<\|\boldsymbol{x}-\boldsymbol{x}_0\|<\delta$ 的点 $\boldsymbol{x}$ 均成立。

为与传统的表示方式相容,仍使用有序对来表示点的坐标,则定义 9.1.38 可以改写为定义 9.1.39.

定义 9.1.39　(二元函数的极限). 设 $f:D(f)\to R(f)$,其中 $D(f)\subseteq\mathbf{R}^2$,$R(f)\subseteq\mathbf{R}$。令 A 为一个实数,(x_0,y_0)为 $D(f)$中的一个聚点。A 称为函数 f 在$(x,y)\to(x_0,y_0)$时的极限的充要条件为,对任意的 $\varepsilon>0$,存在一个 $\delta>0$,使得

$$|f(x,y)-A|<\varepsilon \tag{9.1.47}$$

为简化起见,使用如下的记号来表达定义 9.1.38 和定义 9.1.39。对定义 9.1.38,记

$$\lim_{x\to x_0}f(\boldsymbol{x})=A \text{ 或 } f(\boldsymbol{x})\to A(\text{当 } \boldsymbol{x}\to\boldsymbol{x}_0) \tag{9.1.48}$$

对定义 9.1.39,有

$$\lim_{(x,y)\to(x_0,y_0)}f(x,y)=A \text{ 或 } f(x,y)\to A(\text{当}(x,y)\to(x_0,y_0).) \tag{9.1.49}$$

极限的定义 9.1.38 和定义 9.1.39 也称为**二重极限**。若定义 9.1.38 和定义 9.1.39 中的实数 A 不存在,我们称 f 在 $\boldsymbol{x}\to\boldsymbol{x}_0$ 或$(x,y)\to(x_0,y_0)$时的**极限不存在**.

注 9.1.40　与单变量情形相比,读者容易看到:

(1) 二重极限的概念和单变量情形时完全类似,因此,可以期望在单变量情形下成立的关于极限的性质,在二元情形下也是成立的. 容易证明在二元情形下,极限的唯一性、局部有界性、局部保号性、局部保序性、夹逼定理及汇聚定理都是成立的.

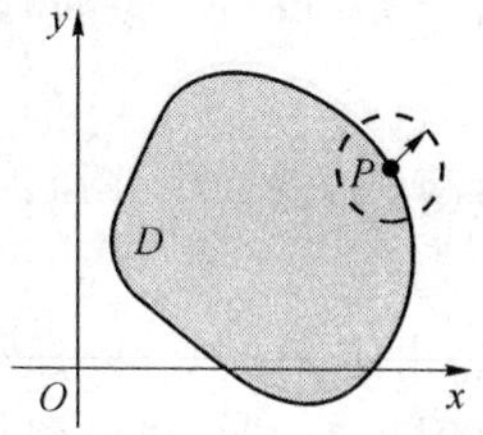

图 9.1.17

(2) 和单变量情形类似,函数 f 也无须在点 $\boldsymbol{x}_0$ 或(x_0,y_0)处有定义。仅有的区别在于,在单变量函数情形下,f 必须在 $\boldsymbol{x}_0$ 的去心邻域内有定义,而对多元函数,$\boldsymbol{x}_0$ 只需是 $D(f)$的一个聚点即可。图 9.1.17 给出了一个聚点及其去心邻域的示意。$\boldsymbol{x}_0$(或 $Cx_0,y_0)$)为一个聚点的假设,意味着不使用如下的假设:

$$\mathring{U}[(x_0,y_0),\delta]\subseteq D(f), \tag{9.1.50}$$

而使用了一个更弱的假设

$$\mathring{U}[(x_0,y_0),\delta]\cap D(f)\neq\phi. \tag{9.1.51}$$

(3) 二维情形时，趋向于一个绘定点 $\boldsymbol{x}_0$ 的路径要比在单变量时的情形复杂得多。单变量时，趋向于 x_0 只有两条路径，即从 x_0 左侧或右侧。在多元情形，趋向于 $\boldsymbol{x}_0$ 会有无穷多路径。图 9.1.18 对此进行了说明。因此，当需要考虑具有两个变量的函数自变量 $\boldsymbol{x}$ 趋向于 $\boldsymbol{x}_0$ 的极限是否存在时，不存在类似单变量情形的“左”或“右”极限.

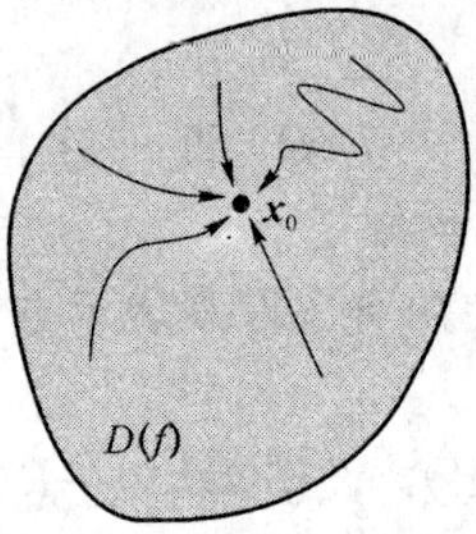

图 9.1.18

例 9.1.41 利用极限的定义证明 $\lim\limits_{(x,y)\to(0,0)}\dfrac{x^2y}{x^2+y^2}=0$.

证明 函数 $f(x,y)=\dfrac{x^2y}{x^2+y^2}$的定义域为

$$D(f)=\{(x,y)\mid(x,y)\in\mathbf{R}^2,(x,y)\neq(0,0)\},$$

由于

$$|f(x,y)-0|=\left|\frac{x^2y}{x^2+y^2}-0\right|\leqslant\frac{1}{2}|x|\leqslant\frac{1}{2}\sqrt{x^2+y^2},$$

所以，对任意给定的正数 ε，若取 $\delta=2\varepsilon$，则对所有满足

$$0<\sqrt{(x-0)^2+(y-0)^2}=\sqrt{x^2+y^2}<\delta$$

及

$$(x,y)\in D(f),$$

的点(x,y)，均有

$$|f(x,y)-0|<\varepsilon.$$

于是，由定义 9.1.39，即可得到结论（函数图形如图 9.1.19 所示）.

例 9.1.42 讨论函数极限的存在性，其中

$$\lim_{(x,y)\to(0,0)}f(x,y),$$

$$f(x,y)=\frac{xy}{x^2+y^2}.$$

解 注意到，若取 $y=kx$，其中 k 为一个实数，则当 $x\to0$ 时 $y\to0$。此外，对一个给定的

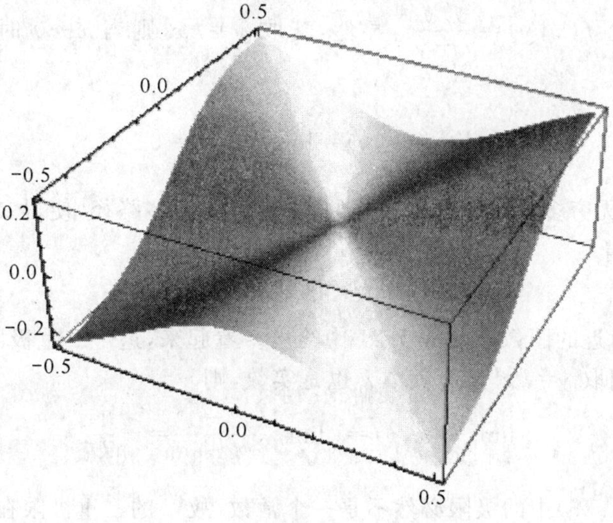

图 9.1.19

常数 k 沿直线 $y=kx$，我们有

$$\lim_{\substack{(x,y)\to(0,0)\\ y=kx}} f(x,y)=\lim_{\substack{(x,y)\to(0,0)\\ y=kx}}\frac{k}{1+k^2}=\frac{k}{1+k^2}. \tag{9.1.52}$$

容易看到，式(9.1.52)在 k 变化时将会取不同的值。也即若沿着不同的直线取极限，将会得到不同的取值，因此根据定义 9.1.39，f 的二重极限不存在(函数 $f(x,y)$ 的图形见图 9.1.20).

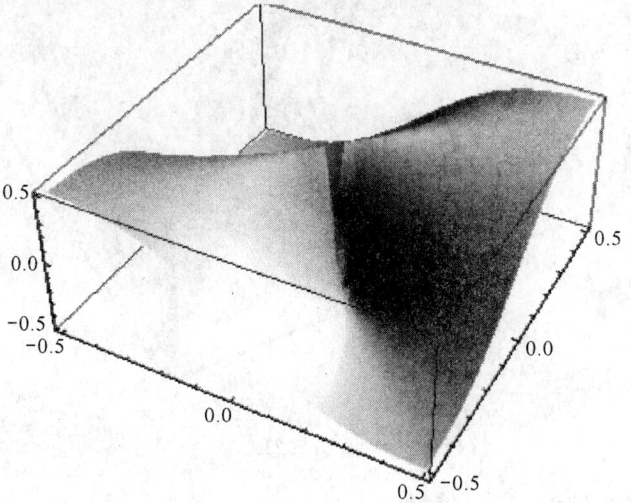

图 9.1.20

注 9.1.43　例 9.1.42 说明，一旦沿着两条路径得到的极限不同，则二重极限就不存在。但这并不意味着存在无穷多有相同极限的路径，二重极限就存在.

例 9.1.44 设 $f(x,y)=\dfrac{x^2y}{x+y}$。显然，若取 $y=kx$，则当 $x\to0$ 时 $y\to0$，对任意实数 k，有

$$\lim_{\substack{y=kx\\x\to0}}f(x,y)=\lim_{\substack{y=kx\\x\to0}}\frac{kx^3}{x+kx}=0. \tag{9.1.53}$$

式(9.1.53)对无穷多的数 k 都是成立的，或者有无穷多路径，使得二重极限会取相同的值 0。这是否意味着

$$\lim_{(x,y)\to(0,0)}f(x,y)=0? \tag{9.1.54}$$

函数在(0,0)附近的图像在图 9.1.21 中给出。看起来，这个二重极限在点(0,0)并不存在。事实上，若我们取 $y=kx^3-x$，其中 k 也是实数，则

$$\lim_{\substack{y=kx^3-x\\x\to0}}f(x,y)=\lim_{\substack{y=kx^3-x\\x\to0}}\frac{kx^5-x^3}{kx^3}=-\frac{1}{k}. \tag{9.1.55}$$

显然，在式(9.1.55)中的极限必然不是一个常数，故 f 的二重极限在点(0,0)不存在.

思考 9.1.45 对 n 个变量的多元函数，其极限如何定义？

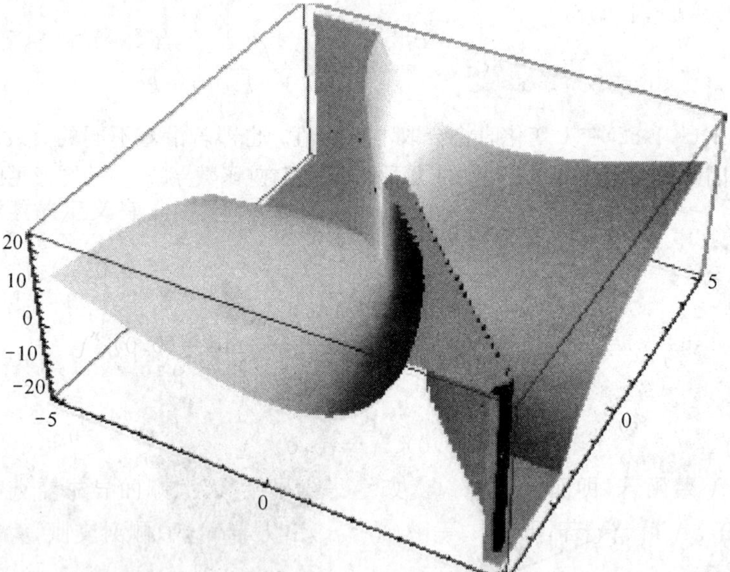

图 9.1.21

2. 二元函数的连续性

基于二元函数极限的定义，二元函数连续性可如下定义。

定义 9.1.46 （二元函数的连续性）. 设 $f:D(f)\to R(f)$，其中 $D(f)\subseteq\mathbf{R}^2$ 为定义域，$R(f)\subseteq\mathbf{R}$ 为 f 值域。令 $\boldsymbol{x}_0=(x_0,y_0)\in D(f)$. 称 f 在点 $\boldsymbol{x}_0$（或(x_0,y_0)）连续的充要条件为

$$\lim_{x\to x_0} f(\boldsymbol{x})=f(\boldsymbol{x}_0) \text{或} \lim_{(x,y)\to(x_0,y_0)} f(x,y)=f(x_0,y_0), \tag{9.1.56}$$

其中 $x\in D(f)$(或$(x,y)\in D(f)$). 若 f 对 $D(f)$ 内所有点都连续，则 f 称为**连续函数**，且这些点称为**连续点**. 否则，这样的点称为**间断点**.

注 9.1.47　使用"$\varepsilon-\delta$"语言，定义 9.1.46 也可以改写为 f 在点 $\boldsymbol{x}_0$(或(x_0,y_0))连续的充要条件为

$$\forall\varepsilon>0, \exists\delta>0 \text{ 使得 } |f(x,y)-f(x_0,y_0)|<\varepsilon \text{ 对所有 } \boldsymbol{x}\in U(\boldsymbol{x}_0,\delta)\cap D(f).$$

此外，二元连续函数的和、差、积与商(在分母上的函数不为零)以及复合函数也是连续函数.

例 9.1.48　函数 $z=\ln[(x+y-1)^2]$是由函数 $z=\ln(u)$, $u=v^2$ 和 $v=x+y-1$ 复合而成的. 容易看出对数和幂函数在它们的定义域内都是连续函数，因此，它们的复合函数 $z=\ln[(x+y-1)^2]$在其定义域内也是连续函数. 这个函数的图形见图 9.1.22.

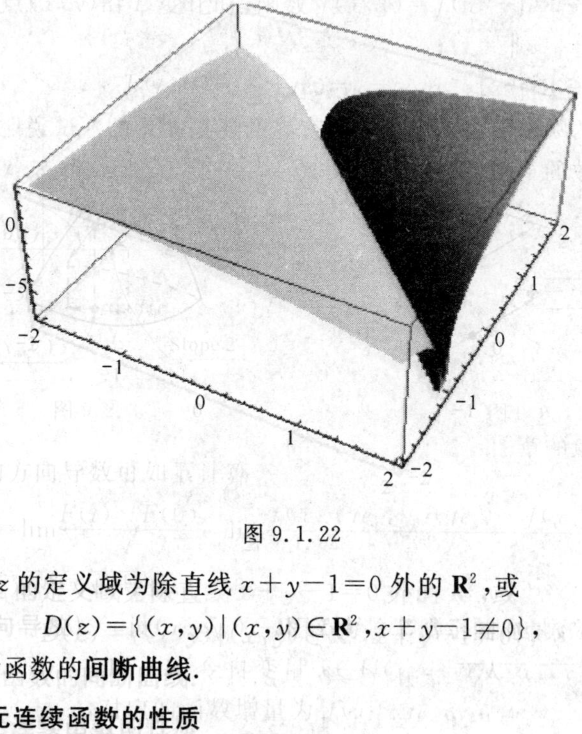

图 9.1.22

容易看到，函数 z 的定义域为除直线 $x+y-1=0$ 外的 $\mathbf{R}^2$，或

$$D(z)=\{(x,y)\,|\,(x,y)\in\mathbf{R}^2, x+y-1\neq 0\}, \tag{9.1.57}$$

这条直线也称为函数的**间断曲线**.

3. 闭区域上二元连续函数的性质

和单变量情形类似，在闭区域上连续的函数也具有着非常重要的性质。本书中，仅将这些性质列表如下，而略去其证明。读者可以在更为深入的材料中找出它们的证明.

定理 9.1.49　设 $D(f)\subseteq\mathbf{R}^2$ 为一个闭区域，而 $f:D(f)\to R(f)\subseteq\mathbf{R}$ 为一个连续函数. 则

(1) (有界性)f 在区域 $D(f)$上有界；

(2) (最值定理)f 在 $D(f)$上必能取到其最大值和最小值.

定理 9.1.50(介值定理). 令 m 和 M 分别为函数 f 在闭区域 A 上的最大值和最小值，对任意常数 $\mu, m<\mu<M$,至少存在一点 $(x_0, y_0)\in D$,使得 $f(x_0, y_0)=\mu$.

注 9.1.51 n 元函数的极限与连续的定义可以很容易地从二元函数的相关定义中导出。

习题 9.1

A

1. 下列集合是开集还是闭集？对每个集合，给出它们的内部和边界.

(1) $A=\{(x,y)\in\mathbf{R}^2 \mid x\geqslant 0, y\geqslant 0, x+y\leqslant 1\}$;

(2) $A=\{(x,y)\in\mathbf{R}^2 \mid y<x^2\}$;

(3) $A=\{x\in\mathbf{R}^2 \mid \|x\|=1\}$;

(4) $A=\{(x,y)\in\mathbf{R}^2 \mid -1<x<1, y=0\}$.

2. 在习题 1 中的哪个集合是区域？是有界的还是无界的？试说明之.

3. 绘制下列函数的草图并确定其定义域：

(1) $z=x+\sqrt{y}$;　　(2) $z=\arccos\dfrac{y}{x}$;

(3) $z=\sqrt{\dfrac{2x-x^2-y^2}{x^2+y^2-x}}$;　　(4) $z=\arcsin\dfrac{x}{y^2}+\arcsin(1-y)$;

(5) $u=\mathrm{e}^z+\ln(x^2+y^2-1)$;　　(6) $u=\arccos\dfrac{z}{\sqrt{x^2+y^2}}$.

4. 绘制下列函数的草图：

(1) $z=x+2y-1$;　　(2) $z=\sqrt{x^2+2y^2}$;

(3) $z=xy$;　　(4) $z=\mathrm{e}^{-(x^2+y^2)}$;

(5) $z=3-2x^2-y^2$;　　(6) $z=\sqrt{1-x^2-2y^2}$.

5. 根据给定的常数，绘制函数等高线草图：

(1) $f(x,y)=\sqrt{9-x^2-y^2}$,其中 $C=0,1,2,3$;

(2) $f(x,y)=x+y^2$,其中 $C=-1,0,1,2,3$.

6. 绘制下列函数的等高线草图：

(1) $f(x,y)=x-y^2$;　　(2) $f(x,y)=\mathrm{e}^{\frac{1}{x^2+y^2}}$.

7. 绘制下列函数的等值面草图：

(1) $f(x,y,z)=x+2y+z$;　　(2) $f(x,y,z)=x^2-y^2+z^2$.

8. 用二重极限的定义证明下列极限：

(1) $\lim\limits_{(x,y)\to(0,0)} xy\sin\dfrac{x}{x^2+y^2}=0$；　(2) $\lim\limits_{(x,y)\to(1,1)}(x^2+y^2)=2$；

(3) $\lim\limits_{(x,y)\to(3,2)}(3x-4y)=1$；　(4) $\lim\limits_{(x,y)\to(0,0)}\dfrac{\sqrt{xy+1}-1}{xy}=\dfrac{1}{2}$.

9. 证明下列极限不存在：

(1) $\lim\limits_{(x,y)\to(0,0)}\dfrac{x+y}{x-y}$；　(2) $\lim\limits_{(x,y)\to(0,0)}\dfrac{xy}{x+y}$.

10. 求下列二重极限：

(1) $\lim\limits_{(x,y)\to(0,0)}\dfrac{e^x+e^y}{\cos x-\sin y}$；　(2) $\lim\limits_{(x,y)\to(0,0)}\dfrac{x^2y^{3/2}}{x^4+y^2}$；

(3) $\lim\limits_{(x,y)\to(0,0)}\dfrac{\sin(xy)}{x}$；　(4) $\lim\limits_{(x,y)\to(0,0)}x^2y^2\ln(x^2+y^2)$.

11. 讨论下列函数的连续性：

(1) $f(x,y)=\dfrac{x^2-y^2}{x^2+y^2}$；　(2) $f(x,y)=\dfrac{x-y}{x+y}$；

(3) $f(x,y)=\begin{cases}\dfrac{xy}{\sqrt{x^2+y^2}}, & x^2+y^2\neq 0,\\ 0, & x^2+y^2=0;\end{cases}$

(4) $f(x,y)=\begin{cases}\dfrac{\sin(xy)}{x^2+y^2}, & x^2+y^2\neq 0,\\ 0, & x^2+y^2=0.\end{cases}$

12. 令 $f:D\subseteq\mathbf{R}^2\to\mathbf{R}$ 在点(x_0,y_0)连续，且 $f(x_0,y_0)>0$. 证明存在(x_0,y_0)的一个邻域 $U(x_0,y_0)$以及常数 $q>0$ 使得 $f(x,y)\geqslant q>0$ 对任意$(x,y)\in U(x_0,y_0)\cap D$ 成立.

B

令 $f:D\subseteq\mathbf{R}^2\to\mathbf{R}$. *If* $f(x,y)$在区域 D 内对 x 连续，且对 y 满足李普希兹条件：

$$|f(x,y_1)-f(x,y_2)|\leqslant L|y_1-y_2|,$$

其中(x,y_1)和(x,y_2)是 D 内的任意两点，x 给定，且 L 为一个常数，试证 $f(x,y)$在区域 D 内连续.

9.2　多元函数的偏导数及全微分

现在开始考虑多元函数“变化率”的问题。但是，多元函数的变化率和单变量函数的变化率有着很大的差异.

假设想要爬上一座数学高山（此处，“数学高山”的意思是一座高山的表面可以用一个连续函数表示，且其在 xOy 上的投影就是函数的定义域）。令 D 为这个曲面的定义域，且山

的高度可以表示为 $z=f(\boldsymbol{x})$（见图 9.2.1）．容易看到，从起点 $\boldsymbol{x}_0$，可以沿着无穷多的方向前进。设 $\boldsymbol{x}_1$ 和 $\boldsymbol{x}_2$ 为 D 内任意两点，则若取 $\boldsymbol{x}_0$ 为起点，$\boldsymbol{x}_1$ 和 $\boldsymbol{x}_2$ 分别作为终点，则可以得到两个方向。沿着每一个方向，山的高度将从 $f(\boldsymbol{x}_0)$ 分别变化 $f(\boldsymbol{x}_1)$ 及 $f(\boldsymbol{x}_2)$。和单变量情形类似，若函数 $z=f(\boldsymbol{x})$ 沿着给定方向的变化"率"粗略地定义为沿着某一的方向前进单位长度后函数值的变化，则也可以定义无穷多的变化率，因为，有无穷多个方向．

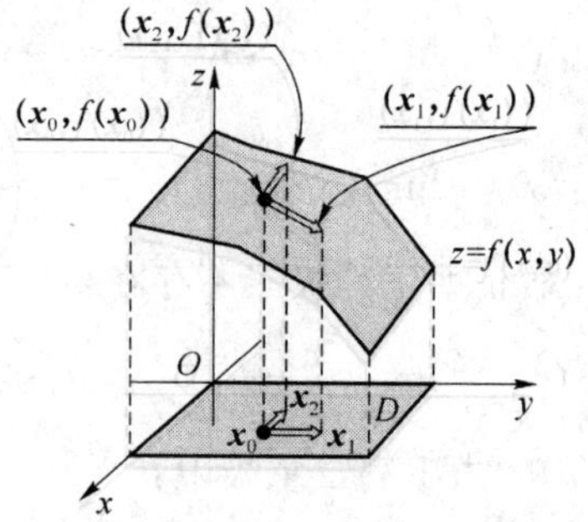

图 9.2.1

上面的例子说明，需要对函数的变化率进行重新的认识，这个新的观点称为偏导数。首先从偏导数的概念说起．

9.2.1 偏导数

1. 二元函数的偏导数

对一个二元函数 $z=f(x,y)$，若固定其中一个变量，不妨设 y 为一个常数 y_0，则函数其实就是一个变量 x 的函数，$z=f(z,y_0)$．对这个函数，可以定义其"导数"就是单变量函数时的"导数"，并称其为**偏导数**．

定义 9.2.1（二元函数的偏导数）． 设函数 $z=f(x,y)$ 定义在邻域 $U(x_0,y_0)$ 上．则函数 $f(x,y)$ 沿 x 方向的偏导数在 (x_0,y_0) 定义为

$$\lim_{x\to x_0}\frac{f(x,y_0)-f(x_0,y_0)}{x-x_0} \tag{9.2.1}$$

并记为

$$f'_x(x_0,y_0),\quad f_x(x_0,y_0),\quad z'_x(x_0,y_0),\quad z_x(x_0,y_0),\quad \left.\frac{\partial f}{\partial x}\right|_{(x_0,y_0)} \quad 或 \quad \left.\frac{\partial z}{\partial x}\right|_{(x_0,y_0)}. \tag{9.2.2}$$

类似地，f 在 (x_0,y_0) 相应于 y 的偏导数定义为

$$\lim_{y\to y_0}\frac{f(x_0,y)-f(x_0,y_0)}{y-y_0}. \tag{9.2.3}$$

在式(9.2.3)中的极限若存在，则将其记为

$$f'_y(x_0,y_0),\quad f_y(x_0,y_0),\quad z'_y(x_0,y_0),\quad z_y(x_0,y_0),\quad \left.\frac{\partial f}{\partial y}\right|_{(x_0,y_0)} \quad 或 \quad \left.\frac{\partial z}{\partial y}\right|_{(x_0,y_0)}. \tag{9.2.4}$$

若 f 在 (x_0,y_0) 相对于 x 和 y 的偏导数都存在，则称 f 在点 (x_0,y_0) **可偏导**．

符号∂称为**偏导符号**，它其实是一个花体的 d，读作"del"或"偏"，而不是"dee"．

若函数 $z=f(x,y)$ 在 $D(f)$ 内所有点对 x 均可偏导，则 f 称为 $D(f)$ 内/上对 x 可偏导的函

数. 因为对每一个给定的$(x,y)\in D(f)$，$\dfrac{\partial f(x,y)}{\partial x}$都会有一个值与之对应，则$\dfrac{\partial f(x,y)}{\partial x}$也是变量 x 和 y 的函数，且这个函数称为 f 对 x 的**偏导函数**. 类似地，可以定义 f 对 y 的偏导函数.

图 9.2.2 给出了$\left.\dfrac{\partial f}{\partial x}\right|_{(x_0,y_0)}$的几何图形. 若绘制一个垂直于 y 轴的平面，则平面和曲面 $z=f(x,y)$ 的交线就是曲线 $z=f(x,y_0)$，则$\left.\dfrac{\partial f}{\partial x}\right|_{(x_0,y_0)}$就是 $z=f(x,y_0)$ 在 (x_0,y_0) 处切线的斜率.

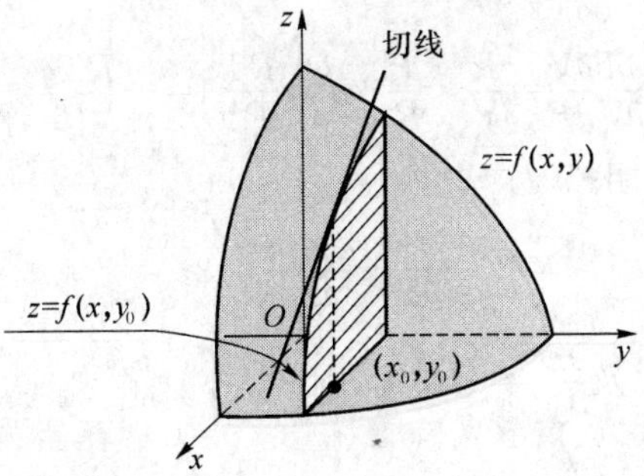

图 9.2.2

例 9.2.2　设 $z=2x^2+3xy+y^3$，求在 $(1,2)$ 处的$\dfrac{\partial z}{\partial x}$和$\dfrac{\partial z}{\partial y}$.

解　若将 y 视为一个常数，则 z 为一个 x 的单变量函数，则由偏导数的定义，有

$$\frac{\partial z}{\partial x}=4x+3y. \tag{9.2.5}$$

因此

$$\left.\frac{\partial z}{\partial x}\right|_{(1,2)}=4\times(1)+3\times(2)=4+6=10. \tag{9.2.6}$$

类似地，取 x 为一个常数，则 z 为 y 的单变量函数，于是，由偏导数的定义，有

$$\frac{\partial z}{\partial y}=3x+3y^2. \tag{9.2.7}$$

故

$$\left.\frac{\partial z}{\partial y}\right|_{(1,2)}=3\times(1)+3\times(2)^2=3+12=15. \tag{9.2.8}$$

例 9.2.3　证明$\dfrac{\partial P}{\partial T}\dfrac{\partial T}{\partial V}\dfrac{\partial V}{\partial T}=-1$，其中 $P=R\dfrac{T}{V}$为理想气体状态方程，R 是一个常数

解　对函数 $T=\dfrac{PV}{R}$，选择 V 为一个常数(定容过程)，对 T 求偏导数可得

$$\frac{\partial P}{\partial T}=\frac{R}{V}.$$

对函数 $T=\frac{PV}{R}$,取 P 为一个常数(等压过程)对 V 求偏导数可得

$$\frac{\partial T}{\partial V}=\frac{P}{R}.$$

对函数 $V=\frac{RT}{P}$,取 T 为一个常数(等温过程),对 P 求偏导数可得

$$\frac{\partial V}{\partial P}=-\frac{RT}{P^2}.$$

因此

$$\frac{\partial P}{\partial T}\frac{\partial T}{\partial V}\frac{\partial V}{\partial P}=\frac{R}{V}\cdot\frac{P}{R}\cdot\left(-\frac{RT}{P^2}\right)=-\frac{RT}{VP}=-1. \tag{9.2.9}$$

例 9.2.4 设 $z=x^y$. 证明

$$\frac{x}{y}\frac{\partial z}{\partial x}+\frac{1}{\ln x}\frac{\partial z}{\partial y}=2z. \tag{9.2.10}$$

证明 由于 $\frac{\partial z}{\partial x}=yx^{y-1}$ 及 $\frac{\partial z}{\partial y}=x^y\ln x$,则

$$\frac{x}{y}\frac{\partial z}{\partial x}+\frac{1}{\ln x}\frac{\partial z}{\partial y}=\frac{x}{y}\cdot yx^{y-1}+\frac{1}{\ln x}\cdot x^y\ln x=2x^y=2z. \tag{9.2.11}$$

注 9.2.5 另外一个需要指出的是,符号 $\frac{\partial z}{\partial x}$ 是一个符号,不能将其认为是 ∂z 与 ∂x 的商.

2. 多于两个变量的函数的偏导数

对多于两个变量的导数,其偏导数定义如下.

定义 9.2.6(偏导数). 设 $u=f(x_1,x_2,\cdots,x_n)$ 为一个定义在 $D(f)\subseteq\mathbf{R}^n$ 内/上的 n 元函数,则函数 f 在 $(x_1^0,x_2^0,\cdots,x_n^0)$ 处的偏导数定义为

$$\left.\frac{\partial u}{\partial x_i}\right|_{(x_1^0,\cdots,x_n^0)}=\lim_{\Delta x_i\to 0}\frac{f(x_1^0,\cdots,x_i^0+\Delta x_i,\cdots,x_n^0)-f(x_1^0,\cdots,x_i^0,\cdots,x_n^0)}{\Delta x_i}, \tag{9.2.12}$$

其中 $i=1,\cdots,n,\Delta x_i=x_i-x_i^0$.

例 9.2.7 令 $u(x,y,z)=\sqrt[z]{\frac{y}{x}}$;求这个函数的所有偏导数及 $\left.\frac{\partial u}{\partial x}\right|_{(1,1,1)}$.

解

$$\frac{\partial u}{\partial x}=\frac{1}{z}\left(\frac{y}{x}\right)^{\frac{1}{z}-1}\cdot\left(-\frac{y}{x^2}\right);\quad \frac{\partial u}{\partial y}=\frac{1}{z}\left(\frac{y}{x}\right)^{\frac{1}{z}-1}\cdot\left(\frac{1}{x}\right);\quad \frac{\partial u}{\partial z}=\left(\frac{y}{x}\right)^{\frac{1}{z}}\ln\frac{y}{x}\left(-\frac{1}{z^2}\right);$$

$$\left.\frac{\partial u}{\partial x}\right|_{(1,1,1)}=\left.\frac{1}{z}\left(\frac{y}{x}\right)^{\frac{1}{z}-1}\cdot\left(-\frac{y}{x^2}\right)\right|_{(1,1,1)}=-1;$$

因此

$$\left.\frac{\partial u}{\partial x}\right|_{(1,1,1)}=\left.\frac{\mathrm{d}}{\mathrm{d}x}u(x,1,1)\right|_{x=1}=\left.\frac{\mathrm{d}}{\mathrm{d}x}\left(\frac{1}{x}\right)\right|_{x=1}=\left.-\frac{1}{x^2}\right|_{x=1}=-1.$$

例 9.2.8　讨论二元函数

$$f(x,y)=\begin{cases}\dfrac{xy}{x^2+y^2}, & x^2+y^2\neq 0,\\ 0, & x^2+y^2=0\end{cases}$$

在(0,0)点处的可导性.

解　由于

$$\frac{f(0+\Delta x,0)-f(0,0)}{\Delta x}=0,\quad \frac{f(0,0+\Delta y)-f(0,0)}{\Delta y}=0,$$

故 $f(x,y)$在点(0,0)处的所有偏导数都存在,且

$$f'_x(0,0)=0,\quad f'_y(0,0)=0.$$

注 9.2.9　对单变量函数 f,若其在某点 x_0 可导,则 f 在 x_0 必连续,但对多元函数,f 在(x_0,y_0)可偏导并不意味着 f 在(x_0,y_0)连续.例如例 9.2.8 说明函数

$$f(x,y)=\begin{cases}\dfrac{xy}{x^2+y^2}, & x^2+y^2\neq 0,\\ 0, & x^2+y^2=0\end{cases} \tag{9.2.13}$$

在(0,0)可偏导,但例 9.1.44 说明在式(9.2.13)中定义的 f 在(0,0)不连续(见图 9.1.20).为说明原因,首先回顾函数 f 在(x_0,y_0)处偏导数的定义.事实上,根据偏导数的定义,有

$$\left.\frac{\partial f}{\partial x}\right|_{(x_0,y_0)}=\lim_{\Delta x\to 0}\frac{f(x_0+\Delta x,y_0)-f(x_0,y_0)}{\Delta x}, \tag{9.2.14}$$

即$\left.\dfrac{\partial f}{\partial x}\right|_{(x_0,y_0)}$仅为单变量函数 $f(x,y_0)$在 x_0 处的导数.因此,由单变量函数导数的结论,可以得到 $f(x,y_0)$沿着 x 轴方向连续,即

$$\lim_{x\to x_0}f(x,y_0)=f(x_0,y_0). \tag{9.2.15}$$

基于同样的原因,$\left.\dfrac{\partial f}{\partial y}\right|_{(x_0,y_0)}$的存在性仅能说明单变量函数 $f(x_0,y)$沿着 y 轴方向是连续的,即

$$\lim_{y\to y_0}f(x_0,y)=f(x_0,y_0). \tag{9.2.16}$$

不幸的是,尽管式(9.2.15)和式(9.2.16)同时成立,但并不能得到

$$\lim_{(x,y)\to(x_0,y_0)}f(x,y)=f(x_0,y_0). \tag{9.2.17}$$

9.2.2　全微分

回顾单变量函数微分的定义可知,若 $f:U(x_0)\subseteq\mathbf{R}\to\mathbf{R}$ 在 x_0 可导,在 x_0 的一个小邻域内,f 值的变化可以用自变量变化对应的线性主要部分加上一个高阶变化量表示,换句话说,有如下的公式:

$$\Delta f=f(x)-f(x_0)=A\Delta x+o(\Delta x). \tag{9.2.18}$$

实践中，式(9.2.18)保证了可以在 x_0 附近估计函数的取值. 这个结果在知道函数 f 在 x_0 可微，但并不能显式表示 f 时尤为重要.

一般地，需要考虑多元函数的情形。是否可以得到在多元情形下的类似结果呢？抑或是否可以用包含自变量的线性组合来近似函数的取值呢？更为精确地，设 $f:D(f)\to R(f)$，其中 $D(f)\subseteq\mathbf{R}^2$，$R(f)\subseteq\mathbf{R}$ 且 $D(f)\cap U(x_0,y_0)\neq\varnothing$. 函数 f 的变化量定义为

$$\Delta f = f(x,y) - f(x_0,y_0). \tag{9.2.19}$$

自变量 x 和 y 的变化量定义为

$$\Delta x = x - x_0 \text{ 和 } \Delta y = y - y_0. \tag{9.2.20}$$

因此，我们希望下面的表达式成立

$$\Delta f = a_1\Delta x + a_2\Delta y + (\Delta x \text{ 与 } \Delta y \text{ 的高阶无穷小}), \tag{9.2.21}$$

其中 a_1, a_2 为两个常数，Δx 和 Δy 为充分小的量，且 $(x,y)=(x_0+\Delta x, y_0+\Delta y)\in D(f)$.

若式(9.2.21)成立，称 f 在 (x_0,y_0) 是**可微的**。这将在后面定义。

为看到式(9.2.21)是否能够成立，首先从简单的例子入手.

例 9.2.10 设 $f(x,y)=2x+3y$. 易见 f 的定义域为整个 $\mathbf{R}^2$ 平面，或 $D(f)=\mathbf{R}^2$，f 的值域为所有实数 $R(f)=\mathbf{R}$. 令 $(x_0,y_0)=(0,0)$ 且 $(x,y)\in\mathbf{R}^2$，则由 Δf 的定义，有

$$\Delta f=f(x,y)-f(0,0)=2x+3y-2\times 0-3\times 0=2x+3y. \tag{9.2.22}$$

由于 $\Delta x=x-x_0=x-0=x$，$\Delta y=y-y_0=y-0=y$，式(9.2.22)可改写为

$$\Delta f=2\Delta x+3\Delta y. \tag{9.2.23}$$

式(9.2.23)即所求结论，因为

$$\Delta f=2\Delta x+3\Delta y=2\Delta x+3\Delta y+0. \tag{9.2.24}$$

其中，0 为一个对一切自变量的取值均取零值的函数，且它是 Δx 与 Δy 的高阶无穷小.

进一步，考虑另一个例子.

例 9.2.11 设 $f(x,y)=x^2+y^2$. 与例 9.2.10 类似有 $D(f)=\mathbf{R}^2$ 及 $R(f)=\mathbf{R}$. 此处，令 $(x_0,y_0)=(1,1)$ 且 $(x,y)\in\mathbf{R}^2$，则有

$$\Delta f=f(x,y)-f(1,1)=x^2+y^2-1^2-1^2=2(x-1)+2(y-1)+(x-1)^2+(y-1)^2. \tag{9.2.25}$$

同时，注意到 $\Delta x=x-x_0=x-1$ 及 $\Delta y=y-y_0=y-1$，式(9.2.25)可改写为

$$\Delta f=2\Delta x+2\Delta y+(\Delta x)^2+(\Delta y)^2=2\Delta x+2\Delta y+R(\Delta x,\Delta y) \tag{9.2.26}$$

其中 $R(\Delta x,\Delta y)=(\Delta x)^2+(\Delta y)^2$ 为残差。显然 $R(\Delta x,\Delta y)$ 为 Δx 及 Δy 的高阶无穷小量，因此，再次得到需要的结论.

读者可能会问，若在例 9.2.11 中取 $(x_0,y_0)=(0,0)$，是否仍会得到这个结果？答案是可以，但是并不能直接看到在 $(0,0)$ 处发生了什么。读者可以在以后的学习中了解.

需要指出的是，“残差是 Δx 及 Δy 的高阶无穷小量”必须使用数学语言，按照如下的方式进行严格定义.

定义 9.2.12(全微分).　设函数 $z=f(x,y)$ 定义在 $U(x_0,y_0)\subset\mathbf{R}^2$ 内. 若对 $(x_0+\Delta x, y_0+\Delta y)\in U(x_0,y_0)$，函数 f 的增量

$$\Delta z=f(x_0+\Delta x,y_0+\Delta y)-f(x_0,y_0)$$

可表示为如下的形式：

$$\Delta z=a_1\Delta x+a_2\Delta y+o(\rho),\tag{9.2.27}$$

其中 a_1,a_2 为与 Δx 与 Δy 无关的常数（实践中，它们通常依赖于点 (x_0,y_0)），$\rho=\sqrt{\Delta x^2+\Delta y^2}$，$o(\rho)$为在 $\rho\to 0$ 时 ρ 的高阶无穷小量，则函数 f 称为在点(x_0,y_0)可微，且 $a_1\Delta x+a_2\Delta y$ 称为函数 f 在点(x_0,y_0)处的**全微分**，记为 $\mathrm{d}z|_{(x_0,y_0)}$ 或 $\mathrm{d}f|_{(x_0,y_0)}$. 因此

$$\mathrm{d}f|_{(x_0,y_0)}=\mathrm{d}z\Big|_{(x_0,y_0)}=a_1\Delta x+a_2\Delta y.$$

一般地，Δx 及 Δy 也分别称为自变量 x 和 y 的微分，并记为 $\mathrm{d}x$ 及 $\mathrm{d}y$，于是 f 在点(x_0,y_0)处的微分可以改写为

$$\mathrm{d}z\,|_{(x_0,y_0)}=a_1\mathrm{d}x+a_2\mathrm{d}y.\tag{9.2.28}$$

显然，当 ρ 充分小时，函数 f 在点(x_0,y_0)附近的增量可以近似使用函数 f 在点(x_0,y_0)附近的全微分来近似.

定义 9.2.12 给出了一个确定函数在某一给定点是否可微的方法，但是其中的两个系数 a_1 和 a_2 需要首先被确定。下列定理给出了函数可微的必要条件.

定理 9.2.13(函数可微的必要条件).　设 $z=f(x,y)$在点(x_0,y_0)可微，则

(1) f 在点(x_0,y_0)连续；

(2) $f'_x(x_0,y_0)$和 $f'_y(x_0,y_0)$ 均存在且下面的公式成立.

$$\mathrm{d}z\,|_{(x_0,y_0)}=f'_x(x_0,y_0)\mathrm{d}x+f'_y(x_0,y_0)\mathrm{d}y.\tag{9.2.29}$$

证明　(1)中的结论成立的原因在于，事实上，若 f 在点(x_0,y_0)可微，则式(9.2.27)成立. 若令 $\rho\to 0$(或 $\Delta x\to 0$ 及 $\Delta y\to 0$)，其中 $\rho=\sqrt{\Delta x^2+\Delta y^2}$，则

$$\lim_{\rho\to 0}\Delta z=0,$$

或

$$\lim_{\Delta x\to 0,\Delta y\to 0}f(x_0+\Delta x,y_0+\Delta y)=f(x_0,y_0).$$

因此，由连续的定义可知 $f(x,y)$在点(x_0,y_0)连续.

为证明结论(2)，在式(9.2.27)中取 $\Delta y=0$，有

$$f(x_0+\Delta x,y_0)-f(x_0,y_0)=a_1\Delta x+o(\Delta x).$$

也即

$$\frac{f(x_0+\Delta x,y_0)-f(x_0,y_0)}{\Delta x}=a_1+\frac{o(\Delta x)}{\Delta x}.$$

由于 a_1 是一个与 Δx 无关的常数，则

$$f'_x(x_0,y_0)=\lim_{\Delta x\to 0}\frac{f(x_0+\Delta x,y_0)-f(x_0,y_0)}{\Delta x}=a_1+\lim_{\Delta x\to 0}\frac{o(\Delta x)}{\Delta x}=a_1.$$

采用相同的方法，可以证明

$$f'_y(x_0, y_0) = a_2,$$

因此意味着式(9.2.29)成立.

若函数 $z=f(x,y)$ 在区域 $\Omega\subseteq\mathbf{R}^2$ 内的任意点都可微，则称 f 在 Ω 内可微. 若 Ω 为函数 f 的定义域，则称 f 为**可微函数**. 为简单起见，记可微函数 f 在点 (x,y) 处的微分为 $\mathrm{d}f$ 或 $\mathrm{d}z$ 且

$$\mathrm{d}z=f'_x\mathrm{d}x+f'_y\mathrm{d}y. \tag{9.2.30}$$

显然式(9.2.29)给出了计算在点 (x_0,y_0) 可微的函数 f 的微分的公式。下面的两个例子说明了如何使用这个方法计算全微分。

例 9.2.14(计算可微函数的全微分). 令 $f(x,y)=x^2+y^2$. 证明 $f(x,y)$ 在点(0,0)可微并计算 $\mathrm{d}f(0,0)$

解 设 $\Delta x=x-0=x$，$\Delta y=y-0=y$ 为分别自变量 x 和 y 的增量. 容易计算

$$f'_x(0,0) = (2x)\big|_{(0,0)} = 0 \tag{9.2.31}$$

及

$$f'_y(0,0) = (2y)\big|_{(0,0)} = 0. \tag{9.2.32}$$

则

$$\Delta f=f(x,y)-f(0,0)=x^2+y^2=\Delta x^2-\Delta y^2 \tag{9.2.33}$$

且

$$\mathrm{d}f=f'_x(0,0)\mathrm{d}x+f'_y(0,0)\mathrm{d}y=f'_x(0,0)\Delta x+f'_y(0,0)\Delta y=0. \tag{9.2.34}$$

为说明 $f(x,y)$ 在点(0,0)是可微的，需要计算比值

$$\frac{\Delta f-\mathrm{d}f}{\rho}=\frac{[f(x,y)-f(0,0)]-0}{\sqrt{\Delta x^2+\Delta y^2}}=\frac{\Delta x^2+\Delta y^2}{\sqrt{\Delta x^2+\Delta y^2}}=\sqrt{\Delta x^2+\Delta y^2}=\rho. \tag{9.2.35}$$

容易看到

$$\lim_{\rho\to 0}\frac{\Delta f-\mathrm{d}f}{\rho}=\lim_{\rho\to 0}\rho=0. \tag{9.2.36}$$

式(9.2.36)说明 f 在(0,0)可微且式(9.2.34)说明 f 在(0,0)的全微分为

$$\mathrm{d}f=f'_x(0,0)\mathrm{d}x+f'_y(0,0)\mathrm{d}y=0\times\mathrm{d}x+0\times\mathrm{d}y. \tag{9.2.37}$$

例 9.2.15(求可微函数的全微分). 令 $f(x,y)=x^2+y^2$ 说明 $f(x,y)$ 在(1,1)可微，并求 $\mathrm{d}f(1,1)$ 的值.

解 此时，有

$$x_0=1, y_0=1,$$
$$\Delta x=x-x_0=x-1, \Delta y=y-y_0=y-1,$$
$$f(1,1)=1^2+1^2=2,$$
$$\rho=\sqrt{\Delta x^2+\Delta y^2}=\sqrt{(x-1)^2+(y-1)^2},$$
$$f'_x(1,1)=2\times(1)=2, f'_y(1,1)=2\times(1)=2,$$
$$f(\Delta x,\Delta y)=(\Delta x)^2+(\Delta y)^2=(x-1)^2+(y-1)^2.$$

则

$$\frac{\Delta f-\mathrm{d}f}{\rho}=\frac{[f(x,y)-f(1,1)]-[f'_x(1,1)\mathrm{d}x+f'_y(1,1)\mathrm{d}y]}{\sqrt{(x-1)^2+(y-1)^2}}$$

$$=\frac{[x^2+y^2-2]-[2(x-1)+2(y-1)]}{\sqrt{(x-1)^2+(y-1)^2}}=\frac{(x^2-2x+1)+(y^2-2y+1)}{\sqrt{(x-1)^2+(y-1)^2}}$$

$$=\sqrt{(x-1)^2+(y-1)^2}=\rho.$$

最后一个方程说明

$$\lim_{\rho\to 0}\frac{\Delta f-\mathrm{d}f}{\rho}=\lim_{\rho\to 0}\rho=0,\tag{9.2.38}$$

即 $f(x,y)$在$(1,1)$可微.此外,f 在$(1,1)$的全微分可如下计算

$$\mathrm{d}f=f'_x(1,1)\mathrm{d}x+f'_y(1,1)\mathrm{d}y=2\mathrm{d}x+2\mathrm{d}y.\tag{9.2.39}$$

注 9.2.16　例 9.2.14 和例 9.2.15 给出了说明函数 f 在点(x,y)可微的方法。下面将这个方法总结如下:

(1) 准备所有必要的信息,例如 $x_0,y_0,\Delta x,\Delta y,\rho,f'_x(x_0,y_0),f'_y(x_0,y_0)$等;

(2) 用下面的公式构造 Δf 及 $\mathrm{d}f$

$$\Delta f=f(x_0+\Delta x,y_0+\Delta y)-f(x_0,y_0)\tag{9.2.40}$$

$$\mathrm{d}f=f'_x(x_0,y_0)\mathrm{d}x+f'_y(x_0,y_0)\mathrm{d}y;\tag{9.2.41}$$

(3) 计算比值

$$\frac{\Delta f-\mathrm{d}f}{\rho}\tag{9.2.42}$$

并求极限

$$\lim_{\rho\to 0}\frac{\Delta f-\mathrm{d}f}{\rho}\tag{9.2.43}$$

(4) 若式(9.2.43)中的极限为 0,则 f 在(x_0,y_0)可微,且其全微分可用式(9.2.41)计算;否则,f 在(x_0,y_0)不可微.

需要指出的是,第 2 步中的 $\mathrm{d}f$ 仅仅是一个记号,这个记号的含义为"函数 f 可微"的充要条件为式(9.2.43)中的极限为 0.

基于单变量函数的情形知,若一个函数,不妨设为 f,在 x_0 可导,则它在 x_0 也可微。换句话说,可导性与可微性是等价的。但是,这个结果在多元函数的情形是否仍然成立?下面的例 9.2.17 也许给出了一些启示.

例 9.2.17　讨论函数在点(0,0)处的可微性

$$f(x,y)=\begin{cases}\dfrac{xy}{\sqrt{x^2+y^2}}, & x^2+y^2\neq 0,\\ 0, & x^2+y^2=0\end{cases}$$

解　容易看到

$$f(0+\Delta x,0)-f(0,0)=0 \text{ 及 } f(0,0+\Delta y)-f(0,0)=0,$$

故有

$$f'_x(0,0)=0 \text{ 及 } f'_y(0,0)=0.$$

若 $f(x,y)$ 在 $(0,0)$ 可微，根据可微的定义以及定理 9.2.13，有

$$\Delta f-\mathrm{d}f=\Delta f-[f'_x(0,0)\Delta x+f'_y(0,0)\Delta y]=o(\rho),$$

其中 $o(\rho)$ 在 $\rho\to 0$ 是 ρ 的高阶无穷小量。因此

$$\lim_{\rho\to 0}\frac{\Delta f-\mathrm{d}f}{\rho}=\lim_{\rho\to 0}\frac{o(\rho)}{\rho}=0.$$

但是

$$\Delta f=f(0+\Delta x,0+\Delta y)-f(0,0)=\frac{\Delta x\Delta y}{\sqrt{(\Delta x)^2+(\Delta y)^2}}.$$

由例 9.1.44，知极限

$$\lim_{\rho\to 0}\frac{\Delta f-\mathrm{d}f}{\rho}=\lim_{\rho\to 0}\frac{\Delta x\Delta y}{(\Delta x)^2+(\Delta y)^2}$$

不存在. 这一矛盾说明给定函数在点 $(0,0)$ 不可微.

注 9.2.18 例 9.2.17 说明尽管函数 f 的所有偏导数，f'_x 及 f'_y，都存在，但它仍可能不可微.

接下来，给出一个函数可微的充分条件.

设 $z=f(x,y)$. 由可微的定义，z 在 (x_0,y_0) 可微的充分条件为存在常数 A 及 B，使得

$$\Delta z=A\Delta x+B\Delta y+o\left(\sqrt{(\Delta x)^2+(\Delta y)^2}\right), \tag{9.2.44}$$

其中 $\Delta z=f(x_0+\Delta x,y_0+\Delta y)-f(x_0,y_0)$. 注意到

$$\begin{aligned}\Delta z&=f(x_0+\Delta x,y_0+\Delta y)-f(x_0,y_0)\\&=[f(x_0+\Delta x,y_0+\Delta y)-f(x_0,y_0+\Delta y)]+[f(x_0,y_0+\Delta y)-f(x_0,y_0)]\\&=\left.\frac{\partial f}{\partial x}\right|_{(x_0+\theta_1\Delta x,y_0+\Delta y)}\cdot\Delta x+\left.\frac{\partial f}{\partial y}\right|_{(x_0,y_0+\theta_2\Delta y)}\cdot\Delta y\end{aligned}\tag{9.2.45}$$

其中 $0<\theta_i<1(i=1,2)$. 为进一步讨论，假设 $\frac{\partial z}{\partial x}$ 及 $\frac{\partial z}{\partial y}$ 均存在，且在点 (x_0,y_0) 的一个邻域内连续，则式(9.2.45)中的结果可以通过拉格朗日定理证明如下。

$$\begin{cases}\left.\frac{\partial f}{\partial x}\right|_{(x_0+\theta_1\Delta x,y_0+\Delta y)}=\left.\frac{\partial f}{\partial x}\right|_{(x_0,y_0)}+\alpha_1,\\[2ex]\left.\frac{\partial f}{\partial y}\right|_{(x_0,y_0+\theta_2\Delta y)}=\left.\frac{\partial f}{\partial y}\right|_{(x_0,y_0)}+\alpha_2,\end{cases}\tag{9.2.46}$$

其中 α_1 和 α_2 均为在 $\rho=\sqrt{(\Delta x)^2+(\Delta y)^2}\to 0$ 时的无穷小量。将式(9.2.46)代入式(9.2.45)，可得

$$\Delta z=\left.\frac{\partial f}{\partial x}\right|_{(x_0,y_0)}\cdot\Delta x+\left.\frac{\partial f}{\partial y}\right|_{(x_0,y_0)}\cdot\Delta y+\alpha_1\Delta x+\alpha_2\Delta y. \tag{9.2.47}$$

由$\left.\dfrac{\partial f}{\partial x}\right|_{(x_0,y_0)}$及$\left.\dfrac{\partial f}{\partial y}\right|_{(x_0,y_0)}$在$(x_0y_0)$均为常数，于是可以取这两个值分别为 A 和 B. 接下来. 还需验证 $\alpha_1\Delta x+\alpha_2\Delta y$ 是否为 ρ 的一个高阶无穷小量。事实上

$$0\leqslant\frac{|\alpha_1\Delta x+\alpha_2\Delta y|}{\sqrt{(\Delta x)^2+(\Delta y)^2}}\leqslant|\alpha_1|\frac{|\Delta x|}{\sqrt{(\Delta x)^2+(\Delta y)^2}}+|\alpha_2|\frac{|\Delta y|}{\sqrt{(\Delta x)^2+(\Delta y)^2}}\leqslant|\alpha_1|+|\alpha_2|, \tag{9.2.48}$$

其中 α_1 和 α_2 在 $\rho\to0$ 时均为无穷小量，因此

$$\lim_{\rho\to0}\frac{|\alpha_1\Delta x+\alpha_2\Delta y|}{\sqrt{(\Delta x)^2+(\Delta y)^2}}=0. \tag{9.2.49}$$

回顾前面的讨论，我们有如下的定理：

定理 9.2.19(可微的充分条件). 对函数 $z=f(x,y)$，若$\dfrac{\partial z}{\partial x}$及$\dfrac{\partial z}{\partial y}$在点$(x_0,y_0)$的邻域内都存在并且连续，则 x 在点(x_0,y_0)可微.

例 9.2.20(验证一个函数的可微性). 考虑函数例 9.2.14 和例 9.2.15 中引入的函数 $f(x,y)=x^2+y^2$. 由于它的两个偏导数均为

$$f'_x(x,y)=2x\text{ 及 }f'_y(x,y)=2y,$$

且容易证明它们在(0,0)和(1,1)都连续，则由定理 9.2.19，可知 $f(x,y)$在点(0,0)及(1,1)可微.

例 9.1.21 令 $z=\mathrm{e}^{xy}$. 求给定函数在点(0,1)处的 Δz 及当 $\Delta x=0.1$ 及 $\Delta y=0.2$ 时的全微分 $\mathrm{d}z$.

解 由于 $z=f(x,y)=\mathrm{e}^{xy}$，

$$\Delta z=f(0+0.1,1+0.2)-f(0,1)=\mathrm{e}^{0.12}-1.$$

容易证明，其偏导数在平面上的偏导数均连续。于是由定理 9.2.19，函数的全微分存在，由公式(9.2.29)，有

$$\mathrm{d}z=f'_x(0,1)\mathrm{d}x+f'_y(0,1)\mathrm{d}y=1\times0.1+0\times0.2=0.1.$$

注 9.2.22 需要注意的是，定理 9.2.19 中的条件是充分条件，但并不必要. 换句话说，可微函数的偏导数并不必须是连续的.

例 9.2.23 证明函数

$$f(x,y)=\begin{cases}(x^2+y^2)\sin\dfrac{1}{x^2+y^2}, & x^2+y^2\neq0,\\ 0, & x^2+y^2=0,\end{cases}$$

在点 $O(0,0)$可微，但 $f'_x(x,y)$及 $f'_y(x,y)$在点 $O(0,0)$均不连续。

证明 由表达式(9.2.27)和定理 9.2.1，为证明函数 $f(x,y)$在点(0,0)可微，我们只需

证明

$$\Delta f-[f'_x(0,0)\Delta x+f'_y(0,0)\Delta y]=o(\rho),\quad \rho=\sqrt{(\Delta x)^2+(\Delta y)^2}.$$

容易得到

$$f'_x(0,0)=0,\quad f'_y(0,0)=0,$$

因此有

$$\Delta f-[f'_x(0,0)\Delta x+f'_y(0,0)\Delta y]=\Delta f=f(0+\Delta x,0+\Delta y)-f(0,0)$$
$$=[(\Delta x)^2+(\Delta y)^2]\sin\frac{1}{(\Delta x)^2+(\Delta y)^2}=\rho^2\sin\frac{1}{\rho^2}=o(\rho).$$

因此，f 在点 $O(0,0)$ 可微.

当 $x^2+y^2\neq 0$ 时，有

$$f'_x(x,y)=2x\sin\frac{1}{x^2+y^2}-\frac{2x}{x^2+y^2}\cos\frac{1}{x^2+y^2}.$$

同时，

$$\lim_{x\to 0,y\to 0}2x\sin\frac{1}{x^2+y^2}=0,$$

而

$$\lim_{y=x,x\to 0}\frac{2x}{x^2+y^2}\cos\frac{1}{x^2+y^2}=\lim_{x\to 0}\frac{1}{x}\cos\frac{1}{2x^2}$$

不存在。因此，$f'_x(x,y)$ 在 $O(0,0)$ 处间断.

$f'_y(x,y)$ 在 $O(0,0)$ 可使用相同的方法证明.

全微分的定义可以很容易地扩展到多元函数的情形，例如 n 元函数. 事实上，令 $u=f(x_1,x_2,\cdots,x_n)$ 为一个可微 n 元函数，于是，其全微分可以定义为

$$\mathrm{d}u=f'_{x_1}\mathrm{d}x_1+f'_{x_2}\mathrm{d}x_2+\cdots+f'_{x_n}\mathrm{d}x_n.$$

例 9.2.24 求函数的全微分

$$f(x,y,z)=\frac{1}{\sqrt{x^2+y^2+z^2}}.$$

解

$$\mathrm{d}f=f'_x\mathrm{d}x+f'_y\mathrm{d}y+f'_z\mathrm{d}z=-\frac{x\mathrm{d}x+y\mathrm{d}y+z\mathrm{d}z}{(x^2+y^2+z^2)^{3/2}}.$$

9.2.3 高阶偏导数

根据前面的讨论，可以看出一个函数的偏导数实际上就是将函数限制在沿着坐标轴的方向时的单变量函数。类似单变量函数，也可引入高阶偏导数.

定义 9.2.25 设 $z=f(x,y),(x,y)\in D\subseteq\mathbf{R}^2$. 若 f 对 x 的偏导数 $\frac{\partial f}{\partial x}$ 在 D 上存在. 若 $\frac{\partial f}{\partial x}$

对 x 和 y 的偏导数仍然存在，因此，这个偏导数称为 f 先对 x 再对 x 或 y 的**二阶偏导数**. 这些偏导数记为

$$\frac{\partial^2 f}{\partial x^2}=\frac{\partial}{\partial x}\left(\frac{\partial f}{\partial x}\right) \quad 及 \quad \frac{\partial^2 f}{\partial y \partial x}=\frac{\partial}{\partial y}\left(\frac{\partial f}{\partial x}\right).$$

类似地，若$\frac{\partial f}{\partial y}$也是可偏导的，则也可以定义

$$\frac{\partial^2 f}{\partial x \partial y}=\frac{\partial}{\partial x}\left(\frac{\partial f}{\partial y}\right) \quad 及 \quad \frac{\partial^2 f}{\partial y^2}=\frac{\partial}{\partial y}\left(\frac{\partial f}{\partial y}\right).$$

注 9.2.26　一般地，也称$\frac{\partial^2 f}{\partial x^2}$，$\frac{\partial^2 f}{\partial y^2}$，为**纯二阶偏导数**，而$\frac{\partial^2 f}{\partial y \partial x}$，$\frac{\partial^2 f}{\partial x \partial y}$ 为**混合二阶偏导数**.

容易看到，定义 9.2.25 可以被推广到多于两个变量的情形。读者可以尝试定义它们。此外，若定义 9.2.25 中的一个二阶偏导数仍然可导，则也可定义三阶偏导数。所有的二阶偏导数以及高于二阶的偏导数都称为**高阶偏导数**，函数 f 的偏导数则称为**一阶偏导数**或简称偏导数.

注 9.2.27　为简化起见，使用简单的记号表示高阶偏导数。例如，f''_{12} 及 f''_{xy}意味着首先对 f 的第一个变量求一阶偏导数，而后再计算 f 对第二个变量的二阶偏导数。也即，若 $z=f(x,y)$，则$\frac{\partial^2 f}{\partial x^2}$可以记为 f''_{11} 或 f''_{xx}，且 $\frac{\partial^2 f}{\partial x \partial y}$可以记为 f''_{21}或 f''_{yx}. 此外，$\frac{\partial^3 f}{\partial x \partial y \partial x}$可以记为 f'''_{121}或f'''_{xyx}.

例 9.2.28　求函数 $z=x^y(x>0)$的所有二阶导数.

解　其一阶偏导数为

$$\frac{\partial z}{\partial x}=yx^{y-1},\frac{\partial z}{\partial y}=x^y \ln x.$$

对这些导数再对 x 和 y 分别求导数即得到二阶偏导数

$$\frac{\partial^2 z}{\partial x^2}=\frac{\partial}{\partial x}\left(\frac{\partial z}{\partial x}\right)=y(y-1)x^{y-2},$$

$$\frac{\partial^2 z}{\partial y \partial x}=\frac{\partial}{\partial y}\left(\frac{\partial z}{\partial x}\right)=x^{(y-1)}+yx^{(y-1)}\ln x,$$

$$\frac{\partial^2 z}{\partial x \partial y}=\frac{\partial}{\partial x}\left(\frac{\partial z}{\partial y}\right)=yx^{(y-1)}\ln x+x^{(y-1)},$$

$$\frac{\partial^2 z}{\partial y^2}=\frac{\partial}{\partial y}\left(\frac{\partial z}{\partial y}\right)=x^y(\ln x)^2.$$

例 9.2.28 中，混合偏导数满足

$$\frac{\partial^2 z}{\partial y \partial x}=\frac{\partial^2 z}{\partial x \partial y}.$$

此时，称求导的次序是可以交换的. 但是，一般地，这个结论并不成立.

例 9.2.29 令

$$f(x,y)=\begin{cases} xy\,\dfrac{x^2-y^2}{x^2+y^2}, & x^2+y^2\neq 0,\\ 0, & x^2+y^2=0. \end{cases}$$

证明 $f''_{xy}(0,0)\neq f''_{yx}(0,0)$.

证明 容易看到，当 $x^2+y^2\neq 0$ 时可以用求导公式计算偏导数，当 $x^2+y^2=0$ 时由偏导数的定义有

$$f'_x(x,y)=\begin{cases} y\left[\dfrac{x^2-y^2}{x^2+y^2}+\dfrac{4x^2y^2}{(x^2+y^2)^2}\right], & x^2+y^2\neq 0,\\ 0, & x^2+y^2=0. \end{cases}$$

$$f'_y(x,y)=\begin{cases} x\left[\dfrac{x^2-y^2}{x^2+y^2}-\dfrac{x^2y^2}{(x^2+y^2)^2}\right], & x^2+y^2\neq 0,\\ 0, & x^2+y^2=0. \end{cases}$$

因此

$$f'_x(0,y)=-y,\quad f'_y(x,0)=x.$$

此外，再由偏导数的定义有

$$f''_{xy}(0,0)=\lim_{\Delta y\to 0}\frac{f'_x(0,\Delta y)-f'_x(0,0)}{\Delta y}=\lim_{\Delta y\to 0}\frac{-\Delta y}{\Delta y}=-1,$$

$$f''_{yx}(0,0)=\lim_{\Delta x\to 0}\frac{f'_y(\Delta x,0)-f'_y(0,0)}{\Delta x}=\lim_{\Delta x\to 0}\frac{\Delta x}{\Delta x}=1.$$

故

$$f''_{xy}(0,0)\neq f''_{yx}(0,0).$$

一般地，若改变求导的顺序，其结果会发生改变。但可以证明，若函数 f 的混合偏导数在点(x_0,y_0)连续，则交换顺序，偏导数在(x_0,y_0)相等。也即，若 f''_{xy} 和 f''_{yx} 在点(x_0,y_0)均连续，则

$$f''_{xy}(x_0,y_0)=f''_{yx}(x_0,y_0).$$

该结论的证明超过了本书要求的范围，因此在这里略去了。进一步，若函数所有的 m 阶偏导数都是连续的，则偏导数也是可以交换的.

9.2.4 方向导数和梯度

假设你站在山坡上，你会发现这样的事实，即沿着不同的方向，有着不同的斜率。为让

其容易理解，设山的表面可以表示为一个函数 $z=f(x,y)$，其在 xOy 平面上的投影是$D\subseteq\mathbf{R}^2$（见图 9.2.3）. 假设你所站的位置为(x_0,y_0,z_0)，其中$(x_0,y_0)\in D$. 显然，沿着两个不同的方向 $\boldsymbol{l}_1$ 和 $\boldsymbol{l}_2$，将会得到两个不同的斜率。正如偏导数的定义，可以定义一种类似的“导数”来描述这种将函数 f 限制在方向 $\boldsymbol{l}_1$ 或 $\boldsymbol{l}_2$ 上的事实. 这种“导数”称为方向导数

设 $P_0=(x_0,y_0)\in\mathbf{R}^2$，$\boldsymbol{l}$ 为 $\mathbf{R}^2$ 中的向量. 令 $\boldsymbol{e}_l=(e_x,e_y)$为 $\boldsymbol{l}$ 的单位方向向量. 令 $f:U(x_0,y_0)\subseteq\mathbf{R}^2\to\mathbf{R}$ 为一个二元函数. 现在，要开始讨论函数 f 在点(x_0,y_0)处沿方向 $\boldsymbol{l}$ 的变化率（记为$\left.\frac{\partial f}{\partial \boldsymbol{l}}\right|_{(x_0,y_0)}$. 若画一条通过点$(x_0,y_0)$平行于 $\boldsymbol{l}$ 的直线 L（图 9.2.4），则这条直线的方程可以写为

$$\begin{bmatrix}x\\y\end{bmatrix}=\begin{bmatrix}x_0\\y_0\end{bmatrix}+t\begin{bmatrix}e_x\\e_y\end{bmatrix},t\in\boldsymbol{R}.$$

函数 f 在点(x_0,y_0)沿方向 $\boldsymbol{l}$ 的变化率其实就是从点(x_0,y_0)处，当(x,y)沿着直线 L 运动，函数 f 的变化率。当点(x,y)沿 L 变化时，函数 $f(x,y)=f(x_0+te_x,y_0+te_y)$为一个变量 t 的函数，可以记为

$$F(t)=f(x_0+te_x,y_0+te_y).$$

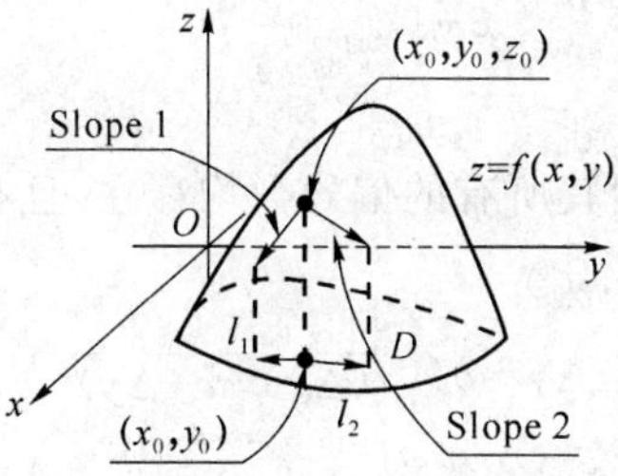

图 9.2.3

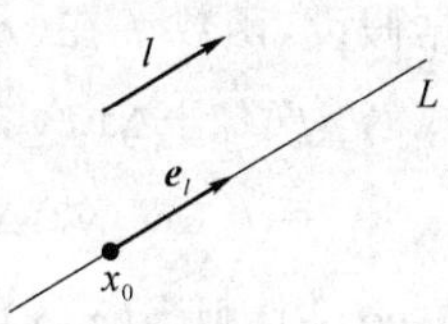

图 9.2.4

因此，在方向 $\boldsymbol{l}$ 的方向导数可如下计算

$$\left.\frac{\partial f}{\partial \boldsymbol{l}}\right|_{x^0}=\lim_{t\to0}\frac{F(t)-F(0)}{t}=\lim_{t\to0}\frac{f(x_0+te_x,y_0+te_y)-f(x_0,y_0)}{t}.$$

更为一般地，可以如下定义方向导数.

定义 9.2.30(方向导数).　设$(x_0,y_0)\in\mathbf{R}^2$，$\boldsymbol{l}$ 为一个给定的向量，(e_x,e_y) 为向量 $\boldsymbol{l}$ 的单位方向向量，且 $f:U(x_0,y_0)\subseteq\mathbf{R}^2\to\mathbf{R}$. 令自变量 $\boldsymbol{x}\in U(x_0,y_0)$从$(x_0,y_0)$沿着平行于 $\boldsymbol{l}$ 的直线 L 移动到 x_0+te_x,y_0+te_y，对应的函数增量为 $f(x_0+te_x,y_0+te_y)-f(x_0,y_0)$. 若极限

$$\lim_{t\to0}\frac{f(x_0+te_x,y_0+te_y)-f(x_0,y_0)}{t}$$

存在，则这个极限值称为 f 在(x_0,y_0)沿 $\boldsymbol{l}$ 方向的方向导数，记为$\left.\frac{\partial f}{\partial \boldsymbol{l}}\right|_{(x_0,y_0)}$。也即

$$\left.\frac{\partial f}{\partial \boldsymbol{l}}\right|_{(x_0,y_0)}=\lim_{t\to0}\frac{f(x_0+te_x,y_0+te_y)-f(x_0,y_0)}{t}.\qquad(9.2.50)$$

注 9.2.31 (1) 注意到

$$d=\|(x_0+te_x,y_0+te_y)-(x_0,y_0)\|=|t|\,\|(e_x,e_y)\|=|t|,$$

可知定义 9.2.30 中的变量 t 就是点(x_0,y_0)与(x_0+te_x,y_0+te_y)之间的距离 d.

(2) 特别地，若取 $\boldsymbol{e}_l=(1,0)$，则方向导数为

$$\left.\frac{\partial f}{\partial \boldsymbol{l}}\right|_{(x_0,y_0)}=\lim_{t\to 0}\frac{f(x_0,y_0)-f(x_0+te_x,y_0+te_y)}{t}=\lim_{t\to 0}\frac{f(x_0+t,y_0)-f(x_0,y_0)}{t}=\left.\frac{\partial f}{\partial x}\right|_{(x_0,y_0)}. \tag{9.2.51}$$

进一步，读者容易验证，若取 $\boldsymbol{e}_l=(0,1)$，方向导数事实上就是$\left.\frac{\partial f}{\partial y}\right|_{(x_0,y_0)}$. 这个事实说明，$f$ 的偏导数是特殊的方向导数.

1. 方向导数的计算

定理 9.2.32 设函数 $z=f(x,y)$在点(x_0,y_0)可微. 则在点(x_0,y_0)处的方向导数沿任意方向 $\boldsymbol{l}$ 都存在，且

$$\left.\frac{\partial f}{\partial \boldsymbol{l}}\right|_{(x_0,y_0)}=\left.\frac{\partial f}{\partial x}\right|_{(x_0,y_0)}\cos\alpha+\left.\frac{\partial f}{\partial y}\right|_{(x_0,y_0)}\cos\beta, \tag{9.2.52}$$

其中 α,β 为 $\boldsymbol{l}$ 的方向角.

证明 根据假设，函数 f 在(x_0,y_0)可微，则其所有的偏导数均存在，且有

$$\begin{aligned}&f(x_0+\Delta x,y_0+\Delta y)-f(x_0,y_0)\\&=f'_x(x_0,y_0)\Delta x+f'_y(x_0,y_0)\Delta y+o\left(\sqrt{(\Delta x)^2+(\Delta y)^2}\right).\end{aligned}$$

若取 $\boldsymbol{e}_l=(\cos\alpha,\cos\beta)$，则当$(x,y)$沿着 $\boldsymbol{l}$ 从(x_0,y_0)变化到$(x_0+\Delta x,y_0+\Delta y)$时，其增量 Δx 和 Δy 可表示为 $\Delta x=t\cos\alpha$ 及 $\Delta y=t\cos\beta$. 此外，注意到

$$\sqrt{(\Delta x)^2+(\Delta y)^2}=\sqrt{(t\cos\alpha)^2+(t\cos\beta)^2}=|t|,$$

则

$$f(x_0+t\cos\alpha,y_0+t\cos\beta)-f(x_0,y_0)=f'_x(x_0,y_0)t\cos\alpha+f'_y(x_0,y_0)t\cos\beta+o(t).$$

由方向导数的定义，有

$$\begin{aligned}\frac{\partial f}{\partial \boldsymbol{l}}&=\lim_{t\to 0}\frac{f(x_0+t\cos\alpha,y_0+t\cos\beta)-f(x_0,y_0)}{t}\\&=\lim_{t\to 0}\left[f'_x(x_0,y_0)\cos\alpha+f'_y(x_0,y_0)\cos\beta+\frac{o(t)}{t}\right]\\&=f'_x(x_0,y_0)\cos\alpha+f'_y(x_0,y_0)\cos\beta.\end{aligned}$$

这便意味着我们的结论。

注 9.2.33 在 n 元函数情形，定理 9.2.32 仍然成立。例如令 $u=f(x,y,z)$. 若 f 在点 $P_0=(x_0,y_0,z_0)$可微，则函数 f 在点(x_0,y_0,z_0)沿方向 $\boldsymbol{l}$ 的方向导数存在，且下列公式成立

$$\left.\frac{\partial f}{\partial \boldsymbol{l}}\right|_{(x_0,y_0,z_0)} = f'_x(x_0,y_0,z_0)\cos\alpha + f'_y(x_0,y_0,z_0)\cos\beta + f'_z(x_0,y_0,z_0)\cos\gamma. \tag{9.2.53}$$

例 9.2.34　设 $z=f(x,y)=xe^{2y}$. 求函数 f 在点 $P(1,0)$ 沿从点 $P(1,0)$ 到 $Q(2-1)$ 的方向导数.

解　由式(9.2.52),则可求得从 P 到 Q 的方向向量. 注意到

$$\|\overrightarrow{PQ}\| = \sqrt{(2-1)^2+(-1-0)^2} = \sqrt{2},$$

则

$$\boldsymbol{e}_l = (\cos\alpha,\cos\beta) = \frac{\overrightarrow{PQ}}{\|\overrightarrow{PQ}\|} = \frac{\{2-1,-1-0\}}{\sqrt{2}} = \frac{\{1,-1\}}{\sqrt{2}} = \left\{\frac{\sqrt{2}}{2},-\frac{\sqrt{2}}{2}\right\}.$$

此外,由于

$$\frac{\partial f}{\partial x} = \mathrm{e}^{2y} \text{及} \frac{\partial f}{\partial y} = 2x\mathrm{e}^{2y},$$

有

$$\left.\frac{\partial f}{\partial \boldsymbol{l}}\right|_{(1,0)} = \left.\frac{\partial f}{\partial x}\right|_{(1,0)}\cos\alpha + \left.\frac{\partial f}{\partial y}\right|_{(1,0)}\cos\beta = e^{2\times 0}\times\frac{\sqrt{2}}{2} + 2\times 1\times e^{2\times 0}\times\frac{\sqrt{2}}{2} = \frac{\sqrt{2}}{2}+\sqrt{2} = \frac{3\sqrt{2}}{2}.$$

由式(9.2.52)在注意到,当一个函数 f 在点 P_0 可微时,求函数 f 在点 P_0 沿方向 $\boldsymbol{l}$ 的方向导数的关键是求在点 P_0 处的偏导数.

利用向量内积的记号,式(9.2.53)也可改写为

$$\left.\frac{\partial f}{\partial \boldsymbol{l}}\right|_{P_0} = <\boldsymbol{g}(P_0),\boldsymbol{e}_l>, \tag{9.2.54}$$

其中 $\boldsymbol{g}(P_0)=(f'_x(P_0),f'_y(P_0))$ 为一个向量,称为**梯度向量**.

定义 9.2.35　(梯度向量及梯度). 设二元函数 $u=f(x,y)$ 在点 $P_0=(x_0,y_0)$ 可微. 则向量 $\left.\left(\frac{\partial f}{\partial x},\frac{\partial f}{\partial y}\right)\right|_{P_0}$ 称为函数 f 在点 P_0 的**梯度向量**或**梯度**,并记为 $\mathbf{grad}\, f|_{P_0}$ 或 $\nabla f|_{P_0}$. 也即

$$\mathbf{grad} f|_{P_0} = \boldsymbol{\nabla} f|_{P_0} = \left.\left(\frac{\partial f}{\partial x_1},\frac{\partial f}{\partial x_2}\right)\right|_{P_0}. \tag{9.2.55}$$

容易看到,定义 9.2.35 可以容易地推广为多元函数的情形,读者可以自己完成这一工作。

注 9.2.36　记号

$$\boldsymbol{\nabla} = \left(\frac{\partial}{\partial x},\frac{\partial}{\partial y}\right)$$

读作“del”,且称为**del 算子**或**向量微分算子**.

使用梯度这个术语,方向导数可以写为梯度和方向向量 $\boldsymbol{e}_l$ 的内积,

$$<\mathbf{grad} f|_{P_0},\boldsymbol{e}_l> = <\boldsymbol{\nabla} f|_{P_0},\boldsymbol{e}_l>.$$

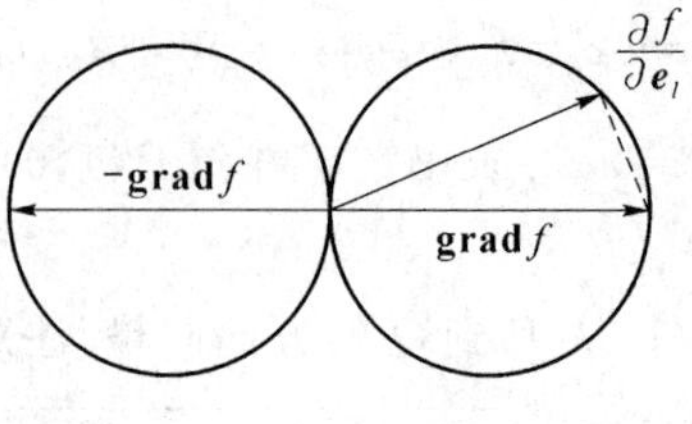

图 9.2.5

由向量内积的定义，有

$$<\nabla f|_{P_0}, e_l> = \|\nabla f|_{P_0}\| \cos\theta, \tag{9.2.56}$$

其中 θ 为向量$\nabla f|_{x^0}$与 e_l 之间的夹角. 容易看到，方向导数的取值会随着方向向量 e_l 的变化而变化，因为 θ 会发生变化，并且存在一个特殊的方向，使得方向导数取得最大值。这个方向不是别的，就是其梯度向量。换句话说，沿着梯度向量的方向，函数以最快的速度增加.

例 9.2.37 令 $u=x^2-xy+y^2$. 求 u 在点 $P(-1,1)$ 沿方向 $e_l=\frac{1}{\sqrt{5}}(2,1)$ 的方向导数，并指明，沿什么方向方向导数会取得最大值和最小值？此外，指出沿什么方向，函数值不会发生变化?

解 由于

$$\nabla u|_{(-1,1)}=\left(\frac{\partial u}{\partial x},\frac{\partial u}{\partial y}\right)\bigg|_{(-1,1)}=(2x-y,2y-x)|_{(-1,1)}=(-3,3),$$

则根据方向导数的定义，有

$$\frac{\partial u}{\partial \boldsymbol{l}}\bigg|_{(-1,1)}=<\nabla u|_{(-1,1)}, e_l>=\frac{1}{\sqrt{5}}(-6+3)=-\frac{3}{\sqrt{5}}.$$

容易看到，梯度向量的方向就是方向导数取得最大值的方向，其反方向就是方向导数取得最小值的方向。此外，由于沿着垂直于梯度向量的方向，方向导数为 0，着意味着函数值在这个方向不会发生改变.

故沿 $(-3,3)$ 方向，方向导数取得其最大值，沿 $(3,-3)$ 方向，方向导数取得其最小值，沿 $(1,1)$ 和 $(-1,-1)$ 方向，函数不改变其取值.

图 9.2.6 中，给出了函数 $u=x^2-xy+y^2$ 的等高线图.

这些结果从等高线图的角度看更为容易。事实上，函数 $u=x^2-xy+y^2$ 的等高线为 $x^2-xy+y^2=C$，它们构成了一族椭圆（见图 9.2.6）. 由图形容易看出，u 在点 $P(-1,1)$ 处的梯度向量为 $\overrightarrow{PP_1}$，它是垂直于等高线的. 沿着这个方向，函数在点 P 的增长率是最大的；沿着 $\overrightarrow{P_1P}$ 的方向，函数在点 P 减小率是最大的，且函数 u 的变化率为零的方向就是等高线的切线方向.

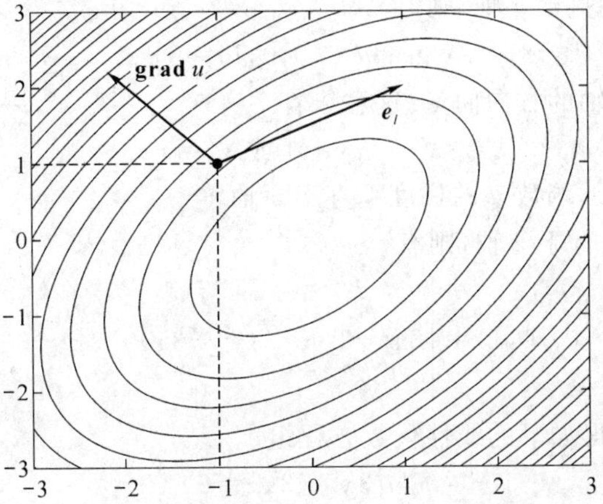

图 9.2.6

2. 梯度的运算法则

由梯度的定义,设可以求得函数 $u=f(x)$ 的所有偏导数. 又设 u,v 及 f 为可微函数,C_1 和 C_2 为常数,则根据导数的运算法则,可以得到如下的性质:

(1) $\mathbf{grad}(C_1u+C_2v)=C_1\mathbf{grad}u+C_2\mathbf{grad}v$ 或 $\nabla(C_1u+C_2v)=C_1\nabla u+C_2\nabla v$;

(2) $\mathbf{grad}(uv)=u\mathbf{grad}v+v\mathbf{grad}u$ 或 $\nabla(uv)=u\nabla v+v\nabla u$;

(3) $\mathbf{grad}\left(\dfrac{u}{v}\right)=\dfrac{1}{v^2}(v\mathbf{grad}u-u\mathbf{grad}v)$ 或 $\nabla\left(\dfrac{u}{v}\right)=\dfrac{1}{v^2}(v\nabla u-u\nabla v)$;

(4) $\mathbf{grad}f(u)=f'(u)\mathbf{grad}u$ 或 $\nabla f(u)=f'(u)\nabla u$.

仅证明(4),其他结论的证明请读者自行完成。令 $u=u(x,y)$ 且 $f(u)$ 均为可微的。则由梯度的定义以及对单变量函数求导的链式法则,有

$$\nabla f[u(x,y)]=\left(\frac{\partial f}{\partial x},\frac{\partial f}{\partial y}\right)=\left(f'(u)\frac{\partial u}{\partial x},f'(u)\frac{\partial u}{\partial y}\right)=f'(u)\left(\frac{\partial u}{\partial x},\frac{\partial u}{\partial y}\right)=f'(u)\nabla u. \tag{9.2.57}$$

注 9.2.38　容易看到,梯度的性质在多于两个变量的函数情形也是成立的,这些结论的证明也留给读者自己完成.

例 9.2.39　Let$u=x^3+y^3+z^3-3xyz$. 求使得梯度向量分别满足如下条件的点:(1)与 z 轴垂直;(2)与 z 轴平行;(3)等于 0.

解　注意到

$$\frac{\partial u}{\partial x}=3x^2-3yz,\quad \frac{\partial u}{\partial y}=3y^2-3xz,\quad \frac{\partial u}{\partial z}=3z^2-3xy,$$

则

$$\mathbf{grad}u=(3x^2-3yz,3y^2-3xz,3z^2-3xy).$$

(1) 若梯度向量垂直于 z 轴,则

$$\mathbf{grad}u \cdot (0,0,1)=0,$$

其中(0,0,1)为 z 轴的方向向量. 这意味着

$$3z^2-3xy=0 \text{ 或 } z^2=xy.$$

也即,在曲面 $z^2=xy$ 上,函数 u 的梯度垂直于 z 轴.

(2) 若梯度向量平行于 z 轴,则有

$$\mathbf{grad}u\times(0,0,1)=\begin{vmatrix} \boldsymbol{i} & \boldsymbol{j} & \boldsymbol{k} \\ 3x^2-3yz & 3y^2-3xz & 3z^2-3xy \\ 0 & 0 & 1 \end{vmatrix}=0.$$

由向量相等的定义,可得如下的线性代数方程组

$$\begin{cases} 3y^2-3xz=0 \\ 3x^2-3yz=0 \end{cases}$$

求解这个方程组,可得

$$x=y=0 \text{ 或 } x=y=z.$$

也即在这两条直线上,u 的梯度向量是平行于 z 轴的.

(3)若 $\mathbf{grad}u=(0,0,0)$,有

$$\begin{cases} 3x^2-3yz=0, \\ 3y^2-3xz=0, \\ 3x^2-3yz=0 \end{cases} \text{ 或 } \begin{cases} x^2=yz, \\ y^2=xz, \\ z^2=xy, \end{cases}$$

而这意味着 u 的梯度向量沿着直线 $x=y=z$ 为零.

例 9.2.40 假设在原点 $O(0,0)$固定一个点电荷。则围绕着这个点存在一个电场. 在点 $M(x,y,z)$其电势及电场密度分别为

$$u=\frac{q}{4\pi\varepsilon r},\boldsymbol{E}=\frac{q}{4\pi\varepsilon r^3}\boldsymbol{r}\quad(r\neq0),$$

其中 ε 为介电常数,$\boldsymbol{r}=(x,y,z)$为点 M 的位置向量,$r=\|\boldsymbol{r}\|$. 求电势函数 u 的梯度.

解 注意到

$$r=\sqrt{x^2+y^2+z^2},$$

及

$$\nabla u=\nabla\left(\frac{q}{4\pi\varepsilon r}\right)=\frac{q}{4\pi\varepsilon}\nabla\left(\frac{1}{r}\right)=\frac{q}{4\pi\varepsilon}\frac{\mathrm{d}}{\mathrm{d}r}\left(\frac{1}{r}\right)\nabla r=-\frac{q}{4\pi\varepsilon r^2}\nabla r,$$

其中

$$\nabla r=\left(\frac{\partial r}{\partial x},\frac{\partial r}{\partial y},\frac{\partial r}{\partial z}\right)=\left(\frac{x}{r},\frac{y}{r},\frac{z}{r}\right)=\frac{\boldsymbol{r}}{r}.$$

因此,

$$\nabla u=-\frac{q}{4\pi\varepsilon r^3}\boldsymbol{r}=-\boldsymbol{E}.$$

由最后一个方程,可以看到电势函数的梯度与电场密度 $\boldsymbol{E}$ 的方向相反,其中 $\boldsymbol{E}$ 与位置向量 $\boldsymbol{r}$ 重合,因此在 $\boldsymbol{r}$ 的反方向上电势能增加得速度最快.

习题 9.2

A

1. 求下列函数的偏导数：

(1) $z=xy+\dfrac{x}{y}$；　(2) $z=\arcsin\dfrac{x}{\sqrt{x^2+y^2}}$；　(3) $z=\arctan(x-y^2)$；

(4) $z=(1+xy)^x$；　(5) $z=x^y y^x$；　(6) $u=\left(\dfrac{x}{y}\right)^z$；

(7) $u=x^{\frac{y}{z}}$；　(8) $u=\ln\sqrt{x^2+y^2+z^2}$；　(9) $u=xze^{\sin(yz)}$；

(10) $u=\dfrac{y}{x}+\dfrac{z}{y}-\dfrac{x}{z}$.

2. 求下列要求的偏导数：

(1) 令 $f(x,y)=x+(y-1)\arcsin\sqrt{\dfrac{x}{y}}$,求 $f'_x(x,1)$；

(2) 令 $f(x,y)=\dfrac{\cos(x-2y)}{\cos(x+y)}$,求 $f'_y\left(\pi,\dfrac{\pi}{4}\right)$.

3. 求曲线 $\begin{cases} z=\dfrac{1}{4}(x^2+y^2), \\ y=4 \end{cases}$ 在点(2.4,5)的切线与 x 轴正向的夹角.

4. 令 $f(x,y)=\begin{cases} x\sin\dfrac{1}{x^2+y^2}, & x^2+y^2\neq 0, \\ 0, & x^2+y^2=0. \end{cases}$ 判断偏导数 $f'_x(0,0)$ 及 $f'_y(0,0)$ 是否存在.

5. 证明函数 $z=\sqrt{x^2+y^2}$ 在点(0,0)是连续的,但在该点的偏导数不存在.

6. 求可微函数 $z=\ln(1+x^2+y^2)$ 在点(1,2)处的全微分.

7. 求函数 $z=\dfrac{y}{x}$ 在点(2,1)处的全增量以及全微分,其中 $(\Delta x,\Delta y)=(0.1,-0.2)$.

8. 令 $du=2xdx-3ydy$. 求 $u(x,y)$.

9. 设函数 $f(x,y)$ 在区域 D 内的偏导数都连续,且 $f'_x=0, f'_y=0$. 证明函数 f 在区域 D 内是常数.

10. 验证下列函数满足给定的方程：

（1）$z=\dfrac{xy}{x+y}$满足 $x\dfrac{\partial z}{\partial x}+y\dfrac{\partial z}{\partial y}=z$；

（2）$z=\dfrac{x}{y}$满足 $x\dfrac{\partial z}{\partial x}+y\dfrac{\partial z}{\partial x}=0$；

（3）$u=\dfrac{1}{\sqrt{(x-a)^2+(y-b)^2+(z-c)^2}}$满足 $u''_{xx}+u''_{yy}+u''_{zz}=0$；

（4）$T=\dfrac{1}{2a\sqrt{\pi t}}\mathrm{e}^{-\frac{(x-a)^2}{4a^2t}}$满足$\dfrac{\partial T}{\partial t}=a^2\dfrac{\partial^2 T}{\partial x^2}$.

11. 求下列函数的高阶偏导数：

（1）求 $z=\mathrm{e}^x(\cos y+x\sin y)$所有的二阶偏导数；

（2）令 $z=\ln(xy)$，求$\dfrac{\partial^3 z}{\partial x^2\partial y}$，$\dfrac{\partial^3 z}{\partial x\partial y^2}$.

12. 令 $f(x,y)=(xy)^{1/3}$. 证明：

（1）函数 $f(x,y)$在点$(0,0)$处的方向导数仅沿着两个坐标轴的正向和反向存在；

（2）$f(x,y)$在点$(0,0)$连续.

13. 给出下列函数 $z=f(x,y)$在点 $P_0(x_0,y_0)$概念之间的关系：f 的连续性、偏导数存在性、沿任意方向的方向导数的存在性、可微性、一偏导数的存在性及连续性.

14. 证明下列梯度的运算规则(其中 u 和 v 是可微的，C_1 和 C_2 为常数).

（1）$\nabla(C_1u+C_2v)=C_1\nabla u+C_2\nabla v$； （2）$\nabla(uv)=u\nabla v+v\nabla u$；

（3）$\nabla\left(\dfrac{u}{v}\right)=\dfrac{1}{v^2}(v\nabla u-u\nabla v)$，$(v\neq 0)$.

15. 求函数 $u=\ln\left(x+\sqrt{y^2+z^2}\right)$在点 $A(1,0,1)$沿方向$\overrightarrow{AB}$的方向导数，其中 $B(3,-2,2)$为一个点.

16. 求函数 $u=xy^2+z^2-xyz$ 在点$(1,1,2)$沿方向 $\mathbf{e}_l=\left(\cos\dfrac{\pi}{3},\cos\dfrac{\pi}{4},\cos\dfrac{\pi}{3}\right)$的方向导数.

17. 令 $u=\ln\left(\dfrac{1}{r}\right)$，其中 $r=\sqrt{(x-a)^2+(y-b)^2+(z-c)^2}$. 求$\nabla u$ 并确定 $\mathbf{R}^3$ 空间中的点，使得 $\|\nabla u\|=1$.

18. 令 $u=\dfrac{z^2}{c^2}-\dfrac{x^2}{a^2}-\dfrac{y^2}{b^2}$. 沿着什么方向 u 的增加速度在点(a,b,c)是最大的？沿着什么方向是减小速度最快？在什么方向变化率为零？

19. 令 $r=\sqrt{x^2+y^2+z^2}$，求 ∇r 及$\nabla\dfrac{1}{r}(r\neq 0)$.

20. 求常数 a,b 和 c，使得函数$f(x,y,z)=axy^2+byz+cx^3z^2$在点$(1,2,-1)$处的方向导数是函数在该点处所有方向导数中最大的，并且这个最大的方向导数等于 64。

B

1. 设 $f(x,y)$ 在点 P_0 是可微的，$l_1=\left(\frac{1}{\sqrt{2}},\frac{1}{\sqrt{2}}\right)$，$l_2=\left(-\frac{1}{\sqrt{2}},\frac{1}{\sqrt{2}}\right)$，$\left.\frac{\partial f}{\partial l_1}\right|_{P_0}=1$，$\left.\frac{\partial f}{\partial l_2}\right|_{P_0}=0$. 求 $\boldsymbol{l}$，使得 $\left.\frac{\partial f}{\partial \boldsymbol{l}}\right|_{P_0}=\frac{7}{5\sqrt{2}}$.

2. 一个小孩子的玩具船从一条平直的河流的一岸放入水中。水流带着小船以 5 英尺每秒的速度运动。水面上的风将其以 4 英尺每秒的速度吹向对岸。若小孩沿着河岸以 3 英尺每秒的速度跟着他的小船，则 3 秒钟后小船离开他的速度是多少？

3. 设函数 $f(x,y)$ 的方向导数在点 $P_0(2,0)$ 沿方向 $\boldsymbol{l}_1=(2,-2)$ 为 1，且沿方向 $l_2=(-2,0)$ 为 -3。求函数 f 在点 P_0 沿方向 $l=(3,2)$ 的方向导数.

4. 设函数 $f(x,y)$ 的偏导数，f'_x 和 f'_y 在点 P_0 的一个邻域 $U(P_0)$ 内均有界. 证明 f 在邻域 $U(P_0)$ 内连续.

9.3　多元复合函数及隐函数的微分

类似单变量函数情形，对多元复合函数及隐函数，也可以构造方法来计算它们的偏导数、微分等。本节将根据以前在单变量情形时的发现来推广这个方法，并仍将其称为“链式法则”.

9.3.1　多元复合函数的偏导数和全微分

首先考虑函数 z，定义为 $z=f[u(x,y),v(x,y)]$，其中 x 在点 (u,v) 是可微的，u,v 均在点 (x,y) 可微，且 (x,y) 为 u 和 v 定义域中的点。于是，由于 u 和 v 均为可微的，则显然

$$\Delta u=\frac{\partial u}{\partial x}\Delta x+\frac{\partial u}{\partial y}\Delta y+o_1(\rho), \tag{9.3.1}$$

$$\Delta v=\frac{\partial v}{\partial x}\Delta x+\frac{\partial v}{\partial y}\Delta y+o_2(\rho), \tag{9.3.2}$$

其中 $\rho=\sqrt{(\Delta x)^2+(\Delta y)^2}$。此外，由于 z 在 (u,v) 可微，可得

$$\Delta z=\frac{\partial z}{\partial u}\Delta u+\frac{\partial z}{\partial v}\Delta v+o\left(\sqrt{(\Delta u)^2+(\Delta v)^2}\right). \tag{9.3.3}$$

将式(9.3.1)、式(9.3.2)代入式(9.3.3)，可得

$$\Delta z=\left(\frac{\partial z}{\partial u}\frac{\partial u}{\partial x}+\frac{\partial z}{\partial v}\frac{\partial v}{\partial x}\right)\Delta x+\left(\frac{\partial z}{\partial u}\frac{\partial u}{\partial y}+\frac{\partial z}{\partial v}\frac{\partial v}{\partial y}\right)\Delta y+\alpha, \tag{9.3.4}$$

其中

$$\alpha = \frac{\partial z}{\partial u} o_1(\rho) + \frac{\partial z}{\partial v} o_2(\rho) + o\left(\sqrt{(\Delta u)^2 + (\Delta v)^2}\right).$$

由于系数 Δx 和 Δy 对给定的(x,y)是常数，因此，若可以证明 α 也是 ρ 的高阶无穷小量，即可求出复合函数 z 对自变量 x 和 y 的微分. 事实上，

$$\frac{o\left(\sqrt{(\Delta u)^2 + (\Delta v)^2}\right)}{\rho} = \frac{o\left(\sqrt{(\Delta u)^2 + (\Delta v)^2}\right)}{\sqrt{(\Delta u)^2 + (\Delta v)^2}} \cdot \frac{\sqrt{(\Delta u)^2 + (\Delta v)^2}}{\rho}. \tag{9.3.5}$$

注意到

$$\frac{|\Delta u|}{\rho} \leqslant \left|\frac{\partial u}{\partial x}\right| \frac{|\Delta x|}{\rho} + \left|\frac{\partial u}{\partial y}\right| \frac{|\Delta y|}{\rho} + \frac{|o_1(\rho)|}{\rho} < \left|\frac{\partial u}{\partial x}\right| + \left|\frac{\partial u}{\partial y}\right| + 1.$$

这意味着$\frac{|\Delta u|}{\rho}$是有界的。类似地可以证明$\frac{|\Delta v|}{\rho}$也是有界的。因此，有

$$\lim_{\rho \to 0} \frac{o\left(\sqrt{(\Delta u)^2 + (\Delta v)^2}\right)}{\rho} = 0.$$

故函数 z 在点(x,y)也可微，且其微分为

$$\mathrm{d}z = \left(\frac{\partial z}{\partial u}\frac{\partial u}{\partial x} + \frac{\partial z}{\partial v}\frac{\partial v}{\partial x}\right)\mathrm{d}x + \left(\frac{\partial z}{\partial u}\frac{\partial u}{\partial y} + \frac{\partial z}{\partial v}\frac{\partial v}{\partial y}\right)\mathrm{d}y.$$

定理 9.3.1 设 $u=u(x,y)$和 $v=v(x,y)$在点(x,y)均可微，同时函数 $z=f(u,v)$在相应点(u,v)也可微，则复合函数 $z=f[u(x,y),v(x,y)]$在点(x,y)也可微，且全微分为

$$\mathrm{d}z = \left(\frac{\partial z}{\partial u}\frac{\partial u}{\partial x} + \frac{\partial z}{\partial v}\frac{\partial v}{\partial x}\right)\mathrm{d}x + \left(\frac{\partial z}{\partial u}\frac{\partial u}{\partial y} + \frac{\partial z}{\partial v}\frac{\partial v}{\partial y}\right)\mathrm{d}y. \tag{9.3.6}$$

由可微函数的定义可知，若复合函数 $z=f[u(x,y),v(x,y)]$在点(x,y)可微，则下面的链式法则成立：

$$\frac{\partial z}{\partial x} = \frac{\partial z}{\partial u}\frac{\partial u}{\partial x} + \frac{\partial z}{\partial v}\frac{\partial v}{\partial x}, \quad \frac{\partial z}{\partial y} = \frac{\partial z}{\partial u}\frac{\partial u}{\partial y} + \frac{\partial z}{\partial v}\frac{\partial v}{\partial y}. \tag{9.3.7}$$

当 $y=f(u_1,u_2,\cdots,u_m)$且 $u_i=u_i(x_1,x_2,\cdots,x_n)$，$i=1,2,\cdots,m$ 时，其中 m 和 n 均为正整数. 同时假设 u_i 和 y 在 $\boldsymbol{x}=(x_1,x_2,\cdots,x_n)$可微，则有

$$\mathrm{d}y = \frac{\partial y}{\partial x_1}\mathrm{d}x_1 + \frac{\partial y}{\partial x_2}\mathrm{d}x_2 + \cdots + \frac{\partial y}{\partial x_n}\mathrm{d}x_n, \tag{9.3.8}$$

其中

$$\frac{\partial y}{\partial x_j} = \frac{\partial y}{\partial u_1}\frac{\partial u_1}{\partial x_j} + \frac{\partial y}{\partial u_2}\frac{\partial u_2}{\partial x_j} + \cdots + \frac{\partial y}{\partial u_m}\frac{\partial u_m}{\partial x_j}, \quad j = 1,2,\cdots,n. \tag{9.3.9}$$

对多元复合函数而言，有多种不同的形式，但能否区分中间变量和最终变量才是顺利使用链式法则的关键。例如：

(1) 令 $z=f(u,v)$，$u=\varphi(x)$，$v=\psi(x)$均为可微函数. 则它们复合后得到的函数为一个单变量函数 $z=f[\varphi(x),\psi(x)]$. 由公式(9.3.7)可得

$$\frac{\mathrm{d}z}{\mathrm{d}x} = \frac{\partial z}{\partial u}\frac{\mathrm{d}u}{\mathrm{d}x} + \frac{\partial z}{\partial v}\frac{\mathrm{d}v}{\mathrm{d}x}, \tag{9.3.10}$$

这称为复合函数 z 对 x 的全导数.

(2) 令 $w=f(u)$,$u=\varphi(x,y,z)$为可微函数。则复合函数 $w=f[\varphi(x,y,z)]$也可微,它有一个中间变量及三个最终变量。由式(9.3.9),可得

$$\frac{\partial w}{\partial x}=\frac{\mathrm{d}w}{\mathrm{d}u}\frac{\partial u}{\partial x},\quad \frac{\partial w}{\partial y}=\frac{\mathrm{d}w}{\mathrm{d}u}\frac{\partial u}{\partial y},\quad \frac{\partial w}{\partial z}=\frac{\mathrm{d}w}{\mathrm{d}u}\frac{\partial u}{\partial z}. \tag{9.3.11}$$

(3) 令 $u=f(x,y,z)$,$z=\varphi(x,y)$为可微函数.则复合函数 $u=f[x,y,\varphi(x,y)]$也是可微的,它有三个中间变量以及两个最终变量.由式(9.3.9),可得

$$\frac{\partial u}{\partial x}=\frac{\partial f}{\partial x}+\frac{\partial f}{\partial z}\frac{\partial}{\partial x},\quad \frac{\partial u}{\partial y}=\frac{\partial f}{\partial y}+\frac{\partial f}{\partial z}\frac{\partial z}{\partial y}. \tag{9.3.12}$$

需要注意的是,符号$\frac{\partial u}{\partial x}$和$\frac{\partial f}{\partial x}$是不同的,千万不要混淆.

为帮助分析变量的独立性,可以使用树形图来考察。例如,在情形(3)时,其树形图见图 9.3.1.将复合函数 z 作为树的"根"。然后在"根"的右侧给出中间变量。若中间变量也依赖于其他的变量,可以将这些自变量写在该中间变量的右侧。然后,用直线连接左、右两侧的变量以表示它们的直接依赖性。每一条直线均表示一个偏导数或导数。要求得复合函数对最终变量的导数,可以按照如下的步骤:求出从根到最终自变量,或简称"叶子"的所有路径;将相同路径上的所有导数相乘,然后将不同路径上的乘积相加,即可得到结论.

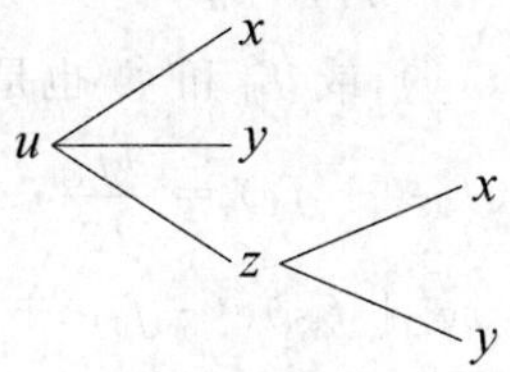

图 9.3.1

例 9.3.2　设 $z=f(x,xy)$,其中 $z=f(u,v)$可微.求$\frac{\partial z}{\partial x}$,$\frac{\partial z}{\partial y}$.

解　显然,复合函数 $z=f(x,xy)$是可微的,因为 $u=x$ 和 $v=xy$ 均为可微的.这个问题的树形图在图 9.3.2 中给出.由公式(9.3.7)有

$$\frac{\partial z}{\partial x}=\frac{\partial f}{\partial x}+\frac{\partial f}{\partial v}\cdot\frac{\partial v}{\partial x}=\frac{\partial f}{\partial x}+y\,\frac{\partial f}{\partial v},\frac{\partial z}{\partial y}=\frac{\partial f}{\partial y}+x\,\frac{\partial f}{\partial v}.$$

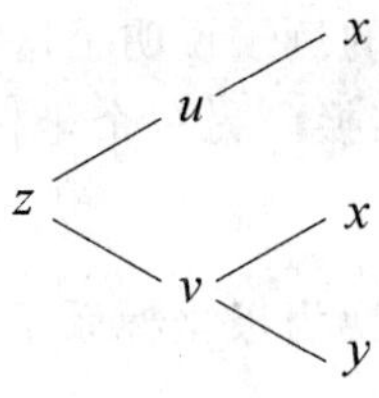

图 9.3.2

为简单起见,用 f_i 表示函数 f 对其第 i 个变量的偏导数。则例 9.3.2 中的结果可改写为

$$z_1=f_1+f_2.v_1=f_1+yf_2,\quad z_2=f_1+f_2\cdot v_2=f_1+xf_2.$$

例 9.3.3 令 $u=\varphi(x^2+y^2)$，其中 φ 可导。试证

$$x\frac{\partial u}{\partial y}-y\frac{\partial u}{\partial x}=0.$$

证明 令 $u=\varphi(x^2+y^2)$ 为由函数

$$u=\varphi(z)\text{和 }z=x^2+y^2$$

复合得到复合函数。读者可以自己绘制这个函数对应的树形图。分别对 x 和 y 求偏导数可得

$$\frac{\partial u}{\partial x}=\varphi'(z)\cdot 2x,\frac{\partial u}{\partial y}=\varphi'(z)\cdot 2y,$$

因此

$$x\frac{\partial u}{\partial y}-y\frac{\partial u}{\partial x}=2xy\varphi'(z)-2xy\varphi'(z)=0.$$

例 9.3.4 令 $z=f(u,x,y)$，其中，函数 f 对每一个变量的二阶偏导数均连续①. 若 $u=xe^y$，求 $\frac{\partial^2 z}{\partial y\partial x}$.

解 复合关系见图 9.3.3.利用链式法则，有

$$\frac{\partial z}{\partial x}=\frac{\partial f}{\partial u}\cdot\frac{\partial u}{\partial x}+\frac{\partial f}{\partial x}=f_1e^y+f_2.$$

注意到 $f_1=f_1(u,x,y)$，$f_2=f_2(u,x,y)$，或 f_1 和 f_2 也是 u,x 和 y 的函数，则有

$$\begin{aligned}\frac{\partial^2 z}{\partial y\partial x}&=\frac{\partial}{\partial y}(f_1e^y+f_2)=\frac{\partial f_1}{\partial y}\cdot e^y+f_1e^y+\frac{\partial f_2}{\partial y}\\&=(f_{11}xe^y+f_{13})e^y+f_1e^y+f_{21}xe^y+f_{23},\end{aligned}$$

其中 f_{ij} 表示函数列其第 i 个变量求偏导后，再对第 j 个变量求偏导的二阶偏导函数.

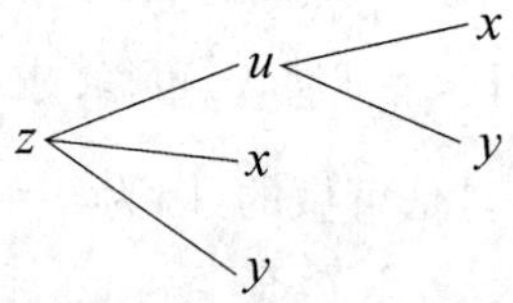

图 9.3.3

为求解物理和工程中的问题，通常需要使用复台函数的链式法则，将一个坐标系中的偏导关系转换到另一个坐标系中。下面的例子说明了这种做法.

实践中，我们需要从一个坐标系转换到另一个坐标系。下面的例子给出如何将 xOy 坐标系中的微分转换到极坐标系.

例 9.3.5 将表达式 $\frac{\partial^2 u}{\partial x^2}+\frac{\partial^2 u}{\partial y^2}$ 转换为极坐标系下的表达式，其中 $u=F(x,y)$ 有连续的

① 此时，也称 f 为 $C^{(2)}$ 函数类中的函数。若 f 的所有的 k 阶偏导数在区域 Ω 上都连续，则 f 属于函数 $C^{(k)}(\Omega)$.

二阶偏导数.

解　令 $x=\rho\cos\varphi, y=\rho\sin\varphi$,则

$$\rho=\sqrt{x^2+y^2},\quad \varphi=\arctan\frac{y}{x}, \tag{9.3.13}$$

精确地说,需要强调 $\varphi=\arctan\frac{y}{x}$,其中 $-\frac{\pi}{2}<\varphi<\frac{\pi}{2}$ 及 $\varphi=\pi+\arctan\frac{y}{x}$,其中 $\frac{\pi}{2}<\varphi<\frac{3\pi}{2}$. 但是,即便不说,下面有讨论也是成立的。

注意到

$$u=F(x,y)=F(\rho\cos\varphi,\rho\sin\varphi)=\overline{F}(\rho,\varphi)=\overline{F}\left(\sqrt{x^2+y^2},\arctan\frac{y}{x}\right).$$

故可将函数 $u=F(x,y)$ 看作是函数 $u=\overline{F}(\rho,\varphi)$ 与函数 $\rho=\sqrt{x^2+y^2}$ 及 $\varphi=\arctan\frac{y}{x}$ 复合而成的函数.

应用链式法则,可以得到

$$\frac{\partial u}{\partial x}=\frac{\partial u}{\partial \rho}\cdot\frac{\partial \rho}{\partial x}+\frac{\partial u}{\partial \varphi}\cdot\frac{\partial \varphi}{\partial x},\frac{\partial u}{\partial y}=\frac{\partial u}{\partial \rho}\cdot\frac{\partial \rho}{\partial y}+\frac{\partial u}{\partial \varphi}\cdot\frac{\partial \varphi}{\partial y}. \tag{9.3.14}$$

由式(9.3.13),有

$$\frac{\partial \rho}{\partial x}=\frac{x}{\sqrt{x^2+y^2}}=\frac{x}{\rho}=\cos\varphi,\quad \frac{\partial \rho}{\partial y}=\frac{y}{\sqrt{x^2+y^2}}=\frac{y}{\rho}=\sin\varphi,$$

$$\frac{\partial \varphi}{\partial x}=-\frac{y}{x^2+y^2}=-\frac{\sin\varphi}{\rho},\quad \frac{\partial \varphi}{\partial y}=\frac{x}{x^2+y^2}=\frac{\cos\varphi}{\rho}. \tag{9.3.15}$$

将式(9.3.15)代入式(9.3.14),有

$$\frac{\partial u}{\partial x}=\frac{\partial u}{\partial \rho}\cos\varphi-\frac{\partial u}{\partial \varphi}\frac{\sin\varphi}{\rho}, \tag{9.3.16}$$

$$\frac{\partial u}{\partial y}=\frac{\partial u}{\partial \rho}\sin\varphi+\frac{\partial u}{\partial \varphi}\frac{\cos\varphi}{\rho}. \tag{9.3.17}$$

故

$$\begin{aligned}\frac{\partial^2 u}{\partial x^2}=&\frac{\partial^2 u}{\partial \rho^2}\cos^2\varphi-2\,\frac{1}{\rho}\,\frac{\partial^2 u}{\partial\rho\partial\varphi}\sin\varphi\cos\varphi+\\&2\,\frac{\partial u}{\partial\varphi}\frac{\sin\varphi\cos\varphi}{\rho^2}+\frac{\partial^2 u}{\partial\varphi^2}\frac{\sin^2\varphi}{\rho^2}+\frac{\partial u}{\partial\rho}\frac{\sin^2\varphi}{\rho}.\end{aligned}$$

且

$$\begin{aligned}\frac{\partial^2 u}{\partial y^2}=&\frac{\partial^2 u}{\partial \rho^2}\sin^2\varphi+2\,\frac{1}{\rho}\,\frac{\partial^2 u}{\partial\rho\partial\varphi}\sin\varphi\cos\varphi-\\&2\,\frac{\partial u}{\partial\varphi}\,\frac{\sin\varphi\cos\varphi}{\rho^2}+\frac{\partial^2 u}{\partial\varphi^2}\,\frac{\cos^2\varphi}{\rho^2}+\frac{\partial u}{\partial\rho}\,\frac{\cos^2\varphi}{\rho}.\end{aligned}$$

因此

$$\frac{\partial^2 u}{\partial x^2}+\frac{\partial^2 u}{\partial y^2}=\frac{\partial^2 u}{\partial \rho^2}+\frac{1}{\rho^2}\frac{\partial^2 u}{\partial \varphi^2}+\frac{1}{\rho}\frac{\partial u}{\partial \rho}.$$

基于前面的学习，已知在单变量情形，一阶微分具有形式不变性。在多变量情形，注意到

$$\begin{aligned}\mathrm{d}z&=\left(\frac{\partial z}{\partial u}\frac{\partial u}{\partial x}+\frac{\partial z}{\partial v}\frac{\partial v}{\partial x}\right)\mathrm{d}x+\left(\frac{\partial z}{\partial u}\frac{\partial u}{\partial y}+\frac{\partial z}{\partial v}\frac{\partial v}{\partial y}\right)\mathrm{d}y\\&=\frac{\partial z}{\partial u}\left(\frac{\partial u}{\partial x}\mathrm{d}x+\frac{\partial u}{\partial y}\mathrm{d}y\right)+\frac{\partial z}{\partial v}\left(\frac{\partial v}{\partial x}\mathrm{d}x+\frac{\partial v}{\partial y}\mathrm{d}y\right).\end{aligned}$$

由于

$$\mathrm{d}u=\frac{\partial u}{\partial x}\mathrm{d}x+\frac{\partial u}{\partial y}\mathrm{d}y,\quad \mathrm{d}v=\frac{\partial v}{\partial x}\mathrm{d}x+\frac{\partial v}{\partial y}\mathrm{d}y, \tag{9.3.18}$$

故有

$$\mathrm{d}z=\frac{\partial z}{\partial u}\mathrm{d}u+\frac{\partial z}{\partial v}\mathrm{d}v. \tag{9.3.19}$$

表达式(9.3.18)和表达式(9.3.19)说明无论 u 和 v 是中间变量还是最终变量，其全微分的形式都是不变的。这个性质称为一阶全微分的形式不变性或简称全微分形式不变性.

例 9.3.6 设 $z=f(x,y)=\mathrm{e}^{xy}\sin(xy)$，求$\frac{\partial z}{\partial x}$及$\frac{\partial z}{\partial y}$.

解 容易看到，函数 z 是可微的，若令

$$u(x,y)=\mathrm{e}^{xy} \text{ 及 } v(x,y)=\sin(xy),$$

则 z 可看作是 u 与 v 复合而成的复合函数，也即 $z=uv$. 则由全微分的形式不变性，有

$$\mathrm{d}z=\frac{\partial z}{\partial u}\mathrm{d}u+\frac{\partial z}{\partial v}\mathrm{d}v=v\mathrm{d}u+u\mathrm{d}v,$$

及

$$\mathrm{d}u=\frac{\partial u}{\partial x}\mathrm{d}x+\frac{\partial u}{\partial y}\mathrm{d}y=y\mathrm{e}^{xy}\mathrm{d}x+x\mathrm{e}^{xy}\mathrm{d}y,$$

$$\mathrm{d}v=\frac{\partial v}{\partial x}\mathrm{d}x+\frac{\partial v}{\partial y}\mathrm{d}y=y\cos(xy)\mathrm{d}x+x\cos(xy)\mathrm{d}y.$$

又

$$\begin{aligned}\mathrm{d}z&=v\mathrm{d}u+u\mathrm{d}v\\&=\sin(xy)(y\mathrm{e}^{xy}\mathrm{d}x+x\mathrm{e}^{xy}\mathrm{d}y)+\mathrm{e}^{xy}[y\cos(xy)\mathrm{d}x+x\cos(xy)\mathrm{d}y]\\&=y\mathrm{e}^{xy}[\sin(xy)+\cos(xy)]\mathrm{d}x+x\mathrm{e}^{xy}[\sin(xy)+\cos(xy)]\mathrm{d}y.\end{aligned}$$

故

$$\frac{\partial z}{\partial x}=y\mathrm{e}^{xy}[\sin(xy)+\cos(xy)],$$

$$\frac{\partial z}{\partial y}=x\mathrm{e}^{xy}[\sin(xy)+\cos(xy)].$$

9.3.2　隐函数的微分

在单变量情形时，已经讨论过隐函数的导数，其基础是复合函数的求导方法。对多变量的情形，也需考虑隐函数的导数。由于存在多于一个的变量，这种情形和单变量情形有着很大的不同。下文将分两个部分引入多元隐函数的导数。第一部分中的隐函数是由一个方程来确定的，而在第二部分中，隐函数是由多个方程确定的.

首先从多元隐函数的定义开始，展开讨论.

定义 9.3.7(一个方程确定的隐函数).　对方程

$$F(x_1,x_2,\cdots,x_n,y)=0, \tag{9.3.20}$$

若存在一个 n 元函数 $u=\varphi(\boldsymbol{x})$，$\boldsymbol{x}=(x_1,x_2,\cdots,x_n)\in\Omega\subseteq\mathbf{R}^n$，使得

$$F[x_1,x_2,\cdots,x_n,\varphi(x_1,x_2,\cdots,x_n)]\equiv 0,$$

对一切 $\boldsymbol{x}$ 均成立，则 $\boldsymbol{y}=\varphi(x)$ 称一个由方程(9.3.20)所确定的**隐函数**.

当然，正如读者的疑问，一个方程是否可以确定一个隐函数？这个问题的细节超过了本书的要求，因此，此处略去这些细节，但是将其结果列在下面的定理中.

定理 9.3.8(隐函数存在定理).　设 $F(x,y)$ 满足下列条件：

(1) $F(x_0,y_0)=0$；

(2) 函数 F 的所有偏导函数在所有点 $(x,y)\in U(x_0,y_0)$ 均连续；

(3) $F'_y\Big|_{(x_0,y_0)}\neq 0$.

则

(1) 存在唯一的定义于 $U(x_0,y_0)$ 上的函数 $y=f(x)$，使得 $y_0=f(x_0)$ 且 $F(x,f(x))\equiv 0$；

(2) 函数 $y=f(x)$ 在 $U(x_0,y_0)$ 内有连续导数，且

$$\frac{\mathrm{d}y}{\mathrm{d}x}=-\frac{F'_x}{F'_y}. \tag{9.3.21}$$

下文中，将总是假设隐函数可以由给定的方程确定，且该隐函数的导数总是连续的.

设方程 $F(x,y)=0$ 确定了一个函数 $y=f(x)$，则有

$$F[x,f(x)]\equiv 0$$

对所有可能的 x 都成立. 显然上式的左边实际上就是一个变量 x 的函数，则根据复合函数的求导法则，可以对上式两边分别求导数，并得到

$$F'_x+F'_y\cdot\frac{\mathrm{d}y}{\mathrm{d}x}=0.$$

其中 F'_y 连续，且 $F'_y(x,y)\neq 0$，其中 $(x,y)\in U(x_0,y_0)$，故

$$\frac{\mathrm{d}y}{\mathrm{d}x}=-\frac{F'_x}{F'_y}.$$

此外，当 $z=f(x,y)$ 为方程

$$F[x,y,f(x,y)]\equiv 0$$

所确定的隐函数时，方程的左右两端均可看成是两个变量 x 和 y 的函数。和以前的方法相似，将方程两边分别对 x 和 y 求偏导数，并利用复合函数的求导法则，可得

$$F'_x+F'_z\frac{\partial z}{\partial x}=0 \text{ 及 } F'_y+F'_z\frac{\partial z}{\partial y}=0.$$

若 F'_z 是连续的，且 $F'_z(x,y,z)\neq 0$，其中 $(x,y,z)\in U(x_0,y_0,z_0)$，则

$$\frac{\partial z}{\partial x}=-\frac{F'_x}{F'_z}\text{且}\frac{\partial z}{\partial y}=-\frac{F'_y}{F'_z}.$$

作为一个一般的结论，可以得到如下的定理。

定理 9.3.9 设函数 $z=f(x_1,x_2,\cdots,x_n)$ 可由下面的方程确定

$$F(x_1,x_2,\cdots,x_n,z)\equiv 0,$$

其中 F'_z 连续且 $F'_z(x_1,x_2,\cdots,x_n,z)\neq 0$，$(x_1,x_2,\cdots,x_n,z)\in U(x_1^0,x_2^0,\cdots,x_n^0,z^0)$，则

$$\frac{\partial F}{\partial x_i}=-\frac{F'_{x_i}}{F'_z},\quad i=1,2,\cdots,n. \tag{9.3.22}$$

例 9.3.10 令 $\varphi(u,v)$ 有一阶连续偏导数，且 $z=z(x,y)$ 为一个由方程 $\varphi(cx-az,cy-bz)=0$ 确定的函数，其中 a,b 及 c 均为常数. 求 $az'_x+bz'_y$.

解 令 $u=cx-az,v=cy-bz$. 显然，复合函数 $\varphi(cx-az,cy-bz)$ 的所有一阶偏导数都存在且连续，故由式(9.3.22)，可得

$$z'_x=-\frac{c\varphi'_1}{-a\varphi'_1-b\varphi'_2}=\frac{c\varphi'_1}{a\varphi'_1+b\varphi'_2},$$

且

$$z'_y=-\frac{c\varphi'_2}{-a\varphi'_1-b\varphi'_2}=\frac{c\varphi'_2}{a\varphi'_1+b\varphi'_2}.$$

故

$$az'_x+bz'_y=c.$$

9.3.3 方程组确定的隐函数的微分

设有两个方程

$$F(x,y,u,v)=0 \text{ 及 } G(x,y,u,v)=0. \tag{9.3.23}$$

一般地，对有四个未知量的两个方程构成的方程组至少会有两个自由变量，不妨设为 x 和 y，则 u 和 v 可以表示为 x 和 y 的函数，也即 $u=u(x,y)$ 及 $v=v(x,y)$。它们也称为由方程组(9.3.23)所确定的隐函数.

当然，这两个函数 u 和 v 也许并不存在，也需探讨能够保证隐函数存在性的条件。但是这些工作也超过了本书的范畴，因此也被略去。本书中，读者总是可以假设隐函数能够被给出的方程组确定的，也即方程组(9.3.23)总是可以确定两个函数 $u(x,y)$ 和 $v(x,y)$，使得

$$\begin{cases} F[x,y,u(x,y),v(x,y)]\equiv 0, \\ G[x,y,u(x,y),v(x,y)]\equiv 0. \end{cases} \tag{9.3.24}$$

下文中，将给出可以求出隐函数 $u(x,y)$ 和 $v(x,y)$ 的偏导数的方法。事实上，可以利用复合函数求导法将方程组(9.3.24)中的两个方程两边分别对 x 求偏导数，于是有

$$\begin{cases} F'_x+F'_u\cdot\dfrac{\partial u}{\partial x}+F'_v\cdot\dfrac{\partial v}{\partial x}=0, \\ G'_x+G'_u\cdot\dfrac{\partial u}{\partial x}+G'_v\cdot\dfrac{\partial v}{\partial x}=0. \end{cases} \tag{9.3.25}$$

容易看到，方程组(9.3.25)为两个未知量 $\dfrac{\partial u}{\partial x}$ 和 $\dfrac{\partial v}{\partial x}$ 的线性代数方程组，其中 F'_x，F'_u，F'_v，G'_x，G'_u 和 G'_v 为已知函数。由线性代数方程组求解定理可知，若

$$\begin{vmatrix} F'_u & F'_v \\ G'_u & G'_v \end{vmatrix}\neq 0 \tag{9.3.26}$$

对所有可能的 (x,y) 都成立，则线性代数方程组(9.3.25)有唯一解，并可使用克莱姆法则求得，也即

$$\frac{\partial u}{\partial x}=-\frac{\begin{vmatrix} F'_x & F'_v \\ G'_x & G'_v \end{vmatrix}}{\begin{vmatrix} F'_u & F'_v \\ G'_u & G'_v \end{vmatrix}},\text{且}\frac{\partial v}{\partial x}=-\frac{\begin{vmatrix} F'_u & F'_x \\ G'_u & G'_x \end{vmatrix}}{\begin{vmatrix} F'_u & F'_v \\ G'_u & G'_v \end{vmatrix}}. \tag{9.3.27}$$

为简化起见，引入如下的记号

$$J=\frac{\partial(F,G)}{\partial(u,v)}=\begin{vmatrix} F'_u & F'_v \\ G'_u & G'_v \end{vmatrix}, \tag{9.3.28}$$

这称为**雅可比行列式**，则式(9.3.27)中的结果可以改写为

$$\frac{\partial u}{\partial x}=-\frac{\dfrac{\partial(F,G)}{\partial(x,v)}}{J},\text{及}\frac{\partial v}{\partial x}=-\frac{\dfrac{\partial(F,G)}{\partial(u,x)}}{J}. \tag{9.3.29}$$

例 9.3.11　求方程组

$$u^2-v^2=-2x,\quad uv=y. \tag{9.3.30}$$

确定的隐函数 $u(x,y)$ 和 $v(x,y)$ 的所有偏导数.

解

解法 I

可以假设方程组(9.3.30)可以确定 u 和 v 为 x 和 y 的隐函数。若利用复合函数求导法对方程组(9.3.30)中的方程两边分别 x 求偏导数，则

$$\begin{cases} 2u\dfrac{\partial u}{\partial x}-2v\dfrac{\partial v}{\partial x}=-2, \\ v\dfrac{\partial u}{\partial x}+u\dfrac{\partial v}{\partial x}=0. \end{cases} \tag{9.3.31}$$

式(9.3.31)是两个未知量$\frac{\partial u}{\partial x}$和$\frac{\partial v}{\partial x}$的线性代数方程组，且其系数行列式对所有可能的 x 和 y 不等于零，或

$$J=\frac{\partial(F,G)}{\partial(u,v)}=\begin{vmatrix} F'_u & F'_v \\ G'_u & G'_v \end{vmatrix}=\begin{vmatrix} 2u & -2v \\ v & u \end{vmatrix}=2(u^2+v^2). \qquad (9.3.32)$$

因此，若 $u^2+v^2\neq 0$，由式(9.3.29)可得

$$\frac{\partial u}{\partial x}=-\frac{u}{u^2+v^2}, \quad \frac{\partial v}{\partial x}=\frac{v}{u^2+v^2}.$$

类似地，若对方程组(9.3.30)两边对 y 求偏导数，可得

$$\begin{cases} 2u\dfrac{\partial u}{\partial y}-2v\dfrac{\partial v}{\partial y}=0, \\ v\dfrac{\partial u}{\partial y}+u\dfrac{\partial v}{\partial y}=1, \end{cases}$$

若 $u^2+v^2\neq 0$，由式(9.3.30)，可得

$$\frac{\partial u}{\partial y}=\frac{v}{u^2+v^2}, \quad \frac{\partial v}{\partial y}=\frac{u}{u^2+v^2}.$$

解法Ⅱ

求方程组(9.3.30)两边的全微分。利用全微分的形式不变性，有

$$\begin{cases} 2u\mathrm{d}u-2v\mathrm{d}v=-2\mathrm{d}x, \\ v\mathrm{d}u+u\mathrm{d}v=\mathrm{d}y. \end{cases}$$

这个方程组可以看作是未知量 $\mathrm{d}u$ 和 $\mathrm{d}v$ 的线性代数方程组. 若其雅可比行列式为 $J=2(u^2+v^2)\neq 0$，则可得

$$\mathrm{d}u=\frac{\begin{vmatrix} -\mathrm{d}x & -v \\ \mathrm{d}y & u \end{vmatrix}}{\begin{vmatrix} u & -v \\ v & u \end{vmatrix}}=-\frac{u}{u^2+v^2}\mathrm{d}x+\frac{v}{u^2+v^2}\mathrm{d}y,$$

$$\mathrm{d}v=\frac{\begin{vmatrix} u & -\mathrm{d}x \\ v & \mathrm{d}y \end{vmatrix}}{\begin{vmatrix} u & -v \\ v & u \end{vmatrix}}=\frac{v}{u^2+v^2}\mathrm{d}x+\frac{u}{u^2+v^2}\mathrm{d}y,$$

因此

$$\frac{\partial u}{\partial x}=-\frac{u}{u^2+v^2}, \quad \frac{\partial u}{\partial y}=\frac{v}{u^2+v^2}, \quad \frac{\partial v}{\partial x}=\frac{v}{u^2+v^2}, \quad \frac{\partial v}{\partial y}=\frac{u}{u^2+v^2}.$$

例 9.3.12 求由方程组

$$x=x(u,v), \quad y=y(u,v), \qquad (9.3.33)$$

确定的两个隐函数

$$u=u(x,y),\quad v=v(x,y),\tag{9.3.34}$$

的偏导数,并证明

$$\frac{\partial(u,v)}{\partial(x,y)}=\frac{1}{\dfrac{\partial(x,y)}{\partial(u,v)}}\text{或}\frac{\partial(x,y)}{\partial(u,v)}\cdot\frac{\partial(u,v)}{\partial(x,y)}=1,\tag{9.3.35}$$

其中 $J=\dfrac{\partial(x,y)}{\partial(u,v)}\neq 0$.

解　对方程(9.3.33)两边分别取全微分,可得

$$\mathrm{d}x=\frac{\partial x}{\partial u}\mathrm{d}u+\frac{\partial x}{\partial v}\mathrm{d}v,\quad \mathrm{d}y=\frac{\partial y}{\partial u}\mathrm{d}u+\frac{\partial y}{\partial v}\mathrm{d}v.$$

由于 $J=\dfrac{\partial(x,y)}{\partial(u,v)}\neq 0$,故求解上述线性代数方程中的未知量 $\mathrm{d}u$ 和 $\mathrm{d}v$,可得

$$\mathrm{d}u=\frac{1}{J}\frac{\partial y}{\partial v}\mathrm{d}x-\frac{1}{J}\frac{\partial x}{\partial v}\mathrm{d}y,\quad \mathrm{d}v=-\frac{1}{J}\frac{\partial y}{\partial u}\mathrm{d}x+\frac{1}{J}\frac{\partial x}{\partial u}\mathrm{d}y,$$

故

$$\frac{\partial u}{\partial x}=\frac{1}{J}\frac{\partial y}{\partial v},\quad \frac{\partial u}{\partial y}=-\frac{1}{J}\frac{\partial x}{\partial v},\quad \frac{\partial v}{\partial x}=-\frac{1}{J}\frac{\partial y}{\partial u},\quad \frac{\partial v}{\partial y}=\frac{1}{J}\frac{\partial x}{\partial u}.$$

由于

$$\frac{\partial(u,v)}{\partial(x,y)}=\begin{vmatrix}\dfrac{\partial u}{\partial x} & \dfrac{\partial u}{\partial y}\\ \dfrac{\partial v}{\partial x} & \dfrac{\partial v}{\partial y}\end{vmatrix}=\begin{vmatrix}\dfrac{1}{J}\dfrac{\partial y}{\partial v} & -\dfrac{1}{J}\dfrac{\partial x}{\partial v}\\ -\dfrac{1}{J}\dfrac{\partial y}{\partial u} & \dfrac{1}{J}\dfrac{\partial x}{\partial u}\end{vmatrix}$$

$$=\frac{1}{J^2}\left(\frac{\partial x}{\partial u}\frac{\partial y}{\partial v}-\frac{\partial x}{\partial v}\frac{\partial y}{\partial u}\right)=\frac{1}{J^2}\frac{\partial(x,y)}{\partial(u,v)}=\frac{1}{J},$$

故

$$J\,\frac{\partial(u,v)}{\partial(x,y)}=\frac{\partial(x,y)}{\partial(u,v)}\cdot\frac{\partial(u,v)}{\partial(x,y)}=1.$$

习题 9.3

A

1. 求下列函数的所有二阶偏导数(设 f 有连续二阶偏导数):

(1) $z=f(xy^2,x^2y)$;　　(2) $u=f(x^2+y^2+z^2)$.

2. 设方程 $\dfrac{\partial^2 u}{\partial x^2}+\dfrac{\partial^2 u}{\partial y^2}=0$ 解的形式为 $u=\varphi\left(\dfrac{y}{x}\right)$. 求其解.

3．设变换

$$u=x-2y,\quad v=x+ay$$

可将方程 $6\frac{\partial^2 z}{\partial x^2}+\frac{\partial^2 z}{\partial x\partial y}-\frac{\partial^2 z}{\partial y^2}=0$ 化简为$\frac{\partial^2 z}{\partial u\partial v}=0$.求其中的常数 a.

4．令 $z=f\left(xy,\frac{x}{y}\right)+g\left(\frac{y}{x}\right)$，其中 f 有连续的二阶偏导数，且 g 有连续的二阶导数。求$\frac{\partial^2 z}{\partial x\partial y}$.

5．利用全微分的形式不变性以及微分公式求下列函数的全微分和偏导数（设 φ 和 f 均可微）：

(1) $z=\varphi(xy)+\varphi\left(\frac{x}{y}\right)$；　　(2) $z=e^{xy}\sin(x+y)$；

(3) $u=\ln\sqrt{x^2+y^2+z^2}$；　　(4) $u=f(x^2-y^2,e^{xy},z)$.

6．求由下列方程确定的隐函数 y 的一阶导数和二阶导数：

(1) $\ln\sqrt{x^2+y^2}=\arctan\frac{y}{x}$；　　(2) $y=2x\arctan\frac{y}{x}$.

7．求由下列方程确定的隐函数 z 的一阶导数和二阶导数：

(1) $\frac{x}{z}=\ln\frac{z}{y}$；　　(2) $x^2-2y^2+z^2-4x+2z-5=0$.

8．令 $W=xy^2z^2$，其中 x,y,z 满足方程 $x^2+y^2+z^2-3xyz=0$.

(1) 若 z 为由该方程确定的隐函数，求$\left.\frac{\partial \omega}{\partial x}\right|_{(1,1,1)}$；

(2) 若 y 为由该方程确定的隐函数，求$\left.\frac{\partial \omega}{\partial x}\right|_{(1,1,1)}$.

9．求由下列方程确定的隐函数 z 的全微分：

(1) $F(x-az,y-bz)=0$；　　(2) $x^2+y^2+z^2=yf\left(\frac{z}{y}\right)$，

其中 F 有连续的一阶偏导数，f 连续可导，且 a 和 b 均为常数.

10．令 $y=f(x,t)$，其中 t 为方程 $F(x,y,t)=0$ 确定的 x 和 y 的隐函数 f，且 f 和 F 均有连续的一阶偏导数.证明

$$\frac{dy}{dx}=\frac{\frac{\partial f}{\partial x}\frac{\partial F}{\partial t}-\frac{\partial f}{\partial t}\frac{\partial F}{\partial x}}{\frac{\partial f}{\partial t}\frac{\partial F}{\partial y}+\frac{\partial F}{\partial t}}.$$

11．求由下列方程确定的隐函数的导数：

(1) $\begin{cases}xu-yv=0,\\ yu+xv=1,\end{cases}$ 求$\frac{\partial u}{\partial x},\frac{\partial v}{\partial y}$；

(2) $\begin{cases} u+v+w=x, \\ uv+vw+wu=y, \\ uvw=z, \end{cases}$ 求$\dfrac{\partial u}{\partial x},\dfrac{\partial u}{\partial y},\dfrac{\partial u}{\partial z}$.

12. 设函数 $u=u(x)$ 由方程组 $u=f(x,y,z)$，$\varphi(x^2,e^y,z)=0$ 和 $y=\sin x$ 确定，其中 f 和 φ 有连续一阶偏导数，且$\dfrac{\partial \varphi}{\partial z}\neq 0$. 求$\dfrac{du}{dx}$.

13. 设函数 $y=y(x)$ 和 $z=z(x)$ 为下列方程组确定的隐函数$\begin{cases} z=xf(x+y), \\ F(x,y,z)=0, \end{cases}$ 其中 f 和 F 分别有连续一阶导数和偏导数。求$\dfrac{dz}{dx}$.

B

1. 设函数 $z=f(x,y)$，在点(1,1)可微，且 $f(1,1)=1$，$\left.\dfrac{\partial f}{\partial x}\right|_{(1,1)}=2$，$\left.\dfrac{\partial f}{\partial y}\right|_{(1,1)}=3$，$\varphi(x)=f[x,f(x,x)]$. 求

$$\left.\frac{d}{dx}\varphi^3(x)\right|_{x=1}.$$

2. 设函数 $u=u(x,y)$ 为由方程 $u=f(x,y,z,t)$，$g(y,z,t)=0$ 和 $h(z,t)=0$ 确定的隐函数，其中 f,g,h 均有一阶偏导数，且 $J=\dfrac{\partial(g,h)}{\partial(z,t)}\neq 0$. 求$\dfrac{\partial u}{\partial y}$.

第 10 章

多元函数的应用

多元函数在应用中广为使用,因为从实际问题中导出的数学模型往往包含多个影响系统性能的因素.本章中,将介绍一些广为使用的多元函数,以及在这些函数上的运算.

首先,考虑在函数可微的前提下,如何近似函数的取值;然后,将考虑一些几何或物理问题,例如切线和速度、曲面的切平面和法线;最后,将研究无条件或有条件的极值问题.

10.1 利用全微分来近似计算函数值

设一个关于 n 个变量的标量函数 f 在点 $\boldsymbol{x}^0$ 可微.则有

$$\Delta f=f(\boldsymbol{x}^0+\Delta\boldsymbol{x})-f(\boldsymbol{x}^0)=\mathrm{d}f|_{\boldsymbol{x}^0}+o(\rho).$$

当 $\rho=\|\Delta\boldsymbol{x}\|\ll 1$ 时,可以略去高阶无穷小量,则有

$$f(\boldsymbol{x}^0+\Delta\boldsymbol{x})-f(\boldsymbol{x}^0)\approx \mathrm{d}f(\boldsymbol{x}^0)=\sum_{i=1}^{n}f'_{x_i}|_{\boldsymbol{x}^0}\Delta x_i,$$

或

$$f(\boldsymbol{x})\approx f(\boldsymbol{x}^0)+\sum_{i=1}^{n}f'_{x_i}|_{\boldsymbol{x}^0}(x_i-x_i^0). \tag{10.1.1}$$

几何上看,式(10.1.1)的右端项在 $\boldsymbol{x}\in\mathbf{R}^2$ 时是一个平面,当 $n\geqslant 3$ 且 $\boldsymbol{x}\in\mathbf{R}^n$ 时为一个超平面.

一般地,当函数在 $\boldsymbol{x}^0\in\mathbf{R}^m$ 可微时,可以近似函数在 $\boldsymbol{x}$ 点处的函数值,其中 $\boldsymbol{x}$ 和点 $\boldsymbol{x}^0$ 相去不远.

例 10.1.1 近似计算 $\sqrt{(1.97)^3+(1.01)^3}$.

解 令 $f(x)=\sqrt{x^3+y^3}$,$(x_0,y_0)=(2,1)$,$\Delta x=-0.03$,$\Delta y=0.01$. 则

$$f'_x(2,1)=\left.\frac{3x^2}{2\sqrt{x^3+y^3}}\right|_{(2,1)}=2,\ f'_y(2,1)=\left.\frac{3y^2}{2\sqrt{x^3+y^3}}\right|_{(2,1)}=\frac{1}{2}.$$

因此,

$$\sqrt{(1.97)^3+(1.01)^3}=f(x_0+\Delta x, y_0+\Delta y)\approx f(x_0,y_0)+\mathrm{d}f(x_0,y_0)$$
$$=f(2,1)+f'_x(2,1)\Delta x+f'_y(2,1)\Delta y=2.945.$$

例 10.1.1 说明，可以使用微分来近似函数的取值，尽管这个近似值并不精确. 此外，还需要估计逼近误差的界，它可被用于度量一个近似结果对应用问题是否足够好.

实践中，当需要测量长度、面积等时，根本无法得到精确的数量. 例如，说一个木棒的长度为 121.2 厘米，等价于说木棒的长度为一个在 121.15 厘米和 121.25 厘米之间的数值，或者在 121.20 厘米和 121.21 厘米之间的数值等. 即这个结果也是"真实"结果的一个近似值. 一般地，测量的结果与真实结果之间的误差称为绝对误差，其界称为测量的最大误差. 例如，若希望知道变量 x 的一个数值，将 x 的测量误差记为 δx，则绝对误差满足 $|\Delta x|<\delta_x$.

设一个量 z 是由函数 $z=f(x,y)$ 通过测量的量 x 和 y 决定的，其中 x 和 y 的测量值分别为 x_0 和 y_0. 设测量中的最大绝对误差分别为 δ_x 和 δ_y，且已经给定，例如 $|\Delta x|<\delta_x$，$|\Delta y|<\delta_y$. 则数值 $z_0=f(x_0,y_0)$，可以通过计算公式 $z=f(x,y)$，使用近似值 x_0 和 y_0 求得，同样也是 z 的一个近似值. 通常，总是希望知道用近似值 z_0 替换真实值 z 后的误差是多少.

由于 $|\Delta x|$ 和 $|\Delta y|$ 均非常小，近似值 $\Delta z\approx \mathrm{d}z$ 可以成立，且有

$$\begin{aligned}|\Delta z|\approx|\mathrm{d}z|&=|f'_x(x_0,y_0)\Delta x+f'_y(x_0,y_0)\Delta y|\\&\leqslant|f'_x(x_0,y_0)||\Delta x|+|f'_y(x_0,y_0)||\Delta y|\\&<|f'_x(x_0,y_0)|\delta_x+|f'_y(x_0,y_0)|\delta_y.\end{aligned}$$

因此，z_0 的绝对误差可以按照如下方法计算

$$\delta_z=|f'_x(x_0,y_0)|\delta_x+|f'_y(x_0,y_0)|\delta_y, \tag{10.1.2}$$

而 z_0 的相对误差为

$$\frac{\delta_z}{|z_0|}=\left|\frac{f'_x(x_0,y_0)}{f(x_0,y_0)}\right|\delta_x+\left|\frac{f'_y(x_0,y_0)}{f(x_0,y_0)}\right|\delta_y. \tag{10.1.3}$$

例 10.1.2　令 $z=xy$. 求利用测量值 z_0 和 y_0 计算得到的 z 的近似值的绝对误差和相对误差.

解　因为 $z_x=y, z_y=x$，于是由式(10.1.2)和式(10.1.3)，有

$$\text{绝对误差：}\quad \delta_z=|y_0|\delta_x+|x_0|\delta_y \tag{10.1.4}$$

$$\text{相对误差：}\quad \frac{\delta_z}{|z_0|}=\frac{\delta_x}{|x_0|}+\frac{\delta_y}{|y_0|} \tag{10.1.5}$$

式(10.1.5)说明乘积的相对误差是各个因素的相对误差的和. 此外，读者可以证明，商的相对误差等于分子分母的相对误差的和.

例 10.1.3　肾脏的重要功能之一是清除血液中的尿素. 临床实验中尿素清除的标准速度可以使用公式 $C=\sqrt{\dfrac{V}{P}}u$ 来计算，其中 u(mg/l)表示尿液中尿素的含量，V(ml/min)为每分钟尿液排出的数量，P(mg/L)为血液中尿素的含量. 一次实验中的测量值为 $u=5\,000$，$V=1.44$，$P=200$，故通过计算可得 $C=30$(对一个正常人来说 $C\approx 54$). 如果测量值 u，V 和 P 的绝对误差分别为 50，0.014 4和 2，估计使用测量值计算求得的 C 的绝对误差和相对误差.

解 $\frac{\partial C}{\partial u}=\frac{\sqrt{V}}{P},\frac{\partial C}{\partial V}=\frac{u}{2P\sqrt{V}},\frac{\partial C}{\partial P}=-\frac{u\sqrt{V}}{P^2}$,当 $u=5\,000,V=1.44,P=200$,有

$$\frac{\partial C}{\partial u}=0.006,\frac{\partial C}{\partial V}=\frac{125}{12},\frac{\partial C}{\partial P}=-0.15.$$

因此,C 的绝对误差为

$$\begin{aligned}\delta C&=\left|\frac{\partial C}{\partial u}\right|\delta_u+\left|\frac{\partial C}{\partial V}\right|\delta_V+\left|\frac{\partial C}{\partial P}\right|\delta_P\\&=0.006\times 50+\frac{125}{12}\times 0.014\,4+0.15\times 2=0.75,\end{aligned}$$

C 的相对误差为

$$\frac{\delta C}{|C|}=\frac{0.75}{30}=2.5\%.$$

习题 10.1

1. 设 $|x|$ 和 $|y|$ 的取值很小. 求下列函数的全微分的近似取值:

(1) $(1+x)^m(1+y)^n$; (2) $\arctan\frac{x+y}{1+xy}$.

2. 近似计算下列值:

(1) $\sin 29°\tan 46°$; (2) $(0.97)^{1.05}$.

3. 若一个圆锥逐渐破碎,其底面半径从 20 cm 增加到 20.05 cm,其高度从 100 cm 减少到 99 cm. 求其体积的近似值.

4. 单摆的周期可按照公式 $T=2\pi\sqrt{\frac{l}{g}}$ 计算,其中 l 为单摆的长度,g 为重力加速度. 证明 T 的相对误差近似等于 l 和 g 相对误差的平均值.

5. 将一个质量为 0.100(±0.000 5)kg 的物体置入水中. 水作用在物体上的浮力 0.12(±0.008)N. 近似求物体的密度,并估计这个近似值的绝对误差和相对误差(取重力加速度近似为 $g=10\ \mathrm{m/s^2}$).

10.2 多元函数的极值

众所周知,数学中函数的最大值和最小值为在一个给定邻域内(局部极小值)或在整个函数的定义域内(全局极大值或绝对极大值)的最大值和最小值. 对单变量函数情形,已经给出了它们的概念和求得它们的方法. 在多元函数情形,这个问题要远比单变量情形来得复杂. 本节中,将首先考虑无条件极值和有条件极值两种极值问题. 需要指出的是,此处仅仅给出了一些非常基本的概念和结论,对此感兴趣的读者也可以参考最优化理论中的相关问题.

为使得讨论容易理解,本节将主要针对两个变量的情形进行讨论.但显然,此处给出的方法很容易推广到 n 个变量的情形,其中 n 为一个正整数.

10.2.1　无条件极值

图 10.2.1 为两个二元函数.在图 10.2.1(a)中,容易看到函数在原点达到最大值,同时在原点附近也可能存在某些最小值.对图 10.2.1(b)中的函数,其最大值在两条坐标轴上取得,且可能没有最小值.

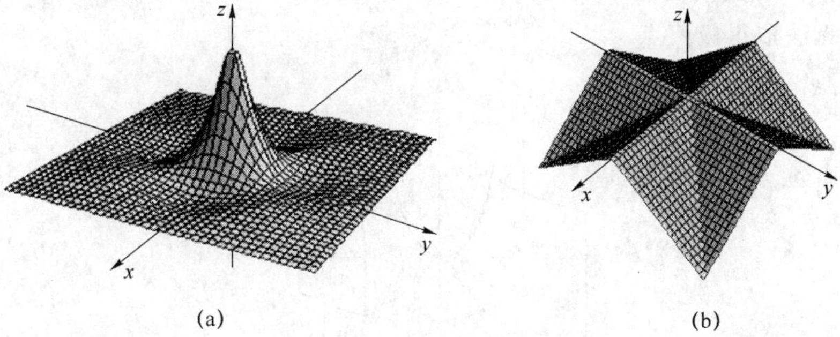

图 10.2.1

正式地,有如下定义.

定义 10.2.1　设 $f:U(x_0,y_0)\to R$.若 $\exists\delta>0$,使得

$$f(x,y)\leqslant f(x_0,y_0)\quad (f(x,y)\geqslant f(x_0,y_0)),\ \forall\,(x,y)\in U((x_0,y_0),\delta),\tag{10.2.1}$$

则称函数 f 在点 (x_0,y_0) 取得一个**无约束局部极大(极小)**,或者简称为 f 在 $f(x_0,y_0)$ 有极大值(极小值),且点 (x_0,y_0) 称为一个**极大值(极小值)**点或**极值点**.极大值和极小值合称**极值**.

例如,函数 $z=x^2+y^2$ 在点(0,0)取得极小值,$z=\sqrt{1-x^2-y^2}$ 在点(0,0)取得极大值.这两个函数的曲面在点(0,0)分别对应"山谷"和"山峰"(见图 10.2.2).

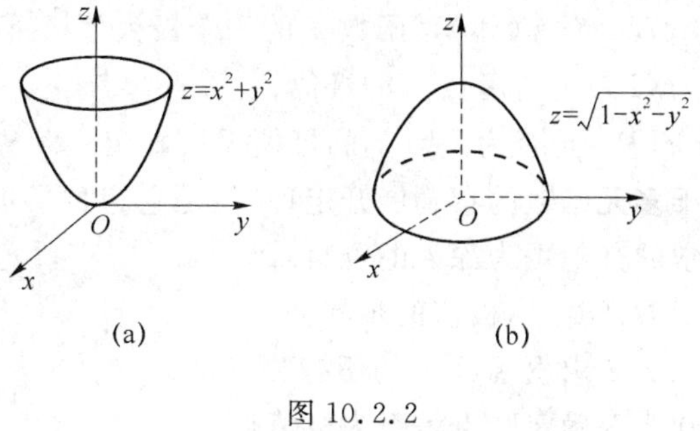

图 10.2.2

下面的定理给出了多元函数取得极值的必要条件.

定理 10.2.2(取得极值点的必要条件).　设函数 $f(x,y)$ 的所有偏导数在点 (x_0,y_0) 都

存在,并且点(x_0,y_0)为函数 f 的一个极值点,则

$$\mathbf{grad}f|_{(x_0,y_0)}=\nabla f|_{(x_0,y_0)}=(f'_x,f'_y)|_{(x_0,y_0)}=\mathbf{0}. \tag{10.2.2}$$

一个点(x_0,y_0)若满足条件$\nabla f|_{(x_0,y_0)}=\mathbf{0}$,则称为函数 f 的(**驻点**).因此定理 10.2.2 说明,一个可偏导函数 f 的极值点必然是其驻点.但是,正如单变量情形,驻点并不一定是极值点.例如,对函数 $f(x,y)=x^2-y^2$,点 $O(0,0)$显然是一个驻点,但是并不是极值点,因为在点 O 的任何一个邻域内,总可找到两个点$(x,0)$和$(0,y)$使得 $f(x,0)=x^2>0=f(0,0)$且 $f(0,y)=-y^2<0=f(0,0)$.函数 f 的图像(见图 10.2.3)显示,双曲抛物面 $z=x^2-y^2$ 在点 O 为一个"鞍点".该曲面在点 O 的任何一个邻域内都有向上的部分和向下的部分,因此,函数 f 在点 O 无法取得极值点.

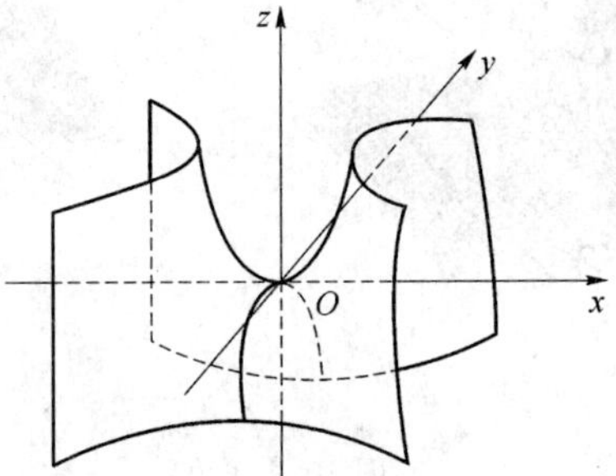

图 10.2.3

下面的定理给出了一个二元函数取得极值点的充分条件.

定理 10.2.3(取得极值点的充分条件). 设 $z=f(x,y)$在 $P_0(x_0,y_0)$有连续二阶偏导数,且 P_0 为 f 的一个驻点.令

$$A=f''_{xx}(P_0),\quad B=f''_{xy}(P_0),\quad C=f''_{yy}(P_0). \tag{10.2.3}$$

则

(1) 若 $A>0$ 且 $AC-B^2>0$,$f(P_0)$是函数 f 的一个极小值;

(2) 若 $A<0$ 且 $AC-B^2>0$,$f(P_0)$是函数 f 的一个极大值;

(3) 若 $AC-B^2<0$,$f(P_0)$不是函数 f 的极值;

(4) 若 $AC-B^2=0$,$f(P_0)$是否为函数 f 的极值无法确定.

这个定理的证明基于多元函数的泰勒展开定理,但是它超过了本书的范畴.感兴趣的读者可以参考一些关于数学的其他更为深入的资料.

求二阶连续可偏导函数 $f(x,y)$极值的步骤如下。

第 1 步:利用定理 10.2.2 求出函数 f 的所有驻点;

第 2 步:利用定理 10.2.3 确定驻点是否为极值点.

例 10.2.4 求函数 $f(x,y)=x^3+y^3+3xy$ 的所有极值点.

解 显然,通过求解方程组

$$\begin{cases} f'_x = 3x^2 + 3y = 0, \\ f'_y = 3y^2 + 3x = 0. \end{cases}$$

函数 f 有两个驻点 $M_1(0,0)$,$M_2(-1,-1)$. 为确定是否为极值点,首先计算二阶偏导数:

$$f''_{xx} = 6x,\quad f''_{xy} = 3,\quad f''_{yy} = 6y.$$

在点 M_1 有

$$A = f''_{xx}(0,0) = 0,\quad B = f''_{xy}(0,0) = 3,\quad C = f''_{yy}(0,0) = 0.$$

由于 $AC - B^2 < 0$,故 M_1 不是极值点. 在点 M_2 有

$$A = f''_{xx}(-1,-1) = -6,\quad B = f''_{xy}(-1,-1) = 3,\quad C = f''_{yy}(-1,-1) = -6.$$

由于 $A < 0$ 且 $AC - B^2 = 27 > 0$,函数在 M_2 取得最大值,且其最大值为 $f(M_2) = 1$.

注 10.2.5　当 $AC - B^2 = 0$,驻点 P 是否为一个极值点无法用定理 10.2.3 来确定. 此时,需要更多的信息来进行判别.

例 10.2.6　求函数的极值点

$$f(x,y) = 2x^2 - 3xy^2 + y^4.$$

解　容易看到,

$$f'_x = 4x - 3y^2 = 0,\quad f'_y = 2y(2y^2 - 3x) = 0,$$

且其唯一驻点为 $O(0,0)$. 在原点 O 容易求得

$$A = f''_{xx}(0,0) = 4,\quad B = f''_{xy}(0,0) = 0,\quad C = f''_{yy}(0,0) = 0.$$

注意到 $AC - B^2 = 0$,故无法用定理 10.2.3 来判断 O 是否为极值点. 但是,当 $(x,y) \neq (0,0)$ 时,容易看到

$$f(x,y) - f(0,0) = 2x^2 - 3xy^2 + y^4 = (2x - y^2)(x - y^2),$$

因此,若 $x < 0$, $f(x,y) - f(0,0) > 0$ 且若 $\frac{1}{2}y^2 < x < y^2$, $f(x,y) - f(0,0) < 0$. 因此,点 O 不是函数 f 的极值点. 此外,由于函数 f 仅有一个驻点,故函数 f 没有极值点.

10.2.2　全局最大值点和全局最小值点

为求得所谓的"全局最大值点"或"全局最小值点",需要求出所有可能的极值点,包括函数定义域边界上的最大值和最小值点. 下面的例子给出了这个过程.

例 10.2.7(求全局最大值点和最小值点).　求函数

$$f(x,y) = 2 + 2x + 2y - x^2 - y^2$$

在直线 $x = 0$, $y = 0$ 和 $y = 9 - x$ 所围的三角形区域上的全局最大值和最小值(见图 10.2.4).

解　由于 f 是可微的,则使得 f 取得这样的值的点只能在三角形内部区域中满足 $f'_x = f'_y = 0$ 的部分和边界上.

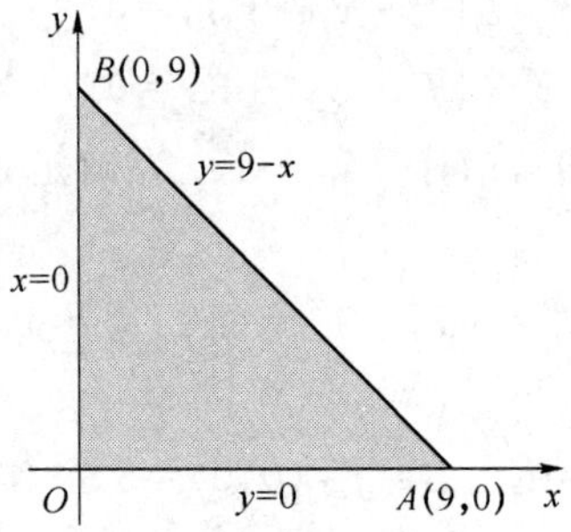

图 10.2.4

(1) 内点.对给定的函数,令

$$f'_x=2-2x=0 \quad 且 \quad f'_y=2-2y=0$$

可得一个点(1,1).在该处 f 的函数值为 $f(1,1)=4$.

(2) 边界点.在线段 OA 上,$y=0$.函数化为

$$f(x,y)=f(x,0)=2+2x-x^2$$

此时可被看成一个在闭区间 $0\leqslant x\leqslant 9$ 上定义的 x 的函数.于是其极值可能出现在线段的端点

$$x=0 \text{ 此时 } f(0,0)=2,$$
$$x=9 \text{ 此时 } f(9,0)=-61,$$

以及内部,此时

$$f'(x,0)=2-2x=0.$$

故唯一的驻点为 $x=1$,故有 $f(x,0)=f(1,0)=3$.类似地,线段 OB 上可能的候选者是(0,0),(0,9)和(0,1).相应的函数值为

$$f(0,0)=2, \quad f(0,9)=-61, \quad f(0,1)=3.$$

在线段 AB 上,有 $y=9-x$,将这个关系代入函数中,可得

$$f(x,y)=2+2x+2(9-x)-x^2-(9-x)^2=-61+18x-2x^2.$$

令 $f'(x,y)=18-4x=0$,可以得到 $x=\frac{18}{4}=\frac{9}{2}$ 及 $y=9-\frac{9}{2}=\frac{9}{2}$.因此

$$f(x,y)=f\left(\frac{9}{2},\frac{9}{2}\right)=-\frac{41}{2}.$$

总结上述结论,列表如下:

(x,y)	(0,0)	(1,0)	(9,0)	(0,1)	(1,1)	$\left(\frac{9}{2},\frac{9}{2}\right)$	(0,9)
$f(x,y)$	2	3	-61	3	4	$-\frac{41}{2}$	-61

容易看出,函数在点(1,1)处的最大值为 4,在点(0,9)和(9,0)处取得最小值−6(见图 10.2.5).

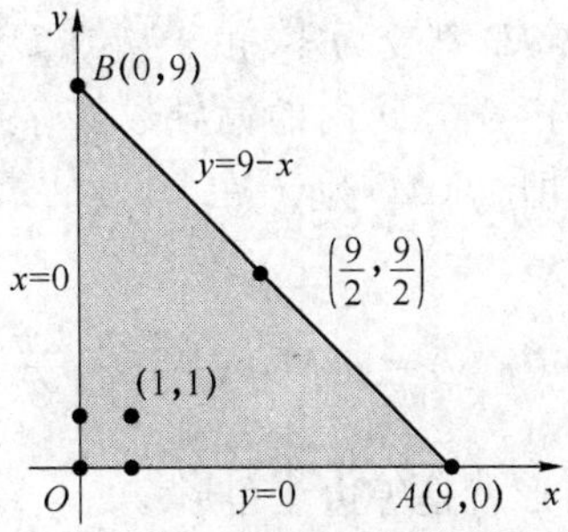

图 10.2.5

例 10.2.8　证明周长为 $2p$ 的三角形中,正三角形的面积最大.

证明　令三角形的三边分别为 x,y 和 z. 则可得到如下的目标函数:

$$S^2=p(p-x)(p-y)(p-z). \tag{10.2.4}$$

由已知条件,可得

$$x+y+z=2p,$$

即 $z=2p-x-y$.

则目标函数可以改写为

$$S^2=f(x,y)=p(p-x)(p-y)(x+y-p).$$

因此给定的问题化简为求目标函数 $f(x,y)$ 在区域 $D=\{(x,y)|0<x<p,p-x<y<p\}$ 内的全局最大值和最小值(见图 10.2.6).

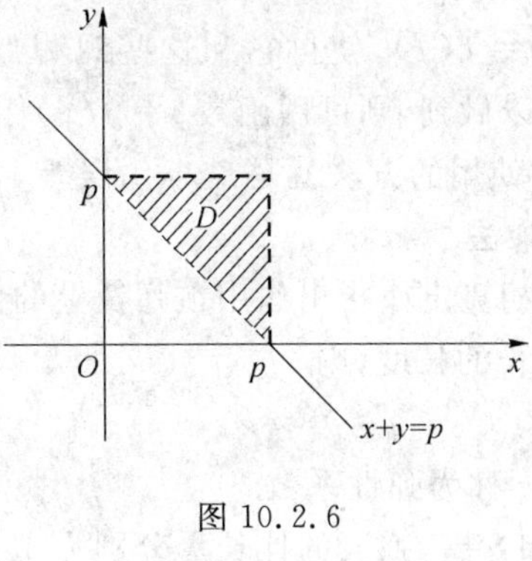

图 10.2.6

求解方程组

$$\begin{cases} f'_x=p(p-y)(2p-2x-y)=0, \\ f'_y=p(p-x)(2p-x-2y)=0 \end{cases}$$

得到函数 f 的唯一驻点,$M\left(\frac{2p}{3},\frac{2p}{3}\right)$. 由于 f 在闭区域 $\overline{D}=D\cup\partial D$ 上连续,f 在闭区域 $\overline{D}$ 上必有最大值. 显然,函数 f 在边界 ∂D 都变为零. 由于 f 在 D 的内部都大于零,故 f 的最大值必然在 D 的内部取得. 同时,由于 f 在 D 内的偏导数都存在且 M 为其唯一的驻点,则函数的最大值点必然在此点取得. 也即,$f(M)$ 为 f 在 D 上的最大值,当然也是 f 在 D 内的最大值.

$$\max_{(x,y)\in D} f(x,y)=f(M)=f\left(\frac{2p}{3},\frac{2p}{3}\right)=\frac{p^4}{27}.$$

此时,$x=y=z=\frac{2p}{3}$,即所求三角形就是等边三角形.

10.2.3 最小二乘法

在数学和统计模型中,一个标准的方法是求一个平面上的数据点集合的最小二乘拟合方法. 最小二乘曲线通常是一些基本类型的函数,例如线性函数、多项式或三角函数等. 由于数据可能包含测量误差,或者实验误差,所以不能要求这条曲线经过所有的数据点. 因此,只能要求该曲线是按照数据点的取值 y 与曲线近似得到的 y 值之间误差的平方和最小意义下进行的最优近似.

最小二乘法分别由勒让德和高斯独立地构造出来. 关于这个问题的第一篇论文是勒让德于 1806 年发表的,尽管有证据表明高斯在其学生时代,于勒让德论文发表 9 年前,就已经发现了这个方法并将其用于天文学计算.

设有一个观测的序列,连结一个自变量 x 和一个因变量 y,不妨设为

$$(x_1,y_1),(x_2,y_2),\cdots,(x_n,y_n).$$

希望能找出一个合适的函数 $y=f(x)$,使得它和这些观测点 $x_1,x_2,\cdots,x_n$ 与观测数据 $y_1,y_2,\cdots,y_n$ 同时尽量接近. 若可以做到,则可用函数 $y=f(x)$ 作为两个变量 x 和 y 之间关系的近似. 一种用于确定 $f(x)$ 经常使用的方法就是最小化误差 $r_i=f(x_i)-y_i\,(i=1,2,\cdots,n)$ 的平方和. 这种方法称为**最小二乘法**.

例 10.2.9(弹性系数). 胡克定律指出作用在弹簧上的力成正比于弹簧伸长的长度. 故若 F 为作用力,而 x 为弹簧伸长的长度,则

$$F=kx,$$

其中 k 为一个常数. 比例常数 k 称为**弹性系数**.

假设作用力为 3 磅、5 磅和 8 磅,弹簧的伸长量分别为 4 英寸、7 英寸和 11 英寸. 根据胡克定律,可以得到下列方程组:

$$4k=3,7k=5,11k=8.$$

由于求解方程组中的每一个方程都会得到不同的常数 k,因此方程组显然是不相容的.

通常,实际使用该方程组的最小二乘解,而不使用解方程得到的任何一个值. 由胡克定

律,设 $y=kx$ 为力与距离之间的关系.则其误差为

$$r_i=y_i-kx_i \quad (i=1,2,3).$$

因此

$$Q(k)=\sum_{i=1}^{3}r_i^2=\sum_{i=1}^{3}(y_i-kx_i)^2.$$

根据极值存在的必要条件,需求解方程

$$\frac{\mathrm{d}Q}{\mathrm{d}k}=2\sum_{i=1}^{3}[-x_i(y_i-kx_i)]=0.$$

则

$$k=\frac{x_1y_1+x_2y_2+x_3y_3}{x_1^2+x_2^2+x_3^2}\approx 0.726.$$

注 10.2.10　例 10.2.9 仅说明了最小二乘法是如何工作的,对多于一个自变量的情形,令目标函数相应于每一个自变量的偏导数均为零,则这个方法也是可以使用的.

10.2.4　条件极值

如前所述,有时需要求一个将函数定义域限制在某些平面的特定子集上的极值.例如一个圆盘或者一个三角形区域.然而,目标函数也可能受到某些条件的限制.

图 10.2.7 说明了无条件极值和条件极值的区别.一般地,对一个给定的函数 f,条件极值不等于无条件极值.

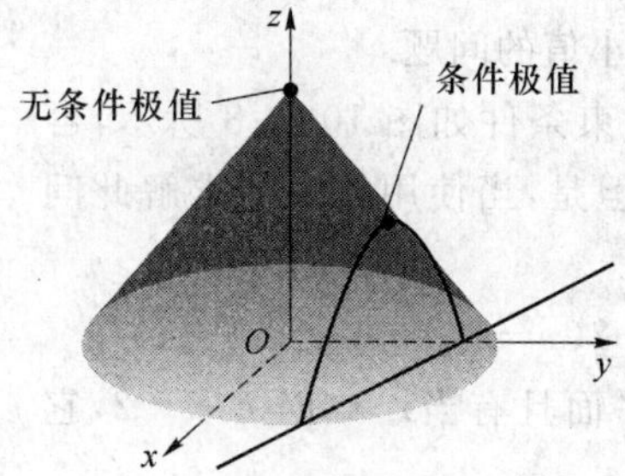

图 10.2.7

例 10.2.11　求距离平面 $2x+y-z-5=0$ 最近的点 $P(x,y,z)$.

解　事实上,问题就是求 $|OP|=\sqrt{x^2+y^2+z^2}$ 的最小值.由于 $|OP|$ 取得最小值的充要条件为函数

$$f(x,y,z)=x^2+y^2+z^2$$

取得其最小值,则解决这个问题可以通过求函数值 $f(x,y,z)$ 在约束条件 $2x+y-z-5=0$ 下的最小值.若视 x 和 y 为平面方程中的自变量,并将 z 写为

$$z=2x+y-5,$$

则问题化简为求一个点(x,y),使得

$$h(x,y)=f(x,y,2x+y-5)$$

取得最小值.由于 h 的定义域为整个 xOy 平面,则任何 h 的最小值必然出现在满足如下条件的地方

$$h'_x=2x+2\times(2x+y-5)\times(2)=0,\quad h'_y=2y+2\times(2x+y-5)=0.$$

由此可得

$$x=\frac{5}{3},y=\frac{5}{6}.$$

利用几何上的讨论,容易看到这些值使得 h 最小.相应地在平面 $z=2x+y-5$ 上点的 z 坐标为

$$z=2\times\left(\frac{5}{3}\right)+\frac{5}{6}-5=-\frac{5}{6}.$$

因此,所求的点为 $P\left(\frac{5}{3},\frac{5}{6},-\frac{5}{6}\right)$,距离为$\frac{5}{\sqrt{6}}\approx 2.04$.

一个极值问题的目标函数连同其约束条件构成一个**有约束极值**,或通常称为**条件极值**.其他没有约束的极值问题也称为**无条件极值**.

一般地,用于求解条件最大或最小问题的方法就是代入法.这个方法的关键是尝试消去约束条件以得到无条转极值问题.但是,正如下面例子所示,这个方法并不总是奏效的.

例 10.2.12(条件极值) 考虑求函数

$$f(x,y)=x^2+y^2$$

在约束条件 $y^2=2(x-1)$下最小值的问题.

目标函数的等高线图和约束条件如图 10.2.8 所示,容易看到其解为$(x,y)=(1,0)$.但是,当使用代入法求解此问题是时,可得

$$h(x)=x^2+2(x-1).$$

显然 h 的定义域为全体 xOy 平面且有当$x\to 0$时 $h\to -2$,它就是 h 能够取到的最小值.

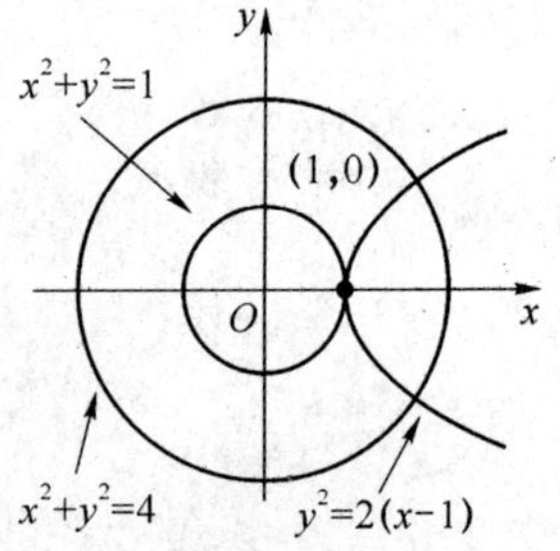

图 10.2.8

如果盲目使用这种类型的变换,可能会得到完全错误的结果.其原因在于约束条件$y^2=2(x-1)$隐式给出界$x\geqslant 1$,而这个条件是影响问题结果的.因此,这个界需要被显式地包含在问题消去 y 的过程中.

求例 10.2.12 中的最小值点的另外一个方法是,设想在原点处有一个肥皂泡不断扩张,直到其首次与抛物线接触.约束条件也可以看成是一个类似和抛物线接触的肥皂泡一样扩张的空间曲面的等高线.

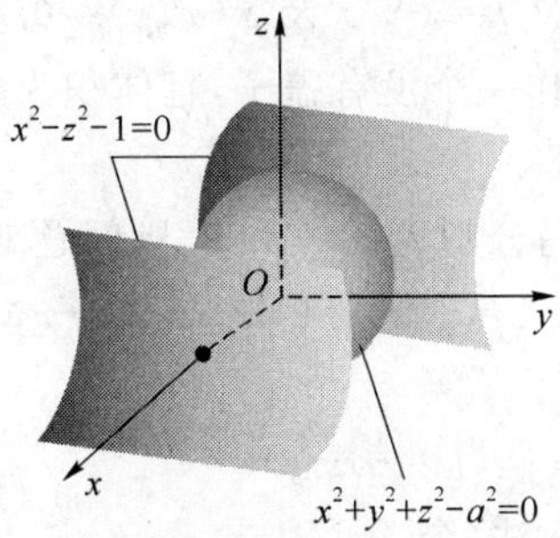

图 10.2.9

10.2.5　拉格朗日乘子法

为引入著名的拉格朗日乘子法，首先从一个简单的例子开始.

例 10.2.13　求双曲柱面 $x^2-z^2-1=0$ 上距原点最近的点 $P(x,y,z)$.

解　设想一个中心在原点的小球像肥皂泡一样膨胀，直到它首次接触到柱面. 在每一个接触的点，柱面和球面都有着相同的切平面以及法线. 因此若球面和柱面的方程可表示为下面的等值面

$$f(x,y,z)=x^2+y^2+z^2-a^2=0$$

和

$$g(x,y,z)=x^2-z^2-1=0,$$

如图 10.2.9 所示. 则它们的梯度 ∇f 与 ∇g 将在接触的点相互平行. 因此，在任一接触的点，可以求得标量 λ，使得

$$\nabla f=\lambda\nabla g,$$

或

$$2x\boldsymbol{i}+2y\boldsymbol{j}+2z\boldsymbol{k}=\lambda(2x\boldsymbol{i}-2z\boldsymbol{k}).$$

由于 x 坐标不等于 0，则由 $2x=2\lambda x$，有 $\lambda=1$，且 $y=z=0$. 由于该点在球面上，故有 $x=\pm1$. 故所求的点为$(\pm1,0,0)$.

例 10.2.13 中使用的方法就称为**拉格朗日乘数法**. 尽管这个例子是用来求一个三元函数的局部极值问题的，但是其中的思想可以完全限制到目标函数为两个自变量的情形. 一般地说，这个方法说明一个函数 $f(x,y,z)$ 在自变量满足约束条件 $g(x,y,z)=0$ 时的极值就是寻找曲面 $g=0$ 上满足

$$\nabla f=\lambda\nabla g$$

的点. 其中，λ 为某常数，称为**拉格朗日乘数**.

定义 10.2.14（拉格朗日乘数法）.　设 $f(x,y)$ 和 $g(x,y)$ 都可微. 为求 f 满足条件 $g(x,y)=0$的局部最大值和最小值，可以通过求解满足下列方程组的 x,y 和 λ 得到

$$\nabla f=\lambda \nabla g \text{ 及 } g(x,y)=0.$$

例 10.2.15 一个工厂要制作一个没有盖子,且体积为常数 V 的立方体盒子.如何设计这个盒子,使得它的表面积最小?

解 令这个盒子的长、宽和高分别为 x,y 和 z.则问题就是求目标函数

$$f(x,y,z)=2xz+2yz+xy$$

在约束条件

$$xyz-V=0$$

下的极值问题.利用拉格朗日乘数法,令

$$L(x,y,z,\lambda)=2xz+2yz+xy+\lambda(xyz-V)$$

并令 L 的所有偏导数都为零,可得

$$\begin{cases} L'_x=2z+y+\lambda yz=0, \\ L'_y=2z+x+\lambda xz=0, \\ L'_z=2x+2y+\lambda xy=0, \\ L'_\lambda=xyz-V=0. \end{cases} \tag{10.2.5}$$

将第二个方程从第一个方程中减去,可得

$$(y-x)(1+\lambda z)=0. \tag{10.2.6}$$

将第二个方程乘以 2 再减去第三个方程,则有

$$(2z-x)(2+\lambda x)=0. \tag{10.2.7}$$

由式(10.2.6)和式(10.2.7),可得

$$x=y=2z. \tag{10.2.8}$$

将式(10.2.8)代入式(10.2.5)中的第四个方程,即可得到唯一解:

$$z=\frac{1}{2}\sqrt[3]{2V},\quad x=y=\sqrt[3]{2V},\quad \lambda=-2\frac{1}{\sqrt[3]{2V}}.$$

因此,拉格朗日函数 L 中有唯一的驻点,故点 $P_0\left(\sqrt[3]{2V},\sqrt[3]{2V},\frac{1}{2}\sqrt[3]{2V}\right)$ 是仅有的函数 f 在约束条件 $xyz-V=0$ 下可能的极值点.

容易看到,盒子表面积的最小值是存在的.事实上,由于盒子的体积是常数 V,若盒子的一条边,如 z 很小时,盒子的面积会非常大,因为其它两个面的面积必然较大;当边 z 变大时,其表面积将会减少,而当 z 变得很大时,其表面积也会再次变得很大.于是,曲面面积的最小值必然在 z 的某个中间值时存在.注意到,目标函数是可微的且只有一个极值点,因此可以说 $x=y=\sqrt[3]{2V}$,$z=\frac{1}{2}\sqrt[3]{2V}$ 为所求的点.也即,若盒子的底面是一个正方形,其高为底边长的一半时,盒子的表面积最小.换句话说,这时使用的材料最省.

习题 10.2

A

1. 求下列函数的极值：

(1) $z=x^2(y-1)^2$；　　(2) $z=(x^2+y^2-1)^2$；

(3) $z=xy(a-x-y)$；　　(4) $z=e^{2x}(x+2y+y^2)$；

(5) $z=x^2+xy+y^2-3ax-3by$.

2. 求下列函数在给定区域上最大值和最小值：

(1) $z=x^2y(4-x-y), D=\{(x,y)|0\leqslant x\leqslant 4, 0\leqslant y\leqslant 4-x\}$；

(2) $z=x^3+y^3-3xy, D=\{(x,y)||x|\leqslant 2, |y|\leqslant 2\}$.

3. 将一个给定的正数 a 分解为三个因子，使这些因子之间的和最大.

4. 对一个没有顶、截面为半圆、表面积为 S 的正圆柱形容器，求出这个容器的各个尺寸，使得其体积为最大.

5. 求平面 xOy 上的一个点，使得它到三条直线 $x=0$，$y=0$ 和 $x+2y-16=0$ 距离的平方和最小.

6. 求平面 xOy 上的一个点，使得它与给定的点(x_1,y_1)，(x_2,y_2)，…，(x_n,y_n)距离的平方和最小.

7. 求从原点到曲线 $\begin{cases} x^2+y^2=z, \\ x+y+z=1 \end{cases}$ 的最大值和最小值.

8. 一个体积为 K 的帐篷，由一个下部为圆柱体，顶部为圆锥体的结构构成. 证明帐篷成本最小时的各个尺寸满足 $R=\sqrt{5}H$，$h=2H$，其中 R 和 H 分别为底部的半径和圆柱的高度，h 是圆锥的高度.

9. 一个长方体地下储藏室体积为一个常数 V，其顶面和侧面的单位面积成本分别为底面成本的 3 倍和 2 倍. 则使用何种尺寸才能使得该储藏室的建造成本最小？

10. 求椭球$\frac{x^2}{a^2}+\frac{y^2}{b^2}+\frac{z^2}{c^2}=1$的内接立方体(各个面分别平行与坐标平面的立方体)，使得其体积最大.

11. 令 $y=x_1x_2\cdots x_n$

(1) 在条件 $x_1+x_2+\cdots+x_n=1, x_i>0$ 下，求 y 的最小值；

(2) 使用(1)中的结论导出下面著名的不等式：

$$\sqrt[n]{x_1x_2\cdots x_n}\leqslant\frac{x_1+x_2+\cdots+x_n}{n}.$$

B

1. 证明 $abc^3 \leqslant 27\left(\dfrac{a+b+c}{5}\right)^5$ 对所有正数 a,b,c 都成立.

2. 设函数 $u(x,y)$ 定义在一个有界域 $D\subseteq\mathbf{R}^2$ 上，且 $u_{xx}+y_{yy}+cu=0$ 在 D 内部对某些常数 $c<0$ 成立. 证明

(1) 函数 u 正的最大值和负的最小值不可能在 D 的内部取得；

(2) 若 u 在 D 上连续，且在 ∂D 上 $v=0$ 成立，则 $u\equiv 0$ 在 D 上成立.

10.3 几何应用

本节中，将讨论一些关于空间曲线和曲面的基本概念，包括曲线的切线和法平面、弧长、曲面的切平面和法线，以及曲率等.

10.3.1 曲线的弧长

通过以前对微积分的学习，已经知道速度是距离相对于时间的导数. 到目前为止，已经考虑的问题都是沿直线进行的运动. 若要研究沿其他空间曲线的运动，需要度量曲线上的长度. 这样就可以定位沿着某个给定的方向、这些曲线上任意一点到某基准点的距离(见图 10.3.1).

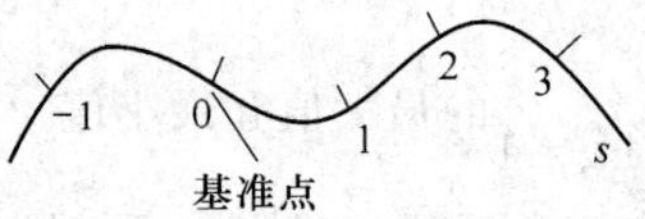

图 10.3.1

时间是描述运动物体的速度和加速度的一个自然参数，s 则为研究曲线形状的自然参数. 下面的定义也给出了一个计算曲线弧长的方法.

定义 10.3.1(弧长). 设简单曲线 Γ 的方程为

$$\boldsymbol{r}=\boldsymbol{r}(t)=(x(t),y(t),z(t)),\quad \alpha\leqslant t\leqslant\beta.$$

Γ 的两个端点 A 和 B 分别对应于位置向量 $\boldsymbol{r}(\alpha)$ 和 $\boldsymbol{r}(\beta)$. 若在曲线上从 A 到 B 依次插入任意 $n-1$ 个点，$A=P_0,P_1,P_2,\cdots,P_{n-1},P_n=B$(见图 10.3.2)，则曲线 AB 可以分为 n 个小段. 用线段一次连接所有点，就得到一条折线，其长度为

$$s_n=\sum_{i=1}^{n}|P_{i-1}P_i|.$$

若 s_n 和的极限无论在曲线弧 AB 如何分割，在 $d=\max\limits_{1\leqslant i\leqslant n}|P_{i-1}P_i|\to 0$ 时均存在，也即

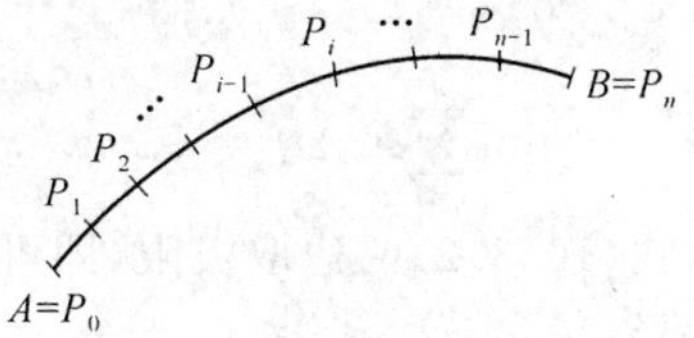

图 10.3.2

$$\lim_{d\to 0}\sum_{i=1}^{n}|P_{i-1}P_i| = s$$

其中常数 s 与分割点 $P_i(i=1,2,\cdots,n)$ 的选择无关，则极限值 s 称为弧 AB 的弧长.

定理 10.3.2(弧长的计算公式).　设 $\dot{\boldsymbol{r}}(t)$ 为连续且在区间$[\alpha,\beta]$内 $\dot{\boldsymbol{r}}(t)\neq 0$. 则曲线 $\boldsymbol{r}=r(t)$，$(\alpha\leqslant t\leqslant\beta)$ 的长度可如下计算

$$s=\int_{\alpha}^{\beta}\|\dot{\boldsymbol{r}}(t)\|\,\mathrm{d}t=\int_{\alpha}^{\beta}\|v(t)\|\,\mathrm{d}t=\int_{\alpha}^{\beta}\sqrt{[\dot{x}(t)]^2+[\dot{y}(t)]^2+[\dot{z}(t)]^2}\,\mathrm{d}t. \tag{10.3.1}$$

证明　设分点 P_i 只对应于参数 $t_i(i=1,2,\cdots,n)$，其中 $t_0=\alpha, t_n=\beta$，因此

$$\alpha=t_0<t_1<t_2<\cdots<t_{n-1}<t_n=\beta.$$

首先，求出$|P_{i-1}P_i|$的表达式. 由于

$$|P_{i-1}P_i|=\|\boldsymbol{r}(t_i)-\boldsymbol{r}(t_{i-1})\|=\sqrt{(\Delta x_i)^2+(\Delta y_i)^2+(\Delta z_i)^2},$$

由微分的拉格朗日中值定理，有

$$|P_{i-1}P_i|=\sqrt{[\dot{x}(\xi_i)]^2+[\dot{y}(\eta_i)]^2+[\dot{z}(\zeta_i)]^2}\,\Delta t_i,$$

其中 $\Delta t_i=t_i-t_i-1$，且 $\xi_i,\eta_i,\zeta_i\in(t_{i-1},t_i)(i=1,2,\cdots,n)$. 因此，曲线的长度为

$$s\approx\sum_{i=1}^{n}|P_{i-1}P_i|=\sum_{i=1}^{n}\sqrt{[\dot{x}(\xi_i)]^2+[\dot{y}(\eta_i)]^2+[\dot{z}(\zeta_i)]^2}\,\Delta t_i.$$

为能够利用积分的定义，将上面的近似值改写为

$$s\approx\sum_{i=1}^{n}\sqrt{[\dot{x}(\xi_i)]^2+[\dot{y}(\xi_i)]^2+[\dot{z}(\xi_i)]^2}\,\Delta t_i+\sum_{i=1}^{n}R_i\Delta t_i, \tag{10.3.2}$$

或

$$s\approx\sum_{i=1}^{n}\|\dot{\boldsymbol{r}}(\xi_i)\|\Delta t_i+\sum_{i=1}^{n}R_i\Delta t_i, \tag{10.3.3}$$

其中

$$R_i=\sqrt{[\dot{x}(\xi_i)]^2+[\dot{y}(\eta_i)]^2+[\dot{z}(\zeta_i)]^2}-\sqrt{[\dot{x}(\xi_i)]^2+[\dot{y}(\xi_i)]^2+[\dot{z}(\xi_i)]^2}.$$

令 $\lambda=\max\limits_{1\leqslant i\leqslant n}\Delta t_i$；由于 $\boldsymbol{r}(t)$ 在$[\alpha,\beta]$上连续，由定积分的定义及定积分存在定理，可知

$$\lim_{d\to 0}\sum_{i=1}^{n}\|\dot{\boldsymbol{r}}(\xi_i)\|\Delta t_i=\int_{\alpha}^{\beta}\|\dot{\boldsymbol{r}}(t)\|\,\mathrm{d}t.$$

利用 $\dot{\boldsymbol{r}}(t)$的连续性,可以证明

$$\lim_{d\to 0}\sum_{i=1}^{n} R_i \Delta t_i = 0.$$

因此,对表达式(10.3.3)或表达式(10.3.2)两边取极限,即可得到公式(10.3.1).

在考虑平面曲线时,$x=x(t)$,$y=y(t)$($\alpha\leqslant t\leqslant\beta$),曲线 Γ 的长度可用下式计算

$$s=\int_{\alpha}^{\beta}\sqrt{[\dot{x}(t)]^2+[\dot{y}(t)]^2}\,\mathrm{d}t. \tag{10.3.4}$$

公式(10.3.1)和公式(10.3.4)称为参数形式的**弧长积分**.

若平面曲线 Γ 可以用直角坐标系表示为

$$y=y(x)\quad (a\leqslant x\leqslant b),$$

则 $x=x$,$y=y(x)$ $(a\leqslant x\leqslant b)$可看作是 Γ 的参数方程,因此,Γ 的孤长为

$$s=\int_a^b\sqrt{1+[y'(x)]^2}\,\mathrm{d}x.$$

若 Γ 可以用极坐标形式表示为

$$\rho=\rho(\theta)\quad (\alpha\leqslant\theta\leqslant\beta),$$

则 $x=\rho(\theta)\cos\theta$,$y=\rho(\theta)\sin\theta$ $(\alpha\leqslant\theta\leqslant\beta)$可被看作是 Γ 的参数方程,因此 Γ 的弧长为

$$s=\int_{\alpha}^{\beta}\sqrt{[x'(\theta)]^2+[y'(\theta)]^2}\,\mathrm{d}\theta=\int_{\alpha}^{\beta}\sqrt{[\rho(\theta)]^2+[\rho'(\theta)]^2}\,\mathrm{d}\theta.$$

例 10.3.3 蜘蛛沿着螺旋形曲线向上爬(见图 10.3.3)

$$\boldsymbol{r}(t)=(\cos t)\boldsymbol{i}+(\sin t)\boldsymbol{j}+t\boldsymbol{k}.$$

沿着这条曲线从 $t=0$ 到 $t=2\pi$ 秒蜘蛛爬过了多长距离?

解 本例中的路径对应于螺旋线的完整一圈.这一圈的曲线长度为

$$L=\int_{\alpha}^{\beta}\|\boldsymbol{v}\|\,\mathrm{d}t=\int_0^{2\pi}\sqrt{(-\sin t)^2+(\cos t)^2+1^2}\,\mathrm{d}t=\int_0^{2\pi}\sqrt{2}\,\mathrm{d}t=2\pi\sqrt{2}\ \text{长度单位}.$$

这恰为$\sqrt{2}$倍螺旋线在平面 xOy 投影圆周的长度.

如图 10.3.4 所示,若在光滑曲线 C 上选择基准点 $P(t_0)$以及参数 t,每一个参数 t 均对应于一个 C 上的点 $P(t)=(x(t),y(t),z(t))$,以及一个从基准点开始度量的"有向距离"

$$s(t)=\int_{t_0}^{t}\|\boldsymbol{v}(\tau)\|\,\mathrm{d}\tau.$$

当 $t<t_0$ 时,$s(t)$的长度为负值.s 的每一个值都确定了一个 C 上的点,且 s 将曲线 C 进行了参数化.称 s 为曲线的**弧长参数**.

如果一条曲线 $\boldsymbol{r}(t)$已经用参数 t 表示,则 $s(t)$表示为弧长的函数为

$$s(t)=\int_{t_0}^{t}\sqrt{[x'(\tau)]^2+[y'(\tau)]^2+[z'(\tau)]^2}\,\mathrm{d}\tau=\int_{t_0}^{t}\|\boldsymbol{v}(\tau)\|\,\mathrm{d}\tau.$$

于是可以将 t 表示为一个 s 的函数,记为 $t(s)$.于是曲线可以用参数 s,再次参数化为

$$\boldsymbol{r}(t)=\boldsymbol{r}[t(s)].$$

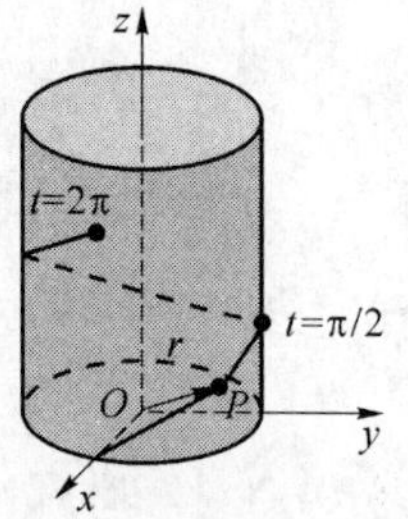

图 10.3.3

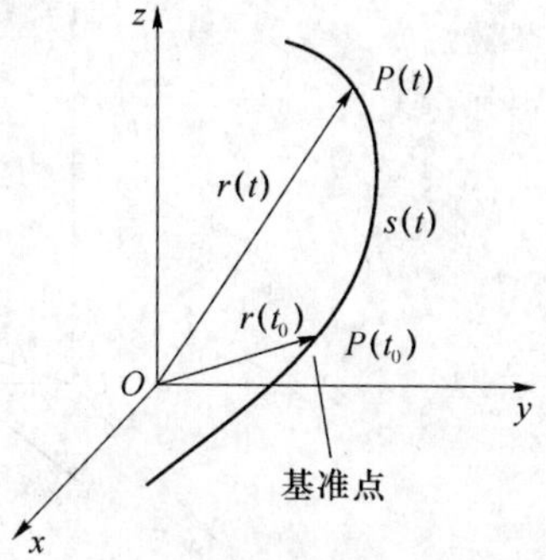

图 10.3.4

例 10.3.4.　若 $t_0=0$,则沿着螺旋线

$$\boldsymbol{r}(t)=(\cos t)\boldsymbol{i}+(\sin t)\boldsymbol{j}+t\boldsymbol{k}$$

的曲线弧长参数从 t_0 到 t 为

$$s(t)=\int_{t_0}^{t}\|\boldsymbol{v}(\tau)\|\,\mathrm{d}\tau=\int_0^t\sqrt{2}\,\mathrm{d}t=\sqrt{2}\,t.$$

求解方程中的 t,可得 $t=\frac{s}{\sqrt{2}}$. 将其代入位置向量 $\boldsymbol{r}$,可得螺旋线的弧长参数方程为

$$\boldsymbol{r}[t(s)]=\left(\cos\frac{s}{\sqrt{2}}\right)\boldsymbol{i}+\left(\sin\frac{s}{\sqrt{2}}\right)\boldsymbol{j}+\frac{s}{\sqrt{2}}\boldsymbol{k}.$$

10.3.2　曲线的切线与法平面

1. 空间曲线的单位切向量

物理知识告诉我们,速度向量 $\boldsymbol{v}=\frac{\mathrm{d}\boldsymbol{r}}{\mathrm{d}t}$ 与轨迹曲线 $r(t)$ 相切,故向量 $\boldsymbol{T}=\frac{\boldsymbol{v}}{\|\boldsymbol{v}\|}$ 就是(光滑)曲线 r(t)的单位切向量(见图 10.3.5). 此外,当考虑使用弧长参数时,会得到更多的结果. 由于对考虑的曲线有 $\frac{\mathrm{d}s}{\mathrm{d}t}>0$,其中 s 为一个动点运动的弧长,且 s 为一一对应的,其反函数给出了 t 为 s 的一个可微函数. 反函数的导数为

$$\frac{\mathrm{d}t}{\mathrm{d}s}=\frac{1}{\mathrm{d}s/\mathrm{d}t}=\frac{1}{\|\boldsymbol{v}\|}.$$

因此,$\boldsymbol{r}$ 是一个 s 的可微函数,其导数可以通过链式法则计算

$$\frac{\mathrm{d}\boldsymbol{r}}{\mathrm{d}s}=\frac{\mathrm{d}\boldsymbol{r}}{\mathrm{d}t}\frac{\mathrm{d}t}{\mathrm{d}s}=\boldsymbol{v}\,\frac{1}{\|\boldsymbol{v}\|}=\frac{\boldsymbol{v}}{\|\boldsymbol{v}\|}=\boldsymbol{T}.$$

这个方程说明 $\frac{\mathrm{d}\boldsymbol{r}}{\mathrm{d}s}$ 为与速度向量同向的单位切向量.

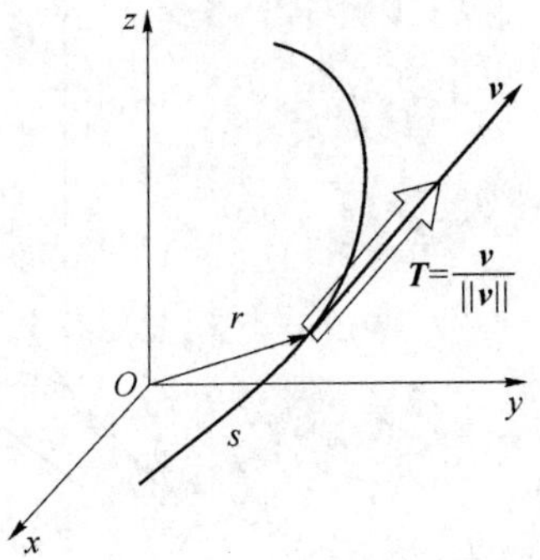

图 10.3.5

定义 10.3.5(单位切向量).

$$T=\frac{\mathrm{d}\boldsymbol{r}}{\mathrm{d}s}=\frac{\mathrm{d}\boldsymbol{r}}{\mathrm{d}t}\frac{\mathrm{d}t}{\mathrm{d}s}=\frac{\boldsymbol{v}}{\|\boldsymbol{v}\|}. \tag{10.3.5}$$

例 10.3.6 求曲线

$$\boldsymbol{r}(t)=(3\cos t)\boldsymbol{i}+(3\sin t)\boldsymbol{j}+t^2\boldsymbol{k}.$$

的单位切向量.

解 曲线在任一点处的速度可如下计算

$$\boldsymbol{v}=\frac{\mathrm{d}\boldsymbol{r}}{\mathrm{d}t}=-(3\sin t)\boldsymbol{i}+(3\cos t)\boldsymbol{j}+2t\boldsymbol{k}$$

故

$$|\boldsymbol{v}|=\sqrt{9+4t^2}.$$

因此

$$\boldsymbol{T}=\frac{\boldsymbol{v}}{\|\boldsymbol{v}\|}=-\frac{3\sin t}{\sqrt{9+4t^2}}\boldsymbol{i}+\frac{3\cos t}{\sqrt{9+4t^2}}\boldsymbol{j}+\frac{2t}{\sqrt{9+4t^2}}\boldsymbol{k}.$$

称曲线 $\boldsymbol{r}=\boldsymbol{r}(t)$是光滑的条件是 $\boldsymbol{r}'(t)$为连续且不为 0.

作为不光滑曲线的一个例子,考虑如下的曲线

$$\boldsymbol{r}(t)=t^3\boldsymbol{i}+t^2\boldsymbol{j}\quad(-\infty<t<+\infty),$$

它称为**半三次抛物线**(见图 10.3.6).容易看到,这个曲线在(0,0)存在一个尖点.

若曲线 Γ 在 I 上不光滑,但是可以分为有限多个部分,在每一部分上 Γ 均为光滑的,则曲线称为 I 上的分片光滑曲线.

2. 切线和法平面

情形 1. 设空间曲线可以表示为 $\boldsymbol{r}(t)$,其单位切向量可如下计算

$$\boldsymbol{T}=\frac{1}{\|\boldsymbol{v}\|}\frac{\mathrm{d}\boldsymbol{r}}{\mathrm{d}t}.$$

设 $\boldsymbol{r}_0=\boldsymbol{r}(t_0)$为曲线上点的位置向量,显然,所有曲线在以 $\boldsymbol{r}_0$ 为起点的切线上的点,均平行于

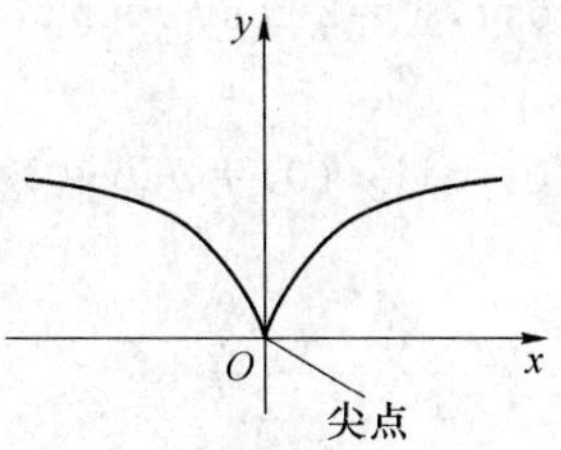

图 10.3.6

其在该点的切向量，因此

$$\boldsymbol{r}-\boldsymbol{r}_0//\boldsymbol{T}\text{ 或 }\boldsymbol{r}-\boldsymbol{r}_0//\boldsymbol{v}.$$

若将其表示为分量形式，可得

$$\frac{x-x_0}{\dot{x}_0}=\frac{y-y_0}{\dot{y}_0}=\frac{z-z_0}{\dot{z}_0},$$

其中 $(x_0,y_0,z_0)=(x(t_0),y(t_0),z(t_0))$ 且 $(\dot{x}_0,\dot{y}_0,\dot{z}_0)=\left(\frac{\mathrm{d}x}{\mathrm{d}t}(t_0),\frac{\mathrm{d}y}{\mathrm{d}t}(t_0),\frac{\mathrm{d}z}{\mathrm{d}t}(t_0)\right)$.

空间曲线过曲线上的点 $\boldsymbol{r}_0$ 的法平面，是由一个垂直于单位切向量 $\boldsymbol{T}$ 或速度向量 $\boldsymbol{v}$ 的平面. 容易看到所有法平面内的向量满足

$$\boldsymbol{r}-\boldsymbol{r}_0\perp\boldsymbol{T}\text{ 或 }\boldsymbol{r}-\boldsymbol{r}_0\perp\boldsymbol{v}.$$

于是，写成分量形式，可得

$$(x-x_0)\dot{x}_0+(y-y_0)\dot{y}_0+(z-z_0)\dot{z}_0=0.$$

情形 2. 此外，若空间曲线可以表示为下面两个柱面的交线，

$$y=y(x),z=z(x)\quad(a\leqslant x\leqslant b),\tag{10.3.6}$$

其中，x 为自变量. 则这个曲线的参数方程可以表示为

$$x=x,y=y(x),z=z(x)\quad(a\leqslant x\leqslant b).$$

因此曲线在点 (x_0,y_0,z_0) 处的切线方程为

$$\frac{x-x_0}{1}=\frac{y-y_0}{\dot{y}(x_0)}=\frac{z-z_0}{\dot{z}(x_0)},\tag{10.3.7}$$

其中 $y_0=y(x_0),z_0=z(x_0)$. 对应的法平面方程为

$$(x-x_0)+\dot{y}(x_0)(y-y_0)+\dot{z}(x_0)(z-z_0)=0.\tag{10.3.8}$$

例 10.3.7　设空间曲线 Γ 的参数方程为

$$\begin{cases}x=\int_0^t \mathrm{e}^u\cos u\mathrm{d}u,\\ y=2\sin t+\cos t,\\ z=1+\mathrm{e}^{3t}.\end{cases}\tag{10.3.9}$$

求其在点 $t=0$ 时的切线和法平面.

解　注意到当 $t=0$ 时，$x=0,y=1,z=2$ 且

$$x'=e^t\cos t, y'=2\cos t-\sin t, z'=3e^{3t}.$$

因此有

$$x'(0)=1, y'(0)=2, z'(0)=3.$$

则切线的方程为

$$\frac{x-0}{1}=\frac{y-1}{2}=\frac{z-2}{3}$$

法平面的方程为

$$x+2(y-1)+3(z-2)=0,$$

或

$$x+2y+3z-8=0.$$

情形 3. 若曲线的方程用其一般形式给出

$$\begin{cases}F(x,y,z)=0,\\G(x,y,z)=0,\end{cases}\tag{10.3.10}$$

且方程组(10.3.10)在点 $P_0(x_0,y_0,z_0)$附近的邻域内满足隐函数存在定理，不妨设为

$$\frac{\partial(F,G)}{\partial(y,z)}\neq 0,$$

则方程组(10.3.10)可以确定两个在 $U(P_0)$内的单变量 x 的隐函数，设为 $y=y(x)$和 $z=z(x)$，其中 $y(x)$和 $z(x)$都连续可导. 由隐函数求导定理，有

$$\begin{cases}F'_y\dot{y}+F'_z\dot{z}=-F'_x\\G'_y\dot{y}+G'_z\dot{z}=-G'_x\end{cases}\tag{10.3.11}$$

故

$$\dot{y}=-\frac{\begin{vmatrix}F'_x & F'_z\\G'_x & G'_z\end{vmatrix}_{P_0}}{\begin{vmatrix}F'_y & F'_z\\G'_y & G'_z\end{vmatrix}_{P_0}},\quad \dot{z}=-\frac{\begin{vmatrix}F'_y & F'_x\\G'_y & G'_x\end{vmatrix}_{P_0}}{\begin{vmatrix}F'_y & F'_z\\G'_y & G'_z\end{vmatrix}_{P_0}}.\tag{10.3.12}$$

则相应的切线和法平面的方程为

$$\frac{x-x_0}{1}=(y-y_0)\frac{\begin{vmatrix}F'_x & F'_z\\G'_x & G'_z\end{vmatrix}_{P_0}}{\begin{vmatrix}F'_y & F'_z\\G'_y & G'_z\end{vmatrix}_{P_0}}=(z-z_0)\frac{\begin{vmatrix}F'_x & F'_z\\G'_x & G'_z\end{vmatrix}_{P_0}}{\begin{vmatrix}F'_y & F'_z\\G'_y & G'_z\end{vmatrix}_{P_0}}\tag{10.3.13}$$

及

$$(x-x_0)\times 1+(y-y_0)\frac{\begin{vmatrix}F'_z & F'_x\\G'_z & G'_x\end{vmatrix}_{P_0}}{\begin{vmatrix}F'_y & F'_z\\G'_y & G'_z\end{vmatrix}_{P_0}}+(z-z_0)\frac{\begin{vmatrix}F'_x & F'_y\\G'_x & G'_y\end{vmatrix}_{P_0}}{\begin{vmatrix}F'_y & F'_z\\G'_y & G'_z\end{vmatrix}_{P_0}}=0.\tag{10.3.14}$$

这个结果也可以改写为

$$\frac{x-x_0}{\begin{vmatrix} F'_y & F'_z \\ G'_y & G'_z \end{vmatrix}_{P_0}}=\frac{y-y_0}{\begin{vmatrix} F'_z & F'_x \\ G'_z & G'_x \end{vmatrix}_{P_0}}=\frac{z-z_0}{\begin{vmatrix} F'_x & F'_y \\ G'_x & G'_y \end{vmatrix}_{P_0}} \tag{10.3.15}$$

及

$$(x-x_0)\begin{vmatrix} F'_y & F'_z \\ G'_y & G'_z \end{vmatrix}_{P_0}+(y-y_0)\begin{vmatrix} F'_z & F'_x \\ G'_z & G'_x \end{vmatrix}_{P_0}+(z-z_0)\begin{vmatrix} F'_x & F'_y \\ G'_x & G'_y \end{vmatrix}_{P_0}=0. \tag{10.3.16}$$

例 10.3.8　求曲线

$$\begin{cases} x^2+y^2+z^2=6 \\ x+y+z=0. \end{cases}$$

在点 $P_0(1,-2,1)$ 处的切线和法平面方程.

解　将方程改写为

$$\begin{cases} F(x,y,z)\overset{def}{=}x^2+y^2+z^2-6=0, \\ G(x,y,z)\overset{def}{=}x+y+z=0. \end{cases}$$

方程 F 和 G 均有连续导数，且

$$J=\left.\frac{\partial(F,G)}{\partial(y,z)}\right|_{P_0}=\begin{vmatrix} 2y & 2z \\ 1 & 1 \end{vmatrix}_{P_0}=-6\neq 0.$$

由隐函数存在定理，曲线的方程可以表示为 $y=y(x)$，$z=z(x)$ 及

$$\dot{y}(1)=-\frac{1}{J}\left.\frac{\partial(F,G)}{\partial(x,z)}\right|_{P_0}=\frac{1}{6}\times\begin{vmatrix} 2x & 2z \\ 1 & 1 \end{vmatrix}_{P_0}=0,$$

$$\dot{z}(1)=-\frac{1}{J}\left.\frac{\partial(F,G)}{\partial(y,z)}\right|_{P_0}=\frac{1}{6}\times\begin{vmatrix} 2y & 2x \\ 1 & 1 \end{vmatrix}_{P_0}=-1.$$

因此，曲线在 P_0 点的切向量为 $\boldsymbol{T}=(1,0,-1)$. 因此所求的切线方程为

$$\frac{x-1}{1}=\frac{y+2}{0}=\frac{z-1}{-1},$$

法平面方程为

$$(x-1)+0\times(y+2)-(z-1)=0,$$

或

$$x-z=0.$$

10.3.3　曲面的切平面和法线

设曲面 S 的参数方程为

$$\boldsymbol{r}=\boldsymbol{r}(u,v)=(x(u,v),y(u,v),z(u,v)) \quad [(u,v)\in D\subseteq \mathbf{R}^2].$$

其中 $\boldsymbol{r}$ 在 D 内连续,点$(x_0,y_0)\in D$,其偏导数[①]在点(x_0,y_0)存在,且

$$\boldsymbol{r}'_u(u_0,v_0)=(x'_u,y'_u,z'_u)\big|_{(u_0,v_0)},\quad \boldsymbol{r}'_v(u_0,v_0)=(x'_v,y'_v,z'_v)\big|_{(u_0,v_0)}.$$

且 $\boldsymbol{r}'_u(u_0,v_0)\times\boldsymbol{r}'_v(u_0,v_0)\neq 0$(此时,$(u_0,v_0)$称为曲面 S 的一个**正则点**).因此,若 $\boldsymbol{r}$ 的所有偏导数在其定义域内都存在且连续,则称曲面为**光滑曲面**.下面将讨论满足前述条件的光滑曲面 S 在点(u_0,v_0)的切平面.

当固定参数方程中的一个变量,不妨设 $v=v_0$,则曲面的参数方程化为 $\boldsymbol{r}=\boldsymbol{r}(u,v_0)$,它是曲面 S 上的一条空间曲线.根据前面所讲的知识,曲线 $\boldsymbol{r}=\boldsymbol{r}(u,v_0)$在点 $\boldsymbol{r}(u_0,v_0)$的切向量为 $\boldsymbol{r}'_u(u_0,v_0)$.因此,若固定另外一个变量 $u=u_0$,可以得到曲面 S 上另外一条曲线,$\boldsymbol{r}=\boldsymbol{r}(u_0,v)$,其切向量在点 $\boldsymbol{r}(u_0,v_0)$也可用 $\boldsymbol{r}'_v(u_0,v_0)$求得.如图 10.3.7 所示,可以证明,若 $\boldsymbol{r}(u_0,v_0)$在点 $\boldsymbol{r}(u,v)$可微,则曲面 $\boldsymbol{r}(u,v)$上所有过点 $\boldsymbol{r}(u_0,v_0)$的空间曲线的切线都在一个平面内,且这个平面称为曲面的切平面.由于 $\boldsymbol{r}'_u(u_0,v_0)\times\boldsymbol{r}'_v(u_0,v_0)\neq 0$,其切平面的法向量必然垂直于 $\boldsymbol{r}'_u(u_0,v_0)$和 $\boldsymbol{r}'_v(u_0,v_0)$.因此,切平面的法向量可用下面的方法计算

$$\boldsymbol{n}=\boldsymbol{r}'_u(u_0,v_0)\times\boldsymbol{r}'_v(u_0,v_0)=\begin{vmatrix}\boldsymbol{i} & \boldsymbol{j} & \boldsymbol{k}\\ x'_u & y'_u & z'_u\\ x'_v & y'_v & z'_v\end{vmatrix}_{(u_0,v_0)}=\left(\frac{\partial(y,z)}{\partial(u,v)},\frac{\partial(z,x)}{\partial(u,v)},\frac{\partial(x,y)}{\partial(u,v)}\right)_{(u_0,v_0)}.$$

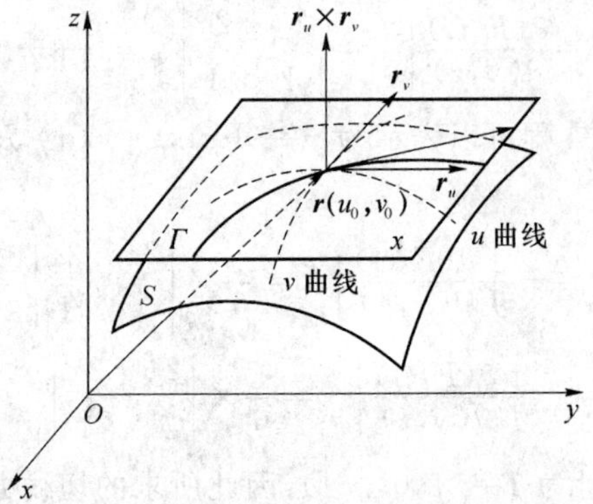

图 10.3.7

为简化起见,将这个向量记为

$$(A,B,C)=\left(\frac{\partial(y,z)}{\partial(u,v)},\frac{\partial(z,x)}{\partial(u,v)},\frac{\partial(x,y)}{\partial(u,v)}\right)_{(u_0,v_0)}$$

且 $\boldsymbol{r}_0=\boldsymbol{r}(u_0,v_0)=(x_0,y_0,z_0)$.则曲面在点 $\boldsymbol{r}_0$ 的切平面方程为

---

① 向量值函数的偏导数与标量值函数类似;假如,若用分量形式表示的函数 $\boldsymbol{r}(x(u,v),y(u,v),z(u,v))$在$(u_0,v_0)$均可导,则向量值函数 $\boldsymbol{r}'(u,v)$在点(u_0,v_0)也可导,且有

$$\boldsymbol{r}'_u(u_0,v_0)=(x'_u,y'_u,z'_u)\big|_{(u_0,v_0)},\quad \boldsymbol{r}'_v(u_0,v_0)=(x'_v,y'_v,z'_v)\big|_{(u_0,v_0)}.$$

$$\boldsymbol{n}\cdot(\boldsymbol{r}-\boldsymbol{r}_0)=A(x-x_0)+B(y-y_0)+C(z-z_0)=0, \tag{10.3.17}$$

其法线方程为

$$\boldsymbol{n}\times(\boldsymbol{r}-\boldsymbol{r}_0)=\begin{vmatrix} \boldsymbol{i} & \boldsymbol{j} & \boldsymbol{k} \\ A & B & C \\ x-x_0 & y-y_0 & z-z_0 \end{vmatrix}=0 \tag{10.3.18}$$

或

$$\frac{x-x_0}{A}=\frac{y-y_0}{B}=\frac{z-z_0}{C}. \tag{10.3.19}$$

接下来，考虑曲面 S 可以表示为 $F(x,y,z)=0$ 的情形. 此处，它所有的一阶偏导数都连续，且向量 $(F'_x,F'_y,F'_z)\neq 0$，不妨设 $F'_z\neq 0$. 由隐函数存在定理，这个方程可以确定一个函数 $z=z(x,y)$，其中 x 和 y 为自变量. 同时，这个函数也有连续偏导数. 将 x 和 y 视为参数，则曲面 S 的参数方程可以表示为

$$\boldsymbol{r}(x,y)=(x,y,z(x,y)).$$

由于

$$\boldsymbol{r}'_x=(1,0,z_x)=(1,0,-F'_x/F'_z),$$
$$\boldsymbol{r}'_y=(0,1,z_y)=(0,1,-F'_y/F'_z),$$

故有

$$\boldsymbol{r}'_x\times\boldsymbol{r}'_y=\begin{vmatrix} \boldsymbol{i} & \boldsymbol{j} & \boldsymbol{k} \\ 1 & 0 & -F'_x/F'_z \\ 0 & 1 & -F'_y/F'_z \end{vmatrix}=(F'_x/F'_y,F'_y/F'_z,1).$$

于是，其法向量可以取为

$$\boldsymbol{n}=(F'_x,F'_y,F'_z). \tag{10.3.20}$$

故曲面 $F(x,y,z)=0$ 在点 $P_0(x_0,y_0,z_0)$ 处的切平面为

$$F'_x(P_0)(x-x_0)+F'_y(P_0)(y-y_0)+F'_z(P_0)(z-z_0)=0,$$

且对应的法线方程为

$$\frac{x-x_0}{F'_x(P_0)}=\frac{y-y_0}{F'_y(P_0)}=\frac{z-z_0}{F'_z(P_0)}.$$

如果将 $F(x,y,z)=0$ 视为一个函数 $u=F(x,y,z)$ 通过满足 $F(x_0,y_0,z_0)=0$ 的点 (x_0,y_0,z_0) 的等值面，则显然曲面 $F(x,y,z)=0$ 在点 (x_0,y_0,z_0) 处的法向量 $\boldsymbol{n}=(F'_x,F'_y,F'_z)|_{(x_0,y_0,z_0)}$ 就是函数 $u=F(x,y,z)$ 在点 (x_0,y_0,z_0) 的梯度向量. 换句话说，函数 $F(x,y,z)$ 的梯度向量垂直于等值面 $F(x,y,z)=0$.

若曲面 S 可以表示为方程 $z=f(x,y)$，则可将其改写为 $f(x,y)-z=0$，并可被认为是 $F(x,y,z)=0$ 的一个特殊情形，其中 $F(x,y,z)=f(x,y)-z$. 于是可以用前面的方法计算法向量. 其具体步骤留给读者自己完成，此处仅给出关于这个曲面在曲面上点 $P_0(x_0,y_0,z_0)$ 处

的切平面和法线方程的列表. 由于

$$\boldsymbol{n}=(f'_x, f'_y, -1), \tag{10.3.21}$$

所以在点 P_0 处曲面的切平面和法线分别为

$$z-z_0=f'_x(x_0,y_0)(x-x_0)+f'_y(x_0,y_0)(y-y_0) \tag{10.3.22}$$

和

$$\frac{x-x_0}{f'_x(x_0,y_0)}=\frac{y-y_0}{f'_y(x_0,y_0)}=\frac{z-z_0}{-1},$$

其中 $z_0=f(x_0,y_0)$.

需要指出的是,方程(10.3.22)右端其实就是函数 $z=f(x,y)$ 在点(x_0,y_0)处的全微分,而其左端就是切平面上点相应的竖直方向的增量. 因此,函数 $z=f(x,y)$ 在点(x_0,y_0)的全微分的几何意义就是沿曲线 S 在点 P_0 切平面上的点 $P_0(x_0,y_0,z_0)$的垂直增量,当$z-z_0>0$时即为 $\|\overrightarrow{PM}\|$(见图 10.3.8). 当 $|x-x_0|$ 和 $|y-y_0|$ 均充分小时,Δz 的增量可用函数 $f(x,y)$的全微分 $\mathrm{d}z$ 来近似,并可按照如下方法计算

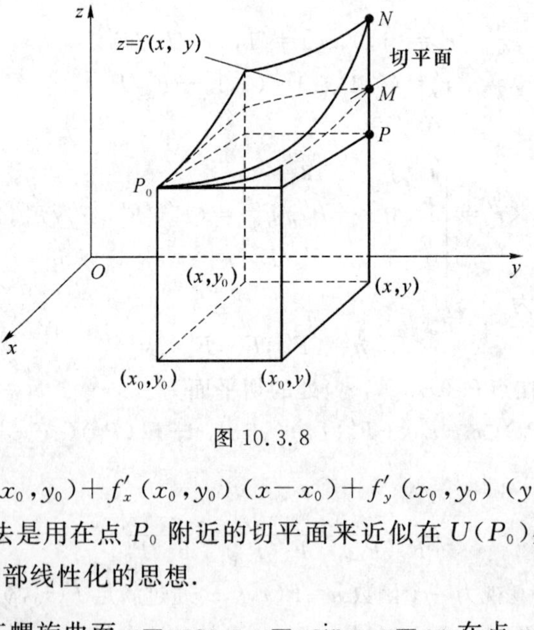

图 10.3.8

$$\Delta z \approx f(x_0,y_0)+f'_x(x_0,y_0)(x-x_0)+f'_y(x_0,y_0)(y-y_0).$$

几何上看,这个想法是用在点 P_0 附近的切平面来近似在 $U(P_0)$处的曲面. 这实际上是将一个二元函数进行局部线性化的思想.

例 10.3.9 求正螺旋曲面 $x=u\cos v, y=u\sin v, z=av$ 在点 $u=\sqrt{2}, v=\frac{\pi}{4}$处的切平面和法线方程,其中常数 $a\neq 0$.

解 由于 $\boldsymbol{r}=(u\cos v, u\sin v, av)$,故

$$\boldsymbol{r}'_u=(\cos v, \sin v, 0), \quad \boldsymbol{r}'_v=(-u\sin v, u\cos v, a).$$

在点 $u=\sqrt{2}, v=\frac{\pi}{4}$有

$$\boldsymbol{r}'_u=\left(\frac{\sqrt{2}}{2},\frac{\sqrt{2}}{2},0\right),\boldsymbol{r}'_v=(-1,1,a),$$

因此

$$\boldsymbol{r}'_u\times\boldsymbol{r}'_v=\left(\frac{\sqrt{2}}{2}a,-\frac{\sqrt{2}}{2}a,\sqrt{2}\right).$$

故螺旋曲面在点$\left(1,1,\frac{\pi}{4}a\right)$处的法向量可以选为$\boldsymbol{n}(a,-a,2)$，且所求的切平面方程为

$$ax-ay+2z=\frac{\pi}{2}a.$$

相应的法线方程为

$$\frac{x-1}{a}=\frac{y-1}{-a}=\frac{z-\frac{\pi}{4}a}{2}.$$

例 10.3.10　求函数$z=x^2+y^2-1$在点(2.1.4)处的切平面和法线方程.

解　令$f(x,y)=x^2+y^2-1$，则由式(10.3.21)，有

$$\boldsymbol{n}=(f'_x,f'_y,-1)|_{(2,1,4)}=(2x,2y,-1)|_{(2,1,4)}=(4,2,-1).$$

因此切平面的方程为

$$4(x-2)+2(y-1)-(z-4)=0,$$

或

$$4x+2y-z-6=0.$$

法线方程为

$$\frac{x-2}{4}=\frac{y-1}{2}=\frac{z-4}{-1}.$$

10.3.4　* 曲面的曲率

为理解曲线是如何“弯曲”而不是“扭转”，最简单的是考虑平面曲线(在平面上，只有弯曲但没有扭转).

当一个质点在平面内沿着一条光滑曲线运动(见图 10.3.9)，$\boldsymbol{T}=\frac{\mathrm{d}\boldsymbol{r}}{\mathrm{d}s}$随着曲线的弯曲而变化. 由于$\boldsymbol{T}$为单位向量，其长度始终保持为一个常数，且当质点沿着曲线变化时，只有方向发生了改变. $\boldsymbol{T}$在质点沿曲线运动单位长度时的变化率称为**曲率**，记为κ.

定义 10.3.11(曲率). 若$\boldsymbol{T}$为光滑曲线的单位切向量，则函数的曲率为

$$\kappa=\left\|\frac{\mathrm{d}\boldsymbol{T}}{\mathrm{d}s}\right\|=\left\|\frac{\mathrm{d}\boldsymbol{T}}{\mathrm{d}t}\right\|\left|\frac{1}{\frac{\mathrm{d}s}{\mathrm{d}t}}\right|=\left\|\frac{\mathrm{d}\boldsymbol{T}}{\mathrm{d}t}\right\|\frac{1}{\|\boldsymbol{v}\|}.\tag{10.3.23}$$

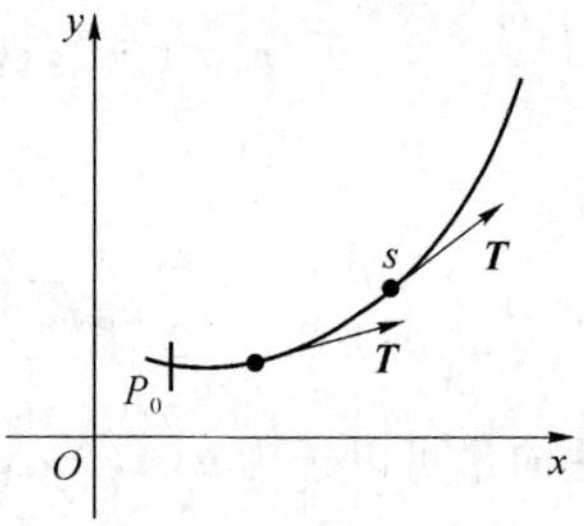

图 10.3.9

例 10.3.12(圆的曲率). 对一个中心在原点半径为 a 的圆,其参数方程可表示为

$$\boldsymbol{r}(t)=(a\cos t)\boldsymbol{i}+(a\sin t)\boldsymbol{j}.$$

则

$$\boldsymbol{v}=\frac{\mathrm{d}\boldsymbol{r}}{\mathrm{d}t}=-(a\sin t)\boldsymbol{i}+(a\cos t)\boldsymbol{j}$$

且

$$\|\boldsymbol{v}\|=\sqrt{(-a\sin t)^2+(a\cos t)^2}=\sqrt{a^2}=|a|=a.$$

故

$$\boldsymbol{T}=\frac{1}{a}\frac{\mathrm{d}\boldsymbol{r}}{\mathrm{d}t}=-(\sin t)\boldsymbol{i}+(\cos t)\boldsymbol{j}$$

于是

$$\frac{\mathrm{d}\boldsymbol{T}}{\mathrm{d}t}=-(\cos t)\boldsymbol{i}-(\sin t)\boldsymbol{j}.$$

且

$$\left\|\frac{\mathrm{d}\boldsymbol{T}}{\mathrm{d}t}\right\|=\sqrt{(\cos t)^2+(\sin t)^2}=1.$$

因此,对任何参数 t 的取值,有

$$\kappa=\frac{1}{\|\boldsymbol{v}\|}\left\|\frac{\mathrm{d}\boldsymbol{T}}{\mathrm{d}t}\right\|=\frac{1}{a}\times 1=\frac{1}{a}.$$

关于空间曲线的曲率,还有很多主题.对于感兴趣的读者,可以参考其他资料.

习题 10.3

A

1. 求下列曲线在指定点处的切线方程和法平面方程.

(1) $\boldsymbol{r}=(t,2t^2,t^2)$，在 $t=1$；

(2) $\boldsymbol{r}=(3\cos\theta,3\sin\theta,4\theta)$，在点$\left(\dfrac{3}{\sqrt{2}},\dfrac{3}{\sqrt{2}},\pi\right)$；

(3) $\begin{cases}x^2+y^2=1,\\ y^2+z^2=1\end{cases}$在点 $(1,0,1)$.

2. 求曲线 $\boldsymbol{r}=(t,-t^2,t^3)$平行于平面$x+2y+z=4$的切线方程.

3. 证明在螺线 $\boldsymbol{r}=(a\cos\theta,a\sin\theta,k\theta)$上任何一点处的切线与 z 轴的夹角为常数.

4. 求下列曲线弧的长度：

(1) 曲线 $y=\dfrac{1}{2p}x^2$ 上弧长从顶点到点$(\sqrt{2}p,p)$；

(2) $x=\dfrac{1}{4}y^2-\dfrac{1}{2}\ln y\quad(1\leqslant y\leqslant \mathrm{e})$；　　(3) $x^{2/3}+y^{2/3}=a^{2/3}\quad(a>0)$；

(4) $\boldsymbol{r}=(\mathrm{e}^t\sin t,\mathrm{e}^t\cos t)\quad\left(0\leqslant t\leqslant\dfrac{\pi}{2}\right)$；

(5) $\boldsymbol{r}=(a(\cos t+t\sin t),a(\sin t-t\cos t))(a>0,0\leqslant t\leqslant 2\pi)$；

(6) $\rho=a(1+\cos\theta)$ （全部弧长）；　　(7) $\rho=a\sin^3\dfrac{\theta}{3}\quad(a>0)$ （全部弧长）；

(8) $y(x)=\displaystyle\int_{-\sqrt{3}}^{x}\sqrt{3-t^2}\,\mathrm{d}t$ （全部弧长）；　　(9) $y=\ln\cos x\quad\left(0\leqslant x\leqslant a,a<\dfrac{\pi}{2}\right)$.

5. 求下列空间曲线的长度：

(1) 曲线 $\boldsymbol{r}=(\mathrm{e}^t\cos t,\mathrm{e}^t\sin t,\mathrm{e}^t)$上两点$(1,0,1)$和 $(0,\mathrm{e}^{\pi/2},\mathrm{e}^{\pi/2})$之间的弧长；

(2) $\boldsymbol{r}=(2t,t^2-2,1-t^2)(0\leqslant t\leqslant 2)$；

(3) 曲线$\begin{cases}x^2=3y,\\ 2xy=9z\end{cases}$上两点$(0,0,0)$和$(3,3,2)$之间的弧长.

6. 证明曲线 $\boldsymbol{r}=(a\mathrm{e}^t\cos t,a\mathrm{e}^t\sin t,a\mathrm{e}^t)$和圆锥面 $x^2+y^2=z^2$ 的每一生成曲线的夹角对曲线上的任一点都是相同的(两个曲线的夹角指的是在它们的公共交点处切线的夹角).

7. 给出下列曲面任一形式的参数方程，其中 a,b,c 均为正数：

(1) $\dfrac{x^2}{a^2}+\dfrac{y^2}{b^2}+\dfrac{z^2}{c^2}=1$；　　(2) $\dfrac{x^2}{a^2}-\dfrac{y^2}{b^2}-\dfrac{z^2}{c^2}=1$；

(3) $\dfrac{x^2}{a^2}-\dfrac{y^2}{b^2}=2z$；　　(4) $\dfrac{x^2}{a^2}+\dfrac{y^2}{b^2}=\dfrac{z^2}{c^2}$.

8. 求由平面曲线 $x=f(v),z=g(v)\quad(a\leqslant v\leqslant b)$绕 z 轴旋转一周得到的曲面的参数方程，其中 $f(v)>0$.

9. 求曲面 $\boldsymbol{r}=\boldsymbol{r}(u,v)$在点 $\boldsymbol{r}(u_0,v_0)$处的切平面和法线的参数方程.

10. 求下列曲面在给定点处的切平面和法线方程：

(1) $\boldsymbol{r}=(a\cos\theta\cos\varphi, a\cos\theta\sin\varphi, a\sin\theta)$ 在点 $\theta=\theta_0,\varphi=\varphi_0$；

(2) $z^2=\frac{x^2}{4}+\frac{y^2}{9}$ 在点 $(6,12,5)$；

(3) $x^3+y^3+z^3+xyz-6=0$ 在点 $(1,2,-1)$；

(4) $e^{x/z}+e^{y/z}=4$ 在点 $(\ln 2,\ln 2,1)$.

11. 求一个过曲线$\begin{cases}y^2=x\\z=3(y-1)\end{cases}$,在点$y=1$处的切线,与曲面 $x^2+y^2=4z$ 相交的平面.

12. 求曲面 $x^2+y^2+z^2=x$ 垂直于平面 $x-y-\frac{1}{2}z=2$ 和 $x-y-z=2$ 的切平面.

13. 求曲面 $z=xy$ 垂直于平面 $x+3y+z+9=0$ 的法线方程.

14. 求曲面 $x^2+2y^2+z^2=22$ 平行于直线$\begin{cases}x+3y+z=0,\\x+y=0\end{cases}$的法线.

15. 求由曲线$\begin{cases}3x^2+2y^2=12,\\z=0\end{cases}$绕 y 轴旋转得到的旋转曲面,在点$(0,\sqrt{3},\sqrt{2})$指向曲面外侧的单位法向量.

16. 设 $\boldsymbol{n}$ 为曲面 $2x^2+3y^2+z^2=6$ 在点 $P_0(1,1,1)$指向曲面外侧的法向量,求函数 $u=\frac{1}{z}\sqrt{6x^2+8y^2}$ 在点 P_0 沿着方向 $\boldsymbol{n}$ 的方向导数.

17. 求锥面$\frac{x^2}{a^2}+\frac{y^2}{b^2}=\frac{z^2}{c^2}$在点 $P_0(x_0,y_0,z_0)$处的切平面,并证明这个切平面与圆锥的生成直线相交于点 P_0.

18. 证明由曲面 $xyz=a^3(a>0)$在任一点的切平面与三个坐标平面所围的四面体的体积为一个常数.

19. 设函数 $F(u,v)$有连续的一阶偏导数.证明曲面 $F\left(\frac{x-a}{z-c},\frac{y-b}{z-c}\right)=0$ 在任一点的切平面都通过一个固定点,其中,a,b 和 c 均为常数.

20. 证明曲面 $F(x-az,y-bz)=0$ 在任一点切平面通过一共同直线,其中 a 和 b 均为常数.

21. 证明球面 $x^2+y^2+z^2=R^2$ 与锥面 $x^2+y^2=k^2z^2$ 垂直相交(此处,夹角表示这些曲面在交点处各自法向量之间的夹角).

22. 证明螺旋面 $\boldsymbol{r}=(a\cos t, a\sin t, bt)$ 在任一点的法向量都和 z 轴垂直.

B

1. 证明若 $f'(u)$连续且不等于零,则旋转体 $z=f(\sqrt{x^2+y^2})$在表面上任意点的法向量总是与旋转轴相交.

2. 设 $\boldsymbol{F}(u,v)$是一个连续可微不为零的向量值函数,$\boldsymbol{F}:\mathbf{R}^2\to\mathbf{R}^3$. 证明 $\|\boldsymbol{F}(u,v)\|$ 为常数的充要条件为$\frac{\partial\boldsymbol{F}}{\partial u}\cdot\boldsymbol{F}\equiv 0$ 且$\frac{\partial\boldsymbol{F}}{\partial v}\cdot\boldsymbol{F}\equiv 0$.

3. 证明曲面 Σ 为一个球面的充要条件是曲面 Σ 的所有法线都过同一点.

4. 设函数 $u=F(x,y,z)$在条件 $\varphi(x,y,z)=0$ 和 $\psi(x,y,z)=0$ 下,在点$P_0(x_0,y_0,z_0)$取得极值 m. 证明曲面 $F(x,y,z)=m$ 的法线与 $\varphi(x,y,z)=0$ 和 $\psi(x,y,z)=0$ 在点 P_0 分别共面,其中,函数 F,φ 和 ψ 均有连续的一阶偏导数,且这些偏导数不同时为零.

5. * 求曲线$\begin{cases}x+\sin hy=y+\sin y,\\ z+\mathrm{e}^z=x+1+\ln(x+1)\end{cases}$在点 $O(0,0,0)$的曲率.

综合练习

1. 一个底部为区域 $D=\{(x,y)\mid x^2+y^2-xy\leqslant 75\}$的山,在$(x,y)$点处的高为 $h(x,y)=75-x^2-y^2+xy$.

(1) 令 $M(x_0,y_0)$为 D 内一点. 求在点 $P_0(x_0,y_0)$的一个方向,使得 $h(x,y)$的方向导数最大. 求在点 P_0 最大的方向导数 $g(x_0,y_0)$.

(2) 在 D 的边界 $x^2+y^2-xy=75$ 上求最陡峭的一点作为爬山的起点,也即在此处方向导数取得最大值.

2. 潜艇在点$(0,0)$以速度 $5v_0$ 向起始位置在$(1,0)$点处,沿 $x=1$ 以速度 v_0 行驶的敌船发射一枚鱼雷. 设鱼雷总是朝向敌船的方向行进,求鱼雷走过的轨迹及击中敌船的时间.

第 11 章

重积分

我们在第 5 章讨论了一元定积分，其被积函数是一元函数且积分范围是一个区间，它一般用来研究区间上非均匀分布的量的求和问题，例如平面曲边梯形的面积和细棒的质量. 在实际解决许多几何、物理以及其他问题时，我们不仅需要一元函数的积分，而且还需要求非均匀分布在某些几何图形上量的和，例如求平面区域的面积，空间区域的体积，以及空间物体的质量. 由于多元函数自变量的个数的不同和积分区域形状的不同，就有各种不同的多元函数的积分. 例如，二元函数在平面有界区域上有二重积分三元函数在空间有界区域上有三重积分.

11.1 二重积分的概念和性质

11.1.1 二重积分的概念

1. 物体的质量

设有一质量非均匀分布的物体，其密度是点 M 的函数 $\mu=f(M)$. 若函数 f 已知，如何求物体的质量?

定积分中我们已经知道，一根线密度为 $\mu=f(x)$的细棒(见图 11.1.1)，它的质量 m 可通过“分，匀，合，精”四个步骤化为如下定积分：

$$m=\lim_{d\to 0}\sum_{k=1}^{n} f(\xi_k)\Delta_{x_k}=\int_a^b f(x)\mathrm{d}x. \tag{11.1.1}$$

若是在平面区域内非均匀分布的物体(σ)，换句话说，物体密度 $\mu=f(M)$且在区域(σ)上连续(见图11.1.2)，我们可以用相同的过程求它的质量.

分 将区域(σ)任意地分成 n 个子区域

$$(\Delta\sigma_k),k=1,2,\cdots,n.$$

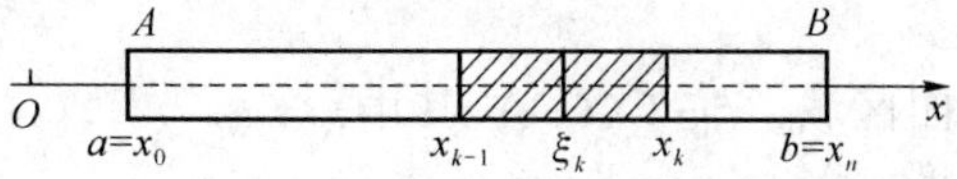

图 11.1.1

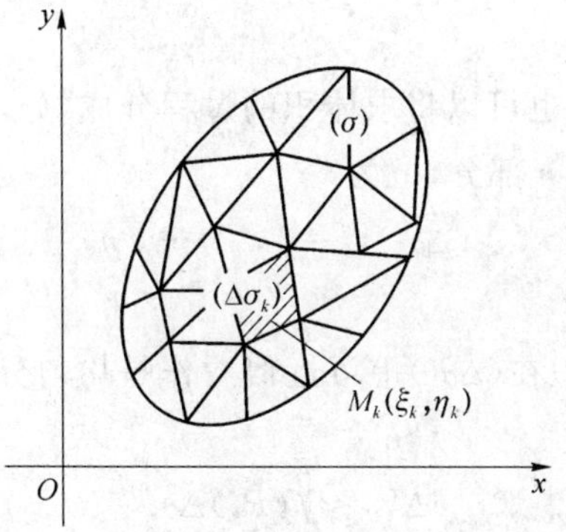

图 11.1.2

并将$(\Delta\sigma_k)$的面积记为 $\Delta\sigma_k$(见图. 11.1.2).

匀　当子区域 $(\Delta\sigma_k)$很小时,$(\Delta\sigma_k)$上的物质可以近似看作是均匀分布的，即$(\Delta\sigma_k)$上的面密度可看作是一常数 $f(M_k)$，其中 $M_k=(\xi_k,\ \eta_k)$是$(\Delta\sigma_k)$内任意一点,$(\Delta\sigma_k)$上的质量 Δm_k 近似为

$$\Delta m_k\approx f(M_k)\Delta\sigma_k, k=1,2,\cdots,n.$$

合　把所有的近似值累加起来,可得薄板质量的近似值：

$$m=\sum_{k=1}^{n}\Delta m_k\approx\sum_{k=1}^{n}f(M_k)\Delta\sigma_k. \tag{11.1.2}$$

精　若每一个 $(\Delta\sigma_k)$划分得越小,式(11.1.2)的和式就越接近 m . 设 d 为 $(\Delta\sigma_k)$, $k=1,2,\cdots,n$中直径①的最大值. 当 d 趋于 0 时,每一个子区域都将缩小成一点(子区域的数量 n 也将增加). 因此

$$m=\lim_{d\to 0}\sum_{k=1}^{n}f(M_k)\Delta\sigma_k. \tag{11.1.3}$$

可见薄板的质量可由一个和式的极限来确定. 式(11.1.3)与式(11.1.1)和式的结构上完全相同. 唯一的不同是式(11.1.1)的每一项是 $f(\xi_k)$在自区间内$[x_{k-1},\ x_k]$ 的任意点 ξ_k处的函数值乘以该子区间的长度 Δx_i,而式(11.1.3)的每一项是 $f(M_k)$在子区域 $(\Delta\sigma_k)$内的任意点 M_k 处的函数值乘以该子区域的面积 $\Delta\sigma_k$. 这是由于质量分布的范围不同而引起的.

① 闭区域的直径是指此闭区域中任意两点距离的最大值.

2. 曲顶柱体的体积

设 $(\sigma)\subseteq\mathbf{R}^2$ 是一有界闭区域，$f\in C((\sigma))$，其中 $f(x, y)\geqslant 0$. 设 (V) 是一以 (σ) 为底、$(S)=\{(x, y, f(x, y))\mid(x,y)\in(\sigma)\}$ 为顶的柱体，即

$$(V)=\{(x, y, z)\in\mathbf{R}^3\mid 0\leqslant z\leqslant f(x, y), (x, y)\in(\sigma)\}.$$

如何求该柱体的体积？

如同求物体的质量，我们也可以将求体积的过程分成“分，匀，合，精”四个部分.

分 将区域 (σ) 任意分成 n 部分，记为

$$(\Delta\sigma_k), k=1, 2, \cdots, n,$$

$(\Delta\sigma_k)$ 的尺寸记作 $\Delta\sigma_k$.

匀 当 $(\Delta\sigma_k)$ 很小时，体积在 $(\Delta\sigma_k)$ 上可近似看作是均匀分布的，因此设区域 $(\Delta\sigma_k)$ 上的体积为 ΔV_k，则可近似表示为

$$\Delta V_k\approx f(P_k)\Delta\sigma_k,$$

其中 $P_k=(\xi_k, \eta_k)$ 是子区域 $(\Delta\sigma_k)$ 内任意点.

合 把所有的近似值累加起来，可得体积 V 在 (σ) 上的近似值：

$$V=\sum_{k=1}^{n}\Delta V_k\approx\sum_{k=1}^{n}f(P_k)\Delta\sigma_k.$$

精 设 d 是所有 $(\Delta\sigma_k), k=1, 2, \cdots, n$ 上直径的最大值，则 V 等于和式当 $d\to 0$ 时的极限值，即

$$V=\lim_{d\to 0}\sum_{k=1}^{n}f(P_k)\Delta\sigma_k. \tag{11.1.4}$$

实际上，不仅仅在求质量与体积中，在各种其他情况中也会出现诸如式(11.1.3)与式(11.1.4)中类型的极限，甚至当 $f(x)$ 不是正函数时也有可能遇到. 因此有必要抽象地讨论诸如式(11.1.3)与式(11.1.4)中类型的极限，抽象可得到如下定义.

定义 11.1.1（二重积分）. 设 (σ) 是 xOy 平面上的有界闭区域且 f 是定义在 (σ) 上的函数. 将区域 (σ) 任意分成 n 个子区域 (σ_k)，其面积记为 $\Delta\sigma_k\ (k=1, 2, \cdots, n)$. 任选一点 $P_k=(\xi_k, \eta_k)\ (k=1, 2, \cdots, n)$，从而和式可写为（称为**黎曼和**）

$$\sum_{k=1}^{n}f(\xi_k, \eta_k)\Delta\sigma_k.$$

若对任一划分 (σ) 以及任选的一点 $P_k\in(\sigma_k)$，当 $d\to 0$ 时，和的极限都存在且极限值不变，其中 d 是 $(\Delta\sigma_k)(k=1,2,\cdots,n)$ 中直径的最大值. 则我们称 f 在区域 (σ) 上是**可积的**，且极限值称为 f 在 (σ) 上的**二重积分**，记作

$$\iint_{(\sigma)}f(x, y)\mathrm{d}\sigma=\lim_{d\to 0}\sum_{k=1}^{n}f(\xi_k, \eta_k)\Delta\sigma_k. \tag{11.1.5}$$

其中 (σ) 称为**积分区域**，f 称为**被积函数**，$\mathrm{d}\sigma$ 称为**面积微元**，且 $f(x, y)\mathrm{d}\sigma$ 称为**积分式或积**

分微元.

可以证明若函数 $f(x, y)$在(σ)上连续，则 f 在(σ)上一定可积.

11.1.2　二重积分的性质

二重积分具有和定积分类似的性质，这些性质在积分计算和应用时都非常有效. 由于其证法与定积分性质的证法相同,这里述而不证.

若函数 $f(x, y)$与 $g(x, y)$在区域(σ)上可积,则有如下性质：

1. 线性性质

(a) $\iint\limits_{(\sigma)} kf(x, y)\mathrm{d}\sigma = k\iint\limits_{(\sigma)} f(x, y)\mathrm{d}\sigma$, k 是常数；

(b) $\iint\limits_{(\sigma)} [f(x,y) \pm g(x,y)]\mathrm{d}\sigma = \iint\limits_{(\sigma)} f(x,y)\mathrm{d}\sigma \pm \iint\limits_{(\sigma)} g(x,y)\mathrm{d}\sigma$.

2. 积分区域可加性

设 $(\sigma)=(\sigma_1)\cup(\sigma_2)$,且 (σ_1)，(σ_2)除边界外没有公共部分. 则

$$\iint\limits_{(\sigma)} f(x, y)\mathrm{d}\sigma = \iint\limits_{(\sigma_1)} f(x, y)\mathrm{d}\sigma + \iint\limits_{(\sigma_2)} f(x, y)\mathrm{d}\sigma.$$

3. 积分不等式

(1) 若 $f(x, y)\leqslant g(x, y)$, $\forall (x, y)\in(\sigma)$,则

$$\iint\limits_{(\sigma)} f(x, y)\mathrm{d}\sigma \leqslant \iint\limits_{(\sigma)} g(x, y)\mathrm{d}\sigma;$$

(2) $\left|\iint\limits_{(\sigma)} f(x, y)\mathrm{d}\sigma\right| \leqslant \iint\limits_{(\sigma)} |f(x, y)|\mathrm{d}\sigma$;

(3) 若 $l\leqslant f(x, y)\leqslant L$, $\forall (x, y)\in(\sigma)$, 则

$$l\sigma \leqslant \iint\limits_{(\sigma)} f(x, y)\mathrm{d}\sigma \leqslant L\sigma.$$

4. 中值定理

设 $f\in C((\sigma))$ 及 (σ)是有界闭区域. 则至少存在一点$(\xi,\eta)\in(\sigma)$,使得

$$\iint\limits_{(\sigma)} f(x, y)\mathrm{d}\sigma = f(\xi,\eta)\sigma.$$

习题 11.1

1. 若 $f(x, y)=1$，求二重积分 $\iint\limits_{(\sigma)} f(x, y)\mathrm{d}\sigma$.

2. 在积分 $\iint\limits_{(\sigma)} f(x, y)\mathrm{d}\sigma$ 的定义中，所有$(\Delta\sigma_k)(k=1, 2, \cdots, n)$的直径的最大值 $d\to 0$，能否替换为所有$(\Delta\sigma_k)$的度量的最大值趋于零，为什么？

3. 应用积分性质比较下列积分的大小：

(1) $\iint\limits_{(\sigma)}(x^2+y^2)\mathrm{d}\sigma$ 与 $\iint\limits_{(\sigma)}(x+y)^2\mathrm{d}\sigma$，$(\sigma)=\{(x, y) \mid x^2+y^2\leqslant 1\}$；

(2) $\iint\limits_{(\sigma)}(x+y)^2\mathrm{d}\sigma$ 与 $\iint\limits_{(\sigma)}(x+y)^3\mathrm{d}\sigma$，$(\sigma)=\{(x, y) \mid x\geqslant 0, y\geqslant 0, x+y\leqslant 1\}$.

4. 比较下列积分的大小：

(1) $\iint\limits_{(\sigma_1)} xy\,\mathrm{d}\sigma$，$(\sigma_1)$ 是由 $x=0$，$y=0$ 以及 $x+y=3$ 围成的平面区域；

(2) $\iint\limits_{(\sigma_2)} xy\,\mathrm{d}\sigma$，$(\sigma_2)$ 是由 $x=-1$，$y=0$ 以及 $x+y=3$ 围成的平面区域.

5. 估算下列积分：

(1) $\iint\limits_{(\sigma)}(x^2+y^2+1)\mathrm{d}\sigma$，其中 $(\sigma)=\{(x, y)\mid x^2+y^2\leqslant 1\}$；

(2) $\iint\limits_{(\sigma)}(x+xy-x^2-y^2)\mathrm{d}\sigma$，其中 $(\sigma)=\{(x, y)\mid 0\leqslant x\leqslant 1, 0\leqslant y\leqslant 2\}$.

6. 求极限

$$\lim_{r\to 0^+}\frac{1}{\pi r^2}\iint\limits_{(\sigma_r)} \mathrm{e}^{x+y}\sin\frac{\pi}{4}(x^2+y^2)\mathrm{d}\sigma,$$

其中 $(\sigma_r)=\{(x, y)\mid (x-1)^2+(y-1)^2\leqslant r^2\}$.

7. 设 $f(x, y)$连续. 求

$$\lim_{r\to 0^+}\frac{1}{\pi r^2}\iint\limits_{(\sigma_r)} f(x, y)\mathrm{d}\sigma,$$

其中 $(\sigma_r)=\{(x, y)\mid (x-x_0)^2+(y-y_0)^2\leqslant r^2\}$.

8. 证明积分中值定理.

9. 证明若 $f(x, y)$ 在有界闭区域(σ)上连续，(σ)可测，$f(x, y)\geqslant 0$(或$\leqslant 0$) 但 $f(x, y)\not\equiv 0$，则 $\iint\limits_{(\sigma)} f(x, y)\mathrm{d}\sigma>0$(或 <0).

11.2　二重积分的计算

二重积分的定义本身也给出了二重积分的计算方法,由于计算积分和很繁杂,按照定义计算积分有很大的局限性. 本节,我们介绍二重积分的计算方法——累次积分法. 为得到二重积分的计算公式,先介绍二重积分的几何意义.

11.2.1　二重积分的几何意义

设 $(\sigma)\subseteq \mathbf{R}^2$ 是一有界闭区域, $f\in C((\sigma))$. 根据定义,二重积分就等于下列和式的极限:

$$\iint\limits_{(\sigma)} f(x,\ y)\mathrm{d}\sigma = \lim_{d\to 0}\sum_{k=0}^{n} f(\xi_k,\ \eta_k)\Delta\sigma_k.$$

下面根据这个和式的结构来说明二重积分的几何意义. 为方便起见,设 $f(x,\ y)\geqslant 0$,于是几何上函数 $z=f(x,\ y)$ 表示区域 (σ) 上方的曲面 (S) (见图 11.2.1) 并且曲面 (S) 在 xOy 面上的投影恰恰是区域 (σ).

设 (V) 是一以 (σ) 为底,(S) 为顶的曲顶柱体, 即

$$(V)=\{(x,\ y,\ z)\in \mathbf{R}^3 \mid 0\leqslant z\leqslant f(x,\ y),\ (x,\ y)\in(\sigma)\}.$$

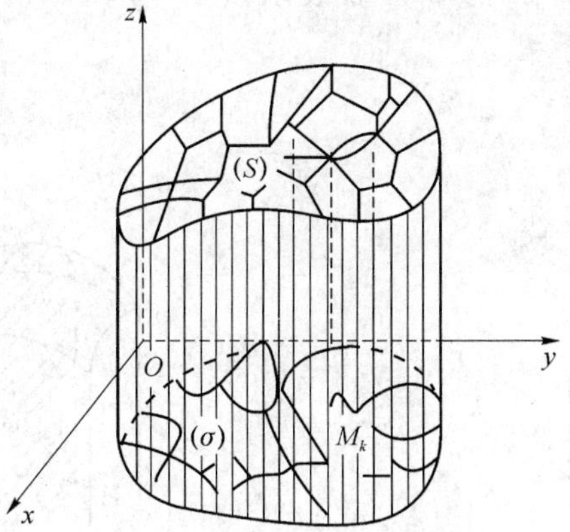

图 11.2.1

现在我们来说明二重积分 $\iint\limits_{(\sigma)} f(x,\ y)\mathrm{d}\sigma$ 的几何意义就是以 (S) 为顶,(σ) 为底的柱体的体积 V. 事实上, 体积 V 可看作是非均匀分布在区域 (σ) 上的可加量, 因此它可用二重积分定义的步骤来计算. 将区域 (σ) 任意分成 n 个子区域 $(\Delta\sigma_k)$ $(k=1,\ 2,\cdots,\ n)$,$(\Delta\sigma_k)$ 的面积记作 $\Delta\sigma_k$. 以每个子区域 $(\Delta\sigma_k)$ 的边界为准线做母线平行于 z 轴的小柱体, 则圆柱 (V) 被分成了 n 个

小柱体. 由于$(\Delta\sigma_k)$很小,以$(\Delta\sigma_k)$为底的小柱体的高度可近似看作是一常数 $f(\xi_k,\eta_k)$,其中(ξ_k,η_k)是区域$(\Delta\sigma_k)$内任一点.从而小柱体的体积可近似表示为

$$\Delta V_k \approx f(\xi_k,\eta_k)\Delta\sigma_k.$$

将所有近似值累加起来可得

$$V=\sum_{k=1}^{n}\Delta V_k \approx \sum_{k=1}^{n} f(\xi_k,\eta_k)\Delta\sigma_k.$$

令 $d\to 0$ 从而可得体积 V 的精确值为

$$V=\lim_{d\to 0}\sum_{k=1}^{n} f(\xi_k,\ \eta_k)\Delta\sigma_k=\iint_{(\sigma)} f(x,\ y)\mathrm{d}\sigma,$$

其中 d 是所有子区域$(\Delta\sigma_k)(k=1,\ 2,\cdots,\ n)$的直径的最大值.

11.2.2 直角坐标系下的二重积分

首先,我们利用二重积分的几何意义来讨论它的计算方法. 设 $f\in C((\sigma))$,为方便起见,设 $f(x,\ y)\geqslant 0$, $\forall (x,y)\in(\sigma)$.下面就积分区域 (σ)的类型分三种情况讨论.

(1) 设 $(\sigma)=\{(x,y)\mid a\leqslant x\leqslant b, y_1(x)\leqslant y\leqslant y_2(x)\}$, 其中 $y_1(x)$ 及 $y_2(x)$都在区间$[a,\ b]$上连续. 这一区域的特点是,若过区间$[a,\ b]$上任一点作平行于 y 轴的直线，它与区域(σ)的边界只有两个交点(在端点 a,b 处可能重合)(见图 11.2.2). 这种类型的区域称为 x **型区域**. 我们知道二重积分 $\iint_{(\sigma)} f(x,\ y)\mathrm{d}\sigma$ 表示以 $z=f(x,\ y)$为顶,(σ)为底的柱体体积(见图 11.2.3).

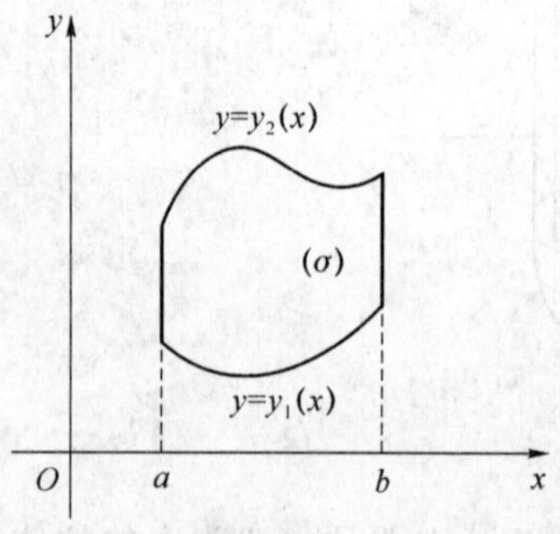

图 11.2.2

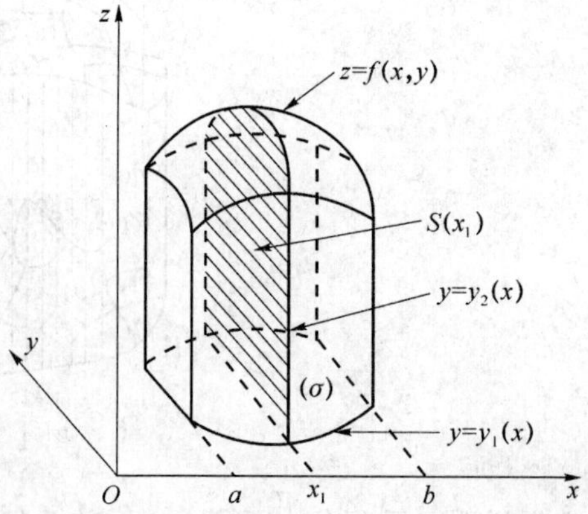

图 11.2.3

由之前所学知识可知,体积 V 可由柱体水平横截面的面积的定积分来计算. 因此,首先求其横截面面积. 在区间$[a,b]$上任取一点 x_1,考察柱体与平面 $x=x_1$ 的截面面积 $S(x_1)$. 易

见截面是一在区间$[y_1(x_1),y_2(x_1)]$上的曲边梯形：$\begin{cases}z=f(x,y),\\x=x_1.\end{cases}$

其面积可用定积分表示为

$$S(x_1)=\int_{y_1(x_1)}^{y_2(x_1)}f(x,y)\mathrm{d}y.$$

现在改记x_1为x，从而截面面积$S(x)$随着x在区间$[a,b]$上的变化而变化，它是x在$[a,b]$上的函数

$$S(x)=\int_{y_1(x)}^{y_2(x)}f(x,y)\mathrm{d}y.$$

值得注意的是，在求以上积分时，x应看作是常量且将y看作为积分变量．求得横截面面积$S(x)$后，利用定积分的微元法易求得柱体的体积V，

$$V=\int_a^b S(x)\mathrm{d}x=\int_a^b\left[\int_{y_1(x)}^{y_2(x)}f(x,y)\mathrm{d}y\right]\mathrm{d}x.$$

另外，由二重积分的几何意义，可得

$$V=\iint\limits_{(\sigma)}f(x,y)\mathrm{d}\sigma,$$

因此

$$V=\iint\limits_{(\sigma)}f(x,y)\mathrm{d}\sigma=\int_a^b\left[\int_{y_1(x)}^{y_2(x)}f(x,y)\mathrm{d}y\right]\mathrm{d}x. \tag{11.2.1}$$

从而，二重积分可转化为连续计算一函数的两个定积分，先把x看作是常量并将$f(x,y)$看作是y的一元函数；然后，对y从区域(σ)的边界$y_1(x)$到$y_2(x)$求定积分．进而将积分后所得到的一元函数$S(x)$从$x=a$到$x=b$求定积分．这样，二重积分化成了包含两个定积分的**累次积分**．公式也可写为

$$\iint\limits_{(\sigma)}f(x,y)\mathrm{d}\sigma=\int_a^b\int_{y_1(x)}^{y_2(x)}f(x,y)\mathrm{d}y\mathrm{d}x=\int_a^b\mathrm{d}x\int_{y_1(x)}^{y_2(x)}f(x,y)\mathrm{d}y. \tag{11.2.2}$$

(2) 设$(\sigma)=\{(x,y)|x_1(y)\leqslant x\leqslant x_2(y),c\leqslant y\leqslant d\}$，其中$x_1(y)$和$x_2(y)$都在区间$[c,d]$上连续(见图11.2.4)．这一区域的特点是，若过$[c,d]$上任一点作平行与x轴的直线，它与区域(σ)的边界只有两个交点(在端点c,d处可能重合)．这种类型的区域称为y**型区域**．与情形(1)类似，有

$$\iint\limits_{(\sigma)}f(x,y)\mathrm{d}\sigma=\int_c^d\int_{x_1(y)}^{x_2(y)}f(x,y)\mathrm{d}x\mathrm{d}y=\int_c^d\mathrm{d}y\int_{x_1(y)}^{x_2(y)}f(x,y)\mathrm{d}x. \tag{11.2.3}$$

这里，累次积分是先固定y，对x从$x_1(y)$到$x_2(y)$作定积分，进而将积分后所得到的一元函数对y从$y=c$到$y=d$作定积分．

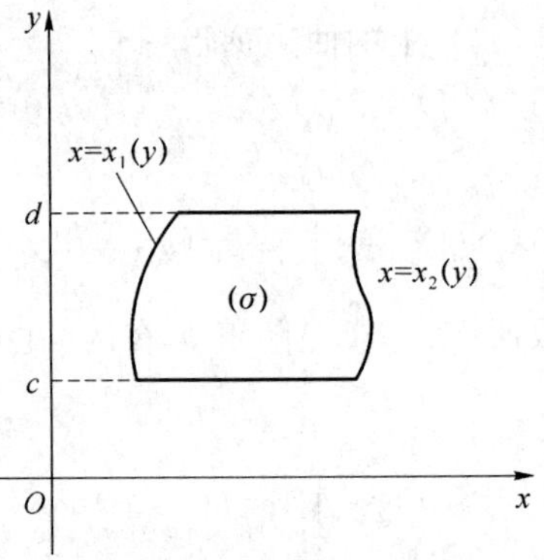

图 11.2.4

若区域(σ) 既是 x 型区域又是 y 型区域，则由式(11.2.2)及式(11.2.3)可得

$$\int_a^b\int_{y_1(x)}^{y_2(x)} f(x,\ y)\mathrm{d}y\mathrm{d}x = \int_c^d\int_{x_1(y)}^{x_2(y)} f(x,\ y)\mathrm{d}x\mathrm{d}y. \tag{11.2.4}$$

式(11.2.4)表明当 $f(x,\ y)$在积分区域(σ)上连续时，累次积分可以交换积分次序.

(3) 若区域 (σ)既不是 x 型也不是 y 型的(见图 11.2.5)，那么我们可先将(σ)划分成若干个子区域使得每一个子区域是 x 型或 y 型区域，从而二重积分在每个子区域都可以用累次积分的方法计算. 再根据积分区域的可加性，在区域(σ)的二重积分等于这些子区域上的二重积分的和.

例 11.2.1 求二重积分

$$I = \iint\limits_{(\sigma)} f(x,\ y)\mathrm{d}\sigma,$$

其中 $f(x,\ y)=1-\dfrac{x}{3}-\dfrac{y}{4}$，$(\sigma)=\{(x,\ y)\mid -1\leqslant x\leqslant 1,\ -2\leqslant y\leqslant 2\}$ (见图 11.2.6).

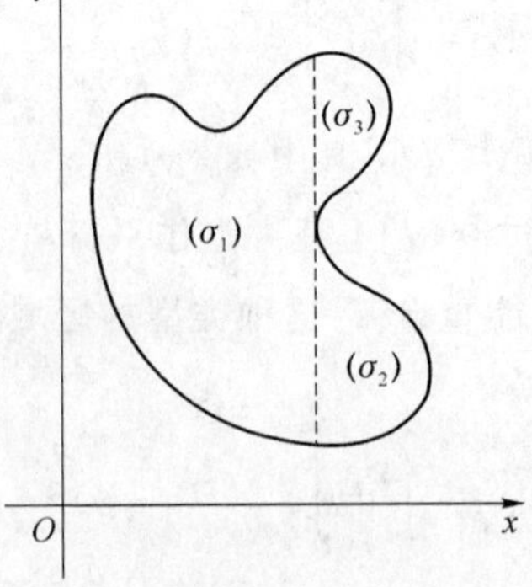

图 11.2.5

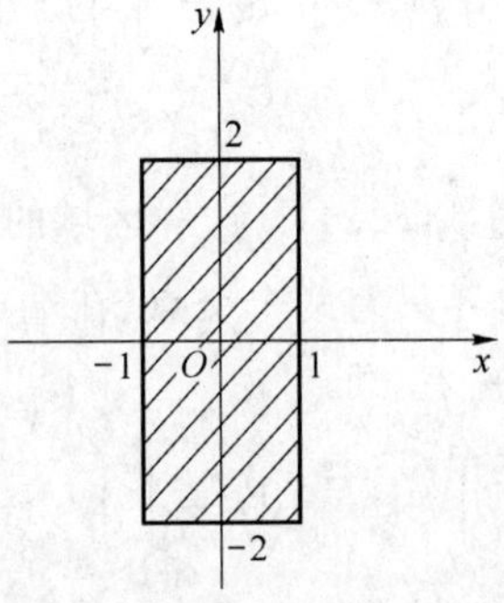

图 11.2.6

解

解法Ⅰ. 积分域 (σ) 既是 x 型区域又是 y 型区域. 若将(σ)看成是 x 型区域，先对 y 积分然后再对 x 积分可得

$$T=\int_{-1}^{1}\int_{-2}^{2}\left(1-\frac{x}{3}-\frac{y}{4}\right)\mathrm{d}y\mathrm{d}x=\int_{-1}^{1}\left(y-\frac{xy}{3}-\frac{y^2}{8}\right)\Big|_{-2}^{2}\mathrm{d}x$$

$$=\int_{-1}^{1}\left(4-\frac{4}{3}x\right)\mathrm{d}x=8.$$

解法Ⅱ. 将(σ)看成是 y 型区域. 先对 x 积分然后再对 y 积分，可得

$$T=\int_{-2}^{2}\int_{-1}^{1}\left(1-\frac{x}{3}-\frac{y}{4}\right)\mathrm{d}x\mathrm{d}y=\int_{-2}^{2}\left(x-\frac{x^2}{6}-\frac{xy}{4}\right)\Big|_{-1}^{1}\mathrm{d}y$$

$$=\int_{-2}^{2}\left(2-\frac{y}{2}\right)\mathrm{d}y=8.$$

例 11.2.2　求 $\iint\limits_{(\sigma)}(x^2+y^2)\mathrm{d}\sigma$，其中 (σ) 是以直线 $x=1, y=0$ 及抛物线 $y=x^2$ 为边界的区域.

解

解法Ⅰ. 积分域 (σ) 如图 11.2.7 所示. 将(σ)看作是 x 型区域，先对 y 积分然后再对 x 积分，可得

$$\iint\limits_{(\sigma)}(x^2+y^2)\mathrm{d}\sigma=\int_0^1\mathrm{d}x\int_0^{x^2}(x^2+y^2)\mathrm{d}y$$

$$=\int_0^1\left(x^2y+\frac{y^3}{3}\right)\Big|_0^{x^2}\mathrm{d}x$$

$$=\int_0^1\left(x^4+\frac{x^6}{3}\right)\mathrm{d}x=\frac{26}{105}.$$

解法Ⅱ. 将(σ)看作是 y 型区域，先对 x 积分然后再对 y 积分，可得

$$\iint\limits_{(\sigma)}(x^2+y^2)\mathrm{d}\sigma=\int_0^1\mathrm{d}y\int_{\sqrt{y}}^{1}(x^2+y^2)\mathrm{d}x$$

$$=\int_0^1\left(\frac{1}{3}+y^2-\frac{1}{3}y^{3/2}-y^{5/2}\right)\mathrm{d}y$$

$$=\frac{26}{105}.$$

例 11.2.3　求 $\iint\limits_{(\sigma)}xy\,\mathrm{d}\sigma$，其中$(\sigma)$是以直线 $y=x-2$ 及抛物线 $y^2=x$ 为边界的区域.

解　积分域 (σ) 如图 11.2.8 所示. 容易求得直线与抛物线的交点是 $A(4, 2)$ 及 $B(1, -1)$. 将(σ)看作是 y 型区域，先对 x 积分然后对 y 积分，可得

$$\iint\limits_{(\sigma)} xy\,d\sigma = \int_{-1}^{2} dy \int_{y^2}^{y+2} xy\,dx$$

$$= \frac{1}{2}\int_{-1}^{2} y[(y+2)^2 - y^4]dy$$

$$= 5\,\frac{5}{8}.$$

若将(σ)看作是x型区域，先对y积分然后对x积分，区域(σ)须由直线$x=1$分成两部分，从而

$$\iint\limits_{(\sigma)} xy\,d\sigma = \int_{0}^{1} dx \int_{-\sqrt{x}}^{\sqrt{x}} xy\,dy + \int_{1}^{4} dx \int_{x-2}^{\sqrt{x}} xy\,dy.$$

读者计算后很容易得出相同的结果$5\,\frac{5}{8}$，但显然，这种方法更烦琐.

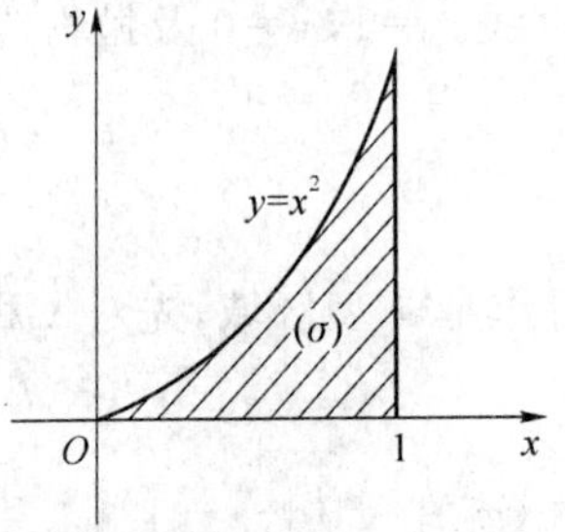

图 11.2.7

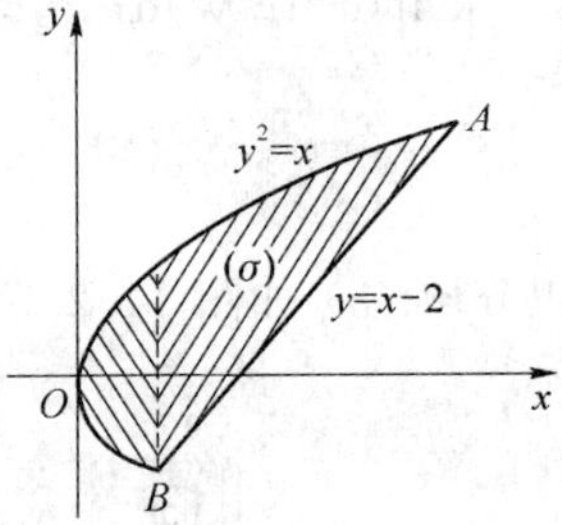

图 11.2.8

例 11.2.4 求$\iint\limits_{(\sigma)} \frac{\sin x}{x} d\sigma$，其中$(\sigma)$是以直线$y=x$和抛物线$y=x^2$为边界的区域.

解 积分域(σ)如图 11.2.9 所示. 先对y积分然后对x积分，可得

$$\iint\limits_{(\sigma)} \frac{\sin x}{x} d\sigma = \int_{0}^{1} dx \int_{x^2}^{x} \frac{\sin x}{x} dy$$

$$= \int_{0}^{1} \frac{\sin x}{x}(x - x^2)dx$$

$$= 1 - \sin 1.$$

若先对x积分再对y积分，可得

$$\iint\limits_{(\sigma)} \frac{\sin x}{x} d\sigma = \int_{0}^{1} dy \int_{y}^{\sqrt{y}} \frac{\sin x}{x} dx.$$

由于$\frac{\sin x}{x}$的原函数不能用初等函数表示，因此不能用这种方法求解.

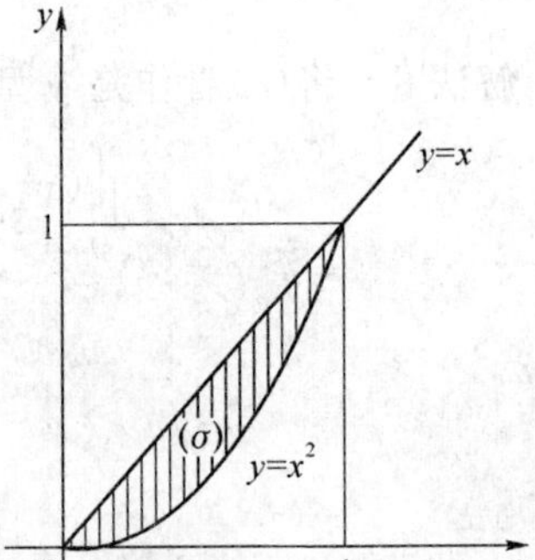

图 11.2.9

由例 11.2.3 和例 11.2.4 可以看出,即便积分域既是 x 型区域又是 y 型区域,将二重积分化为累次积分时,适当的积分次序显得尤为重要. 适当的积分次序将会使计算变得简单. 而不恰当的积分次序则有可能导致积分无法计算.

例 11.2.5　交换累次积分的积分次序.

$$I=\int_{-2}^{0}\mathrm{d}x\int_{0}^{\frac{2+x}{2}}f(x,\ y)\mathrm{d}y+\int_{0}^{2}\mathrm{d}x\int_{0}^{\frac{2-x}{2}}f(x,\ y)\mathrm{d}y$$

解　首先,由累次积分来确定积分域(σ). 由所给的积分上下限可知,变量 x 与 y 的范围是

$$0\leqslant y\leqslant\frac{2+x}{2},-2\leqslant x\leqslant 0;$$

$$0\leqslant y\leqslant\frac{2-x}{2},0\leqslant x\leqslant 2.$$

由这两个不等式可画出积分域 (σ)如图 11.2.10 所示.

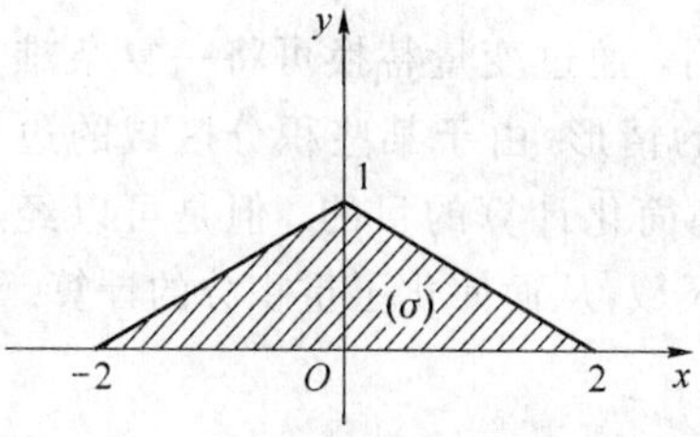

图 11.2.10

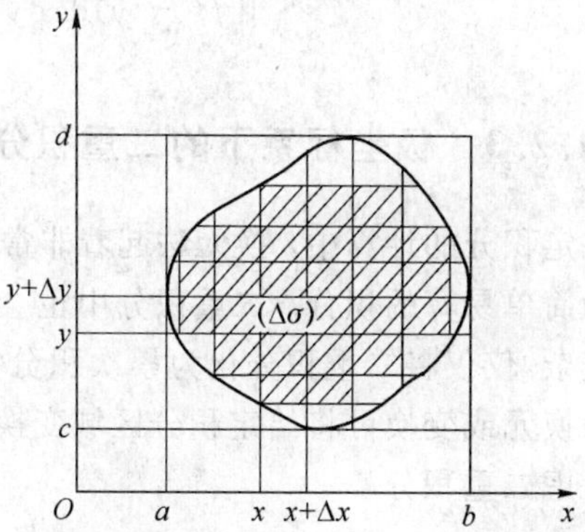

图 11.2.11

下面,先对 x 积分再对 y 积分可得

$$I=\int_{0}^{1}\mathrm{d}y\int_{2y-2}^{2-2y}f(x,\ y)\mathrm{d}x.$$

下面我们给出公式(11.2.2)一种粗略的但更为易懂的解释. 设被积函数 $f\in((\sigma))$,分别用平行坐标轴的直线 $x=c_1$ 和 $y=c_2$ 将区域(σ)进行划分,使得每一个规则矩形的长为 Δx 宽为 Δy(见图 11.2.11),其中 c_1 与 c_2 都是常数. 每一个规则子区域$(\Delta\sigma)$的面积为 $\Delta\sigma=\Delta x\Delta y$. 取每个矩形的坐下角点$(x,\ y)$为积分黎曼和中的点 M_k.

可以证明(证明略),若 $f(x,\ y)$在区域(σ)上连续,当 $d\to 0$ 时,黎曼和 $\sum\limits_{(\sigma)}f(x,\ y)\Delta\sigma$ 与仅计算规则子区域上的和式 $\sum\limits_{(\sigma)}f(x,\ y)\Delta x\Delta y$ 的极限是相等的,即

$$\iint\limits_{(\sigma)}f(x,\ y)\mathrm{d}\sigma=\lim_{d\to 0}\sum_{(\sigma)}f(x,\ y)\Delta\sigma=\lim_{d\to 0}\sum_{(\sigma)}f(x,\ y)\Delta x\Delta y.$$

最后的极限记作 $\iint\limits_{(\sigma)} f(x, y)\mathrm{d}x\mathrm{d}y$，其中 $\mathrm{d}x\mathrm{d}y$ 称为**直角坐标系的面积微元**.

在求 $\sum\limits_{(\sigma)} f(x, y)\Delta x\Delta y$ 极限的过程中，随着 $d\to 0$，和式中的项数将无限增加. 为便于理解，上述过程通俗地称为“**无限累加**”. 若 $f(x, y)$是分布在区域(σ)上的物体的面密度，则 $f(x, y)\Delta x\Delta y$约等于每个规则小矩形的质量. 当我们把这些规则矩形累加起来时，可首先对 y“无限累加”，即将这些分布在小矩形上的质量分别累加成平行于 y 轴的垂直长条质量，然后再对 x“无限累加”，即把这些垂直长条的质量累加成区域(σ)的质量. 把$f(x, y)\Delta x\Delta y$关于 y 无限累加得 $\left(\int_{y_1(x)}^{y_2(x)} f(x, y)\mathrm{d}y\right)\Delta x$，进而再将其关于 x 无限累加可得

$$M=\iint\limits_{(\sigma)} f(x, y)\mathrm{d}x\mathrm{d}y=\int_a^b\int_{y_1(x)}^{y_2(x)} f(x, y)\mathrm{d}y\mathrm{d}x.$$

类似地，若先对 x“无限累加” 再对 y“无限累加”，可得

$$\iint\limits_{(\sigma)} f(x, y)\mathrm{d}x\mathrm{d}y=\int_c^d\int_{x_1(y)}^{x_2(y)} f(x,y)\mathrm{d}x\mathrm{d}y.$$

11.2.3 极坐标系下的二重积分

在定积分的计算中，换元法起着非常重要的作用，通过变量替换可将一复杂难算的积分化为简单易算的积分. 二重积分中也会出现类似的情形，由于某些积分区域的边界曲线比较复杂，仅仅将二重积分化为累次积分并不能达到简化计算的目的. 但是可以经过一个适当的换元或变换可将给定积分区域变换为简单的区域，从而简化了重积分的计算.

考虑二重积分

$$\iint\limits_{(\sigma)} f(x, y)\mathrm{d}\sigma=\lim_{d\to 0}\sum_{(\sigma)} f(x, y)\Delta\sigma.$$

设被积函数 f 在积分域 (σ)上连续. 若 (σ) 与被积函数用极坐标表示更方便，则用极坐标求二重积分可能更好些. 为此，建立极坐标系，取直角坐标系的远点为极点，x 轴为为极轴. 则直角坐标与极坐标之间的转换公式为

$$x=\rho\cos\varphi,\ y=\rho\sin\varphi,\ 0\leqslant\rho\leqslant+\infty,\ 0\leqslant\varphi\leqslant 2\pi \tag{11.2.5}$$

当我们用换元法来计算定积分时，积分表达式与积分区间都需要变换. 类似地，应用换元法计算二重积分时，也需要变换积分表达式 $f(x, y)\mathrm{d}\sigma$ 和积分域 (σ). 后者主要是指(σ)的边界曲线方程. 将式(11.2.5)代入被积函数得

$$f(x, y)=f(\rho\cos\varphi,\rho\sin\varphi).$$

为了用极坐标表示面积微元 $\mathrm{d}\sigma$，我们用极坐标曲线网划分积分域 (σ)：

$$\rho=c_1,\quad \varphi=c_2,$$

其中 c_1与 c_2都是常数 (见图 11.2.12).

规则子区域$(\Delta\sigma)$的面积为

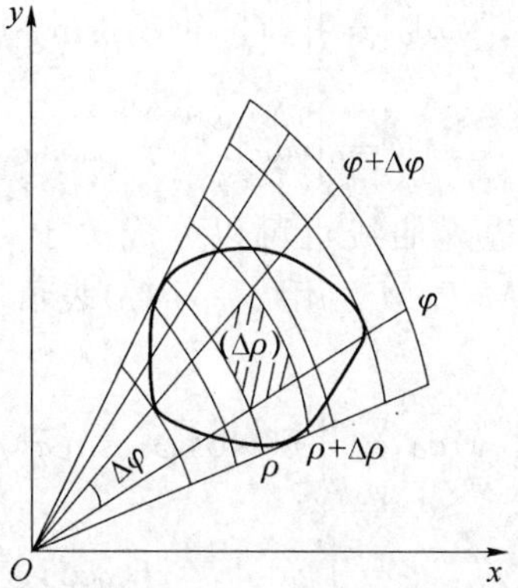

图 11.2.12

$$\Delta\sigma=\frac{1}{2}[(\rho+\Delta\rho)^2\Delta\varphi-\rho^2\Delta\varphi]=\rho\Delta\rho\Delta\varphi+\frac{1}{2}(\Delta\rho)^2\Delta\varphi.$$

如果 $\Delta\rho$ 与 $\Delta\varphi$ 都充分小时①，略去高阶项$\frac{1}{2}(\Delta\rho)^2\Delta\varphi$ 可得

$$\Delta\sigma\approx\rho\Delta\rho\Delta\varphi.$$

从而

$$\lim_{d\to 0}\sum_{(\sigma)}f(x,\ y)\Delta\sigma=\lim_{d\to 0}\sum_{(\sigma)}f(\rho\cos\varphi,\rho\sin\varphi)\rho\Delta\rho\Delta\varphi,$$

即

$$\iint_{(\sigma)}f(x,\ y)\mathrm{d}\sigma=\iint_{(\sigma)}f(\rho\cos\varphi,\rho\sin\varphi)\rho\mathrm{d}\rho\mathrm{d}\varphi. \tag{11.2.6}$$

可见在极坐标系下面积微元为

$$\mathrm{d}\sigma=\rho\mathrm{d}\rho\mathrm{d}\varphi,$$

此时式(11.2.6)右边积分就是极坐标系下的二重积分，其中区域 (σ)的边界曲线由极坐标方程给出.

为了把式(11.2.5)右边的二重积分化成累次积分，我们用曲线网 $\rho=c_1$，$\varphi=c_2$ 划分积分域 (σ)，其中 c_1与 c_2都是常数. 先用射线 $\varphi=c_2$ 切割区域(σ),也就是说，从 $\varphi=\alpha$ 到 $\varphi=\beta$ (见图 11.2.13)使得(σ)被划分成若干小细条，然后用圆弧 $\rho=c_1$ 将这些小细条分成若干小段. 从图 11.2.13 可以看出(σ)的边界曲线被分成了关于 ρ 在区间$[\alpha,\beta]$上的两个单值分支：$\rho=\rho_1(\varphi)$，$\rho=\rho_2(\varphi)$. 任意的 $\varphi\in[\alpha,\beta]$，ρ 的变化范围是从 $\rho_1(\varphi)$到 $\rho_2(\varphi)$. 求出 $f(\rho\cos\varphi,\rho\sin\varphi)\rho\Delta\rho\Delta\varphi$ 后，我们先对 ρ 从$\rho_1(\varphi)$到 $\rho_2(\varphi)$“无限累加”，然后再对 φ 从 α 到 β“无限累加”，从而

① 严格来说，只能在区域 $\{(\rho,\ \varphi)|0<\rho<+\infty,0\leqslant\varphi<2\pi\}$内讨论，但正如在定积分中改变被积函数有限个点处的函数值积分值不会发生变化，如果我们改变被积函数 $u=f(\rho,\ \varphi)$在点 $\rho=0$ 与射线 $\varphi=2\pi$ 上的值，二重积分的值也会不发生变化. 为方便起见，通常就直接在区域 $\{(\rho,\ \varphi)|0\leqslant\rho<+\infty,0\leqslant\varphi\leqslant2\pi\}$上讨论. 今后，可用相同的方法处理类似的情况.

$$\iint\limits_{(\sigma)} f(x,\ y)\mathrm{d}\sigma = \iint\limits_{(\sigma)} f(\rho\cos\varphi,\rho\sin\varphi)\rho\mathrm{d}\rho\mathrm{d}\varphi$$
$$= \int_{\alpha}^{\beta}\mathrm{d}\varphi\int_{\rho_1(\varphi)}^{\rho_2(\varphi)} f(\rho\cos\varphi,\rho\sin\varphi)\rho\mathrm{d}\rho. \qquad (11.2.7)$$

由图 11.2.13 可以看出，(σ)的边界曲线也可以分成关于 ρ 在区间$[a,\ b]$上的单值分支，$\widehat{M_1P_1M_2}$可用 $\varphi=\varphi_1(\rho)$表示，而$\widehat{M_2P_2M_1}$可用 $\varphi=\varphi_2(\rho)$表示. 因此，若我们先对 φ 再对 ρ“无限累加”可得

$$\iint\limits_{(\sigma)} f(x,\ y)\mathrm{d}\sigma = \iint\limits_{(\sigma)} f(\rho\cos\varphi,\rho\sin\varphi)\rho\mathrm{d}\rho\mathrm{d}\varphi$$
$$= \int_{a}^{b}\rho\mathrm{d}\rho\int_{\varphi_1(\rho)}^{\varphi_2(\rho)} f(\rho\cos\varphi,\rho\sin\varphi)\mathrm{d}\varphi. \qquad (11.2.8)$$

例 11.2.6 计算 $I=\iint\limits_{(\sigma)}(x^2+y^2)\mathrm{d}\sigma$，其中 (σ) 是由不等式 $a^2\leqslant x^2+y^2\leqslant b^2$ 所确定的区域(见图 11.2.14).

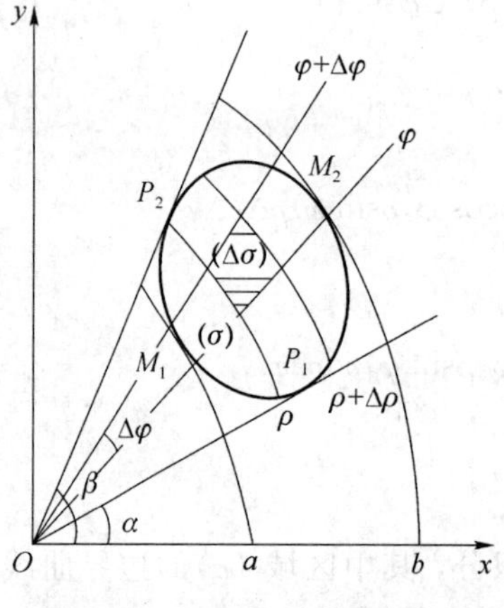

图 11.2.13

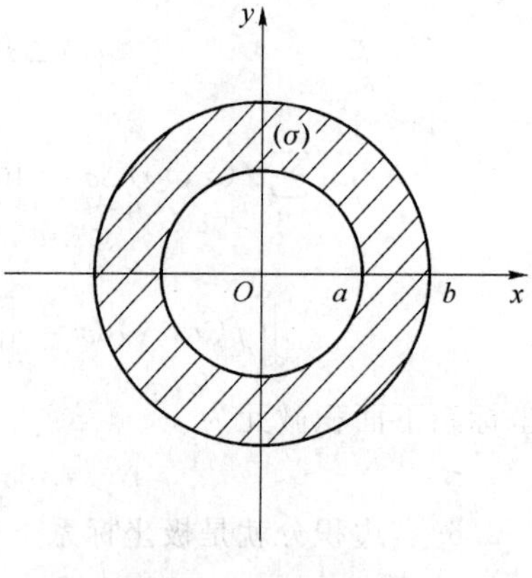

图 11.2.14

解 因为被积函数与积分域用极坐标表示更方便，因此我们用公式(11.2.7)计算此积分. 根据转换公式 (11.2.5)，区域(σ)可表示为$\{(\rho,\varphi)\mid a\leqslant\rho\leqslant b, 0\leqslant\varphi\leqslant 2\pi\}$，且被积函数可表示为 $x^2+y^2=\rho^2$. 根据公式(11.2.7) 有

$$I=\iint\limits_{(\sigma)}\rho^2\rho\mathrm{d}\rho\mathrm{d}\varphi=\int_0^{2\pi}\mathrm{d}\varphi\int_a^b\rho^3\mathrm{d}\rho=\frac{\pi}{2}(b^4-a^4).$$

容易看出，如果用直角坐标来计算，将会麻烦很多.

例 11.2.7 计算由不等式 $x^2+y^2+z^2\leqslant 4a^2$ 与 $x^2+y^2\leqslant 2ay$ 所确定的立体体积，其中 $a>0$.

解 容易看出所求立体是所给球和圆柱体的公共部分. 它在 xOy 平面上的图形如图 11.2.15 所示. 由对称性可知，所求立体的体积等于它在第一卦限体积的 4 倍. 而第一卦限内的立体是以球面 $z=\sqrt{4a^2-x^2-y^2}$ 为顶，以 xOy 平面上的半圆域$(\sigma)=\{(x,\ y)\mid x^2+y^2\leqslant 2ay, x\geqslant 0\}$为底的柱

体. 如图 11.2.16 所示,区域(σ)可用极坐标表示为

$$(\sigma)=\left\{(\rho,\varphi)\mid 0\leqslant\rho\leqslant 2a\sin\varphi,0\leqslant\varphi\leqslant\frac{\pi}{2}\right\}.$$

应用公式 (11.2.6) 可得所求立体体积为

$$V=4\iint\limits_{(\sigma)}\sqrt{4a^2-x^2-y^2}\,\mathrm{d}\sigma=4\iint\limits_{(\sigma)}\sqrt{4a^2-\rho^2}\,\rho\mathrm{d}\rho\mathrm{d}\varphi.$$

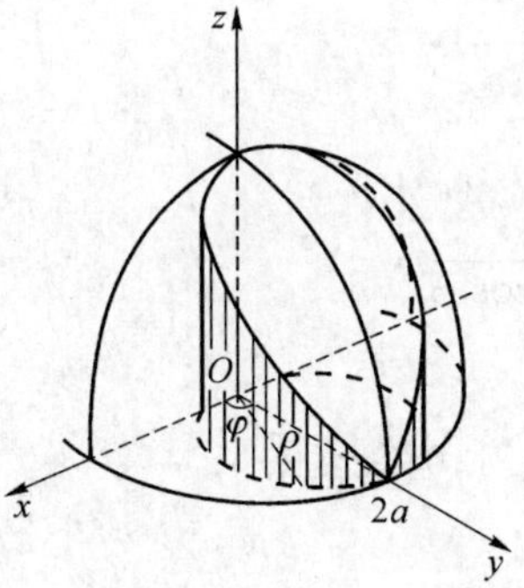

图 11.2.15

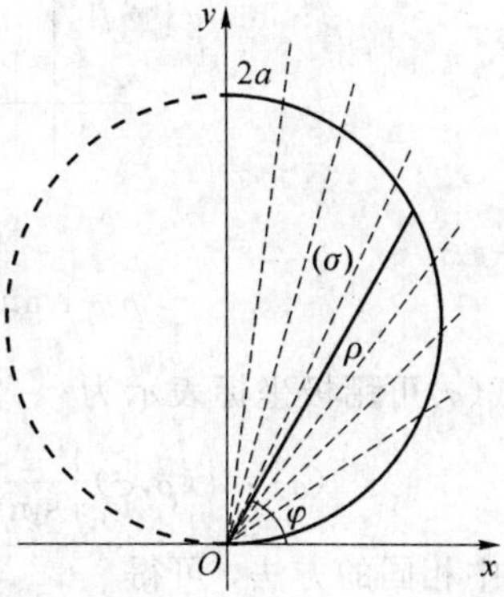

图 11.2.16

为将其转化为先对 ρ 再对 φ 积分的累次积分, 用射线 $\varphi=c$ 切割区域(σ) (见图 11.2.16),从 $\varphi=0$ 开始到 $\varphi=\frac{\pi}{2}$结束. 对任意确定的 $\varphi\in\left[0,\frac{\pi}{2}\right]$,相应的 ρ 从 $\rho=0$ 变化到 $\rho=2a\sin\varphi$,因此

$$\begin{aligned}V&=4\int_0^{\frac{\pi}{2}}\mathrm{d}\varphi\int_0^{2a\sin\varphi}\sqrt{4a^2-\rho^2}\,\rho\mathrm{d}\rho\\&=4\int_0^{\frac{\pi}{2}}\left[-\frac{1}{3}(4a^2-\rho^2)^{3/2}\Big|_0^{2a\sin\varphi}\right]\mathrm{d}\varphi\\&=\frac{32a^3}{4}\int_0^{\frac{\pi}{2}}(1-\cos^3\varphi)\mathrm{d}\varphi=\frac{16}{9}a^3(3\pi-4)\end{aligned}.$$

例 11.2.8　将累次积分

$$I=\int_0^1\mathrm{d}x\int_{1-x}^{\sqrt{1-x^2}}f(x^2+y^2)\mathrm{d}y$$

化为极坐标下的累次积分.

解　从所给累次积分容易看出直角坐标是下的积分域为

$$(\sigma)=\{(x,\ y)\mid 1-x\leqslant y\leqslant\sqrt{1-x^2},0\leqslant x\leqslant 1\},$$

它是由圆弧 $y=\sqrt{1-x^2}$ 与直线 $y=1-x$ 所围成的 (见图 11.2.17).

区域(σ)的边界曲线的极坐标方程为

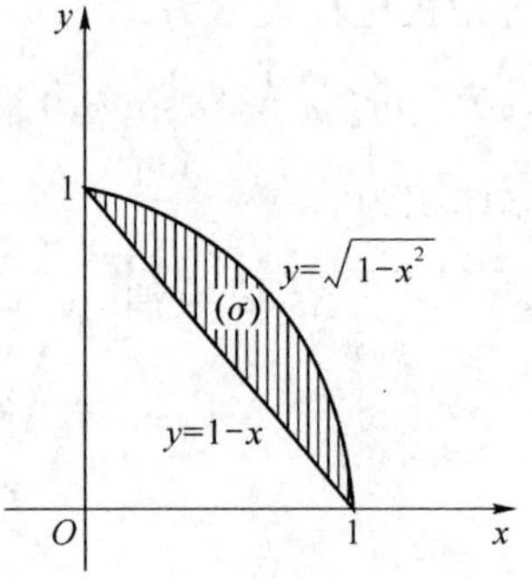

图 11.2.17

$$\rho=1 \text{ and } \rho=\frac{1}{\sin\varphi+\cos\varphi}.$$

因此区域(σ)可用极坐标表示为

$$(\sigma)=\left\{(\rho,\varphi)\,\middle|\,\frac{1}{\sin\varphi+\cos\varphi}\leqslant\rho\leqslant 1,0\leqslant\varphi\leqslant\frac{\pi}{2}\right\}.$$

用例 11.2.7 中相同的方法，可得

$$I=\iint\limits_{(\sigma)}f(x^2+y^2)\,\mathrm{d}y\mathrm{d}x=\iint\limits_{(\sigma)}f(\rho^2)\rho\mathrm{d}\rho\times\varphi\mathrm{d}\varphi$$

$$=\int_0^{\frac{\pi}{2}}\mathrm{d}\varphi\int_{\frac{1}{\sin\varphi+\cos\varphi}}^{1}f(\rho^2)\rho\mathrm{d}\rho.$$

例 11.2.9 计算 $\iint\limits_{(\sigma)}\mathrm{e}^{-(x^2+y^2)}\mathrm{d}\sigma$，其中 (σ) 是圆域 $x^2+y^2\leqslant R^2$.

解 应用极坐标可得

$$(\sigma)=\{(\rho,\varphi)\,|\,0\leqslant\rho\leqslant R,0\leqslant\varphi\leqslant 2\pi\},$$

从而

$$\iint\limits_{(\sigma)}\mathrm{e}^{-(x^2+y^2)}\mathrm{d}\sigma=\iint\limits_{(\sigma)}\mathrm{e}^{-\rho^2}\rho\mathrm{d}\rho\mathrm{d}\varphi=\int_0^{2\pi}\mathrm{d}\varphi\int_0^R\mathrm{e}^{-\rho^2}\rho\mathrm{d}\rho$$

$$=\int_0^{2\pi}\frac{1}{2}(1-\mathrm{e}^{-R^2})\mathrm{d}\varphi=(1-\mathrm{e}^{-R^2})\pi.$$

由于 $\int\mathrm{e}^{-x^2}\mathrm{d}x$ 不能用初等函数表示，因此这个二重积分在直角坐标系下不能计算.

式(11.2.7)与式(11.2.8) 是由“无限累加”的思想得到的，下面我们通过式(11.2.2)与式(11.2.3)来证明它们. 回想直角坐标系下的式(11.2.2). 为了应用这一公式，我们将(ρ,φ)看作是直角坐标，并从映射的角度解释转换式(11.2.5). 式(11.2.5)的逆变换由下列等式决定：

$$\rho=\sqrt{x^2+y^2},\quad \sin\varphi=\frac{x}{\sqrt{x^2+y^2}},\quad \cos\varphi=\frac{y}{\sqrt{x^2+y^2}},(x^2+y^2\neq 0),\qquad(11.2.9)$$

它刻画了积分域(σ)从 xOy 直角坐标平面映射到 $\varphi O\rho$ 直角坐标平面上的积分域(σ')(见图

11.2.18)，并且 $\varphi O\rho$ 平面上($\Delta\sigma'$)的逆像恰恰是 xOy 平面上的($\Delta\sigma$)．下面我们需要知道区域($\Delta\sigma'$)和 ($\Delta\sigma$)的面积关系. 容易从图 11.2.18 看出 $\Delta\sigma'=\Delta\rho\Delta\varphi$，并且我们已经知道 $\Delta\sigma\approx\rho\Delta\rho\Delta\varphi$，从而

$$\Delta\sigma\approx\rho\Delta\sigma',$$

或

$$\mathrm{d}\sigma=\rho\mathrm{d}\sigma'. \tag{11.2.10}$$

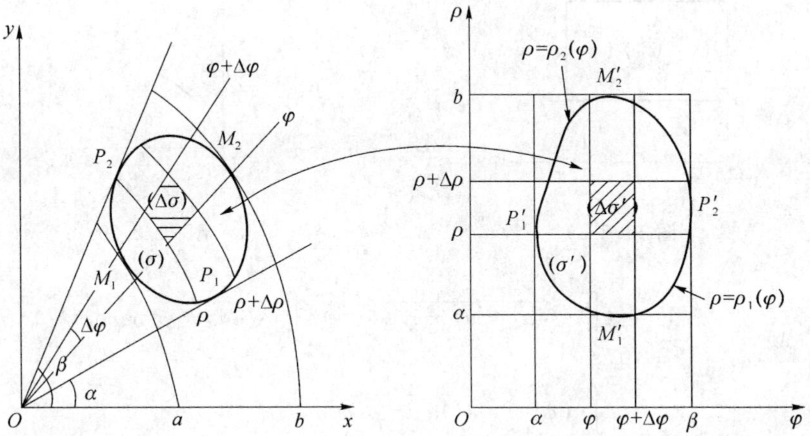

图 11.2.18

式(11.2.10)表明在映射(11.2.9)下，xOy 平面上的($\mathrm{d}\sigma$)转化为 $\varphi O\rho$ 直角坐标平面上的($\mathrm{d}\sigma'$)，对应的区域面积会放大或缩小，放大系数(或缩小)为$\dfrac{1}{\rho}$.

因此，在映射(11.2.9)下，二重积分可改写为

$$\iint\limits_{(\sigma)} f(x,\ y)\mathrm{d}\sigma=\iint\limits_{(\sigma')} f(\rho\cos\varphi,\rho\sin\varphi)\rho\mathrm{d}\rho\mathrm{d}\varphi. \tag{11.2.11}$$

等式右边的积分是被积函数 $F(\rho,\ \varphi)\overset{\text{def}}{=}f(\rho\cos\varphi,\rho\sin\varphi)\rho$ 的二重积分，积分域 (σ')在 $\varphi O\rho$ 直角坐标平面内. 因此，我们可将 φ 和 ρ 分别看成是 x 和 y，应用式(11.2.2)或式(11.2.3)．则

$$\iint\limits_{(\sigma')} F(\rho,\varphi)\mathrm{d}\rho\mathrm{d}\varphi=\int_{\alpha}^{\beta}\mathrm{d}\varphi\int_{\rho_1(\varphi)}^{\rho_2(\varphi)}F(\rho,\varphi)\mathrm{d}\rho,$$

$$\iint\limits_{(\sigma')} F(\rho,\varphi)\mathrm{d}\rho\mathrm{d}\varphi=\int_{a}^{b}\mathrm{d}\rho\int_{\varphi(\rho)}^{\varphi_2(\rho)}F(\rho,\varphi)\mathrm{d}\varphi,$$

即式(11.2.7)与式(11.2.8).

以上观点中，例 11.2.6 在 $\varphi O\rho$ 直角坐标系内积分域是(σ')$=\{(\varphi,\rho)\mid 0\leqslant\varphi\leqslant 2\pi,a\leqslant\rho\leqslant b\}$. 显然它是一矩形(见图 11.2.19)，从而

$$\iint\limits_{(\sigma)}(x^2+y^2)\mathrm{d}\sigma=\iint\limits_{(\sigma')}\rho^2\rho\mathrm{d}\rho\mathrm{d}\varphi=\int_0^{2\pi}\mathrm{d}\varphi\int_a^b\rho^3\mathrm{d}\rho.$$

例 11.2.7 在 $\varphi O\rho$ 直角坐标平面内积分域的四分之一为

$$(\sigma')=\{(\varphi,\rho)\mid 0\leqslant\varphi\leqslant\frac{\pi}{2},0\leqslant\rho\leqslant 2a\sin\varphi\},$$

如图 11.2.20 所示. 因此

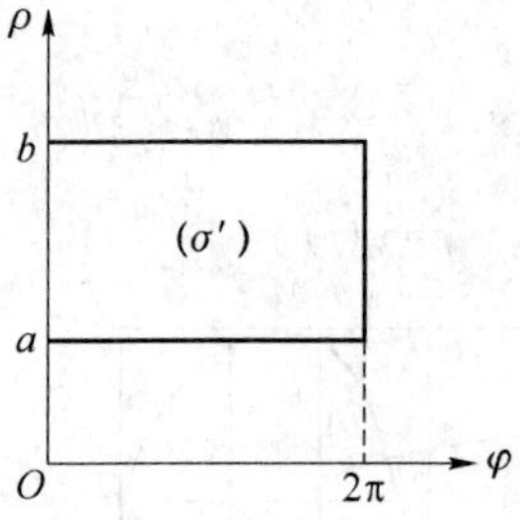

图 11.2.19

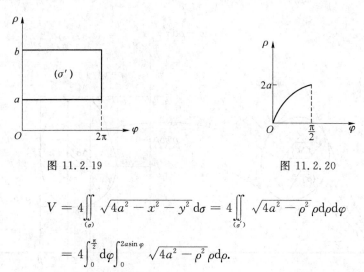

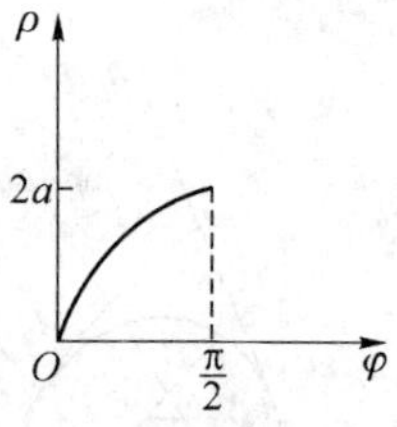

图 11.2.20

$$\begin{aligned}V&=4\iint\limits_{(\sigma)}\sqrt{4a^2-x^2-y^2}\,\mathrm{d}\sigma=4\iint\limits_{(\sigma')}\sqrt{4a^2-\rho^2}\,\rho\mathrm{d}\rho\mathrm{d}\varphi\\&=4\int_0^{\frac{\pi}{2}}\mathrm{d}\varphi\int_0^{2a\sin\varphi}\sqrt{4a^2-\rho^2}\,\rho\mathrm{d}\rho.\end{aligned}$$

11.2.4 *二重积分的一般换元法

在 11.2.3 节中我们看到,运用极坐标变换有时可以简化二重积分的计算. 极坐标变换只是一种特殊的变换.下面我们将介绍二重积分 $\iint\limits_{(\sigma)}f(x,y)\mathrm{d}\sigma$ 更一般的换元法，即一种用一般曲线坐标变换计算二重积分的方法.为此,我们首先介绍曲线坐标的概念.

考虑变换

$$u=u(x,y),\quad v=v(x,y),\quad (x,y)\in(\sigma)\subseteq\mathbf{R}^2,\quad (u,v)\in(\sigma')\subseteq\mathbf{R}^2.\quad(11.2.12)$$

设函数 $u(x,y)$ 与 $v(x,y)$ 满足下列三个条件：(1) $u,v\in C^{(1)}((\sigma))$；(2) $\frac{\partial(u,v)}{\partial(x,y)}=\begin{vmatrix}u_x & u_y\\ v_x & v_y\end{vmatrix}\neq 0,\forall(x,y)\in(\sigma)$；(3)变换从$(\sigma)$到$(\sigma')$是一一对应的. 则称这样的变换为**正则变换**.可以证明(证明略)正则变换(11.2.12)存在唯一的从(σ')到(σ)逆变换

$$x=x(u,v),\quad y=y(u,v),\quad (u,v)\in(\sigma'),\qquad(11.2.13)$$

也是正则的,且将(σ')的内部映射到(σ)的内部，将(σ')的外部映射到(σ)的外部,并将(σ')的边界映射为(σ)的边界. 下面,与极坐标换元公式(11.2.11)的推导类似,将变换(11.2.12)看作是从直角坐标系 xOy 平面到直角坐标系 uOv 平面的映射. 它刻画了如何从 xOy 平面内

的区域(σ)变换到 uOv 平面上的区域(σ'). 为了计算区域(σ')上的二重积分，我们用坐标曲线 $u=c_1$，$v=c_2$（c_1 与 c_2 都是常数）划分区域(σ')（见图 11.2.21）. 显然，uOv 平面内子区域$(\Delta\sigma')$的面积为 $\Delta\sigma'=\Delta u\cdot\Delta v$. 我们须知道映射(11.2.12)中$(\Delta\sigma')$的逆像. 从式(11.2.12)容易看出，$uOv$ 平面上直线 $u=u_0$ 与 $u=u_0+\Delta u$ 的逆像分别是 xOy 平面上的曲线 $u(x, y)=u_0$ 与 $u(x, y)=u_0+\Delta u$；$v=v_0$ 与 $v=v_0+\Delta v$ 的逆像分别是曲线 $v(x, y)=v_0$ 与 $v(x,y)=v_0+\Delta v$，从而子区域$(\Delta\sigma')$的逆像$(\Delta\sigma)$是被上述 xOy 平面内的四条曲线围成的区域. 因此，用坐标线 $u=c_1$ 与 $v=c_2$ 划分 uOv 平面内的区域(σ')，对应于 xOy 平面上的用曲线族 $u(x, y)=c_1$ 和 $v(x, y)=c_2$ 划分区域(σ). 曲线 $u(x, y)=c_1$ 与 $v(x, y)=c_2$ 分别称为 **u 曲线**和 **v 曲线**. 因此，每一个在 xOy 平面上点 M_0 的坐标既可以用直角坐标(x_0, y_0)表示，也可以用 u 曲线 $u(x, y)=u_0$ 与 v-曲线 $v(x, y)=v_0$ 的交点(u_0, v_0)表示. 因此(u_0, v_0)称为点 M_0 的**曲线坐标**①. 曲线坐标(u, v)与直角坐标(x, y)的关系可用式(11.2.12)和式(11.2.13)表示. 记子区域$(\Delta\sigma')$的四个顶点 M_0'，M_1'，M_2'和 M_3'的逆像分别是 M_0，M_1，M_2 和 M_3. 它们在 xOy 平面上的直角坐标分别为

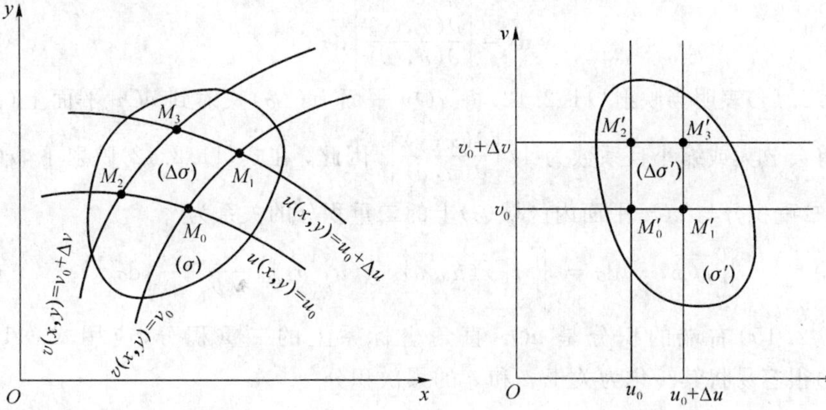

图 11.2.21

$$M_0(x(u_0, v_0),\ y(u_0, v_0)),$$
$$M_1(x(u_0+\Delta u,\ v_0),\ y(u_0+\Delta u,\ v_0)),$$
$$M_2(x(u_0,\ v_0+\Delta v),\ y(u_0,\ v_0+\Delta v)),$$
$$M_3(x(u_0+\Delta u,\ v_0+\Delta v),\ y(u_0+\Delta u,\ v_0+\Delta v)),$$

当 Δu 和 Δv 充分小时，上述四顶点确定的曲边四边形的面积$(\Delta\sigma)$近似等于由向量 $\overrightarrow{M_0M_1}$ 和 $\overrightarrow{M_0M_2}$ 作为两邻边形成的平行四边形的面积. 因此

① 注意：因为(u_0, v_0)可以是(σ)内任意一点，这里我们省略下标 0.

$$\overrightarrow{M_0M_1}=[x(u_0+\Delta u,\ v_0)-x(u_0,v_0)]\boldsymbol{i}+[y(u_0+\Delta u,\ v_0)-y(u_0,\ v_0)]\boldsymbol{j}$$
$$\approx x_u(u_0,\ v_0)\Delta u\boldsymbol{i}+y_u(u_0,\ v_0)\Delta u\boldsymbol{j},$$
$$\overrightarrow{M_0M_2}=[x(u_0,\ v_0+\Delta v)-x(u_0,\ v_0)]\boldsymbol{i}+[y(u_0,\ v_0+\Delta v)-y(u_0,\ v_0)]\boldsymbol{j}$$
$$\approx x_v(u_0,\ v_0)\Delta v\,\boldsymbol{i}+y_v(u_0,\ v_0)\Delta v\boldsymbol{j}.$$

从而

$$\Delta\sigma\approx\|\overrightarrow{M_0M_1}\times\overrightarrow{M_0M_2}\|\approx\left\|\left|\begin{matrix}\boldsymbol{i} & \boldsymbol{j} & \boldsymbol{k}\\ x_u\Delta u & y_u\Delta u & 0\\ x_v\Delta v & y_v\Delta v & 0\end{matrix}\right|_{(u_0,v_0)}\right\|$$
$$=\left|\left|\begin{matrix}x_u & y_u\\ x_v & y_v\end{matrix}\right|_{(u_0,v_0)}\right|\Delta u\Delta v$$
$$=\left|\frac{\partial(x,\ y)}{\partial(u,\ v)}\right|_{(u_0,v_0)}\Delta u\Delta v,$$

且

$$\mathrm{d}\sigma=\left|\frac{\partial(x,\ y)}{\partial(u,\ v)}\right|\mathrm{d}\sigma'. \tag{11.2.14}$$

式(11.2.14)表明当映射(11.2.12)将 xOy 平面上($\Delta\sigma$)映射到 uOv 平面上($\Delta\sigma'$)时，区域的面积将会放大或缩小且系数为 $1/\left|\frac{\partial(x,y)}{\partial(u,v)}\right|$. 因此，在式(11.2.12)映射下，$xOy$ 平面内区域(σ)的二重积分与 uOv 平面内区域(σ)上的二重积分的关系为①

$$\iint\limits_{(\sigma)}f(x,\ y)\mathrm{d}\sigma=\iint\limits_{(\sigma')}f[x(u,\ v),\ y(u,\ v)]\left|\frac{\partial(x,\ y)}{\partial(u,\ v)}\right|\mathrm{d}\sigma'. \tag{11.2.15}$$

注意式(11.2.15)右端的积分是 uOv 直角坐标系上的二重积分，应用式(11.2.2)或式(11.2.3)很容易将其转化为关于 u 和 v 的累次积分.

例 11.2.10 计算 $I=\iint\limits_{(\sigma)}(y-x)\mathrm{d}\sigma$，其中($\sigma$)是由直线 $y=x+1$，$y=x-3$，$y=-\frac{x}{3}+\frac{7}{9}$，和 $y=-\frac{x}{3}+5$ 所围成的区域（见图 11.2.22）.

解 从图 11.2.22 容易看出，若我们将二重积分 I 直接转换成累次积分，无论是先对 y 或先对 x 积分，都必须现将积分域分成三个子区域. 显然这并不便捷. 下面我们用曲线坐标求解.

区域(σ)的边界的特点暗示了变换的思想

$$u=y-x,\quad v=y+\frac{1}{3}x,$$

或

① 应指出雅可比行列式在(σ')内某些点或某一曲线上等于零，式(11.2.15)仍然成立.

$$x=-\frac{3}{4}u+\frac{3}{4}v,\quad y=\frac{1}{4}u+\frac{3}{4}v.$$

因为

$$\left|\frac{\partial(x,\ y)}{\partial(u,\ v)}\right|=\left\|\begin{matrix}-\frac{3}{4} & \frac{3}{4}\\ \frac{1}{4} & \frac{3}{4}\end{matrix}\right\|=\frac{3}{4},$$

根据式(11.2.15)，有

$$\begin{aligned}I&=\iint\limits_{(\sigma)}(y-x)\mathrm{d}\sigma=\iint\limits_{(\sigma')}\left[\left(\frac{1}{4}u+\frac{3}{4}v\right)-\left(-\frac{3}{4}u+\frac{3}{4}v\right)\right]\left|\frac{\partial(x,\ y)}{\partial(u,\ v)}\right|_{\mathrm{d}u\mathrm{d}v}\\&=\frac{3}{4}\iint\limits_{(\sigma')}u\mathrm{d}u\mathrm{d}v.\end{aligned}$$

这里

$$(\sigma')=\left\{(u,\ v)\mid-3\leqslant u\leqslant 1,\frac{7}{9}\leqslant v\leqslant 5\right\},$$

如图 11.2.23 所示. 因此，用 u 和 v 代替 x 和 y 并在 uOv 平面应用式(11.2.2)，可得

$$I=\iint\limits_{(\sigma')}\frac{3}{4}u\mathrm{d}u\mathrm{d}v=\frac{3}{4}\int_{\frac{7}{9}}^{5}\mathrm{d}v\int_{-3}^{1}u\mathrm{d}u=-\frac{38}{3}.$$

我们也可以利用“无限累加”的思想计算 xOy 平面内的二重积分 I. 用直线 $y-x=c_1$，$y+\frac{1}{3}x=c_2$ 划分区域(σ)（见图 11.2.22）然后沿着 $u=y-x=c_1$ 先将 $u\Delta u\Delta v$ 无限累加，进而沿着 $v=y+\frac{1}{3}x=c_2$ 无限累加. 可得

$$I=\frac{3}{4}\iint\limits_{(\sigma)}u\mathrm{d}u\mathrm{d}v=\frac{3}{4}\int_{\frac{7}{9}}^{5}\mathrm{d}v\int_{-3}^{1}u\mathrm{d}u=-\frac{38}{3}.$$

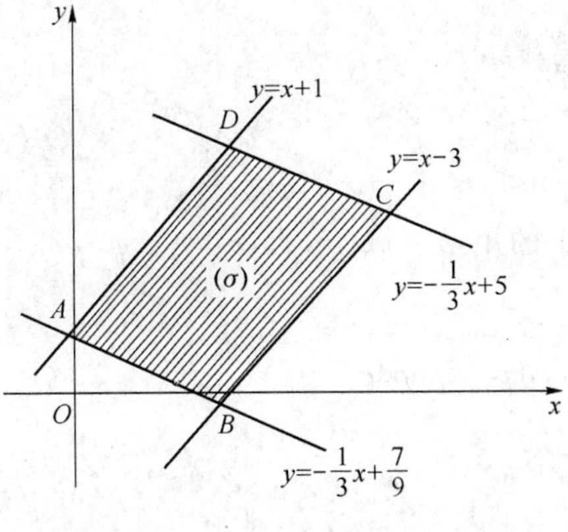

图 11.2.22

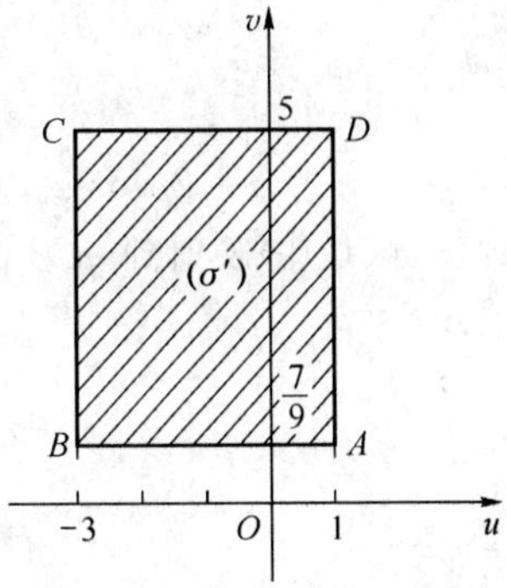

图 11.2.23

例 11.2.11 计算 $\iint\limits_{(\sigma)} \sqrt{xy}\,\mathrm{d}\sigma$，其中 (σ) 是曲线 $xy=1$，$xy=2$，$y=x$ 和 $y=4x$ 所围成的区域（$x>0,y>0$）.

解 做曲线坐标变换

$$u=xy,\ v=\frac{y}{x}. \tag{11.2.16}$$

(σ) 的边界变换为

$$u=1,\ u=2,\ v=1,\ v=4.$$

为了求 $\frac{\partial(x,y)}{\partial(u,v)}$，这里不需要求式(11.2.16)的逆变换. 这是因为

$$\frac{\partial(u,\ v)}{\partial(x,\ y)}=\begin{vmatrix} y & x \\ -\frac{y}{x^2} & \frac{1}{x} \end{vmatrix}=2\,\frac{y}{x},$$

根据式(11.2.16)有

$$\frac{\partial(u,\ v)}{\partial(x,\ y)}=\frac{1}{\frac{\partial(x,y)}{\partial(u,v)}}=\frac{x}{2y}=\frac{1}{2v},$$

从而

$$\iint\limits_{(\sigma)} \sqrt{xy}\,\mathrm{d}\sigma=\iint\limits_{(\sigma')} \sqrt{u}\,\frac{1}{2v}\mathrm{d}u\mathrm{d}v=\frac{1}{2}\int_1^4 \frac{1}{v}\mathrm{d}v\int_1^2 \sqrt{u}\,\mathrm{d}u$$

$$=\frac{2}{3}(2\sqrt{2}-1)\ln 2.$$

例 11.2.12 计算 $I=\iint\limits_{(\sigma)} x^2\,\mathrm{d}\sigma$，其中 (σ) 是椭圆 $\frac{x^2}{4}+\frac{y^2}{9}=1$ 围成的区域.

解 由于积分域 (σ) 的边界是一椭圆，如果用极坐标变换，那么累次积分的边界将会变得太复杂而无法计算. 因此我们使用曲线坐标变换

$$\frac{x^2}{4}=\rho^2\cos^2\varphi,\ \frac{y^2}{9}=\rho^2\sin^2\varphi,$$

或

$$x=2\rho\cos\varphi,\ y=3\rho\sin\varphi,\quad (0\leqslant\rho<+\infty,0\leqslant\varphi\leqslant 2\pi).$$

在此映射下，区域 (σ) 映射到 $\varphi O\rho$ 直角坐标平面上的矩形区域 (σ') 且 $(\sigma')=\{(\varphi,\ \rho)\mid 0\leqslant\varphi\leqslant 2\pi,\ 0\leqslant\rho\leqslant 1\}$，而

$$\mathrm{d}\sigma=\left|\frac{\partial(x,\ y)}{\partial(\rho,\varphi)}\right|\mathrm{d}\rho\mathrm{d}\varphi=6\rho\mathrm{d}\rho\mathrm{d}\varphi.$$

则

$$I = \iint\limits_{(\sigma)} 4\rho^2\cos^2\varphi \cdot 6\rho \mathrm{d}\rho \mathrm{d}\varphi = 24\int_0^{2\pi}\int_0^1 \rho^3\cos^2\varphi \mathrm{d}\rho \mathrm{d}\varphi$$

$$= 6\int_0^{2\pi}\cos^2\varphi \mathrm{d}\varphi = 6\pi.$$

变换

$$x = a\rho\cos\varphi,\ y = b\rho\sin\varphi,\quad (0\leqslant\rho<+\infty, 0\leqslant\varphi\leqslant 2\pi)$$

称为 **广义极坐标变换**. 容易看出在此变换下，面积微元 $\mathrm{d}\sigma = ab\rho \mathrm{d}\rho \mathrm{d}\varphi$.

当 $a=b=1$ 时，广义极坐标退化成极坐标. 此时，雅可比行列式确定的面积微元为 $\mathrm{d}\sigma = \rho \mathrm{d}\rho \mathrm{d}\varphi$，这与我们在 11.2.3 小节中所得到的结果相一致.

习题 11.2

A

1. 解释下列二重积分的几何意义并绘制图形：

(1) $\iint\limits_{(\sigma)} (x^2+y^2)\mathrm{d}\sigma$，其中 $(\sigma) = \{(x, y) \mid x^2+y^2 \leqslant 1\}$；

(2) $\iint\limits_{(\sigma)} (\sqrt{2-x^2-y^2} - \sqrt{x^2+y^2})\mathrm{d}\sigma$，其中 $(\sigma) = \{(x, y) \mid x^2+y^2 \leqslant 1\}$.

2. 一母线平行于 z 轴的柱体，它与 xOy 平面的交线是一封闭曲线. 此封闭曲线所围区域为(σ)，柱体的顶和底分别是曲面 $z=f_2(x, y)$ 和 $z=f_1(x, y)$. 试用二重积分表示该柱体的体积.

3. 用二重积分的几何意义解释下列等式：

(1) $\iint\limits_{(\sigma)} k\mathrm{d}\sigma = k\sigma$，其中 $k\in\mathbf{R}$ 是常数，σ 是区域(σ)的面积；

(2) $\iint\limits_{(\sigma)} \sqrt{R^2-x^2-y^2}\,\mathrm{d}\sigma = \dfrac{2}{3}\pi R^3$，其中 (σ) 是一个以 R 为半径，圆心在原点的圆；

(3) 若积分域关于 y 轴对阵，则

i) $\iint\limits_{(\sigma)} f(x, y)\mathrm{d}\sigma = 0$ 若 f 关于 x 是奇函数，

ii) $\iint\limits_{(\sigma)} f(x, y)\mathrm{d}\sigma = 2\iint\limits_{(\sigma_1)} f(x, y)\mathrm{d}\sigma$ 若 f 关于 x 是偶函数，其中(σ_1)是区域 (σ)落在右半平面 $x\geqslant 0$ 的部分；

(4) 若积分域关于 x 轴对阵，在什么条件下可使下列等式分别成立：

$$\iint\limits_{(\sigma)} f(x,\ y)\mathrm{d}\sigma = 0, \iint\limits_{(\sigma)} f(x,\ y)\mathrm{d}\sigma = 2\iint\limits_{(\sigma_1)} f(x,\ y)\mathrm{d}\sigma,$$

其中 (σ_1)是区域(σ)落在上半平面 $y\geqslant 0$ 的部分.

4. 把二重积分 $I=\iint\limits_{(\sigma)} f(x,\ y)\mathrm{d}\sigma$ 在 xOy 直角坐标系中分别以两种不同的次序化为累次积分，其中(σ)为

(1) $\{(x,\ y)\,|\,y^2\leqslant x,\ x+y\leqslant 2\}$；

(2) $y=0$ 与 $y=\sqrt{1-x^2}$ 所围区域；

(3) $y=\sqrt{2ax}$，$y=\sqrt{2ax-x^2}$ 与 $x=2a$ 所围区域.

5. 交换下列累次积分的顺序：

(1) $\int_{-1}^{2}\mathrm{d}x\int_{1}^{x^2} f(x,\ y)\mathrm{d}y$；

(2) $\int_{0}^{\pi}\mathrm{d}x\int_{-\sin\frac{x}{2}}^{\sin\frac{x}{2}} f(x,\ y)\mathrm{d}y$；

(3) $\int_{0}^{2}\mathrm{d}x\int_{0}^{x} f(x,\ y)\mathrm{d}y+\int_{2}^{\sqrt{8}}\int_{0}^{\sqrt{8-x^2}} f(x,\ y)\mathrm{d}y$；

(4) $\int_{-1}^{0}\mathrm{d}y\int_{-1-\sqrt{1+y}}^{-1+\sqrt{1+y}} f(x,\ y)\mathrm{d}x+\int_{0}^{3}\mathrm{d}y\int_{y-2}^{-1+\sqrt{1+y}} f(x,\ y)\mathrm{d}x$.

6. 计算下列二重积分：

(1) $\iint\limits_{(\sigma)}\sin(x+y)\mathrm{d}\sigma$，$(\sigma)=\{(x,\ y)\mid 0\leqslant x\leqslant 2, 1\leqslant y\leqslant 2\}$；

(2) $\iint\limits_{(\sigma)} xy\mathrm{e}^x\mathrm{d}\sigma$，$(\sigma)=\{(x,\ y)\mid 0\leqslant x\leqslant 1, 0\leqslant y\leqslant 2\}$；

(3) $\iint\limits_{(\sigma)} xy\max\{x,\ y\}\mathrm{d}\sigma$，$(\sigma)=\{(x,\ y)\mid 0\leqslant x\leqslant 1, 0\leqslant y\leqslant 1\}$；

(4) $\iint\limits_{(\sigma)}\arctan\dfrac{y}{x}\mathrm{d}\sigma$，$(\sigma)=\{(x,\ y)\mid 1\leqslant x\leqslant 2, 3\leqslant y\leqslant 5\}$；

(5) $\iint\limits_{(\sigma)} xy\mathrm{d}\sigma$，其中 (σ)是 $x=1$，$y=0$ 及 $y=\sqrt{x}$所围区域；

(6) $\iint\limits_{(\sigma)} x\mathrm{e}^y\mathrm{d}\sigma$，$(\sigma)=\{(x,y)\mid 0\leqslant y\leqslant x\leqslant 1\}$；

(7) $\iint\limits_{(\sigma)}\dfrac{\sin x}{x}\mathrm{d}\sigma$，$(\sigma)$ 是 $y=x^2+1$，$y=1$ 及 $x=1$ 所围区域；

(8) $\iint\limits_{(\sigma)}(x+y)^2\mathrm{d}\sigma$，其中 (σ) 是 $|x|+|y|=1$ 所围区域；

(9) $\iint\limits_{(\sigma)} \mathrm{e}^{-x^2}\,\mathrm{d}\sigma, (\sigma) = \{(x,y) \mid 0 \leqslant y \leqslant x \leqslant 1\}$；

(10) $\iint\limits_{(\sigma)} \dfrac{x}{y}\sqrt{1-\sin^2 y}\,\mathrm{d}\sigma$, $(\sigma) = \{(x, y) \mid -\sqrt{y} \leqslant x \leqslant \sqrt{3y}, \dfrac{\pi}{2} \leqslant y \leqslant 2\pi\}$；

(11) $\iint\limits_{(\sigma)} \sqrt{|y-x^2|}\,\mathrm{d}\sigma$, $(\sigma) = \{(x, y) \mid -1 \leqslant x \leqslant 1, 0 \leqslant y \leqslant 2\}$；

(12) $\iint\limits_{(\sigma)} (|x|+|y|)\,\mathrm{d}\sigma$，其中 (σ) 是 $xy=2, y=x+1$ 及 $y=x-1$ 所围区域.

7. 将下列累次积分化为极坐标下的累次积分：

(1) $\int_0^{2a}\mathrm{d}x\int_0^{\sqrt{2ax-x^2}} f(x^2+y^2)\,\mathrm{d}y, (a>0)$；

(2) $\int_1^2\mathrm{d}y\int_0^y f\left(\dfrac{x\sqrt{x^2+y^2}}{y}\right)\mathrm{d}x$；

(3) $\int_0^1\mathrm{d}y\int_{-y}^{\sqrt{y}} f(x, y)\,\mathrm{d}x$；

(4) $\int_{-a}^{a}\mathrm{d}x\int_a^{a+\sqrt{a^2-x^2}} f(x, y)\,\mathrm{d}y, (a>0)$.

8. 用极坐标计算下列二重积分：

(1) $\iint\limits_{(\sigma)} (x^2+y^2)\,\mathrm{d}\sigma$, $(\sigma) = \{(x,y) \mid x^2+y^2 \leqslant 9\}$；

(2) $\iint\limits_{(\sigma)} \mathrm{e}^{x^2+y^2}\,\mathrm{d}\sigma$, $(\sigma) = \{(x,y) \mid a^2 \leqslant x^2+y^2 \leqslant b^2\}$，其中 $a>0, b>0$；

(3) $\iint\limits_{(\sigma)} \sin(x^2+y^2)\,\mathrm{d}\sigma, (\sigma) = \{(x,y) \mid 4 \leqslant x^2+y^2 \leqslant 9\}$；

(4) $\iint\limits_{(\sigma)} (x^2+y^2)^2\,\mathrm{d}\sigma, (\sigma) = \{(x,y) \mid x^2+y^2 \leqslant 2ax\}$，其中 $a>0$；

(5) $\iint\limits_{(\sigma)} \arctan\dfrac{y}{x}\,\mathrm{d}\sigma$，$(\sigma)$ 是圆域 $x^2+y^2 \leqslant 1$ 落在第一象限的部分；

(6) $\iint\limits_{(\sigma)} \sqrt{R^2-x^2-y^2}\,\mathrm{d}\sigma$，$(\sigma)$是圆域 $x^2+y^2 \leqslant Rx$ 落在第一象限的部分.

9. 求下列各组曲线所围区域的面积：

(1) $x+y=a$，$x+y=b$，$y=\alpha x$ 和 $y=\beta x$，$(a<b, \alpha<\beta)$；

(2) $xy=a^2, x+y=3a, (a>0)$；

(3) $(x^2+y^2)^2=2a^2(x^2-y^2), x^2+y^2=a^2, (x^2+y^2 \geqslant a^2, a>0)$；

(4) $\rho=a(1+\sin\varphi), (a \geqslant 0)$.

10. 求下列各族曲面所围成的立体体积：

(1) $\dfrac{x}{a}+\dfrac{y}{b}+\dfrac{z}{c}=1,(a>0,b>0,c>0),x=0,y=0,z=0$；

(2) $z=x^2+y^2,x+y=4,x=0,y=0,z=0$；

(3) $z=\sqrt{x^2+y^2},x^2+y^2=2ax,(a>0),z=0$；

(4) $z=\sqrt{3a^2-x^2-y^2},x^2+y^2=2az,(a>0)$.

11. *用适当的变换计算下列二重积分：

(1) $\iint\limits_{(\sigma)}\left(\dfrac{x^2}{a^2}+\dfrac{y^2}{b^2}\right)d\sigma,(\sigma)=\left\{(x,y)\,\middle|\,\dfrac{x^2}{a^2}+\dfrac{y^2}{b^2}\leqslant 1\right\}$,其中 $a>0,b>0$；

(2) $\iint\limits_{(\sigma)}e^{\frac{y}{y+x}}d\sigma$, (σ)以(0, 0)，(1, 0)及(0, 1)为顶点的三角形内部.

B

1. 计算下列二重积分：

(1) $\iint\limits_{(\sigma)}(x+y)d\sigma,(\sigma)=\{(x,y)\mid x^2+y^2\leqslant x+y\}$；

(2) $\iint\limits_{(\sigma)}y^2d\sigma$, (σ)是摆线的一拱$\begin{cases}x=a(t-\sin t),\\ y=a(1-\cos t)\end{cases}(0\leqslant t\leqslant 2\pi,a>0)$及 x 轴所围区域.

2. 计算累次积分：

$$\int_{\frac{1}{4}}^{\frac{1}{2}}dy\int_{\frac{1}{2}}^{\sqrt{y}}e^{\frac{y}{x}}dx+\int_{\frac{1}{2}}^{1}dy\int_{y}^{\sqrt{y}}e^{\frac{y}{x}}dx.$$

3. 设 $f(x,y)=\begin{cases}x, & 0\leqslant x\leqslant 1,0\leqslant y\leqslant 1,\\ 0, & \text{其他},\end{cases}$ 计算

$$F(t)=\iint\limits_{x+y\leqslant t}f(x,y)d\sigma.$$

4. 计算 $\iint\limits_{(\sigma)}x[1+yf(x^2+y^2)]d\sigma$，其中 (σ)是 $y=x^3,y=1,x=-1$ 所围区域,且 $f(x^2+y^2)$在(σ)上连续.

5. 证明 $\iint\limits_{(\sigma)}f(x+y)d\sigma=\int_{-1}^{1}f(t)dt$, 其中 (σ)是$|x|+|y|=1$ 所围区域.

6. 证明 $\iint\limits_{(\sigma)}f(ax+by+c)d\sigma=2\int_{-1}^{1}\sqrt{1-u^2}f(\sqrt{a^2+b^2}u+c)du$, 其中 $(\sigma)=\{(x,y)\mid x^2+y^2\leqslant 1\},a^2+b^2\neq 0$.

7. 设 $f(x)$在区间[0,1]上连续,且 $\int_0^1 f(x)dx=A$. 计算 $\int_0^1 dx\int_x^1 f(x)f(y)dy$.

8. 证明 Dirichlet 公式 $\int_0^a dx\int_0^x f(x,y)dy=\int_0^a dy\int_y^a f(x,y)dx\,(a>0)$，并用此公式证明

$\int_0^a \mathrm{d}y \int_0^y f(x)\mathrm{d}x = \int_0^a (a-x)f(x)\mathrm{d}x$，其中 f 是连续函数.

9. 求抛物面 $z=1+x^2+y^2$ 的切面使得由切面、抛物面及圆柱面 $(x-1)^2+y^2=1$ 所围的立体体积最小.写出切面方程并求此最小体积.

11.3　三重积分

本节我们介绍三重积分，它可以用来求三维图形的体积、立体的质量与力矩，以及三元函数的平均值.

11.3.1　三重积分的概念和性质

若函数 $f(x, y, z)$ 定义在空间有界闭区域 (V) 上，则 f 在 (V) 上的积分用如下方式定义.

定义 11.3.1 (三重积分).　设 $f(x,y,z)$ 是定义在空间闭区域 (V) 上的三元有界函数.将 (V) 任意划分成 n 个子区域 (V_k)，其体积记作 $\Delta V_k (k=1, 2, \cdots, n)$. 选取 (V_k) 中的任意一点 $P_k=(\xi_k, \eta_k, \zeta_k)(k=1, 2, \cdots, n)$，然后作和式

$$\sum_{k=1}^{n} f(\xi_k, \eta_k, \zeta_k)\Delta V_k.$$

对 (V) 的任意划分以及任意的 $P_k \in (V_k)$，当 $d\to 0$ 时，和式的极限都存在(即和趋于一相同的值)，其中 d 是所有 $(\Delta V_k)(k=1, 2, \cdots, n)$，的直径中的最大值，则称 f 在区域 (V) 上**可积**，此极限称为 f 在 (V) 上的**三重积分**，记作

$$\iiint_{(V)} f(x, y, z)\mathrm{d}V = \lim_{d\to 0}\sum_{k=1}^{n} f(\xi_k, \eta_k, \zeta_k)\Delta V_k. \qquad (11.3.1)$$

这里，(V) 是积分域且 $\mathrm{d}V$ 称为**体积微元**.

定义 11.3.1 中极限的确切的含义是，若存在一常数 A 使得对任意 $\varepsilon>0$，存在 $\delta>0$ 使得对 (V) 的任意划分，设子区域 (V_k) 的体积记作 ΔV_k，分别从 $(V_k)(k=1,2,\cdots,n)$ 中任意选取一点 (ξ_k,η_k,ζ_k)，不等式

$$\left|\sum_{k=1}^{n} f(\xi_k,\eta_k,\zeta_k)\Delta V_k - A\right| < \varepsilon$$

当子区域的最大直径小于 δ 时恒成立，则 A 称为函数 f 在区域 (V) 上的三重积分，记作

$$\iiint_{(V)} f(x, y, z)\mathrm{d}V = A,$$

或

$$\iiint\limits_{(V)} f(x, y, z)\mathrm{d}V = \lim_{d\to 0}\sum_{k=1}^{n} f(\xi_k, \eta_k, \zeta_k)\Delta V_k = A.$$

可以证明,若 f 在(V)上连续,对 f 在(V)上可积.

三重积分与定积分和二重积分有相同的代数性质.

1. 线性性质

(a) $\iiint\limits_{(V)} kf(x, y, z)\mathrm{d}V = k\iiint\limits_{(V)} f(x, y, z)\mathrm{d}V$, k 是常数;

(b) $\iiint\limits_{(V)} [f(x,y,z) \pm g(x, y, z)]\mathrm{d}V = \iiint\limits_{(V)} f(x, y, z)\mathrm{d}V \pm \iiint\limits_{(V)} g(x, y, z)\mathrm{d}V.$

2. 积分区域可加性

设 $(V)=(V_1)\cup(V_2)$,且(V_1), (V_2) 除了边界外没有共同区域. 则

$$\iiint\limits_{(V)} f(x, y, z)\mathrm{d}V = \iiint\limits_{(V_1)} f(x, y, z)\mathrm{d}V + \iiint\limits_{(V_2)} f(x, y, z)\mathrm{d}V.$$

3. 积分不等式

(1) 若 $f(x, y, z)\leqslant g(x, y, z)$, $\forall (x, y, z) \in (V)$, 则

$$\iiint\limits_{(V)} f(x, y, z)\mathrm{d}V \leqslant \iiint\limits_{(V)} g(x,y,z)\mathrm{d}V;$$

(2) $\left|\iiint\limits_{(V)} f(x, y, z)\mathrm{d}V\right| \leqslant \iiint\limits_{(V)} |f(x, y, z)|\mathrm{d}V$;

(3) 若 $l\leqslant f(x,y,z)\leqslant L$, $\forall (x, y, z)\in(V)$, 则

$$lV \leqslant \iiint\limits_{(V)} f(x, y, z)\mathrm{d}V \leqslant LV.$$

4. 中值定理

设 $f\in C((V))$ 和(V)是有界闭区域. 则至少存在一点$(\xi,\eta,\zeta)\in(V)$, 使得

$$\iiint\limits_{(V)} f(x, y, z)\mathrm{d}V = f(\xi,\eta,\zeta)V.$$

11.3.2 直角坐标系下的三重积分

11.3.1 小节中我们已经看到三元函数 $f(x, y, z)$在空间区域(V)上的三重积分就是和式的极限,即

$$\iiint\limits_{(V)} f(x, y, z)\mathrm{d}V = \lim_{d\to 0}\sum_{k=1}^{n} f(\xi_k, \eta_k, \zeta_k)\Delta V_k,$$

且若 $f\in C((V))$则积分存在. 今后,在我们讨论三重积分时,总假设 $f\in C((V))$.

设积分区域(V)是由上、下两个曲面以及母线平行于 z 轴的柱面围成,即$(V)=\left\{(x,y,z)\,|\,z_1(x,y)\leqslant z\leqslant z_2(x,y),(x,y)\in(\sigma)\subsetneq \mathbf{R}^2\right\}$, 其中 $z_1(x, y)\in C((\sigma))$, $z_2(x, y)\in$

$C((\sigma))$，且(σ)是(V)在 xOy 平面的投影区域(见图 11.3.1). 容易看到，过区域上(σ)任一点垂直于 xOy 平面与区域(V)的边界至多有两个交点，称这种区域(V)为 xy 型区域. 由于我们已经学习了定积分和二重积分的计算法，因此，如果能把三重积分化成一个定积分和二重积分的累次积分，那么它的计算问题也就解决了. 为此，我们将区域(σ)分成若干子区域$(\Delta\sigma)$，以每个子区域$(\Delta\sigma)$的边界为准线，做平行于 z 轴的母线. 区域(V)被分成若干垂直小柱. 再用平行于 xOy 平面的平面将这些垂直小柱分割成若干小柱台(见图 11.3.1). 显然，这些小柱台的体积为

$$\Delta V = \Delta z \Delta \sigma.$$

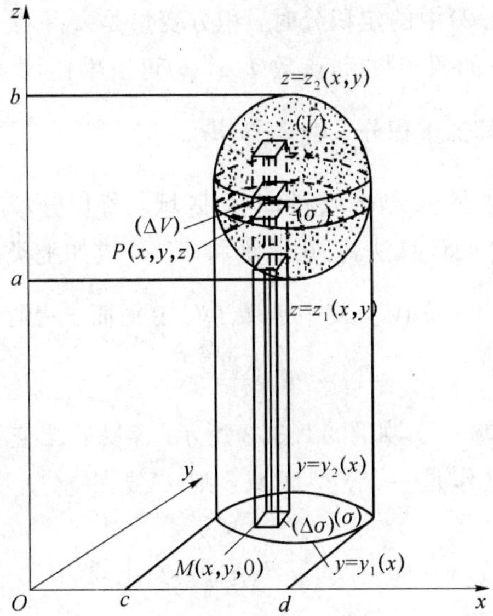

图 11.3.1

在区域 (ΔV)内任取一点 $P(x, y, z)$，P 点在 xOy 平面的投影是点$M(x, y, 0)$，必在区域$(\Delta\sigma)$内. 与二重积分类似，可以证明若 $f(x, y, z)$在区域(V)上连续，当 $d\to 0$，黎曼和 $\sum\limits_{(V)} f(x, y, z)\Delta V$ 的极限等于只含常规子区域项的和 $\sum\limits_{(V)} f(x, y, z)\Delta z\Delta\sigma$ 的极限. 因此，由三重积分的定义，我们有

$$\iiint\limits_{(V)} f(x, y, z)\,\mathrm{d}V = \lim_{d\to 0}\sum_{(V)} f(x, y, z)\Delta z\Delta\sigma.$$

当我们把乘积项 $f(x, y, z)\Delta z\Delta\sigma$ 无限累加时，若先计算 z 方向，提出相同的因子 $\Delta\sigma$，进而计算得到的小柱体，有

$$\lim_{d\to 0}\sum_{(V)} f(x, y, z)\Delta z\Delta\sigma = \lim_{d'\to 0}\sum_{(\sigma)}\Big[\lim_{\max\Delta z\to 0}\sum_{z} f(x, y, z)\Delta z\Delta\sigma\Big],$$

其中 d' 是所有子区域$(\Delta\sigma)$中的最大直径. 由一元函数定积分和二重积分的定义，有

$$\lim_{\max\Delta z\to 0}\sum_{z} f(x,\ y,\ z)\Delta z=\int_{z_1(x,y)}^{z_2(x,y)} f(x,\ y,\ z)\mathrm{d}z \overset{\text{def}}{=} \Phi(x,\ y),$$

$$\lim_{d'\to 0}\sum_{(\sigma)} \Phi(x,y)\Delta\sigma=\iint_{(\sigma)}\Phi(x,y)\mathrm{d}\sigma.$$

因此

$$\iiint_{(V)} f(x,\ y,\ z)\mathrm{d}V=\iint_{(\sigma)}\left[\int_{z_1(x,y)}^{z_2(x,y)} f(x,\ y,\ z)\mathrm{d}z\right]\mathrm{d}\sigma. \tag{11.3.2}$$

这样，三重积分化成了先对 z 进而对(σ)积分的累次积分. 这种积分顺序称为“先单后重”.

应注意当计算式(11.3.2)中的定积分时，积分变量是 z 并将 x，y 临时看作是常数. 当我们求得 $f(x,\ y,\ z)$关于 z 的原函数后，函数 $\Phi(z,\ y)$可由牛顿-莱布尼茨公式求得. 进而我们可用 11.2 节中所列方法计算二重积分 $\iint_{(\sigma)}\Phi(x,\ y)\mathrm{d}\sigma$.

类似地，我们也可以讨论 yz 型区域和 zx 型区域. 若积分域 (V)并不都是这三种类型的区域，则类似于二重积分的计算法，可用平面将(V)分成如上类型的若干子区域.

例 11.3.2 计算 $I=\iiint_{(V)} xyz\mathrm{d}V$，其中区域 (V)由平面 $x=0$，$y=0$，$z=0$ 和 $x+y+z=1$ 所围成.

解 首先，我们画出区域(V)，如图 11.3.2 所示. 容易看出它是一 xy 型区域，同时也是 yz 和 zx 型区域. 若将其看作是一 xy 型区域，则 (V)在 xOy 片面上的投影是一三角区域，即

$$(\sigma)=\{(x,y)\,|\,x+y\leqslant 1,x\geqslant 0,y\geqslant 0\}.$$

因此根据式(11.3.2)，有

$$\begin{aligned}I&=\iint_{(\sigma)}\left[\int_0^{1-x-y} xyz\,\mathrm{d}z\right]\mathrm{d}\sigma=\frac{1}{2}\iint_{(\sigma)} xyz^2\Big|_0^{1-x-y}\mathrm{d}\sigma\\&=\frac{1}{2}\iint_{(\sigma)} xy(1-x-y)^2\mathrm{d}\sigma\\&=\frac{1}{2}\int_0^1\mathrm{d}x\int_0^{1-x} xy(1-x-y)^2\mathrm{d}y=\frac{1}{720}.\end{aligned}$$

我们也可以将此积分 I 化成三个单积分的累次积分后再逐步计算，有

$$I=\iiint_{(\sigma)}\!\!{}_0^{1-x-y} xyz\,\mathrm{d}z\mathrm{d}\sigma=\int_0^1\mathrm{d}x\int_0^{1-x}\mathrm{d}y\int_0^{1-x-y} xyz\,\mathrm{d}z=\frac{1}{720}.$$

例 11.3.3 计算 $I=\iiint_{(V)} z\mathrm{d}V$，其中 (V)是以原点为中新，R 为半径且在 xOy 平面上方的半球体.

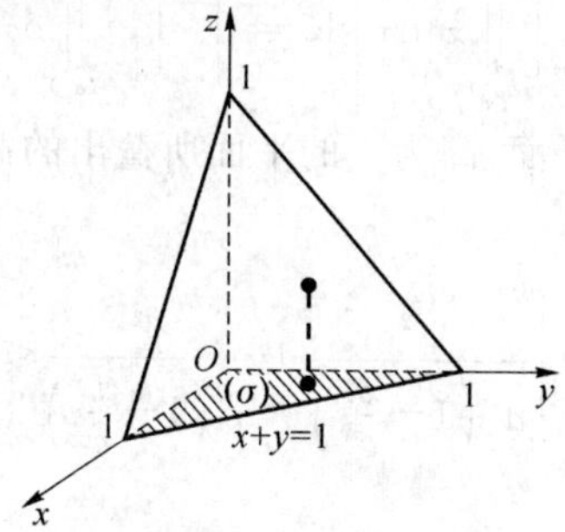

图 11.3.2

解　因为$(V)=\{(x,\ y,\ z)\,|\,0\leqslant z\leqslant\sqrt{R^2-x^2-y^2},x^2+y^2\leqslant R^2\}$,$(V)$在 xOy 平面的投影区域为$(\sigma)=\{(x,y)\,|\,x^2+y^2\leqslant R^2\}$. 因此

$$I=\iint\limits_{(\sigma)}\left[\int_0^{\sqrt{R^2-x^2-y^2}}z\mathrm{d}z\right]\mathrm{d}\sigma=\frac{1}{2}\iint\limits_{(\sigma)}(R^2-x^2-y^2)\mathrm{d}\sigma.$$

显然,用极坐标计算更为简便,从而

$$I=\frac{1}{2}\iint\limits_{(\sigma)}(R^2-\rho^2)\rho\mathrm{d}\rho\mathrm{d}\varphi=\frac{1}{2}\int_0^{2\pi}\mathrm{d}\varphi\int_0^R(R^2-\rho^2)\rho\mathrm{d}\rho$$

$$=\frac{1}{2}\int_0^{2\pi}\left(\frac{R^4}{2}-\frac{R^4}{4}\right)\mathrm{d}\varphi=\frac{\pi R^4}{4}.$$

我们用平面区域(σ_z)表示区域(V)被过点$(0,\ 0,\ z)$且平行于 xOy 平面的平面所截的横截面. 对于变量 $z\in[a,b]$,将乘积 $f(x,\ y,\ z)\Delta z\Delta\sigma$ 无限累加时,首先固定 z 和 Δz,薄片以(σ_z)为底,厚度为 Δz, 提取公因式 Δz, 然后在区间$[a,\ b]$上把所有薄层求得的和无限累加. 这样我们有

$$\lim_{d\to 0}\sum_{(V)}f(x,\ y,\ z)\Delta z\Delta\sigma=\lim_{\max\Delta z\to 0}\sum_{z}\left[\lim_{d\to 0}\sum_{(\sigma_z)}f(x,y,z)\Delta\sigma\right]\Delta z,$$

因此

$$\iiint\limits_{(V)}f(x,y,z)\mathrm{d}V=\int_a^b\left[\iint\limits_{(\sigma_z)}f(x,\ y,\ z)\mathrm{d}\sigma\right]\mathrm{d}z. \tag{11.3.3}$$

这种积分顺序称为“先重后单”.

例 11.3.4　计算 $I=\iiint\limits_{(V)}z^2\mathrm{d}V$, 其中

$$(V)=\left\{(x,\ y,\ z)\,\middle|\,\frac{x^2}{a^2}+\frac{y^2}{b^2}+\frac{z^2}{c^2}\leqslant 1,(a,\ b,\ c>0)\right\}.$$

解　为方便起见, 我们用“先重后单”的顺序计算. 由式(11.3.3)有

$$I = \int_{-c}^{c} \left[\iint\limits_{(\sigma_z)} z^2 \mathrm{d}\sigma \right] \mathrm{d}z = \int_{-c}^{c} \left[z^2 \iint\limits_{(\sigma_z)} \mathrm{d}\sigma \right] \mathrm{d}z,$$

其中 (σ_z)是椭球被平行于 xOy 平面，高为 z 的平面所截出的截面（见图 11.3.3)，且它就是平面 $z=z$ 上的椭圆域，则

$$(\sigma_z) = \left\{ (x, y) \left| \frac{x^2}{a^2\left(1-\frac{z^2}{c^2}\right)} + \frac{y^2}{b^2\left(1-\frac{z^2}{c^2}\right)} \leqslant 1, |z| \leqslant c \right. \right\}.$$

由于(σ_z)的面积为

$$\iint\limits_{(\sigma_z)} \mathrm{d}\sigma = \pi ab\left(1-\frac{z^2}{c^2}\right),$$

因此

$$I = \int_{-c}^{c} \pi ab\left(1-\frac{z^2}{c^2}\right) z^2 \mathrm{d}z = \frac{4}{15}\pi abc^3.$$

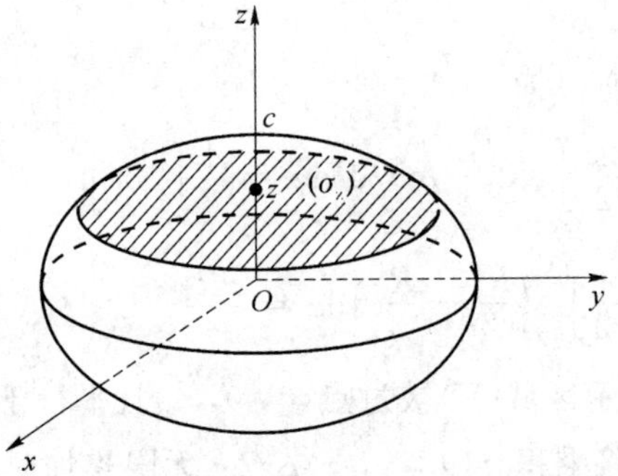

图 11.3.3

11.3.3 柱坐标与球面坐标下的三重积分

对各种积分来说，换元是简化积分计算的一种重要方法. 就像二重积分一样，有些三重积分用换元法会变得更容易计算. 柱坐标和球面坐标变换就是三重积分两种常用的变换.

(1) 柱坐标下三重积分的计算

首先介绍柱坐标的概念. 我们知道在直角坐标系中，空间中任一点 P_0 可用三个平面 $x=x_0$，$y=y_0$，$z=z_0$的交点确定，因此直角坐标系下 P_0 的坐标为(x_0, y_0, z_0). 此外，P_0 点还可以用其他方式确定. 例如，可通过 P_0 的竖坐标 z_0 和 P_0 在 xOy 平面上的投影点 M_0 来确定. 若对 M_0 选用极坐标(ρ_0, φ_0)，则 P_0 点可通过数组(ρ_0, φ_0, z_0)来确定. 从空间曲面的观点来看，P_0 点由下列三个曲面的交点确定：一个是中心轴 oz，半径为 ρ_0 的圆柱面 $\rho=\rho_0$；一个是过 z 轴且与 xOz 片面夹角为 φ_0 的半平面 $\varphi=\varphi_0$；第三个是平面 $z=z_0$(见图 11.3.4).

则 (ρ_0, φ_0, z_0) 称为 P_0 **点的柱面坐标**.

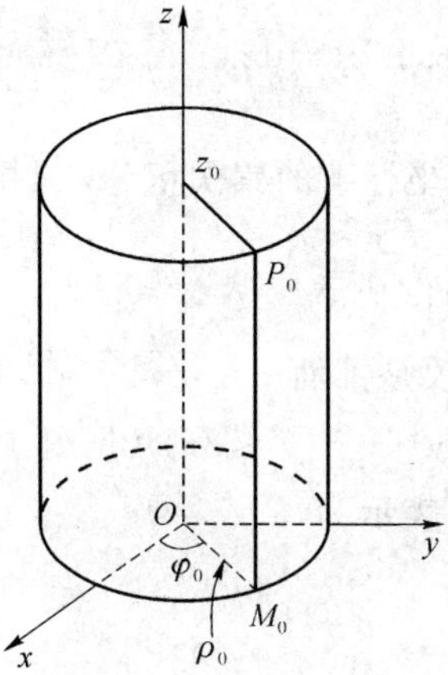

图 11.3.4

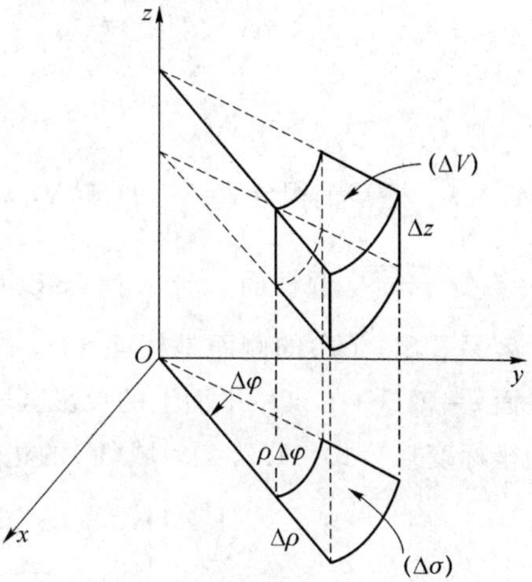

图 11.3.5

从图 11.3.4 中容易看出直角坐标到柱面坐标的变换公式为

$$x=\rho\cos\varphi, y=\rho\sin\varphi, z=z, \tag{11.3.4}$$

这里 $\rho\geqslant 0, 0\leqslant\varphi\leqslant 2\pi, -\infty<z<+\infty$. 式(11.3.4) 称为**柱面坐标变换**.

现在,我们在柱面坐标下来表示并计算三重积分. 用柱面坐标的坐标面:

$$\rho=c_1, \varphi=c_2, z=c_3,$$

将积分域(V)划分,其中 c_1, c_2 和 c_3 是常数. 由图 11.3.5 易见子域(ΔV)的体积为

$$\Delta V=\Delta\sigma\Delta z\approx\rho\Delta\rho\Delta\varphi\Delta z.$$

则

$$\lim_{d\to 0}\sum_{(V)} f(x,y,z)\Delta V=\lim_{d\to 0}\sum_{(V)} f(\rho\cos\varphi,\rho\sin\varphi,z)\rho\Delta\rho\Delta\varphi\Delta z,$$

即

$$\iiint\limits_{(V)} f(x,y,z)\,\mathrm{d}V=\iiint\limits_{(V)} f(\rho\cos\varphi,\rho\sin\varphi,z)\rho\,\mathrm{d}\rho\,\mathrm{d}\varphi\,\mathrm{d}z, \tag{11.3.5}$$

其中

$$\mathrm{d}V=\rho\,\mathrm{d}\rho\,\mathrm{d}\varphi\,\mathrm{d}z \tag{11.3.6}$$

称为**柱面坐标下的积分微元**. 其中边界面应由柱面坐标给出.

设积分域 (V)在 xOy 面上的投影区域为(σ) 且(V)的边界面可分成两个面 $z=z_1(x,y)$ 与 $z=z_2(x,y)$, $(x,y)\in(\sigma)$, 如图 11.3.1 所示. 则将三重积分化成对 z 的定积分与关于(σ)的二重积分的累次积分,有

$$\iiint\limits_{(V)} f(\rho\cos\varphi,\rho\sin\varphi,z)\rho\mathrm{d}\rho\mathrm{d}\varphi\mathrm{d}z$$

$$=\iint\limits_{(\sigma)}\rho\mathrm{d}\rho\mathrm{d}\varphi\int_{z_1(\rho\cos\varphi,\rho\sin\varphi)}^{z_2(\rho\cos\varphi,\rho\sin\varphi)} f(\rho\cos\varphi,\rho\sin\varphi,z)\mathrm{d}z.$$

例 11.3.5 把三重积分 $I=\iiint\limits_{(V)} f(x,y,z)\mathrm{d}V$ 化成柱面坐标下的累次积分，其中 (V)是由锥面 $z=\sqrt{x^2+y^2}$，圆柱面 $x^2+y^2=2x$ 以及平面 $z=0$ 所围成.

解 容易看出，(V)的侧面是柱面 $x^2+y^2=2x$，(V)的顶是锥面 $z=\sqrt{x^2+y^2}$，并且(V)的底是平面 $z=0$. (V)在 xOy 平面上的投影区域为$(\sigma)=\{(x,y)\mid x^2+y^2\leqslant 2x\}$（见图 11.3.6）. 根据柱面坐标变换公式(11.3.4)，域(V)的边界曲面方程可表示为

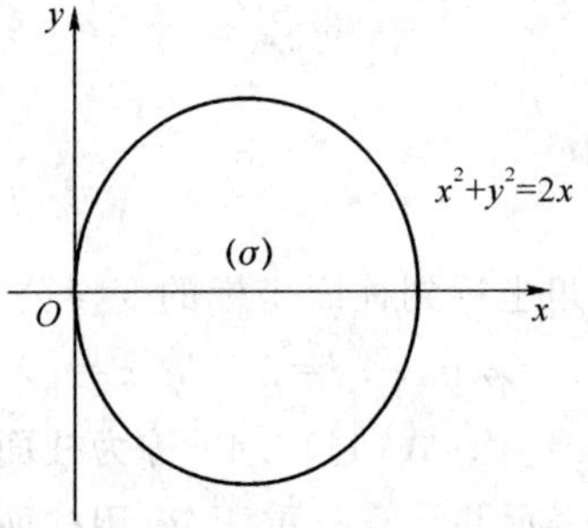

图 11.3.6

$$z=\rho,\rho=2\cos\varphi,z=0,$$

从而

$$I=\iint\limits_{(\sigma)}\rho\mathrm{d}\rho\mathrm{d}\varphi\int_0^{\rho} f(\rho\cos\varphi,\rho\sin\varphi,z)\mathrm{d}z.$$

(σ)用极坐标表示为

$$\rho\leqslant 2\cos\varphi,-\frac{\pi}{2}\leqslant\varphi\leqslant\frac{\pi}{2}.$$

于是

$$I=\int_{-\frac{\pi}{2}}^{\frac{\pi}{2}}\mathrm{d}\varphi\int_0^{2\cos\varphi}\rho\mathrm{d}\rho\int_0^{\rho} f(\rho\cos\varphi,\rho\sin\varphi,z)\mathrm{d}z.$$

例 11.3.6 计算 $I=\iiint\limits_{(V)} z\mathrm{d}V$，其中 (V)是由 $z=\sqrt{4-x^2-y^2}$ 与 $x^2+y^2=3z$ 所围成.

解 积分域如图 11.3.7. 为求两曲面的交线，解方程组

$$\begin{cases} z=\sqrt{4-x^2-y^2}, \\ x^2+y^2=3z, \end{cases}$$

可得 $z=1$，因此交线方程为

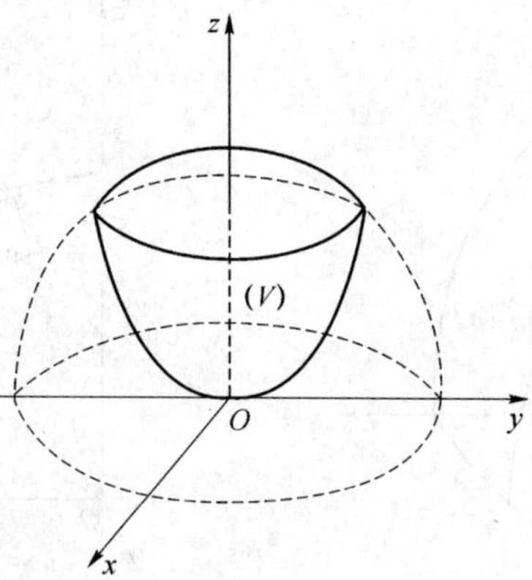

图 11.3.7

$$\begin{cases}x^2+y^2=3,\\ z=1.\end{cases}$$

域(V)在 xOy 平面上的投影是圆域$(\sigma)=\{(x,y)\mid x^2+y^2\leqslant 3\}$. 因此用柱面坐标计算更为方便. 将$(V)$的边界曲面方程化为柱面坐标得

$$z=\sqrt{4-\rho^2},\rho^2=3z.$$

因此

$$\begin{aligned}I &= \iiint\limits_{(V)} z\rho\,\mathrm{d}\rho\mathrm{d}\varphi\mathrm{d}z = \iint\limits_{(\sigma)}\rho\mathrm{d}\rho\mathrm{d}\varphi\int_{\frac{\rho^2}{3}}^{\sqrt{4-\rho^2}} z\mathrm{d}z \\ &= \int_0^{2\pi}\mathrm{d}\varphi\int_0^{\sqrt{3}}\rho\mathrm{d}\rho\int_{\frac{\rho^2}{3}}^{\sqrt{4-\rho^2}} z\mathrm{d}z = \int_0^{2\pi}\mathrm{d}\varphi\int_0^{\sqrt{3}}\rho\left(\frac{4-\rho^2}{2}-\frac{\rho^4}{18}\right)\mathrm{d}\rho \\ &= \frac{13}{4}\pi.\end{aligned}$$

(2) 球面坐标下的三重积分计算法

空间中的点 $P(x, y, z)$还可以用三个曲面:(i) 圆心在原点 O 半径为 r 的球面;(ii)顶点在原点 O,对称轴为 z 轴且半顶角为 θ 的圆锥面;(iii)过 z 轴且对 xOz 平面的转角为 φ 的半平面(见图 11.3.8)的交点来确定.(r, θ, φ) 称为点 P 的**球面坐标**.

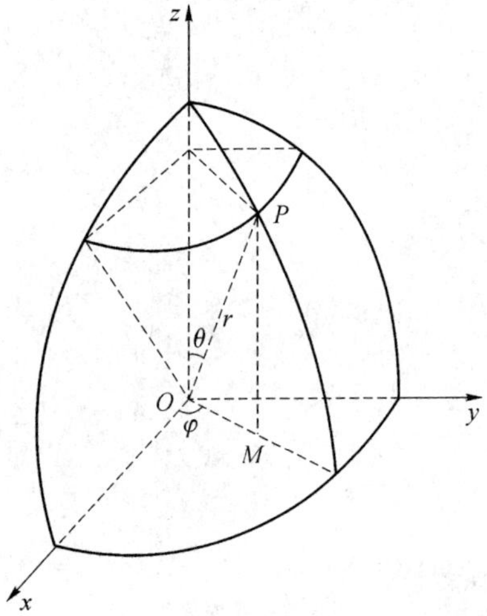

图 11.3.8

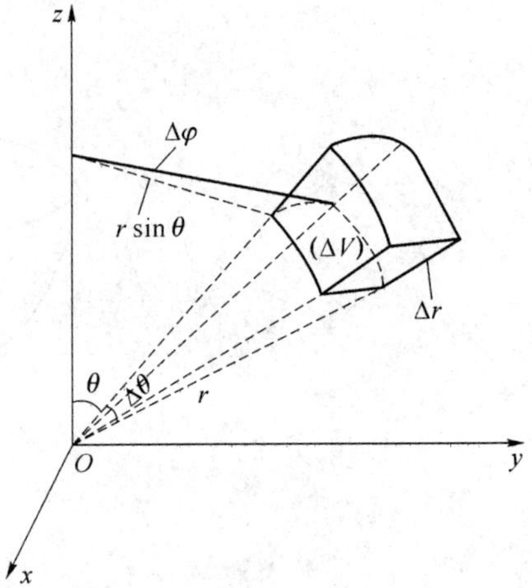

图 11.3.9

由图 11.3.8 可以看出直角坐标到球面坐标的变换公式为

$$x=r\sin\theta\cos\varphi,\ y=r\sin\theta\sin\varphi, z=r\cos\theta, (r\geqslant 0, 0\leqslant\theta\leqslant\pi, 0\leqslant\varphi\leqslant 2\pi). \quad (11.3.7)$$

容易看出若将 r 固定,则式(11.3.7)恰好就是半径为 r 的球面的参数方程.

球面坐标的三族坐标面分别为:(i) $r=c_1$，重心在原点的球面；(ii) $\theta=c_2$，顶点在原点对称轴为 z 轴的圆锥面；(iii) $\varphi=c_3$,通过 z 轴的半平面.

我们用上述三族曲面对积分域 (V)划分,如图 11.3.9 所示,子域(ΔV)的体积为

$$\Delta V\approx r\sin\theta\cdot\Delta\varphi\cdot r\Delta\theta\Delta r=r^2\sin\theta\Delta r\Delta\theta\Delta\varphi,$$

于是

$$\lim_{d\to 0}\sum_{(V)}f(x,y,z)\Delta V=\lim_{d\to 0}\sum_{(V)}F(r,\theta,\varphi)r^2\sin\theta\Delta r\Delta\theta\Delta\varphi,$$

即

$$\iiint_{(V)}f(x,\ y,\ z)\mathrm{d}V=\iiint_{(V)}F(r,\theta,\varphi)r^2\sin\theta\mathrm{d}r\mathrm{d}\theta\mathrm{d}\varphi, \quad (11.3.8)$$

其中 $F(r,\theta,\varphi)=f(r\sin\theta\cos\varphi, r\sin\theta\sin\varphi, r\cos\theta)$. 这里

$$\mathrm{d}V=r^2\sin\theta\mathrm{d}r\mathrm{d}\theta\mathrm{d}\varphi \quad (11.3.9)$$

称为**球面坐标下的积分微元**. 式(11.3.8)右端的(V)的边界曲面应用球面坐标表示.

为了将式(11.3.8)右端的三重积分化为累次积分,将乘积项 $f(r\sin\theta\cos\varphi, r\sin\theta\sin\varphi, r\cos\theta)r^2\sin\theta$ 先固定 θ,φ 然后在 r 方向无限累加. 再提取公因式 $\Delta\theta\Delta\varphi$ 进而临时固定 φ,在 θ 方向将锥形条无限累加. 再提取公因式 $\Delta\varphi$ 最后沿着 φ 无限累加. 这样，三重积分化成了先对 r,后对 θ 再对 φ 的累次积分.

例 11.3.7 设(V)是球面 $x^2+y^2+z^2=2az$,$(a>0)$和以 z 轴为对称轴,顶点在原点,顶

角为 2α 的锥面所围且位于锥面内部的空间，试求其体积.

解　由于(V)是由球面和锥面所围成(见图 11.3.10)，因此用球面坐标计算更为方便. 球面坐标下，所给球面方程为

$$r=2a\cos\theta,$$

所给锥面的方程为

$$\theta=\alpha,$$

区域(V)可表示为

$$(V)=\{(r,\theta,\varphi)\mid 0\leqslant r\leqslant 2a\cos\theta,0\leqslant\theta\leqslant\alpha,0\leqslant\varphi\leqslant 2\pi\}.$$

则

$$V=\iiint\limits_{(V)}\mathrm{d}V=\iiint\limits_{(V)}r^2\sin\theta\mathrm{d}r\mathrm{d}\theta\mathrm{d}\varphi=\int_0^{2\pi}\mathrm{d}\varphi\int_0^{\alpha}\sin\theta\mathrm{d}\theta\int_0^{2a\cos\theta}r^2\mathrm{d}r$$

$$=\frac{16}{3}\pi a^3\int_0^{\alpha}\cos^3\theta\sin\theta\mathrm{d}\theta=\frac{4\pi a^3}{3}(1-\cos^4\alpha).$$

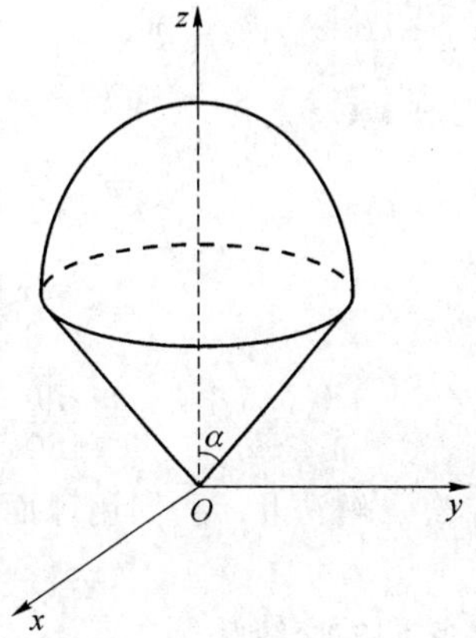

图 11.3.10

例 11.3.8　计算 $I=\iiint\limits_{(V)}z^2\mathrm{d}V$，其中

$$(V)=\{(x,\ y,\ z)\mid x^2+y^2+z^2\leqslant R^2,\ x^2+y^2+(z-R)^2\leqslant R^2\}.$$

解

解法Ⅰ. 我们用柱面坐标. 用柱面坐标表示区域(V)的边界曲面(见图 11.3.11)，可得

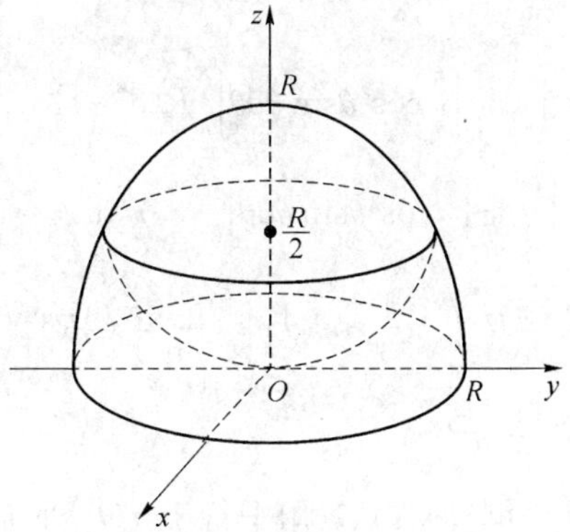

图 11.3.11

$$z=\sqrt{R^2-\rho^2},\ z=R-\sqrt{R^2-\rho^2}.$$

它们的交线在 xOy 平面的投影是

$$\begin{cases}\rho=\dfrac{\sqrt{3}}{2}R,\\ z=0,\end{cases}$$

则

$$I=\iiint\limits_{(V)}z^2\rho\mathrm{d}z\mathrm{d}\rho\mathrm{d}\varphi=\int_0^{2\pi}\mathrm{d}\varphi\int_0^{\frac{\sqrt{3}}{2}R}\rho\mathrm{d}\rho\int_{R-\sqrt{R^2-\rho^2}}^{\sqrt{R^2-\rho^2}}z^2\mathrm{d}z$$

$$=\frac{2\pi}{3}\int_0^{\frac{\sqrt{3}}{2}R}\rho[(R^2-\rho^2)^{3/2}-(R-\sqrt{R^2-\rho^2})^3]\mathrm{d}\rho$$

$$=-\frac{2\pi}{3}\left[\frac{2}{5}(R^2-\rho^2)^{5/2}+2R^3\rho^2-\frac{3}{4}R\rho^4+R^2(R^2-\rho^2)^{3/2}\right]\Bigg|_0^{\frac{\sqrt{3}}{2}R}$$

$$=\frac{59}{480}\pi R^5.$$

解法Ⅱ. 我们用球面坐标. 用球面坐标表示边界曲面，有

$$r=R,\ r=2R\cos\theta.$$

它们的交线是圆

$$\begin{cases}r=R,\\ \theta=\dfrac{\pi}{3}.\end{cases}$$

因此(V)的边界曲面为

$$r=2R\cos\theta,\left(\frac{\pi}{3}\leqslant\theta\leqslant\frac{\pi}{2}\right)\text{ 及 }r=R,\left(0\leqslant\theta\leqslant\frac{\pi}{3}\right).$$

因此，

$$I=\iiint\limits_{(V)}r^2\cos^2\theta r^2\sin\theta\mathrm{d}r\mathrm{d}\theta\mathrm{d}\varphi$$

$$=\int_0^{2\pi}\mathrm{d}\varphi\int_0^{\frac{\pi}{3}}\cos^2\theta\sin\theta\mathrm{d}\theta\int_0^R R^4\mathrm{d}r+$$

$$\int_0^{2\pi}\mathrm{d}\varphi\int_{\frac{\pi}{3}}^{\frac{\pi}{2}}\cos^2\theta\sin\theta\mathrm{d}\theta\int_0^{2R\cos\theta}r^4\mathrm{d}r$$

$$=\frac{2\pi}{5}R^5\left(-\frac{1}{3}\cos^3\theta\right)\Big|_0^{\frac{\pi}{3}}+\frac{2\pi}{5}(2R)^5\left(-\frac{1}{8}\cos^8\theta\right)\Big|_{\frac{\pi}{3}}^{\frac{\pi}{2}}$$

$$=\frac{59}{480}\pi R^5.$$

解法Ⅲ. 我们用“先重后单”的方法. 用平行于 xOy 平面高为 z 的平面横截区域(V)，将所得圆域记为(σ_z). 则

$$(\sigma_z)=\begin{cases}\{(x,y)\,|\,x^2+y^2\leqslant R^2-(z-R)^2\}, & 0\leqslant z\leqslant\dfrac{R}{2},\\ \{(x,y)\,|\,x^2+y^2\leqslant R^2-z^2\}, & \dfrac{R}{2}\leqslant z\leqslant R.\end{cases}$$

因此，

$$
\begin{aligned}
I &= \int_0^{\frac{R}{2}} z^2\,\mathrm{d}z \iint_{(\sigma_z)} \mathrm{d}\sigma + \int_{\frac{R}{2}}^{R} z^2\,\mathrm{d}z \iint_{(\sigma_z)} \mathrm{d}\sigma \\
&= \int_0^{\frac{R}{2}} z^2 \pi [R^2 - (z-R)^2]\,\mathrm{d}z + \int_{\frac{R}{2}}^{R} \pi z^2 (R^2 - z^2)\,\mathrm{d}z \\
&= \pi\left[\left(\frac{R}{2}z^4 - \frac{1}{5}z^5\right)\Big|_0^{\frac{R}{2}} + \left(\frac{R^2}{3}z^3 - \frac{1}{5}z^5\right)\Big|_{\frac{R}{2}}^{R}\right] \\
&= \frac{59}{480}\pi R^5.
\end{aligned}
$$

11.3.4　*三重积分的一般换元换元法

柱面和球面坐标只是可用来计算三重积分的两种特殊坐标系，下面我们介绍计算三重积分的更一般的换元积分法.

对于给定的三重积分 $\iiint\limits_{(V)} f(x,\ y,\ z)\mathrm{d}v$，可做如下变换

$$
x=\varphi(u,\ v,w),\ y=\psi(u,\ v,w),\ z=\chi(u,\ v,w),\ (u,\ v,w)\in (V')\subsetneq \mathbf{R}^3, \tag{11.3.10}
$$

其中 $\varphi,\ \psi,\ \chi\in C^{(1)}((V'))$. 与二重积分的对应情况类似，若雅可比行列式

$$
\frac{\partial(x,\ y,\ z)}{\partial(u,\ v,w)} = \begin{vmatrix} \varphi_u & \varphi_v & \varphi_w \\ \psi_u & \psi_v & \psi_w \\ \chi_u & \chi_v & \chi_w \end{vmatrix} \neq 0,\ \forall\,(u,\ v,w)\in (V') \tag{11.3.11}
$$

且式(11.3.10)是从 (V) 到 (V') 的一一对应的变换，那么存在唯一从 (V') 到 (V) 逆变换

$$
u=l(x,\ y,\ z),\ v=m(x,\ y,\ z),\ w=n(x,\ y,\ z),\ (x,\ y,\ z)\in V\subsetneq \mathbf{R}^3. \tag{11.3.12}
$$

于是，在 $Oxyz$ 空间中一点 $P_0(x_0,\ y_0,\ z_0)$ 也可由下面三个曲面 $(u_0,\ v_0,w_0)$ 交点确定：

$$
\begin{aligned}
l(x,\ y,\ z) &= l(x_0,\ y_0,\ z_0) = u_0, \\
m(x,\ y,\ z) &= m(x_0,\ y_0,\ z_0) = v_0, \\
n(x,\ y,\ z) &= n(x_0,\ y_0,\ z_0) = w_0,
\end{aligned}
$$

这里，(u_0,v_0,w_0) 称为空间点 P_0 的**曲线坐标**.

与二重积分类似，我们将式(11.3.10)看作是从 $Oxyz$ 直角坐标空间到 $Ouvw$ 直角坐标空间的映射. 它将 $Oxyz$ 空间上的 (V) 映射为 $Ouvw$ 空间上的 (V'). 可以证明（证明略）在映射式(11.3.10)下，体积微元 $\mathrm{d}V$

$$
\mathrm{d}V = \frac{\partial(x,\ y,\ z)}{\partial(u,\ v,w)}\mathrm{d}u\mathrm{d}v\mathrm{d}w. \tag{11.3.13}
$$

则

$$
\iiint\limits_{(V)} f(x,\ y,\ z)\mathrm{d}V = \iiint\limits_{(V')} f[\varphi(u,\ v,w),\ \psi(u,\ v,w),\ \chi(u,\ v,w)]\left|\frac{\partial(x,\ y,\ z)}{\partial(u,\ v,w)}\right|\mathrm{d}u\mathrm{d}v\mathrm{d}w, \tag{11.3.14}
$$

其中(V')边界曲面应由曲线坐标表示.式(11.3.14)右端的三重积分称为**曲线坐标系下的三重积分**,且它可用二重积分中相同的方法化为累次积分.

例 11.3.9 计算 $I=\iiint\limits_{(V)}(x+y+z)\cos(x+y+z)^2\mathrm{d}V$，其中

$$(V)=\{(x,\ y,\ z)\mid 0\leqslant x-y\leqslant 1, 0\leqslant x-z\leqslant 1, 0\leqslant x+y+z\leqslant 1\}.$$

解 为了简化积分域 (V)，做变换

$$x-y=u,\ x-z=v,\ x+y+z=w.$$

由于

$$\frac{\partial(u,\ v,w)}{\partial(x,\ y,\ z)}=\begin{vmatrix}1 & -1 & 0\\ 1 & 0 & -1\\ 1 & 1 & 1\end{vmatrix}=3,$$

有

$$\frac{\partial(x,\ y,\ z)}{\partial(u,\ v,w)}=\frac{1}{3}.$$

则根据公式(11.3.14),可得

$$I=\iiint\limits_{(V)}w\cos(w^2)\left|\frac{\partial(x,\ y,\ z)}{\partial(u,v,w)}\right|\mathrm{d}u\mathrm{d}v\mathrm{d}w=\frac{1}{3}\iiint\limits_{(V')}w\cos(w^2)\mathrm{d}u\mathrm{d}v\mathrm{d}w,$$

其中

$$(V')=\{(u,v,w)\mid 0\leqslant u\leqslant 1, 0\leqslant v\leqslant 1, 0\leqslant w\leqslant 1\}.$$

因此，

$$I=\int_0^1\mathrm{d}u\int_0^1\mathrm{d}v\int_0^1\frac{1}{3}w\cos(w^2)\mathrm{d}w=\frac{1}{6}\sin 1.$$

习题 11.3

A

1. 计算下列三重积分：

(1) $\iiint\limits_{(V)}(x+y+z)\mathrm{d}V, (V)=\{(x,y,z)\mid 0\leqslant x\leqslant 1, 0\leqslant y\leqslant 1, 0\leqslant z\leqslant 1\}$；

(2) $\iiint\limits_{(V)}y\mathrm{d}V$, (V) 是由抛物柱面 $y=\sqrt{x}$，平面 $y=0, z=0$ 与 $x+z=\frac{\pi}{2}$所围成的区域；

(3) $\iiint\limits_{(V)}z\mathrm{d}V, (V)=\left\{(x,y,z)\mid x^2+y^2<2x, 0\leqslant z\leqslant\sqrt{4-x^2-y^2}\right\}$；

(4) $\iiint\limits_{(V)} z^2 \mathrm{d}V$，$(V)$ 是由 $x^2+y^2+z^2=4$ 与 $x^2+y^2+z^2=4z$ 所围成的区域；

(5) $\iiint\limits_{(V)} xyz \mathrm{d}V$，$(V)$ 是由 $x^2+y^2+z^2=1, x=0, y=0$ 及 $z=0$ 所围成的第一卦限内的区域；

(6) $\iiint\limits_{(V)} xy \mathrm{d}V$，$(V)$ 是由 $x^2+y^2=1$ 和平面 $z=0$，$z=1$，$x=0$，$y=0$ 所围成的第一卦限内的区域.

2. 仅考虑积分域 (V)，选择你认为最方便的坐标系将三重积分 $I=\iiint\limits_{(V)} f(x, y, z)\mathrm{d}V$ 化为由三个单积分组成的累次积分，若积分域为：

(1) (V)是由平面$\dfrac{x}{2}+\dfrac{y}{3}+\dfrac{z}{4}=1$ 和三坐标平面所围成的区域；

(2) $(V)=\{(x, y, z) \mid x^2+y^2\leqslant 2x, 0\leqslant z\leqslant \sqrt{4-x^2-y^2}\}$；

(3) (V) 是由曲面 $z=\sqrt{1-x^2-y^2}$ 与 $z=\sqrt{9-x^2-y^2}$ 所围成的区域；

(4) $(\mathrm{V})=\{(x, y, z) \mid \sqrt{x^2+y^2}\leqslant z\leqslant \sqrt{4-x^2-y^2}\}$.

3. 选择合适的坐标系计算下列三重积分：

(1) $\iiint\limits_{(V)} \dfrac{\mathrm{e}^z}{\sqrt{x^2+y^2}}\mathrm{d}V$，$(V)$是由 $z=\sqrt{x^2+y^2}$，$z=1$ 和 $z=2$；

(2) $\iiint\limits_{(V)} (x^2+y^2)\mathrm{d}V$，$(V)$是由 $z=\sqrt{a^2-x^2-y^2}$，$z=\sqrt{A^2-x^2-y^2}$ 及 $z=0$ 围成的区域，其中 $A>a>0$；

(3) $\iiint\limits_{(V)} 2z\mathrm{d}V$，$(V)$是由 $x^2+y^2+z^2=4$ 及 $z=\dfrac{1}{2}(x^2+y^2)$围成的区域；

(4) $\iiint\limits_{(V)} (x^2+y^2)\mathrm{d}V$，$(V)$是由 $x^2+y^2=2z$ 及 $z=2$ 围成的区域；

(5) $\iiint\limits_{(V)} \dfrac{1}{1+x^2+y^2}\mathrm{d}V$，$(V)$是由 $x^2+y^2=z^2$ 及 $z=1$ 围成的区域；

(6) $\iiint\limits_{(V)} xyz\mathrm{d}V$，$(V)$ 球体 $x^2+y^2+z^2\leqslant 1$ 在落在第一卦限的区域；

(7) $\iiint\limits_{(V)} \sqrt{1-x^2-y^2-z^2}\mathrm{d}V$，$(V)$ 是由 $x^2+y^2+z^2\leqslant 1$ 及 $z\geqslant\sqrt{x^2+y^2}$ 所确定的区域；

(8) $\iiint\limits_{(V)} (x+y)\mathrm{d}V$，$(V)$是由 $x^2+y^2=1$，$x^2+y^2=4$，$z=0$ 及 $z=x+2$ 围成的区域；

(9) $\iiint\limits_{(V)} \dfrac{z\ln(x^2+y^2+z^2+1)}{x^2+y^2+z^2+1}\mathrm{d}V$，$(V)=\{(x, y, z) \mid x^2+y^2+z^2\leqslant 1\}$；

(10) $\iiint\limits_{(V)} z(x^2+y^2)\mathrm{d}V$，$(V)=\{(x,y,z)\mid z\geqslant\sqrt{x^2+y^2},1\leqslant x^2+y^2+z^2\leqslant 4\}$；

(11) $\iiint\limits_{(V)} z\mathrm{d}V$，$(V)=\{(x,y,z)\mid x^2+y^2+(z-a)^2\leqslant a^2,x^2+y^2\leqslant z^2\},a>0$；

(12) $\iiint\limits_{(V)} f(x,y,z)\mathrm{d}V$，其中 $(V)=\{(x,y,z)\mid x^2+y^2+z^2\leqslant 1\}$ 且

$$f(x,y,z)=\begin{cases}0, & z\geqslant\sqrt{x^2+y^2},\\ \sqrt{x^2+y^2}, & 0\leqslant z\leqslant\sqrt{x^2+y^2},\\ \sqrt{x^2+y^2+z^2}, & z\leqslant 0.\end{cases}$$

4. 选择适当的坐标系计算下列累次积分：

(1) $\int_0^1\mathrm{d}x\int_0^{\sqrt{1-x^2}}\mathrm{d}y\int_0^{\sqrt{1-x^2-y^2}}\sqrt{x^2+y^2+z^2}\,\mathrm{d}z$；

(2) $\int_{-1}^1\mathrm{d}x\int_0^{\sqrt{1-x^2}}\mathrm{d}y\int_{\sqrt{x^2+y^2}}^1 z^3\,\mathrm{d}z$；

(3) $\int_0^2\mathrm{d}x\int_0^{\sqrt{2x-x^2}}\mathrm{d}y\int_0^a z\sqrt{x^2+y^2}\,\mathrm{d}z$；

(4) $\int_{-1}^1\mathrm{d}x\int_0^{\sqrt{1-x^2}}\mathrm{d}y\int_1^{1+\sqrt{1-x^2-y^2}}\dfrac{\mathrm{d}z}{\sqrt{x^2+y^2+z^2}}$.

5. 求下列立体的体积：

(1) 由 $\dfrac{x}{1}+\dfrac{y}{2}+\dfrac{z}{3}=1,x=0,y=0$ 及 $z=0$ 所围成的立体；

(2) 由 $z=x^2+y^2$，及 $z=1$ 所围成的立体；

(3) 由 $x^2+y^2+z^2=a^2,x^2+y^2+z^2=b^2$ 及 $z=\sqrt{x^2+y^2}$ 所围成的立体 $(b>a>0)$；

(4) 由 $(x^2+y^2+z^2)^2=x$ 所围成的立体；

(5) 由 $x^2+y^2+z^2=2z$，及 $z=\sqrt{x^2+y^2}$ 所围成的立体；

(6) 由 $x=\sqrt{y-z^2}$，$\dfrac{1}{2}\sqrt{y}=x$ 及 $y=1$ 所围成的立体.

6. 计算 $\iiint\limits_{(V)}(x^2+y^2)\mathrm{d}V$，其中 (V) 是平面曲线 $\begin{cases}y^2=2z,\\ x=0\end{cases}$ 绕 z 轴旋转一周形成的曲面与平面 $z=8$ 所围成的立体.

7. 证明抛物面 $z=x^2+y^2+1$ 上任一点处的切平面与曲面 $z=x^2+y^2$ 所围成的立体体积恒为一常数.

8. 设 $f(x)$ 在 $[0,1]$ 上连续，证明

$$\int_0^1 f(x)\mathrm{d}x\int_x^1 f(y)\mathrm{d}y\int_x^y f(z)\mathrm{d}z=\frac{1}{3!}\left(\int_0^1 f(x)\mathrm{d}x\right)^3.$$

B

1. 设积分域 (V)

(1) 关于 xOy 平面对称；

(2) 关于 yOz 平面对称；

(3) 关于 zOx 平面对称.

设(V')是(V)在对称面一侧的子区域. 三重积分的被积函数 f 满足什么条件时，下列等式分别成立：

$$\iiint\limits_{(V)} f(x, y, z)\mathrm{d}V = 0, \iiint\limits_{(V)} f(x, y, z)\mathrm{d}V = 2\iiint\limits_{(V')} f(x, y, z)\mathrm{d}V$$

2. 设(V)是球体 $x^2+y^2+z^2\leqslant 4$，(V_1)是(V)的上半球体. 下列结论是否正确？为什么？

(1) $\iiint\limits_{(V)} (x+y+z)^2\mathrm{d}V = 2\iiint\limits_{(V_1)} (x+y+z)^2\mathrm{d}V$；

(2) $\iiint\limits_{(V)} xyz\,\mathrm{d}V = 0$；

(3) $\iiint\limits_{(V)} 2z\mathrm{d}V = 6\iiint\limits_{(V)} \mathrm{d}V = 6\times\frac{4}{3}\pi\times 8 = 64\pi$；

(4) $\iiint\limits_{(V)} (x^2+y^2+z^2)\mathrm{d}V = \iiint\limits_{(V)} 4\mathrm{d}V = 4\times\frac{4}{3}\pi\times 8 = \frac{128\pi}{3}$.

3. 计算下列三重积分：

(1) $\iiint\limits_{(V)} \frac{1}{\sqrt{x^2+y^2+z^2}}\mathrm{d}V$，$(V)=\{(x,y,z)\mid x^2+y^2+(z-1)^2\leqslant 1, z\geqslant 1, y\geqslant 0\}$；

(2) $\iiint\limits_{(V)} \sqrt{x^2+y^2+z^2}\,\mathrm{d}V$，$(V)$是 $z=\sqrt{x^2+y^2}$ 和 $z=1$ 所围区域；

(3) $\iiint\limits_{(V)} \left(\frac{x^2}{a^2}+\frac{y^2}{b^2}+\frac{z^2}{c^2}\right)\mathrm{d}V$，$(V)$ 是$\frac{x^2}{a^2}+\frac{y^2}{b^2}+\frac{z^2}{c^2}=1$ 所围区域$(a>0, b>0, c>0)$；

(4) $\iiint\limits_{(V)} \sqrt{1-\frac{x^2}{a^2}-\frac{y^2}{b^2}-\frac{z^2}{c^2}}\,\mathrm{d}V$，$(V)=\left\{(x,y,z)\,\middle|\,\frac{x^2}{a^2}+\frac{y^2}{b^2}+\frac{z^2}{c^2}\leqslant 1\right\}(a>0, b>0, c>0)$.

4. 将累次积分 $\int_0^1 \mathrm{d}x\int_0^1 \mathrm{d}y\int_0^{x^2+y^2} f(x, y, z)\mathrm{d}z$ 分别化为先对 x 和先对 y 的累次积分.

5. 求下列各立体的体积：

(1) 由$\frac{x^2}{a^2}+\frac{y^2}{b^2}+\frac{z^2}{c^2}\leqslant 1$ 所确定的立体$(a>0, b>0, c>0)$；

(2) 由$\frac{x^2}{a^2}+\frac{y^2}{b^2}-\frac{z^2}{c^2}=-1$ 和 $\frac{x^2}{a^2}+\frac{y^2}{b^2}=1$ 所确定的立体$(a>0, b>0, c>0)$；

(3) 由$\left(\frac{x^2}{a^2}+\frac{y^2}{b^2}+\frac{z^2}{c^2}\right)^2=\frac{x^2}{a^2}+\frac{y^2}{b^2}$所确定的立体.

6. 设小球半径为 R，一半径为 $r(r<R)$ 的小圆孔穿过小球球心(圆孔的中心轴是小球的一条直径). 求该圆环的体积，设小孔的壁高为 h，证明圆环的体积只与 h 有关.

7. 设

$$\varphi(t)=\iiint\limits_{(V)} x\ln(1+x^2+y^2+z^2)\mathrm{d}V.$$

求导数 $\dfrac{\mathrm{d}\varphi}{\mathrm{d}t}$，其中 $(V)=\{(x,y,z)\mid x^2+y^2+z^2\leqslant t^2,\sqrt{y^2+z^2}\leqslant x\}$.

8. 设 f 是以连续函数，$\varphi(t)=\iiint\limits_{(V)} f(x^2+y^2+z^2)\mathrm{d}V$，且 $(V)=\{(x,y,z)\mid x^2+y^2+z^2\leqslant t^2\}$. 求导数 $\varphi'(t)$.

9. 计算三重积分 $\iiint\limits_{(V)}(x+y+z)^2\mathrm{d}V$，其中 $(V)=\left\{(x,y,z)\,\middle|\,\dfrac{x^2}{a^2}+\dfrac{y^2}{b^2}+\dfrac{z^2}{c^2}\leqslant 1\right\}$.

11.4 重积分的应用

在第 5 章中定积分应用里，我们介绍了求一个非均匀连续分布在区间 $[a, b]$ 上的量 Q，可以通过“分割，均匀化，求和，取极限”四步来建立积分式得到，其中积分微元可通过在微小子区间 $[x, x+\mathrm{d}x]$ 上计算对应的量得到. 这一思想可扩展到多重积分，我们下面介绍重积分的微元法.

11.4.1 曲面面积

我们知道参变量为 t 的一元向量函数 $\boldsymbol{r}(t)$ 可表示空间曲线，参变量为 u 与 v 的二元向量函数 $\boldsymbol{r}(u, v)$ 可表示空间曲面，即曲面 (S) 可表示为如下参数方程：

$$x=x(u, v),\ y=y(u, v),\ z=z(u, v),\quad (u, v)\in D\subset\mathbf{R}^2, \tag{11.4.1}$$

或向量形式 $\boldsymbol{r}(u, v)=(x(u, v), y(u, v), z(u, v))$.

由向量函数 $\boldsymbol{r}(u,v)$ 给出的曲面 (S) 上有两族十分有用的曲线，一族 u 是常数，另一族 v 是常数. 这两族曲线对应于 uv 平面的垂线和切线. 若我们令 u 为常数并设 $u=u_0$，则 $\boldsymbol{r}(u_0, v)$ 变成关于参量 v 的一元向量函数且确定了 (S) 上的曲线 $C(u_0)$. 类似地，若令 v 为常数并设 $v=v_0$，则可得由 $\boldsymbol{r}(u, v_0)$ 给出的 (S) 上的曲线 $C(v_0)$，称这些曲线为**网格曲线**. 事实上，当计算机描绘一参数曲面时，它经常描绘这些网格曲线来刻画这一曲面.

设向量函数 $\boldsymbol{r}(u, v)$ 有连续偏导数. 下面详细说明由方程(11.4.1)给出的一般参数曲面 (S) 的曲面面积. 在参数定义域 D 内选取子矩形 $\Delta R=[u, u+\Delta u]\times[v, v+\Delta v]$. 则曲面 (S) 上的小片 ΔS 与 ΔR 相对应，且由四条曲线 $\boldsymbol{r}(u+\theta\Delta u,v)$，$\boldsymbol{r}(u, v+\theta\Delta v)$，$\boldsymbol{r}(u+\theta\Delta u,v+\Delta v)$ 及 $\boldsymbol{r}(u+\Delta u, v+\theta\Delta v)$ 所围成，$\theta\in[0,1]$. 且由向量 $\boldsymbol{r}(u, v)$ 的位置所确定的点 M_0 恰

恰是四条曲线的交点之一. 在点 M_0 处相交的两边界 $\boldsymbol{r}(u+\theta\Delta u, v)$ 与 $\boldsymbol{r}(u,v+\theta\Delta v)$ ($\theta\in[0, 1]$)可近似为向量 $\boldsymbol{r}(u+\Delta u, v)-\boldsymbol{r}(u, v)$ 与 $\boldsymbol{r}(u,v+\Delta v)-\boldsymbol{r}(u, v)$，它们还可以进一步近似为 $\boldsymbol{r}_u(u, v)\Delta u$ 和 $\boldsymbol{r}_v(u, v)\Delta v$. 因此我们可用向量 $\boldsymbol{r}_u(u, v)\Delta u$ 与 $\boldsymbol{r}_v(u, v)\Delta v$ 所确定的平行四边形近似表示这一小片(见图 11.4.1). 从而这一小片的面积为

$$\Delta S\approx\|\boldsymbol{r}_u(u, v)\Delta u\times\boldsymbol{r}_v(u, v)\Delta v\|=\|\boldsymbol{r}_u(u, v)\times\boldsymbol{r}_v(u,v)\|\Delta u\Delta v.$$

因此，曲面的面积微元(见图 11.4.2)为

$$\mathrm{d}S=\|\boldsymbol{r}_u\times\boldsymbol{r}_v\|\mathrm{d}u\mathrm{d}v. \tag{11.4.2}$$

从而曲面(S)的面积为

$$(S)=\iint_{(D)}\|\boldsymbol{r}_u\times\boldsymbol{r}_v\|\mathrm{d}u\mathrm{d}v. \tag{11.4.3}$$

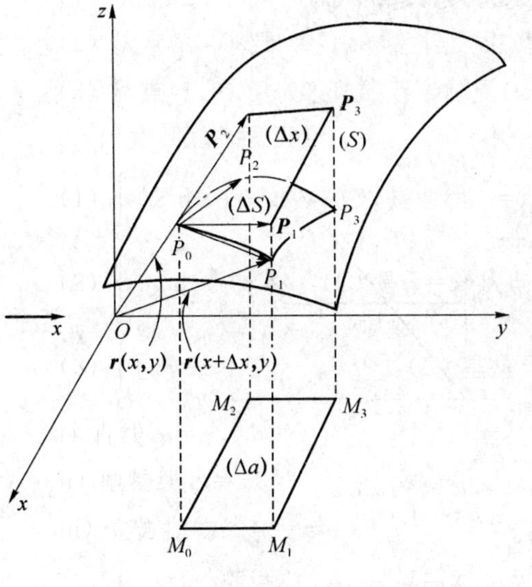

图 11.4.1

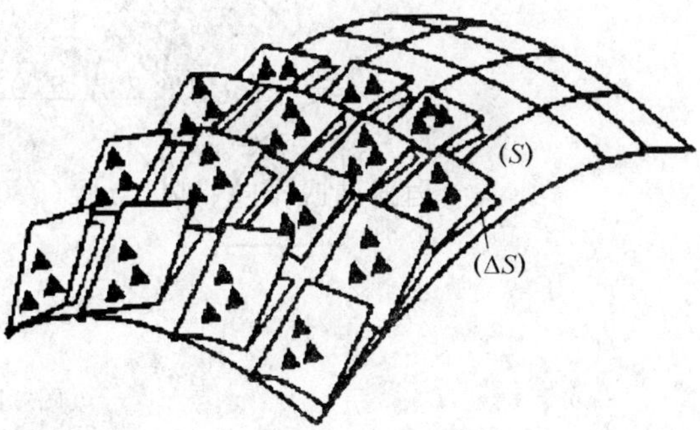

图 11.4.2

一种特殊的情况是方程为 $z=f(x, y)$的曲面，其中$(x, y)\in D$ 且 f 有连续偏导数，设 x 和与 y 是参数. 则参数方程为

$$x=x,\ y=y,\ z=f(x, y),\quad (x, y)\in(S_{xy}).$$

从而

$$\boldsymbol{r}_x=(1, 0, z_x),\ \boldsymbol{r}_y=(0, 1, z_y),$$

且

$$\mathrm{d}S=\left\|\begin{vmatrix}\boldsymbol{i} & \boldsymbol{j} & \boldsymbol{k}\\ 1 & 0 & z_x\\ 0 & 1 & z_y\end{vmatrix}\right\|\mathrm{d}x\mathrm{d}y=\sqrt{1+z_x^2+z_y^2}\,\mathrm{d}x\mathrm{d}y.$$

因此

$$(S) = \iint\limits_{(S_{xy})} \sqrt{1 + z_x^2 + z_y^2}\, \mathrm{d}x\mathrm{d}y. \qquad (11.4.4)$$

类似地，若一曲面可表示为等式

$$y=f(z,x),\ (z,x)\in(S_{zx}) \text{ 或 } x=f(y,z),\ (y,z)\in(S_{yz}),$$

则曲面面积为

$$(S) = \iint\limits_{(S_{zx})} \sqrt{1 + y_z^2 + y_x^2}\, \mathrm{d}z\mathrm{d}x \text{ 或 } (S) = \iint\limits_{(S_{yz})} \sqrt{1 + x_y^2 + x_z^2}\, \mathrm{d}y\mathrm{d}z \qquad (11.4.5)$$

例 11.4.1 求圆柱面 $x^2+y^2=a^2$ 落在第一卦限并被平面 $z=0$，$z=mx(m>0)$和 $x=b$ 所截部分的曲面面积($b<a$)（见图 11.4.3).

解 容易看出,所求曲面在 xOz 平面的投影是区域

$$(S_{zx})=\{(x,z)\mid 0\leqslant x\leqslant b, 0\leqslant z\leqslant mx\}.$$

因此,所求曲面可表示为

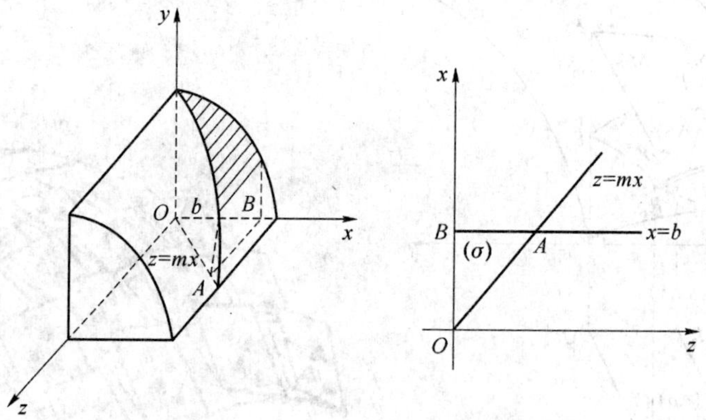

图 11.4.3

$$y=\sqrt{a^2-x^2},\ (x,z)\in(S_{zx}).$$

从而

$$\sqrt{1+y_x^2+y_z^2}=\sqrt{1+\left(\frac{-x}{y}\right)^2}=a(a^2-x^2)^{-1/2}.$$

根据公式(11.4.5),有

$$(S) = \iint\limits_{(S_{zx})} a(a^2-x^2)^{-\frac{1}{2}}\,\mathrm{d}z\mathrm{d}x = \int_0^b \mathrm{d}x \int_0^{mx} a(a^2-x^2)^{-\frac{1}{2}}\,\mathrm{d}z$$

$$= \int_0^b amx(a^2-x^2)^{-\frac{1}{2}}\,\mathrm{d}x = a^2m - am\sqrt{a^2-b^2}.$$

11.4.2　重心

众所周知，质量为 $m_1, m_2, \cdots, m_n$ 的 n 个平面质点 $P_1, P_2, \cdots, P_n$ 的重心坐标定义为

$$\bar{x}=\frac{\sum_{i=1}^{n} m_i x_i}{m},\ \bar{y}=\frac{\sum_{i=1}^{n} m_i y_i}{m},$$

其中

$$m=\sum_{i=1}^{n} m_i,$$

且

$$P_i=(x_i, y_i)(i=1,\ 2,\cdots,\ n).$$

这里，根据物理学知识，

$$M_y=\sum_{i=1}^{n} m_i x_i,\quad M_x=\sum_{i=1}^{n} m_i y_i$$

分别是关于 y 轴和 x 轴的静力矩.

下面设(σ)是密度为 $\rho(x,\ y)$的平面区域物质，则区域微元 $\mathrm{d}\sigma$ 关于 y 轴和 x 轴的静力矩为

$$\mathrm{d}M_y=x\rho(x,y)\mathrm{d}\sigma,\quad \mathrm{d}M_x=y\rho(x,\ y)\mathrm{d}\sigma.$$

因此平面区域物质(σ) 的重心坐标为

$$\bar{x}=\frac{\iint\limits_{(\sigma)} x\rho(x,\ y)\mathrm{d}\sigma}{\iint\limits_{(\sigma)} \rho(x,y)\mathrm{d}\sigma},\quad \bar{y}=\frac{\iint\limits_{(\sigma)} y\rho(x,\ y)\mathrm{d}\sigma}{\iint\limits_{(\sigma)} \rho(x,\ y)\mathrm{d}\sigma}.$$

类似地，若一立体物质(V)的密度为 $\rho(x,\ y,\ z)$，则此立体物质 (V) 的重心为

$$\bar{x}=\frac{\iiint\limits_{(V)} x\rho(x,y,z)\mathrm{d}v}{\iiint\limits_{(V)} \rho(x,\ y,\ z)\mathrm{d}v},\quad \bar{y}=\frac{\iiint\limits_{(V)} y\rho(x,\ y,\ z)\mathrm{d}v}{\iiint\limits_{(V)} \rho(x,y,z)\mathrm{d}v},\quad \bar{z}=\frac{\iiint\limits_{(V)} z\rho(x,\ y,\ z)\mathrm{d}v}{\iiint\limits_{(V)} \rho(x,\ y,\ z)\mathrm{d}v}.$$

例 11.4.2　由 $x=\sqrt{2-y}$，x 轴及 y 轴围成的平面物体的密度为常数 μ，求该物体的重心（见图 11.4.4）.

解　我们有

$$\iint\limits_{(\sigma)} \mu\mathrm{d}\sigma=\mu\int_0^{\sqrt{2}}\mathrm{d}x\int_0^{2-x^2}\mathrm{d}y=\mu\int_0^{\sqrt{2}}(2-x^2)\mathrm{d}x=\frac{4\sqrt{2}}{3}\mu,$$

$$\iint\limits_{(\sigma)} x\mu\mathrm{d}\sigma=\mu\int_0^{\sqrt{2}}x\mathrm{d}x\int_0^{2-x^2}\mathrm{d}y=\mu\int_0^{\sqrt{2}}(2x-x^3)\mathrm{d}x=\mu,$$

并且

$$\iint_{(\sigma)} y\mu \mathrm{d}\sigma = \mu\int_0^{\sqrt{2}} \mathrm{d}x\int_0^{2-x^2} y\mathrm{d}y = \mu\int_0^{\sqrt{2}} \left(2 - 2x^2 + \frac{x^4}{2}\right)\mathrm{d}x = \frac{16\sqrt{2}}{15}\mu.$$

从而

$$\bar{x} = \frac{\iint_{(\sigma)} x\mu \mathrm{d}\sigma}{\iint_{(\sigma)} \mu \mathrm{d}\sigma} = \frac{3}{4\sqrt{2}}, \quad \bar{y} = \frac{\iint_{(\sigma)} y\mu \mathrm{d}\sigma}{\iint_{(\sigma)} \mu \mathrm{d}\sigma} = \frac{4}{5},$$

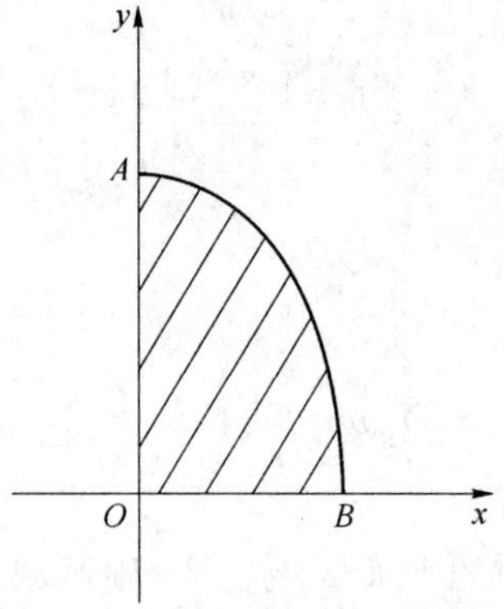

图 11.4.4

且重心为$\left(\frac{3}{4\sqrt{2}},\frac{4}{5}\right)$.

11.4.3 转动惯量

质量为 m 的质点 P 对某一点 O 的转动惯量 I 为

$$I=mr^2,$$

其中 r 是 P 到 O 的距离. 并且，质量为 $m_i(i=1, 2,\cdots, n)$的质点系 P_i 对 O 的转动惯量为

$$I = \sum_{i=1}^{n} m_i r_i^2,$$

其中 r_i是 P_i 到 O 的距离.

下面我们来确定在平面区域 σ 上的密度为$\rho(x, y)$的物质的转动惯量. 首先，区域微元 $\mathrm{d}\sigma$ 对原点的转动惯量为

$$\mathrm{d}I_0=(x^2+y^2)\rho(x, y)\mathrm{d}\sigma,$$

其中 (x, y)是 $\mathrm{d}\sigma$ 上任一点. 则平面物质区域 σ 对原点的转动惯量为

$$I_0 = \iint_{(\sigma)} (x^2 + y^2)\rho(x,y)\mathrm{d}\sigma.$$

类似地，平面物质区域 σ 对 x 轴和 y 轴的转动惯量分别为

$$I_x = \iint_{(\sigma)} y^2\rho(x,y)\mathrm{d}\sigma \text{ 与 } I_y = \iint_{(\sigma)} x^2\rho(x, y)\mathrm{d}\sigma.$$

例 11.4.3　求密度为常数 μ 的圆盘 $x^2+y^2\leqslant R^2$ 对中心轴(即原点)的转动惯量.

解

$$I_0=\iint\limits_{(\sigma)}\mu(x^2+y^2)\,\mathrm{d}\sigma=\mu\int_0^{2\pi}\mathrm{d}\varphi\int_0^R\rho^3\,\mathrm{d}\rho=\frac{\pi\mu R^4}{2}.$$

习题 11.4

A

1. 求锥面 $z=\sqrt{x^2+y^2}$ 被柱面 $z^2=2x$ 所截下部分的曲面面积.

2. 求以 $z=\sqrt{3-x^2-y^2}$ 和 $x^2+y^2=2x$ 为边界所围成的立体表面面积.

3. 求球面 $x^2+y^2+z^2=1$ 含在柱面 $x^2+y^2-x=0$ 内的曲面面积.

4. 求由下列曲线所围成的均匀薄板的质心坐标：

(1) $ay=x^2, x+y=2a(a>0)$；

(2) $x=a(t-\sin t), y=a(1-\cos t)(0\leqslant t\leqslant 2\pi, a>0)$ 和 x 轴；

(3) $\rho=a(1+cos\ \varphi)(a>0)$.

5. 求由下列曲面所围成均匀物体的质心：

(1) $z=\sqrt{3a^2-x^2-y^2}, x^2+y^2=2az(a>0)$；

(2) $z=x^2+y^2,\ x+y=a,\ x=0,\ y=0,\ z=0(a>0)$.

6. 一薄板由 $y=\mathrm{e}^x, y=0, x=0$ 及 $x=2$ 所围成,面密度为 $\mu(x,\ y)=xy$. 求薄板对两个坐标轴的转动惯量 I_x 和 I_y.

7. 求质量均匀分布的物体 $(V)=\{(x,\ y,\ z)\,|\,x^2+y^2+z^2\leqslant 2, x^2+y^2\geqslant z^2\}$ 对 z 轴的转动惯量.

8. 求底面半径为 R、高为 H 的质量均匀分布的正圆柱体对底面直径的转动惯量.

B

1. 一个火山的形状表示为曲面 $z=h\mathrm{e}^{-\frac{\sqrt{x^2+y^2}}{4h}}$ $(h>0)$. 在一次火山喷发后,有体积为 V 的熔岩均匀的黏附在火山表面,且火山形状保持不变. 求火山高度变化率.

2. 在某生产过程中,要在半圆形的直边上添加一个边与直径等长的矩形,使得整个平面图形的质心落在圆心上. 求矩形的另一边的长度.

3. 一个质量为 M 的均匀分布的圆柱体,占有区域是 (V)：$\{(x,\ y,\ z)\,|\,x^2+y^2\leqslant a^2, 0\leqslant z\leqslant h\}$. 求它对点 $(0,\ 0,\ b)$、质量为 M' 的一个质点的引力,其中 $b>h$.

4. 设物体对轴 L 的转动惯量是 I_L,对通过质心 C 且平行于轴 L 的轴 L_C 的转动惯量是 I_C,且 L_C 与 L 的距离为 a. 证明 $I_L=I_C+ma^2$, 其中 m 是物体质量. 这一公式称为**平行轴定理.**

5. 利用平行轴定理求半径为 R 的球体对于球面的任一条切线 T 的转动惯量 I_r.

第 12 章

曲线积分与曲面积分

多元函数的积分有很多类型,除了二重积分和三重积分外,二元函数在平面曲线上有平面曲线积分,三元函数在空间曲线上有空间曲线积分;在有界曲面上有曲面积分.本章学习曲线积分与曲面积分,并介绍这些新型的积分与一元定积分、二重积分、三重积分之间的联系,这些联系将由微积分基本定理的高维形式:格林定理,高斯定理,斯托克斯定理给出.

12.1 线积分

12.1.1 对弧长的曲线积分

本节我们定义一个与定积分类似的积分,这一积分不是在区间$[a,b]$上积分,而是在曲线(C)上积分.

引例 平面曲线型物体的质量 设有一平面曲线型物体,其质量均匀分布在 $f(x,y)$上.如何求这一物体的质量?

分 通过在曲线上插入 $n-1$ 个点 $M_k(x_k,y_k)(k=1,\cdots,n-1)$,将曲线$(C)$划分成 n 段子弧$\widehat{M_{k-1}M_k}$长度分别为$(\Delta s_k)(k=1,2,\cdots,n)$.

匀 子弧$\widehat{M_{k-1}M_k}$的质量 Δm_k 可近似为

$$\Delta m_k \approx f(\xi_k,\eta_k)\Delta s_k(k=1,2,\cdots,n),$$

其中 (ξ_k,η_k) 是子弧$\widehat{M_{k-1}M_k}$上任意点.

合 曲线型物体的总质量可近似为

$$m=\sum_{k=1}^{n}\Delta m_k \approx \sum_{k=1}^{n} f(\xi_k,\eta_k)\Delta s_k. \quad (12.1.1)$$

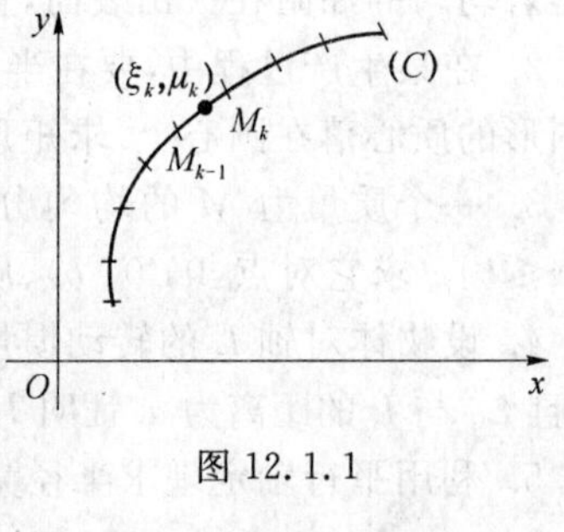

图 12.1.1

精 直观地,当 Δs_k趋于 0,近似值应更加精确. 因此我们将质量定义为这些黎曼和的极限,

$$m=\lim_{d\to 0}\sum_{k=1}^{n}f(\xi_k,\eta_k)\Delta s_k,\tag{12.1.2}$$

其中 $d=\max_{1\leqslant k\leqslant n}\Delta s_k$.

定义 12.1.1 (对弧长的曲线积分[第一类曲线积分]). 设(C)是一光滑平面曲线(或空间曲线),$f(x,y)$ 是定义在曲线上的有界函数. 用曲线上 $n-1$ 个点 $M_k(k=1,\cdots,n-1)$将其分成 n 个子弧. 用 Δs_k 表示第 k 段子弧的弧长且用 d 表示所有 Δs_k 中的最大值,并设 (ξ_k,η_k)是第 k 段弧上任意一点. 若极限

$$\lim_{d\to 0}\sum_{k=1}^{n}f(\xi_k,\eta_k)\Delta s_k$$

存在,则我们称函数 f 在曲线 (C)上**可积**,且称此极限为f **沿着**(C) **对弧长的曲线积分**,记为

$$\int_{(C)}f(x,y)\mathrm{d}s,$$

即

$$\int_{(C)}f(x,y)\mathrm{d}s=\lim_{d\to 0}\sum_{k=1}^{n}f(\xi_k,\eta_k)\Delta s_k.$$

类似地,f 称为**被积函数**且(C)称为**积分曲线**. 当(C)是一封闭曲线时,线积分常表示为 $\oint_{(C)}f(x,y)\mathrm{d}s$.

下面简单介绍线积分的存在性说明和一些性质.

存在性　若 f 在光滑曲线(C)上连续,则 f 沿(C)对弧长的曲线积分必存在. 因此我们一般假设 f 在(C)上连续.

几何意义　就像定积分一样,我们可将正函数的线积分看作面积来计算. 事实上,若 $f(x,y)\geqslant 0$,$\int_{(C)}f(x,y)\mathrm{d}s$ 表示"栅栏"或"挂帘"的一侧的面积,其底为(C)且在点(x,y)处的高为 $f(x,y)$.

分段光滑的情况　现设(C)是一**分段光滑曲线**,即(C)是有限光滑曲线(C_1),(C_2),$\cdots$,(C_n)的并集,其中(C_{i+1})的起点是(C_i)的终点. 则我们将 f 沿着(C)的积分定义为 f 沿着(C)的所有光滑曲线段的积分之和:

$$\int_{(C)}f(x,y)\mathrm{d}s=\int_{(C_1)}f(x,y)\mathrm{d}s+\int_{(C_2)}f(x,y)\mathrm{d}s+\cdots+\int_{(C_n)}f(x,y)\mathrm{d}s.$$

空间曲线积分(对弧长)　设(C)是一空间光滑曲线且 $f(x,y,z)$在(C)上是一连续三元函数. 我们也可定义 f 沿着空间曲线(C)对弧长的曲线积分,在某种程度上类似对平面曲线的线积分:

$$\int_{(C)}f(x,y,z)\mathrm{d}s=\lim_{d\to 0}\sum_{k=1}^{n}f(\xi_k,\eta_k,\zeta_k)\Delta s_k.$$

性质 对弧长的曲线积分具有类似定积分的性质. 这里以平面曲线为例阐述对弧长的曲线积分的性质,所有这些性质也适用于空间曲线.

1. 线性性质

(a) $\int_{(C)} kf(x,y)\mathrm{d}s = k\int_{(C)} f(x,y)\mathrm{d}s$, k 是常数;

(b) $\int_{(C)} [f(x,y) \pm g(x,y)]\mathrm{d}s = \int_{(C)} f(x,y)\mathrm{d}s \pm \int_{(C)} g(x,y)\mathrm{d}s$.

2. 积分区域可加性 设$(C)=(C_1)\cup(C_2)$,且(C_1),(C_2)除边界外没有交集.则

$$\int_{(C)} f(x,y)\mathrm{d}s = \int_{(C_1)} f(x,y)\mathrm{d}s + \int_{(C_2)} f(x,y)\mathrm{d}s.$$

3. 积分不等式

(1) 若 $f(x,y)\leqslant g(x,y)$, $\forall\,(x,y)\in(C)$,则

$$\int_{(C)} f(x,y)\mathrm{d}s \leqslant \int_{(C)} g(x,y)\mathrm{d}s;$$

(2) $\left|\int_{(C)} f(x,y)\mathrm{d}s\right| \leqslant \int_{(C)} |f(x,y)|\,\mathrm{d}s$;

(3) 若 $m\leqslant f(x,y)\leqslant M$, $\forall\,(x,y)\in(C)$,则

$$mL \leqslant \iint_{(C)} f(x,y)\mathrm{d}\sigma \leqslant ML,$$

其中 L 是曲线的弧长.

4. 中值定理 设 f 在(C)上连续,则至少存在一点 $(\xi,\eta)\in(C)$,使得

$$\int_{(C)} f(x,y)\mathrm{d}s = f(\xi,\eta)L.$$

计算 设(C)是由如下参数方程确定的平面光滑曲线

$$x=x(t), y=y(t), \quad \alpha\leqslant t\leqslant\beta.$$

我们知道(C)的弧长的导数为

$$\mathrm{d}s=\sqrt{\frac{\mathrm{d}x^2}{\mathrm{d}t}+\frac{\mathrm{d}y^2}{\mathrm{d}t}}\,\mathrm{d}t.$$

类似于换元法,若 f 是一连续函数,则可用以下公式来计算线积分:

$$\boxed{\int_{(C)} f(x,y)\mathrm{d}s = \int_{\alpha}^{\beta} f[x(t),y(t)]\sqrt{\dot{x}^2(t)+\dot{y}^2(t)}\,\mathrm{d}t.} \tag{12.1.3}$$

注意由于弧长的微分 $\mathrm{d}s$ 总是非负的,对于弧长的曲线积分来说**积分下限总是小于或等于积分上限**.

特别地,当(C)是连接$(a,0)$到$(b,0)$的线段时,用 x 作为参数,则(C)参数方程为:$x=x$,

$y=0, a\leqslant x\leqslant b$. 式(12.1.3)此时变为

$$\int_{(C)} f(x,y)\mathrm{d}s=\int_a^b f(x,0)\mathrm{d}x .$$

此时线积分退化为一元定积分.

若 (C)是由以下参数方程所确定的空间光滑曲线

$$x=x(t),\quad y=y(t),\quad z=z(t),\quad \alpha\leqslant t\leqslant\beta,$$

式(12.1.3) 将变为

$$\int_{(C)} f(x,y,z)\mathrm{d}s=\int_\alpha^\beta f[x(t),y(t),z(t)]\sqrt{\dot{x}^2(t)+\dot{y}^2(t)+\dot{z}2(t)}\,\mathrm{d}t. \qquad (12.1.4)$$

例 12.1.2　计算线积分 $I=\int_{(C)} f(x^2+y^2+z^2)\mathrm{d}s$，其中 (C)是由方程 $x=a\cos t$，$y=a\sin t, z=kt, 0\leqslant t\leqslant 2\pi$ 所确定的螺旋线.

解　由式(12.1.3) 得

$$I=\int_0^{2\pi}(a^2+k^2t^2)\sqrt{a^2+k^2}\,\mathrm{d}t=\frac{2}{3}\pi\sqrt{a^2+k^2}(3a^2+4\pi^2k^2).$$

例 12.1.3　求 $I=\int_{(C)} y\mathrm{d}s$，其中 (C)是抛物线 $y^2=2x$ 在(2, −2)和(2,2)之间的部分.

解　选取 y 作为积分变量并将路径方程 $y^2=2x$ 作为关于 y 的参数方程：$x=\frac{1}{2}y^2$，$y=y$，$(-2\leqslant y\leqslant 2)$. 根据式(12.1.3) 可得

$$I=\int_{-2}^2 y\sqrt{1+\left(\frac{\mathrm{d}x}{\mathrm{d}y}\right)^2}\,\mathrm{d}y=\int_{-2}^2 y\sqrt{1+y^2}\,\mathrm{d}y=0.$$

事实上，如果我们注意到积分路径(C)关于 x 轴对称且被积函数是奇函数，那么结果很快就能得到.

例 12.1.4 (柱体的侧面积). 求椭圆柱 $\frac{x^2}{5}+\frac{y^2}{9}=1$ 被平面 $z=y$ 和 $z=0$ 所截的位于第一、二卦限部分的侧面积 A (见图 12.1.2).

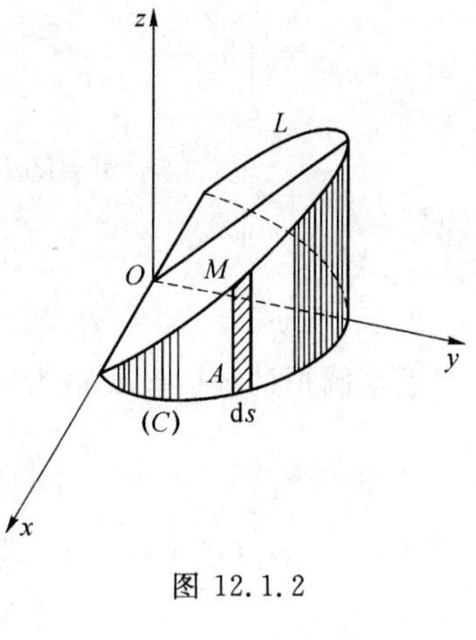

图 12.1.2

解　容易看出生成立体图形在 xOy 是一半椭圆 (C)：

$$\frac{x^2}{5}+\frac{y^2}{9}=1,\quad (y\geqslant 0).$$

划分半椭圆(C)并应用积分微元法. 柱面小片在弧微元 ds 上的面积可近似看作以 ds 为底，以 $z=y$ 为高的矩形面积，其中 z 是 L 上点 M 的垂直坐标. 则侧面积微元为

$$\mathrm{d}A=y\mathrm{d}s,$$

因此所求侧面积为

$$A=\int_{(C)} y\mathrm{d}s.$$

将曲线(C)的方程化为参数方程

$$x=\sqrt{5}\cos t,\quad y=3\sin t,\quad 0\leqslant t\leqslant\pi.$$

有

$$A=\int_{(C)} y\mathrm{d}s=\int_0^\pi 3\sin t\,\sqrt{5\sin^2 t+9\cos^2 t}\,\mathrm{d}t$$

$$=-3\int_0^\pi \sqrt{5+4\cos^2 t}\,\mathrm{d}\cos t=9+\frac{15}{4}\ln 5.$$

例 12.1.5 设一金属丝均匀分布在一半圆形上. 求金属丝的质心及其对直径的转动惯量.

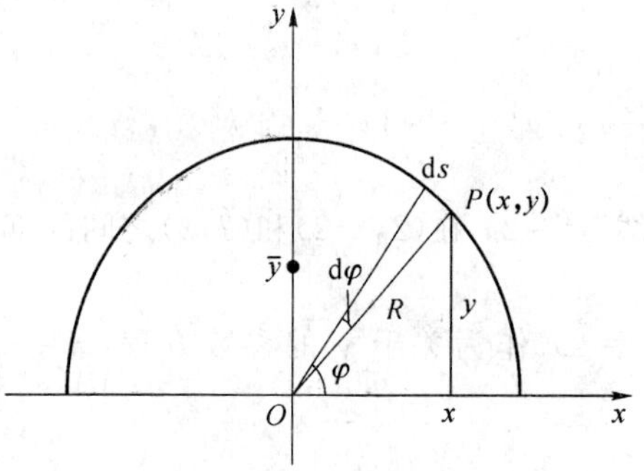

图 12.1.3

解 选取如图 12.1.3 所示的坐标系，并设圆的半径为 R 且金属丝线密度为 μ. 由对称性可得质心的横坐标为$\bar{x}=0$.

为求质心的纵坐标，我们将半圆(C)任意划分. 容易看出弧微元 $\mathrm{d}s$ 关于 x 轴的静力矩微元为

$$\mathrm{d}M_x=y\mathrm{d}m=\mu y\mathrm{d}s,$$

因此

$$M_x=\int_{(C)}\mu y\,\mathrm{d}s.$$

曲线(C)的参数方程为

$$x=R\cos\varphi,\quad y=R\sin\varphi\quad(0\leqslant\varphi\leqslant\pi).$$

故

$$M_x=\mu\int_0^\pi R^2\sin\varphi\mathrm{d}\varphi=2\mu R^2.$$

显然半圆形的金属丝质量为 $m=\pi R\mu$. 因此质心的纵坐标为

$$\bar{y}=\frac{M_x}{m}=\frac{2\mu R^2}{\pi R\mu}=\frac{2R}{\pi}.$$

弧微元 $\mathrm{d}s$ 对直径（即 x 轴）的转动惯量为

$$\mathrm{d}I_x=y^2\mathrm{d}m=\mu y^2\mathrm{d}s.$$

因此，金属丝对直径的转动惯量为

$$I_x=\mu\int_{(C)} y^2\mathrm{d}s=\mu\int_0^\pi R^3\sin^2\varphi\mathrm{d}\varphi=\frac{\mu\pi R^3}{2}=\frac{m}{2}R^2,$$

其中 $m=\mu\pi R$ 是金属丝的质量.

12.1.2　对坐标的曲线积分

在研究各种物理场时，不仅要考虑量的大小，还要考虑方向. 为此，我们引入与方向有关的另一类曲线积分——对坐标的曲线积分，该积分也称为**向量场的曲线积分**. 首先，我们先看如下一具体实例.

变力沿曲线做功　回忆定积分中质点上的变力 $f(x)$ 沿着 x 轴从 a 到 b 所做的功为 $W=\int_a^b f(x)\mathrm{d}x$. 现假设 $\boldsymbol{F}(x,y)=(P(x,y),Q(x,y))$ 是 $\mathbf{R}^2$ 上的连续作用力. 质点沿平面曲线 (C) 从 A 点移动到 B 点处，试计算力场所做的功.

分　在曲线上从点 $A=M_0$ 到 $B=M_n$ 依次插入 $n-1$ 个分点 $M_i(x_k,y_k)(i=1,\cdots,n-1)$ 将曲线 (C) 分成 n 段长度为 (Δs_k) 的小子弧 $\overset{\frown}{M_{k-1}M_k}(k=1,2,\cdots,n)$（见图 12.1.4）.

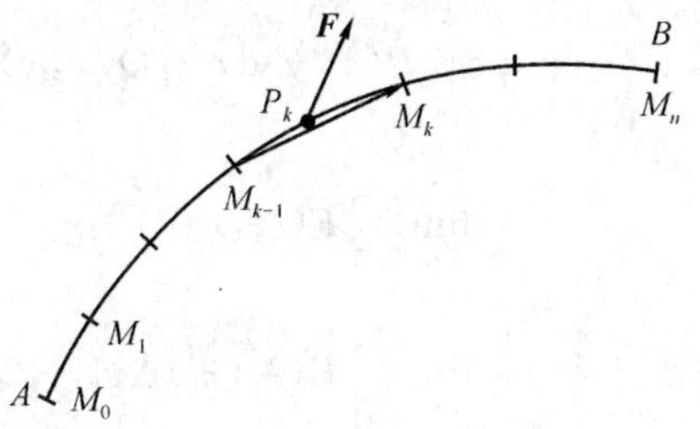

图 12.1.4

匀　如果 Δs_k 很小，于是质点从 M_{k-1} 移动到 M_k 时，力 $\boldsymbol{F}$ 所做的功 ΔW_k 可近似为

$$\Delta W_k\approx\boldsymbol{F}(\xi_k,\eta_k)\cdot\overrightarrow{M_{k-1}M_k},$$

其中 (ξ_k,η_k) 是子弧 $\overset{\frown}{M_{k-1}M_k}$ 上任意一点.

合　质点沿曲线 (C) 运动，总功可近似为

$$W=\sum_{k=1}^{n}\Delta W_k\approx\sum_{k=1}^{n}\boldsymbol{F}(\xi_k,\eta_k)\cdot\overrightarrow{M_{k-1}M_k}.\tag{12.1.5}$$

精　直观地，当 Δs_k 趋向零时，近似值将趋于精确值. 因此我们将功定义为和的极限，即

$$W=\lim_{d\to 0}\sum_{k=1}^{n}\boldsymbol{F}(\xi_k,\eta_k)\cdot\overrightarrow{M_{k-1}M_k},\tag{12.1.6}$$

其中 $d=\max_{1\leqslant k\leqslant n}\Delta s_k$.

令 $\boldsymbol{r}=(x,y)$ 表示曲线 (C) 上任意点 $M(x,y)$ 的位置向量，即 $\boldsymbol{r}=\overrightarrow{OM}$，并令 $\boldsymbol{r}_k=\overrightarrow{OM_k}=(x_k,y_k)$，则 $\overrightarrow{M_{k-1}M_k}=\boldsymbol{r}_k-\boldsymbol{r}_{k-1}=(x_k-x_{k-1},y_k-y_{k-1})=(\Delta x_k,\Delta y_k)\triangleq\Delta\boldsymbol{r}_k$. 因此式(12.1.6)可写成如下形式：

$$W=\lim_{d\to 0}\sum_{k=1}^{n}\boldsymbol{F}(\xi_k,\eta_k)\cdot\Delta\boldsymbol{r}_k=\lim_{d\to 0}\sum_{k=1}^{n}P(\xi_k,\eta_k)\Delta x_k+Q(\xi_k,\eta_k)\Delta y_k.$$

现在不考虑物理含义，只讨论数学结构，这引导我们得到如下定义.

定义 12.1.6（对坐标的曲线积分）［第二类曲线积分，对坐标的曲线积分，向量场的曲线积分］. 设 (C)是一从点 A 到点 B 的有向光滑平面曲线，$\boldsymbol{F}=(P(x,y),Q(x,y))$ 是一以(C)为界的向量函数. 在(C)上从 A（用 M_0 表示）到 B(用 M_n 表示)，任意插入 $n-1$ 个点 $M_k(x_k,y_k)(k=1,2,\cdots,n-1)$，将$(C)$分成了 n 段小的有向子弧$\widehat{M_{k-1}M_k}$其长度为 Δs_k. 设(ξ_k,η_k)是子弧$M_{k-1}M_k$上任意一点且 $\Delta \boldsymbol{r}_k=\overrightarrow{M_{k-1}M_k}=(x_k-x_{k-1},y_k-y_{k-1})=(\Delta x_k,\Delta y_k)$.

如果无论如何划分(C)且无论如何选取子弧 $\widehat{M_{k-1}M_k}$上的点(ξ_k,η_k)，当 $d=\max_{1\leqslant k\leqslant n}\Delta s_k\to 0$，黎曼和的极限

$$\sum_{k=1}^{n}\boldsymbol{F}(\xi_k,\eta_k)\cdot\Delta\boldsymbol{r}_k=\sum_{k=1}^{n}P(\xi_k,\eta_k)\Delta x_k+Q(\xi_k,\eta_k)\Delta y_k$$

都存在，那么称这一极限为**F 沿着有向曲线(C) 对坐标的曲线积分**，记为

$$\begin{aligned}\int_{(C)}\boldsymbol{F}(x,y)\cdot\mathrm{d}\boldsymbol{r}&=\int_{(C)}P(x,y)\mathrm{d}x+Q(x,y)\mathrm{d}y\\&=\lim_{d\to 0}\sum_{k=1}^{n}\boldsymbol{F}(\xi_k,\eta_k)\cdot\Delta r_k\\&=\lim_{d\to 0}\sum_{k=1}^{n}P(\xi_k,\eta_k)\Delta x_k+Q(\xi_k,\eta_k)\Delta y_k,\end{aligned}\tag{12.1.7}$$

其中

$$\int_{(C)}P(x,y)\mathrm{d}x=\lim_{d\to 0}\sum_{k=1}^{n}P(\xi_k,\eta_k)\Delta x_k$$

与

$$\int_{(C)}Q(x,y)\mathrm{d}y=\lim_{d\to 0}\sum_{k=1}^{n}Q(\xi_k,\eta_k)\Delta y_k$$

分别称为P **沿着**(C) **对**x 的曲线积分和Q **沿着**(C) **对**y 的曲线积分. 这里 $\int_{(C)}\boldsymbol{F}(x,y)\cdot\mathrm{d}\boldsymbol{r}$ 是向量形式的表示法，$\int_{(C)}P(x,y)\mathrm{d}x+Q(x,y)\mathrm{d}y$ 是坐标分量形式表示法.

存在性　若 $\boldsymbol{F}$ 在(C)上连续，则 $\boldsymbol{F}$ 沿着(C)对坐标的曲线积分必存在.

分段光滑的情况　设(C)是一有向分段光滑曲线，即(C)是有限个有向光滑曲线(C_1)，(C_2)，…，(C_n)的集合，其中(C_{i+1})的起点就是(C_i)的终点. 我们将 $\boldsymbol{F}$ 沿着(C)的曲线积分定义为 $\boldsymbol{F}$ 沿着(C)的每一段光滑曲线的曲线积分的和：

$$\int_{(C)}\boldsymbol{F}\cdot\mathrm{d}\boldsymbol{r}=\int_{(C_1)}\boldsymbol{F}\cdot\mathrm{d}\boldsymbol{r}+\int_{(C_2)}\boldsymbol{F}\cdot\mathrm{d}\boldsymbol{r}+\cdots+\int_{(C_n)}\boldsymbol{F}\cdot\mathrm{d}\boldsymbol{r}.$$

空间曲线积分　若 (C) 是一空间光滑曲线且 $\boldsymbol{F}(x,y,z)=(P(x,y,z),Q(x,y,z),R(x,y,z))$. 我们也可将向量场 $\boldsymbol{F}$ 沿着(C)的曲线积分定义为如下形式：

$$\int_{(C)} \boldsymbol{F}(x,y,z)\cdot \mathrm{d}\boldsymbol{r} = \int_{(C)} [P(x,y,z)\mathrm{d}x + Q(x,y,z)\mathrm{d}y + R(x,y,z)\mathrm{d}z]$$

$$= \lim_{d\to 0}\sum_{k=1}^{n}[P(\xi_k,\eta_k,\zeta_k)\Delta x_k + Q(\xi_k,\eta_k,\zeta_k)\Delta y_k + R(\xi_k,\eta_k,\zeta_k)\Delta z_k].$$

性质　设向量函数 $\boldsymbol{F},\boldsymbol{F}_1,\boldsymbol{F}_2$ 在(C)上均可积.

1. **线性性质**

$$\int_{(C)}(k_1\boldsymbol{F}_1 + k_2\boldsymbol{F}_2)\cdot \mathrm{d}\boldsymbol{r} = k_1\int_{(C)}\boldsymbol{F}_1\cdot \mathrm{d}\boldsymbol{r} + k_2\int_{(C)}\boldsymbol{F}_2\cdot \mathrm{d}\boldsymbol{r}.$$

2. **对积分区域的可加性**　设有向曲线(C)由两条有向曲线(C_1)和(C_2)组成. 则

$$\int_{(C)}\boldsymbol{F}\cdot \mathrm{d}\boldsymbol{r} = \int_{(C_1)}\boldsymbol{F}\cdot \mathrm{d}\boldsymbol{r} + \int_{(C_2)}\boldsymbol{F}\cdot \mathrm{d}\boldsymbol{r}.$$

3. **方向性**　若$(-C)$ 表示与(C)的点完全相同但方向相反，即从 B 到 A，则我们有

$$\int_{-(C)}\boldsymbol{F}\cdot \mathrm{d}\boldsymbol{r} = -\int_{(C)}\boldsymbol{F}\cdot \mathrm{d}\boldsymbol{r}.$$

这是由于当我们取(C)的相反方向时，Δx_i 与 Δy_i 改变了符号. 但若我们对弧长积分，则曲线积分值不变，这是因为 Δs_i 总是正的.

计算　设有向光滑曲线(C)由以下参数方程给出

$$\boldsymbol{r}(t)=(x(t),y(t),z(t)),\ t\in[\alpha,\beta] \text{ 或 } [\beta,\alpha],$$

其中 $t=\alpha$ 和 $t=\beta$ 分别对应 (C)的起点 A 与终点 B，并假设向量函数

$$\boldsymbol{F}(x,y,z)=(P(x,y,z),Q(x,y,z),R(x,y,z))$$

在(C)上连续，则我们有以下公式：

$$\begin{aligned}\int_{(C)}\boldsymbol{F}(x,y,z)\cdot \mathrm{d}\boldsymbol{r} &= \int_{(C)}[P(x,y,z)\mathrm{d}x + Q(x,y,z)\mathrm{d}y + R(x,y,z)\mathrm{d}z]\\ &= \int_{\alpha}^{\beta}\boldsymbol{F}(x(t),y(t),z(t))\cdot \dot{\boldsymbol{r}}(t)\mathrm{d}t\\ &= \int_{\alpha}^{\beta}[P(x(t),y(t),z(t))\,\dot{x}(t) + Q(x(t),y(t),z(t))\,\dot{y}(t) +\\ &\qquad R(x(t),y(t),z(t))\,\dot{z}(t)]\,\mathrm{d}t.\end{aligned}$$

$$\begin{aligned}\int_{(C)}\boldsymbol{F}(x,y,z)\cdot \mathrm{d}\boldsymbol{r} &= \int_{(C)}[P(x,y,z)\mathrm{d}x + Q(x,y,z)\mathrm{d}y + R(x,y,z)\mathrm{d}z]\\ &= \int_{\alpha}^{\beta}[P(x(t),y(t),z(t))\,\dot{x}(t) + Q(x(t),y(t),z(t))\,\dot{y}(t) +\\ &\qquad R(x(t),y(t),z(t))\,\dot{z}(t)]\,\mathrm{d}t.\end{aligned} \tag{12.1.8}$$

注意平面的情况可以看作是如下特殊的情况：$R=0, z(t)=0$，且 P 和 Q 只取决于 x 和 y.

例 12.1.7 计算 $I=\int_{(C)}(yz\mathrm{d}x-xz\mathrm{d}y+2z^2\mathrm{d}z)$，其中 (C) 是螺旋线 $x=a\cos t, y=a\sin t, z=kt$ 上对应于从 $t=0$ 到 $t=\pi$ 的有向弧.

解 根据公式 (12.1.8) 有

$$I=\int_0^{\pi}(-a^2kt\ \sin^2 t-a^2kt\ \cos^2 t+2k^3t^2)\mathrm{d}t=k\pi^2\left(\frac{2}{3}k^2\pi-\frac{a^2}{2}\right).$$

例 12.1.8 计算 $I=\int_{(C)}(6x^2y\mathrm{d}x+10xy^2\mathrm{d}y)$，其中 (C) 是曲线 $y=x^3$ 从点 $(2,8)$ 到点 $(1,1)$ 的一段.

解 把曲线 (C) 的方程看作是以 x 为参数的方程：$x=x, y=x^3$. 注意到积分路径的方向，有

$$I=\int_2^1[6x^2x^3+10x(x^3)^2\times 3x^2]\mathrm{d}x=-3132.$$

例 12.1.9 计算 $I=\int_{(C)}(2yx^3\mathrm{d}y+3x^2y^2\mathrm{d}x)$，其中积分路径的起点和终点分别为 $O(0,0)$ 和 $B(1,1)$，且积分路径为：(1) 抛物线 $y=x^2$；(2) 直线段 $y=x$；(3) 依次连接 $O(0,0)$，$A(1,0)$，$B(1,1)$ 的有向折线（见图 12.1.5）.

解 (1) 将 x 看作参数，则

$$I=\int_0^1(4x^6+3x^6)\mathrm{d}x=1;$$

(2) $I=\int_0^1(2x^4+3x^4)\mathrm{d}x=1$；

(3) $\overline{OA}$ 上以 x 参变量的方程为 $y=0$，AB 上以 y 为参变量的方程为 $x=1$，于是

$$I=\int_0^1 3x^2\times 0\mathrm{d}x+\int_0^1 2y\mathrm{d}y=1.$$

例 12.1.9 的结果显示对于某些第二类曲线积分，其积分值只取决于起点和终点而与积分路径无关. 这是第二类线积分的一个非常重要却有趣的性质，我们将在 12.2.2 节讨论这一性质.

例 12.1.10 一质量为 m 的质点从空间一点 A 沿着光滑曲线 (C) 移动到另一点 B. 求重力所做的功 W.

解 建立空间直角坐标系，取铅直向上的方向为 z 轴（见图 12.1.6）. 则质点在空间任一点 M 处所受重力为 $F(M)=(0,0,-mg)$. 设点 A 和点 B 的坐标分别为 (x_0,y_0,z_0) 和 (x_1,y_1,z_1)，于是

$$W=\int_{(C)}F\cdot\mathrm{d}s=-mg\int_{(C)}\mathrm{d}z=-mg\int_{z_0}^{z_1}\mathrm{d}z=mg(z_0-z_1).$$

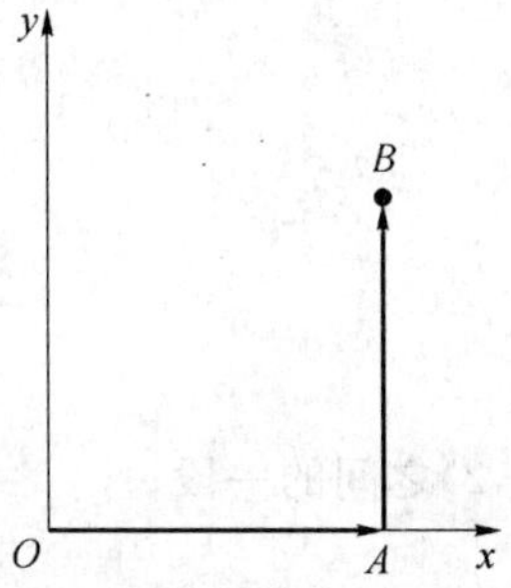

图 12.1.5

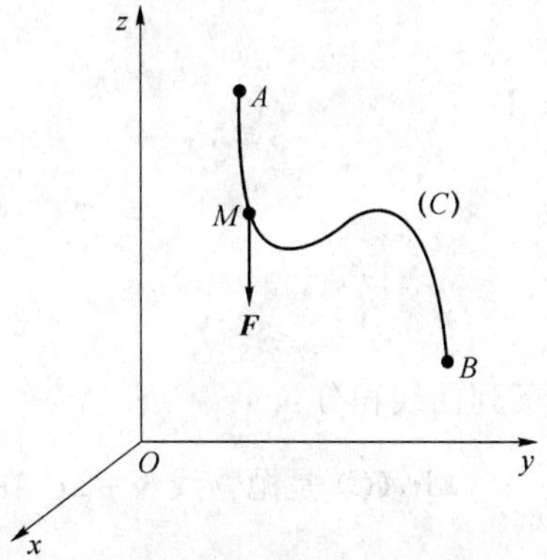

图 12.1.6

12.1.3　两类曲线积分的联系

假设有向光滑曲线(C)的起点为A终点为B，由以下方程给出

$$x=x(t),\quad y=y(t),\quad z=z(t)\quad (\alpha\leqslant t\leqslant\beta),$$

其中 $A=(x(\alpha),y(\alpha),z(\alpha))$ 且 $B=(x(\beta),y(\beta),z(\beta))$. 我们知道曲线$(C)$在$t$处的单位切向量为

$$\boldsymbol{T}(t)=\pm\frac{\dot{\boldsymbol{r}}(t)}{\|\dot{\boldsymbol{r}}(t)\|}=\pm\frac{(\dot{x}(t),\dot{y}(t),\dot{z}(t))}{\sqrt{\dot{x}^2(t)+\dot{y}^2(t)+\dot{z}^2(t)}}.$$

不失一般性，现假设$\alpha<\beta$，则带有"+"号的切向量"$\boldsymbol{T}(t)$"与曲线(C)的方向一致，它也可表示为方向余弦$(\cos\alpha,\cos\beta,\cos\gamma)$. 根据式(12.1.4)与式(12.1.8)有

$$\begin{aligned}\int_{(C)}\boldsymbol{F}\cdot\mathrm{d}\boldsymbol{r}&=\int_{(C)}[P\mathrm{d}x+Q\mathrm{d}y+R\mathrm{d}z]=\int_{\alpha}^{\beta}[P\,\dot{x}(t)+Q\,\dot{y}(t)+R\,\dot{z}(t)]\mathrm{d}t\\&=\int_{\alpha}^{\beta}\frac{P\,\dot{x}(t)+Q\,\dot{y}(t)+R\,\dot{z}(t)}{\sqrt{\dot{x}^2(t)+\dot{y}^2(t)+\dot{z}^2(t)}}\sqrt{\dot{x}^2(t)+\dot{y}^2(t)+\dot{z}^2(t)}\,\mathrm{d}t=\int_{(C)}\boldsymbol{F}\cdot\boldsymbol{T}\mathrm{d}s,\end{aligned}$$

其中最后的等式是由于 $\mathrm{d}s=\sqrt{\dot{x}^2(t)+\dot{y}^2(t)+\dot{z}^2(t)}\,\mathrm{d}t$. 总的来说，

$$\int_{(C)}\boldsymbol{F}\cdot\mathrm{d}\boldsymbol{r}=\int_{(C)}\boldsymbol{F}\cdot\boldsymbol{T}\mathrm{d}s,\tag{12.1.9}$$

其坐标分量形式为

$$\int_{(C)}[P\mathrm{d}x+Q\mathrm{d}y+R\mathrm{d}z]=\int_{(C)}(P\cos\alpha+Q\cos\beta+R\cos\gamma)\mathrm{d}s,\tag{12.1.10}$$

其中 $(\cos\alpha,\cos\beta,\cos\gamma)$ 是与曲线(C)的方向一致的单位切向量.

习题 12.1

A

1. 计算下列曲线积分：

(1) $\int_{(C)}(x+y)\mathrm{d}s$,$(C)$ 是抛物线 $y=2x^2$ 在点$(0,0)$与$(1,2)$之间的一段；

(2) $\oint_{(C)}(x^2+y^2)\mathrm{d}s$,$(C)$ 是圆 $x^2+y^2=a^2$,$(a>0)$；

(3) $\int_{(C)}xyz\mathrm{d}s$,(C) 是在$(0,0,0)$与$(1,1,1)$之间的直线段；

(4) $\int_{(C)}(x+2y+3z)\mathrm{d}s$,$(C)$ 是圆$\begin{cases}x^2+y^2+z^2=2,\\ z=1;\end{cases}$

(5) $\oint_{(C)}(x+y)\mathrm{d}s$,$(C)$ 是以$(0,0)$,$(1,0)$和$(0,1)$为三个顶点的三角形的边界；

(6) $\oint_{(C)}|y|\mathrm{d}s$,$(C)$ 是圆 $x^2+y^2=1$；

(7) $\int_{(C)}z\mathrm{d}s$,(C) 是锥形螺旋线 $x=t\cos t,y=t\sin t,z=t\ \left(0\leqslant t\leqslant\dfrac{\pi}{2}\right)$上的一段；

(8) $\oint_{(C)}y^2\mathrm{d}s$,$(C)$ 是圆$\begin{cases}x^2+y^2+z^2=4,\\ x+y+z=0.\end{cases}$

2. 推导出以下曲线积分的计算公式，其中(C)由极坐标方程 $\rho=\rho(\varphi)$ $(\alpha\leqslant\varphi\leqslant\beta)$给出：

$$\int_{(C)}f(x,y)\mathrm{d}s=\int_{\alpha}^{\beta}f[\rho(\varphi)\cos\varphi,\rho(\varphi)\sin\varphi]\sqrt{\rho^2(\varphi)+\rho'^2(\varphi)}\,\mathrm{d}\varphi.$$

3. 计算下列曲线积分：

(1) $\int_{(C)}\sqrt{x}\,\mathrm{d}s$,$(C)$ 是抛物线 $y=\sqrt{x}$在点$(0,0)$与点$(1,1)$之间的一段；

(2) $\oint_{(C)}\sqrt{x^2+y^2}\,\mathrm{d}s$,$(C)$ 是圆 $x^2+y^2=ax(a>0)$；

(3) $\oint_{(C)}(x^2+y^2)^n\mathrm{d}s,n\in\mathbf{N}_+$,$(C)$ 是圆 $x^2+y^2=R^2(R>0)$；

(4) $\oint_{(C)}|y|\mathrm{d}s$,$(C)$ 是双纽线$(x^2+y^2)^2=a^2(x^2-y^2)(a>0)$.

4. 求曲面 $x^2+y^2=4$ 被平面 $x+2z=2$ 和 $z=0$ 所截部分的面积.

5. 求曲面 $z=\sqrt{x^2+y^2}$ 含在圆柱 $x^2+y^2=2x$ 里面部分的面积.

6. 求曲面 $x^{\frac{2}{3}}+y^{\frac{3}{2}}=1$ 含在球 $x^2+y^2+z^2=1$ 里面部分的面积.

7. 求下列各曲线旋转一周形成的旋转面面积：

(1) 曲线 $y=\sqrt{x}$ 在点(0,0)和点(1,1)之间的弧绕 x 轴旋转；

(2) 星形线 $x^{\frac{2}{3}}+y^{\frac{2}{3}}=a^{\frac{2}{3}}$ 绕 x 轴旋转；

(3) 圆 $x^2+y^2=1$ 被直线 $y=\dfrac{1}{\sqrt{2}}$ 所截下的劣弧绕直线 $y=\dfrac{1}{\sqrt{2}}$ 旋转.

8. 计算积分 $\int_{(C)}\boldsymbol{F}\cdot\mathrm{d}\boldsymbol{r}$，其中 $\boldsymbol{F}=y\boldsymbol{i}-x\boldsymbol{j}$ 且 (C) 为

(1) 从点(1,0) 到(0,1)的直线段；

(2) 从点(1,0) 到 (0,1)的上半圆周 $x^2+y^2=1$；

(3) 从点(1,0) 到 (0,1)的下半圆周 $(x-1)^2+(y-1)^2=1$.

9. 计算下列曲线积分：

(1) $\int_{(C)}(x^2\mathrm{d}x+y^2\mathrm{d}y)$，$(C)$ 是曲线 $y=\sqrt{x}$ 对应于从 $x=0$ 到 $x=1$ 的那一段；

(2) $\int_{(C)}(y^2\mathrm{d}x+x^2\mathrm{d}y)$，$(C)$ 是 $y=x^3$ 从点(0,0)到点(1,1)上的一段；

(3) $\int_{(C)}[xy\mathrm{d}x+(y-x)\mathrm{d}y]$，$(C)$ 是从点(0,0)到点(1,1)的下列曲线段：

i) 直线 $y=x$，

ii) 抛物线 $y=x^2$，

iii) 立方抛物线 $y=x^3$；

(4) $\oint_{(C)}(y\mathrm{d}x-x\mathrm{d}y)$，$(C)$ 是椭圆 $\dfrac{x^2}{a^2}+\dfrac{y^2}{b^2}=1$ $(a>0,b>0)$ 的正向；

(5) $\int_{(C)}[x\mathrm{d}x+y\mathrm{d}y+(x+y-z)\mathrm{d}z]$，$(C)$ 是从点(1,1,1) 到点(2,3,4)的直线段；

(6) $\int_{(C)}[(y^2-z^2)\mathrm{d}x+2yz\mathrm{d}y-x^2\mathrm{d}z]$，$(C)$ 是弧段 $x=t,y=t^2,z=t^3(0\leqslant t\leqslant 1)$，其正向为 t 增加的方向；

(7) $\oint_{(C)}[(z-y)\mathrm{d}x+(x-z)\mathrm{d}y+(x-y)\mathrm{d}z]$，$(C)$ 是圆 $\begin{cases}x^2+y^2=1,\\z=0\end{cases}$ 的逆时针方向；

(8) $\oint_{(C)}(y^2\mathrm{d}x+z^2\mathrm{d}y+x^2\mathrm{d}z)$，$(C)$ 是曲线 $\begin{cases}x^2+y^2+z^2=R^2,\\x^2+y^2=Rx\end{cases}$ $(R>0,z\geqslant 0)$ 其正向为从 x 轴正向看去的逆时针方向；

(9) $\oint_{(C)}(y\mathrm{d}x+z\mathrm{d}y+x\mathrm{d}z)$，(C) 是曲线$\begin{cases}x^2+y^2+z^2=2(x+y),\\x+y=2\end{cases}$其正向是从原点(0,0)看去的逆时针方向.

10. 把第二类曲线积分$\int_{(C)}[P(x,y)\mathrm{d}x+Q(x,y)\mathrm{d}y]$化为第一类曲线积分，其中 (C) 为

(1) 以 R 为半径，从点 $A(R,0)$到点 $B(-R,0)$的上半圆；

(2) 从点 $A(R,0)$到点 $B(-R,0)$的直线段.

11. 把第二类曲线积分$\int_{(C)}[P(x,y,z)\mathrm{d}x+Q(x,y,z)\mathrm{d}y+R(x,y,z)\mathrm{d}z]$化为第一类曲线积分，其中 (C) 为弧 $x=t,y=t^2,z=t^3$ 从点 (1,1,1) 到点(0,0,0)的一段.

12. 设 $\boldsymbol{F}=\left(\frac{y}{x^2+y^2},\frac{-x}{x^2+y^2}\right)$ 是 xOy 平面上的力场并设(C)是圆周 $x=a\cos t,y=a\sin t$ $(0\leqslant t\leqslant 2\pi,a>0)$. 设一质点沿(C)逆时针方向运动一周. 求力场所做的功.

13. 计算下列曲线积分：

(1) $\oint_{(C)}[y(z+1)\mathrm{d}x+z(x+1)\mathrm{d}y+x(y+1)\mathrm{d}z]$，(C) 为球面 $x^2+y^2+z^2=R^2$ 在第一卦限部分的边界曲线，其正向与球面在第一象限的外法线方向构成右手系；

(2) $\oint_{(C)}[(y^2-z^2)\mathrm{d}x+(z^2-x^2)\mathrm{d}y+(x^2-y^2)\mathrm{d}z]$，(C) 是平面 $x+y+z=\frac{3}{2}$与曲面(S)的交线，其正向为从 z 轴正向看去的逆时针方向，其中 (S) 是立体 $0\leqslant x\leqslant 1,0\leqslant y\leqslant 1,0\leqslant z\leqslant 1$；的表面

(3) $\int_{(C)}\boldsymbol{F}\cdot\mathrm{d}\boldsymbol{r}$，$F=(3x^2-3yz+2xz)\boldsymbol{i}+(3y^2-3yz+z^2)\boldsymbol{j}+(3z^2-3xy+x^2+2yz)\boldsymbol{k}$，(C) 是曲线$\begin{cases}x^2+y^2=1,\\z=0\end{cases}$的正向.

B

1. 求平面 $x+y=1$ 被坐标平面和曲面 $z=xy$ 所截的在第一卦限内部分的面积.

2. 求光滑平面曲线 $y=f(x)$ $(a\leqslant x\leqslant b,f(x)>0)$绕 x 轴旋转一周形成的旋转曲面的面积.

3. 求曲线 $x=a(t-\sin t),y=a(1-\cos t)$ $(0\leqslant t\leqslant 2\pi)$ 绕下列轴线旋转形成的旋转面的面积：(1) x 轴；(2) y 轴；(3) 直线 $y=2a$.

4. 求平面曲线 $x^2+(y-b)^2=a^2$ $(b\geqslant a)$绕 x 轴旋转一周所形成的圆环的面积.

5. 一电线的形状为半圆形 $x=a\cos t,y=a\sin t$ $(0\leqslant t\leqslant \pi)$且在其上任一点处的线密度

大小都与该点的纵坐标相等. 求该电线的质量.

6. 设曲线 $y=\frac{2\sqrt{x}}{3}$ 上任意点 P 的线密度 ρ 与原点到该点的弧长成正比. 求此弧在点 $(0,0)$ 和点 $\left(4,\frac{16}{3}\right)$ 之间部分的质量.

7. 设螺旋线 $x=a\cos\theta, y=a\sin\theta, z=k\theta$ $(0\leqslant\theta\leqslant 2\pi)$ 的线密度 $\rho(x,y,z)=x^2+y^2+z^2$, 求:

(1) 螺旋线对 z 轴的转动惯量;

(2) 螺旋线的质心.

8. 一球体半径为 R 且均匀分布, 若一单位质量的质点 A 与球心的距离为 a $(a>R)$, 求质点所受的万有引力.

9. 作用在椭圆 $x=a\cos t, y=a\sin t$ 上任一点 M 的力 $\boldsymbol{F}$ 大小等于 M 与椭圆中心的距离, 且其方向始终指向椭圆中心. 一质量为 m 的质点 P 沿着椭圆的正向运动. 求:

(1) 当质点 P 穿过第一象限的弧段时, 力 $\boldsymbol{F}$ 所做的功;

(2) 当质点 P 遍历椭圆周时, 力 $\boldsymbol{F}$ 所做的功.

10. 利用曲线积分的定义证明第二类曲线积分的计算公式:

$$\int_{(C)} P(x,y,z)\,\mathrm{d}x=\int_{\alpha}^{\beta} P[x(t),y(t),z(t)]\,\dot{x}(t)\,\mathrm{d}t,$$

其中 (C) 的方程为 $\boldsymbol{r}=(x(t),y(t),z(t))$ $(\alpha\leqslant t\leqslant\beta)$.

11. 在过点 $O(0,0)$ 和点 $A(\pi,0)$ 的曲线段族 $y=a\sin x$ $(a>0)$ 中, 求一曲线 (C) 使得沿着曲线 (C) 从点 O 到点 A 的第二类线积分 $\int_{(C)}[(1+y^3)\mathrm{d}x+(2x+y)\mathrm{d}y]$ 的值最小.

12. 一质点在变力 $\boldsymbol{F}=yz\boldsymbol{i}+zx\boldsymbol{j}+xy\boldsymbol{k}$ 作用下从原点沿直线运动到点 $M(\xi,\eta,\zeta)$, 其中点 M 位于第一卦限且在椭球面 $\frac{x^2}{a^2}+\frac{y^2}{b^2}+\frac{z^2}{c^2}=1$ 上. 当 ξ,η,ζ 取何值时, $\boldsymbol{F}$ 所作用的功最大? 并求这一最大值.

12.2　格林公式及其应用

在多元函数积分中, 我们已经学过二重积分、三重积分和两类曲线积分. 本节我们将介绍闭曲线积分与曲线所围成平面域上的二重积分之间的联系——格林公式.

12.2.1　格林公式

格林公式反映了闭曲线积分与曲线所围成平面域上的二重积分之间的联系.

在讲解格林公式之前，我们先引入平面上的单连通区域和多连通区域的概念. 考虑一平面区域(σ)，若对任意的简单闭曲线$(C)\subset(\sigma)$，(C)的内部也都属于(σ)，则称区域(σ)为**单连通区域**，否则称区域(σ)为**多连通区域**. 例如，图 12.2.1 所示的两个区域都是多连通区域. 一般地，若(C)是一条简单闭曲线，我们称(C)的逆时针方向为闭曲线(C)的**正向**，有时表示为$(+C)$；此外，若(C)是多连通区域(σ)的边界，我们定义(C)的正向如下：当我们沿着$(+C)$行走时，区域总是在我们的左手边(见图 12.2.1).

定理 12.2.1 (格林公式). 设(σ)为一平面有界区域并且其边界为有限条分段光滑的简单闭曲线(C). 若$P(x,y)$，$Q(x,y)$在(σ)上有连续偏导数，则

$$\iint\limits_{(\sigma)}\left(\frac{\partial Q}{\partial x}-\frac{\partial P}{\partial y}\right)\mathrm{d}\sigma=\oint\limits_{(+C)}[P(x,y)\mathrm{d}x+Q(x,y)\mathrm{d}y],\tag{12.2.1}$$

其中$(+C)$表示(C)为正向.

证明 证明过程可分为三个步骤.

步骤 1. 设(σ)既是x型又是y型区域(见图 12.2.2). 注意到只需证明

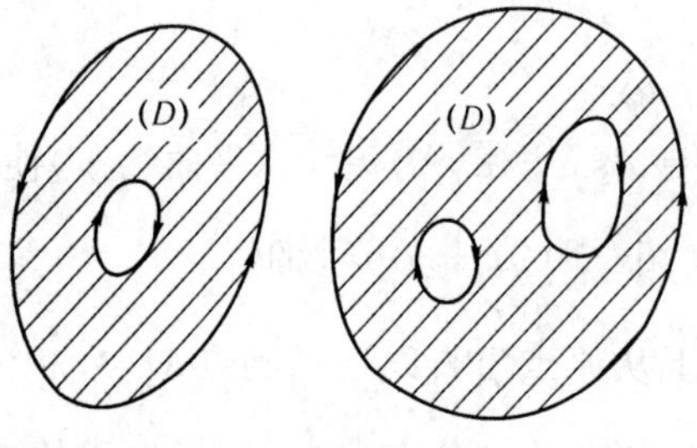

图 12.2.1

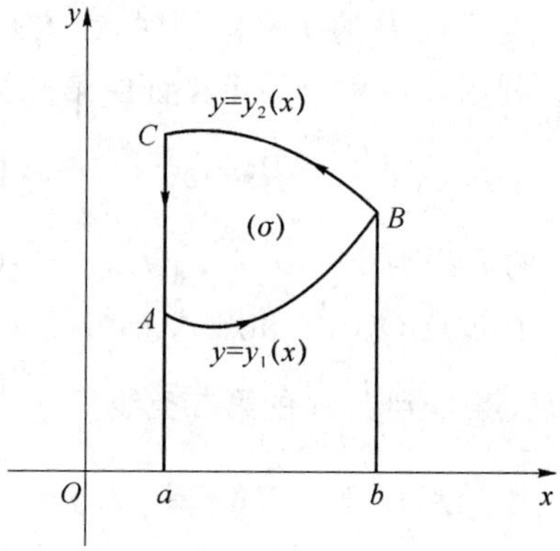

图 12.2.2

$$\iint\limits_{(\sigma)}-\frac{\partial P}{\partial y}\mathrm{d}\sigma=\oint\limits_{(+C)}P(x,y)\mathrm{d}x\tag{12.2.2}$$

和

$$\iint\limits_{(\sigma)}\frac{\partial Q}{\partial x}\mathrm{d}\sigma=\oint\limits_{(+C)}Q(x,y)\mathrm{d}y.\tag{12.2.3}$$

先证明式(12.2.2)，将(σ)表示为x型区域：

$$y_1(x)\leqslant y\leqslant y_2(x)\quad(a\leqslant x\leqslant b).$$

这里曲线$y=y_i(x)$ $(i=1,2)$ 如图 12.2.2 所示. 于是式(12.2.2)中的二重积分计算如下：

$$\iint\limits_{(\sigma)} \frac{\partial P}{\partial y}\mathrm{d}\sigma = \int_a^b \mathrm{d}x\int_{y_1(x)}^{y_2(x)} \frac{\partial P}{\partial y}\mathrm{d}y = \int_a^b [P(x,y_2(x)) - P(x,y_1(x))]\mathrm{d}x. \qquad (12.2.4)$$

另一方面，式(12.2.2)中的线积分计算如下：

$$\begin{aligned}\oint\limits_{(+C)} P(x,y)\mathrm{d}x &= \int\limits_{\overset{\frown}{AB}} P\mathrm{d}x + \int\limits_{\overset{\frown}{BC}} P\mathrm{d}x + \int\limits_{\overset{\frown}{CA}} P\mathrm{d}x \\ &= \int_a^b P[x,y_1(x)]\mathrm{d}x + \int_a^b P[x,y_2(x)]\mathrm{d}x + 0 \qquad (12.2.5) \\ &= -\int_a^b \{P[x,y_2(x)] - P[x,y_1(x)]\}\mathrm{d}x.\end{aligned}$$

对比式(12.2.4)与式(12.2.5)可得

$$\oint\limits_{(+C)} P(x,y)\mathrm{d}x = -\iint\limits_{(\sigma)} \frac{\partial P}{\partial y}\mathrm{d}\sigma.$$

利用(σ)是 y 型区域用同样的方式可以证明式(12.2.3).

步骤 2. 设(σ)是一单连通区域. 此时，我们可用平行坐标轴的特殊直线将区域(σ)分成若干子区域，使得每一个子区域既是x 型区域又是 y 型区域. 例如，可将图 12.2.3 中的(σ)通过一条平行于 y 轴的直线划分成三个子区域 (σ_i) $(i=1,2,3)$ 使得每一个子区域既是 x 型区域又是 y 型区域. 格林公式在每一个子区域上都成立，即

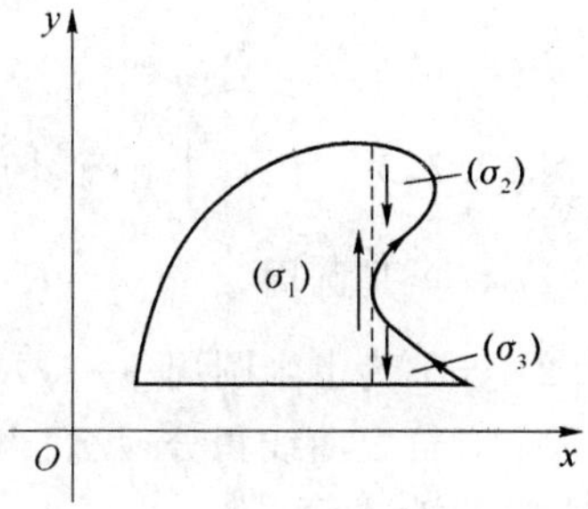

图 12.2.3

$$\iint\limits_{(\sigma)}\left(\frac{\partial Q}{\partial x} - \frac{\partial P}{\partial y}\right)\mathrm{d}\sigma = \oint\limits_{(+C_i)} [P\mathrm{d}x + Q\mathrm{d}y] \quad (i=1,2,3),$$

其中 $(+C_i)$是区域 (σ_i)的正向边界，则

$$\iint\limits_{(\sigma)}\left(\frac{\partial Q}{\partial x} - \frac{\partial P}{\partial y}\right)\mathrm{d}\sigma = \sum_{i=1}^{3}\iint\limits_{(\sigma_i)}\left(\frac{\partial Q}{\partial x} - \frac{\partial P}{\partial y}\right)\mathrm{d}\sigma = \sum_{i=1}^{3}\oint\limits_{(+C_i)} [P\mathrm{d}x + Q\mathrm{d}y] = \oint\limits_{(+C)} [P\mathrm{d}x + Q\mathrm{d}y].$$

步骤 3. 若(σ)为多连通区域，其边界为有限条分段光滑的简单闭曲线，我们可通过添加一条或多条割线将(σ)退化成单连通区域. 例如，图 12.2.4(a)中，多连通区域(σ)的正向边界$(+C)$ 包括$(+C_1)$和$(-C_2)$，即$(+C)=(+C_1)\cup(-C_2)$. 添加割线$\overline{AB}$来切割区域(σ)，此时(σ)变为一单连通区域且它的边界$(\overline{C})$为

$$(+\overline{C}) = (+C_1)\cup\overrightarrow{AB}\cup(-C_2)\cup\overrightarrow{BA}.$$

因此我们有

$$\begin{aligned}\iint\limits_{(\sigma)}\left(\frac{\partial Q}{\partial x} - \frac{\partial P}{\partial y}\right)\mathrm{d}\sigma &= \oint\limits_{(+\overline{C})} [P\mathrm{d}x + Q\mathrm{d}y] = \int\limits_{(+C_1)} + \int\limits_{(\overrightarrow{AB})} + \int\limits_{(\overrightarrow{BA})} + \int\limits_{(-C_2)} \\ &= \int\limits_{(+C_1)} + \int\limits_{(-C_2)} = \oint\limits_{(+C)}.\end{aligned}$$

若多连通域(σ)有不止一个孔(见图 12.2.4(b))，我们可用同样的方法处理.因此，格林公式对多连通区域也适用.

注　格林公式应看作是微积分基本定理在二重积分中的体现. 格林公式与牛顿-莱布尼茨公式比较：

$$\int_a^b F'(x)\mathrm{d}x = F(b) - F(a).$$

两公式的左边都是导函数的积分.右端只涉及原函数(F,Q 和 P)在区域边界上的值.

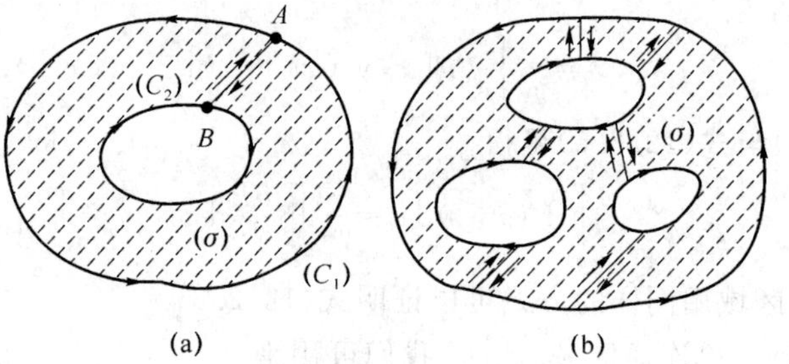

图 12.2.4

例 12.2.2　计算 $\int_{(+C)}[xy^2\mathrm{d}y - yx^2\mathrm{d}x]$，其中

(1) (C) 是圆周 $x^2+y^2=R^2$ 的正向；

(2) (C) 为上半圆周 $y=\sqrt{R^2-x^2}$，方向从 $A(R,0)$ 到 $B(-R,0)$.

解　(1) 对给定曲线积分，我们当然可以通过圆周的参数方程化成定积分来计算，这里应用格林公式更为方便：

$$\oint_{(C)}[xy^2\mathrm{d}y - yx^2\mathrm{d}x] = \iint_{(\sigma)}(y^2+x^2)\mathrm{d}\sigma$$

$$= \int_0^{2\pi}\mathrm{d}\varphi\int_0^R \rho^3\mathrm{d}\varphi = \frac{\pi R^4}{2}.$$

(2) 由于(C)不封闭，不能直接应用格林公式.此时，我们首先补上有向直线段$\overrightarrow{BA}$使得$(C)\cup\overrightarrow{BA}$称为封闭曲线(见图 12.2.5). 从而

$$\int_{(+C)}[xy^2\mathrm{d}y - yx^2\mathrm{d}x] = \oint_{(C)\cup\overrightarrow{BA}}[xy^2\mathrm{d}y - yx^2\mathrm{d}x] - \int_{\overrightarrow{BA}}[xy^2\mathrm{d}y - yx^2\mathrm{d}x].$$

应用格林公式有

$$\oint_{(C)\cup\overrightarrow{BA}}[xy^2\mathrm{d}y - yx^2\mathrm{d}x] = \iint_{(\sigma)}(y^2+x^2)\mathrm{d}\sigma = \frac{\pi R^4}{4},$$

而 $\int_{\overrightarrow{BA}}[xy^2\mathrm{d}y - yx^2\mathrm{d}x] = \int_{-R}^R 0\mathrm{d}x = 0.$

所以，

$$\int_{(C)}[xy^2\mathrm{d}y-yx^2\mathrm{d}x]=\frac{\pi R^4}{4}.$$

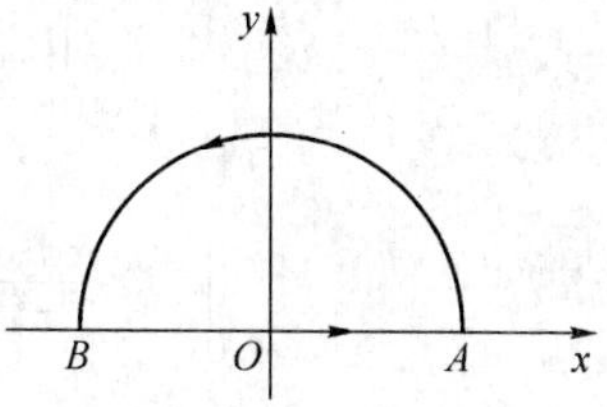

图 12.2.5

例 12.2.3　证明由一条分段光滑的简单闭曲线(C)所围成的平面区域(σ)的面积为

$$A=\frac{1}{2}\oint_{(+C)}[x\mathrm{d}y-y\mathrm{d}x].$$

证明　由格林公式有

$$\frac{1}{2}\oint_{(+C)}[x\mathrm{d}y-y\mathrm{d}x]=\frac{1}{2}\iint_{(\sigma)}[1-(-1)]\mathrm{d}\sigma=\iint_{(\sigma)}\mathrm{d}\sigma=A.$$

例 12.2.4　计算曲线积分

$$I=\oint_{(C)}\frac{x\mathrm{d}y-y\mathrm{d}x}{x^2+y^2},$$

其中 (C) 是任一不通过原点的分段光滑的正向简单封闭曲线.

解　设 $P(x,y)=\frac{-y}{x^2+y^2}$，$Q(x,y)=\frac{x}{x^2+y^2}$.

由于(C) 不通过原点，因此原点可能在(C)的内部或外部. 我们分两种情况加以讨论.

(1) 假设(C)的内部不包含原点 $O(0,0)$. 容易看出

$$\frac{\partial Q}{\partial x}=\frac{\partial P}{\partial y}=\frac{y^2-x^2}{(x^2+y^2)^2},$$

并且此时，P,Q 及其偏导数$\frac{\partial P}{\partial y}$，$\frac{\partial Q}{\partial x}$在区域$(\sigma)$上都连续. 应用格林公式可得

$$I=\iint_{(\sigma)}\left(\frac{\partial Q}{\partial x}-\frac{\partial P}{\partial y}\right)\mathrm{d}\sigma=0.$$

(2) 若原点 $O(0,0)$ 包含在(C)的内部，此时由于 P 和 Q 在点 O 处都没有定义，因此不能直接应用格林公式．我们取 $\varepsilon>0$ 足够小，并作以 O 为圆心 ε 为半径的圆周(C_ε)使得(C_ε)全部位于(C)的内部（见图 12.2.6). 于是 $P,Q,\frac{\partial P}{\partial y}$及$\frac{\partial Q}{\partial x}$都在$(+C)$与$(-C_\varepsilon)$所围成的多连通区域$(\sigma)$上连续. 显然，区域$(\sigma)$的边界为$(+C)\cup(-C_\varepsilon)$ 且其方向为正方向. 应用格林公式可得

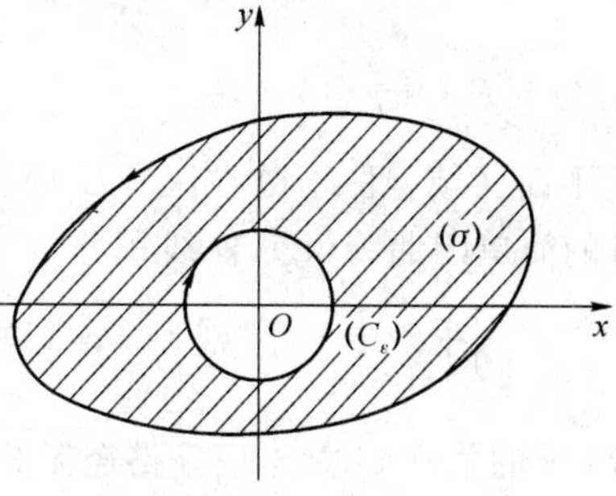

图 12.2.6

$$\int_{(+C)\cup(-C_\varepsilon)} \frac{x\mathrm{d}y - y\mathrm{d}x}{x^2+y^2} = \iint_{(\sigma)} \left(\frac{\partial Q}{\partial x} - \frac{\partial P}{\partial y}\right)\mathrm{d}\sigma = 0,$$

而

$$\int_{(+C)\cup(-C_\varepsilon)} \frac{x\mathrm{d}y - y\mathrm{d}x}{x^2+y^2} = \int_{(+C)} \frac{x\mathrm{d}y - y\mathrm{d}x}{x^2+y^2} + \int_{(-C_\varepsilon)} \frac{x\mathrm{d}y - y\mathrm{d}x}{x^2+y^2},$$

从而

$$I = \oint_{(+C_l)} \frac{x\mathrm{d}y - y\mathrm{d}x}{x^2+y^2} = \oint_{(+C_\varepsilon)} \frac{x\mathrm{d}y - y\mathrm{d}x}{x^2+y^2}.$$

这样，我们把沿任意简单闭曲线(C)的线积分化成了沿圆周(C_ε)的线积分. 对于后者，由于$(+C_\varepsilon)$的参数方程为

$$x=\varepsilon\cos t,\quad y=\varepsilon\sin t\quad(0\leqslant t\leqslant 2\pi),$$

于是

$$\int_{(+C_\varepsilon)} \frac{x\mathrm{d}y - y\mathrm{d}x}{x^2+y^2} = \int_0^{2\pi} \frac{\varepsilon^2(\cos^2 t+\sin^2 t)}{\varepsilon^2}\mathrm{d}t = 2\pi.$$

因此，

$$I=2\pi.$$

12.2.2 曲线积分与路径无关的条件

一般地，沿路径(C)从点A到点B的曲线积分

$$\int_{(C)} \boldsymbol{F}\cdot\mathrm{d}\boldsymbol{r}$$

的值与向量场$\boldsymbol{F}(M)$；起点A和终点B；以及积分路径(C)有关. 然而在例 12.1.10 中，重力所做的功只与重力$\boldsymbol{F}$以及起点和终点有关，而与积分路径(C)无关. 物理中经常出现这种情况.

设G是一区域. 若对任意包含在G中的路径(C)，曲线积分$\int_{(C)}\boldsymbol{F}\cdot\mathrm{d}\boldsymbol{r}$的值与积分路径$(C)$无关，那么我们称曲线积分$\int_{(C)}\boldsymbol{F}\cdot\mathrm{d}\boldsymbol{r}$的值**在区域$G$内与积分路径无关**，且称向量场$\boldsymbol{F}$为区域$G$中的**保守场**. 此时，曲线积分可写为$\int_A^B\boldsymbol{F}\cdot\mathrm{d}\boldsymbol{r}$.

定理 12.2.5 设G是一平面区域，且P,Q在区域G内连续. 那么以下三个命题等价：

1° 沿G内任一分段光滑的简单闭曲线(C)，曲线积分

$$\oint_{(C)}[P\mathrm{d}x+Q\mathrm{d}y]=0.$$

2° 曲线积分$\int_C[P\mathrm{d}x+Q\mathrm{d}y]$的值在$G$内与积分路径无关.

3° 被积表达式$[P\mathrm{d}x+Q\mathrm{d}y]$在$G$内是某个二元函数$u(x,y)$的全微分，即

$$\mathrm{d}u=P\mathrm{d}x+Q\mathrm{d}y,(x,y)\in G.$$

证明　我们按如下顺序证明定理：

$$1°\Rightarrow 2°\Rightarrow 3°\Rightarrow 1°.$$

(1) $1°\Rightarrow 2°$. 设命题 $1°$成立，A,B 为 G 中任意两点. 以 A 为起点 B 为终点，任意连接位于 G 内的两条曲线，记为$\widehat{APB}$和$\widehat{AQB}$(见图 12.2.7(a)). 若此两条曲线除 A 和 B 两点外不相交，那么由于

$$\int_{\widehat{APB}}[P\mathrm{d}x+Q\mathrm{d}y]+\int_{\widehat{BQA}}[P\mathrm{d}x+Q\mathrm{d}y]=\oint_{\widehat{APBQA}}[P\mathrm{d}x+Q\mathrm{d}y]=0,$$

故

$$\int_{\widehat{APB}}[P\mathrm{d}x+Q\mathrm{d}y]=-\int_{\widehat{BQA}}[P\mathrm{d}x+Q\mathrm{d}y]=\int_{\widehat{AQB}}[P\mathrm{d}x+Q\mathrm{d}y].$$

若 $\widehat{APB}$和$\widehat{AQB}$除了 A 和 B 两点外还有其他的交点 (见图 12.2.7(b))，那么从 A 到 B 再作一条曲线$\widehat{ARB}\subset G$，使它与$\widehat{APB}$和$\widehat{AQB}$除 A 和 B 两点外没有其他交点. 则

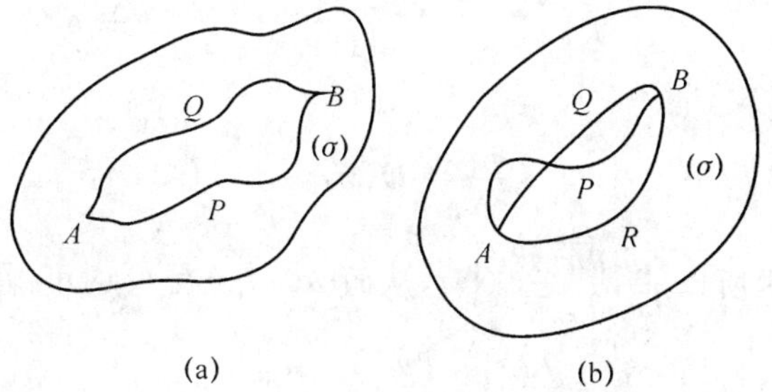

图 12.2.7

$$\int_{\widehat{APB}}[P\mathrm{d}x+Q\mathrm{d}y]=\int_{\widehat{ARB}}[P\mathrm{d}x+Q\mathrm{d}y]=\int_{\widehat{AQB}}[P\mathrm{d}x+Q\mathrm{d}y].$$

因此命题 $2°$成立.

(2) $2°\Rightarrow 3°$. 设命题 $2°$成立. 在 G 内任取一定点 $A(x_0,y_0)$和一动点 $B(x,y)$，则变上限积分 $\int_{(x_0,y_0)}^{(x,y)}[P\mathrm{d}x+Q\mathrm{d}y]$ (见图 12.2.8)是 G 上的关于(x,y)的二元函数，记为 $u(x,y)$，即

$$u(x,y)=\int_{(x_0,y_0)}^{(x,y)}[P\mathrm{d}x+Q\mathrm{d}y].$$

我们指出函数 $u(x,y)$恰恰是所求函数. 事实上，因为

$$\begin{aligned}u(x+\Delta x,y)-u(x,y)&=\int_{(x_0,y_0)}^{(x+\Delta x,y)}[P\mathrm{d}x+Q\mathrm{d}y]-\int_{(x_0,y_0)}^{(x,y)}[P\mathrm{d}x+Q\mathrm{d}y]\\&=\int_{(x,y)}^{(x+\Delta x,y)}[P\mathrm{d}x+Q\mathrm{d}y]=\int_{x}^{x+\Delta x}P(x,y)\mathrm{d}x\\&=P(x+\theta\Delta x,y)\Delta x,0\leqslant\theta\leqslant 1,\end{aligned}$$

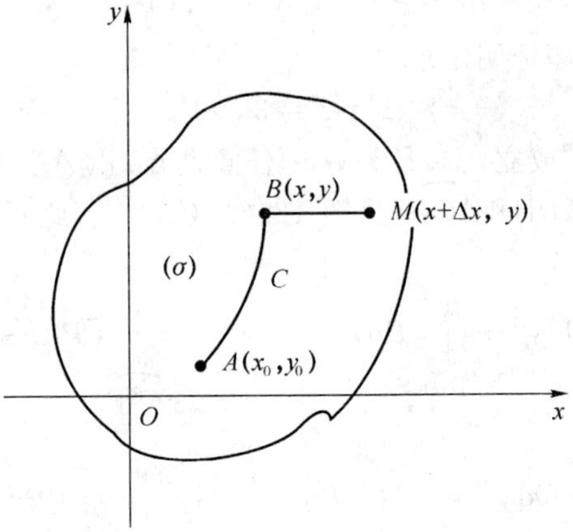

图 12.2.8

可得

$$\frac{\partial u}{\partial x}=\lim_{\Delta x\to 0}\frac{u(x+\Delta x,y)-u(x,y)}{\Delta x}=\lim_{\Delta x\to 0}P(x+\theta\Delta x,y)=P(x,y).$$

同理可证

$$\frac{\partial u}{\partial y}=Q(x,y).$$

因为 $P,Q\in C(G)$，所以$\frac{\partial u}{\partial x},\frac{\partial u}{\partial y}\in C(G)$，从而 $u(x,y)$在 G 内可微，且有

$$\mathrm{d}u=\frac{\partial u}{\partial x}\mathrm{d}x+\frac{\partial u}{\partial y}\mathrm{d}y=P\mathrm{d}x+Q\mathrm{d}y.$$

(3) $3^\circ\Rightarrow 1^\circ$. 设命题 3°成立，即在 G 内存在一可微函数 $u(x,y)$使得

$$\mathrm{d}u=P\mathrm{d}x+Q\mathrm{d}y.$$

从而

$$\frac{\partial u}{\partial x}=P,\frac{\partial u}{\partial y}=Q.$$

设 (C)是任一分段光滑的简单闭曲线，参数方程为 $x=x(t),y=y(t)\quad(\alpha\leqslant t\leqslant\beta)$，且 $x(\alpha)=x(\beta),y(\alpha)=y(\beta)$. 从而

$$\begin{aligned}\oint_{(C)}[P\mathrm{d}x+Q\mathrm{d}y]&=\int_\alpha^\beta\{P[x(t),y(t)]\,\dot{x}(t)+Q[x(t),y(t)]\,\dot{y}(t)\}\\&=\int_\alpha^\beta\left[\frac{\partial u}{\partial x}\frac{\mathrm{d}x}{\mathrm{d}t}+\frac{\partial u}{\partial y}\frac{\mathrm{d}y}{\mathrm{d}t}\right]\mathrm{d}t=\int_\alpha^\beta\left(\frac{\mathrm{d}}{\mathrm{d}t}u[x(t),y(t)]\right)\mathrm{d}t\\&=u[x(t),y(t)]\Big|_\alpha^\beta=0.\end{aligned}$$

注 若将向量场$(P(x,y),Q(x,y))$看成是一平面流速场 $\boldsymbol{v}(x,y)$，即 $\boldsymbol{v}=P\boldsymbol{i}+Q\boldsymbol{j}$，则

$$\oint_{(C)}[P\mathrm{d}x+Q\mathrm{d}y]=\oint_{(C)}\boldsymbol{v}(M)\cdot\mathrm{d}\boldsymbol{r}=\oint_{(C)}\boldsymbol{v}(M)\cdot\boldsymbol{T}\mathrm{d}s.$$

上面的线段积分表示流体在单位时间内沿闭曲线(C)流动的流体流量. 因此我们称线积分

$$\oint_{(C)}\boldsymbol{F}\cdot\mathrm{d}\boldsymbol{r}$$

为向量场 $\boldsymbol{F}$ 沿闭曲线(C)的**环流量**.

定理 12.2.5 的物理意义 定理 12.2.5 的三个命题都具有重要的物理意义.

命题 1°表明向量场 $\boldsymbol{F}$ 沿区域G内任一闭曲线的环流量都等于零. 此时,我们称 $\boldsymbol{F}$ 为G中的**无旋向量场**,或**无旋场**.

命题 2°表明向量场 $\boldsymbol{F}$ 是一保守场.

命题 3°告诉我们存在一可微的标量场 $u(x,y)((x,y)\in G)$ 使得$\dfrac{\partial u}{\partial x}=P$ 和$\dfrac{\partial u}{\partial y}=Q$,对所有的$(x,y)\in G$都成立. 因此我们称$\boldsymbol{F}$**为 梯度场**. 函数 $u(x,y)$称为 $\boldsymbol{F}(M)$的**势函数**,因此向量场$\boldsymbol{F}(M)$也称为**势场**.

物理学中,定理 12.2.5 的表述如下:区域 G 中,向量场 $\boldsymbol{F}$ 是无旋场$\Leftrightarrow\boldsymbol{F}$ 是保守场$\Leftrightarrow\boldsymbol{F}$是势场.

定理 12.2.6 设 G 为一平面单连通域,且 $P,Q,\dfrac{\partial P}{\partial y},\dfrac{\partial Q}{\partial x}\in C(G)$. 则曲线积分 $\displaystyle\int_C[P\mathrm{d}x+Q\mathrm{d}y]$ 在 G 内与积分路径无关当且仅当

$$\frac{\partial P}{\partial y}=\frac{\partial Q}{\partial x}\tag{12.2.6}$$

对所有的$(x,y)\in G$成立.

证明 根据定理 12.2.5,只需证明定理 12.2.5 中的命题 1° 与条件(12.2.6)等价即可.

充分性 假设条件(12.2.6)成立. 设(C)是G内任一分段光滑的简单闭曲线,并设(σ)是(C)所围成的区域. 因为G是一单连通区域,从而$(\sigma)\subset G$. 因此

$$\frac{\partial Q}{\partial x}-\frac{\partial P}{\partial y}\equiv 0,\text{对所有的 }(x,y)\in(\sigma)\text{成立}.$$

由格林公式得

$$\oint_{(+C)}[P\mathrm{d}x+Q\mathrm{d}y]=\iint_{(\sigma)}\left(\frac{\partial Q}{\partial x}-\frac{\partial P}{\partial y}\right)\mathrm{d}\sigma=0.$$

必要性 设对所有的分段光滑闭曲线$(C)\subset G$有$\displaystyle\oint_{(C)}[P\mathrm{d}x+Q\mathrm{d}y]=0$. 若条件(12.2.6)不成立,则至少存在一点 $M_0(x_0,y_0)\in G$ 使得

$$\left(\frac{\partial Q}{\partial x}-\frac{\partial P}{\partial y}\right)\bigg|_{M_0}\neq 0.$$

不失一般性，设$\left(\frac{\partial Q}{\partial x}-\frac{\partial P}{\partial y}\right)\bigg|_{M_0}>0$. 由于 $\frac{\partial Q}{\partial x}-\frac{\partial P}{\partial y}$ 在 G 上连续，存在 M_0 的一 δ 邻域 $U(M_0,\delta)(\subset G)$，使得

$$\frac{\partial Q}{\partial x}-\frac{\partial P}{\partial y}\geqslant\frac{1}{2}\left(\frac{\partial Q}{\partial x}-\frac{\partial P}{\partial y}\right)\bigg|_{M_0}$$

对所有的 $(x,y)\in U(M_0,\delta)$成立.

因此

$$\oint_{(+C_\delta)}[P\mathrm{d}x+Q\mathrm{d}y]=\iint_{U(M_0,\delta)}\left(\frac{\partial Q}{\partial x}-\frac{\partial P}{\partial y}\right)\mathrm{d}\sigma\geqslant\frac{1}{2}\left(\frac{\partial Q}{\partial x}-\frac{\partial P}{\partial y}\right)\bigg|_{M_0}\pi\delta^2>0,$$

其中 $(+C_\delta)$表示 $U(M_0,\delta)$的边界曲线，矛盾.

势函数的求法

设$(P(M),Q(M))(M\in G)$是一向量场且 G 为一单连通区域. 若$\frac{\partial P}{\partial y},\frac{\partial Q}{\partial x}\in C(G)$ 且 $\frac{\partial P}{\partial y}\equiv\frac{\partial Q}{\partial x}((x,y)\in G)$，则 $P\mathrm{d}x+Q\mathrm{d}y$ 必是某一函数 $u(x,y)$的全微分. 如何求向量场$(P(M),Q(M))$的势函数？我们用以下例子来说明求势函数的三种方法.

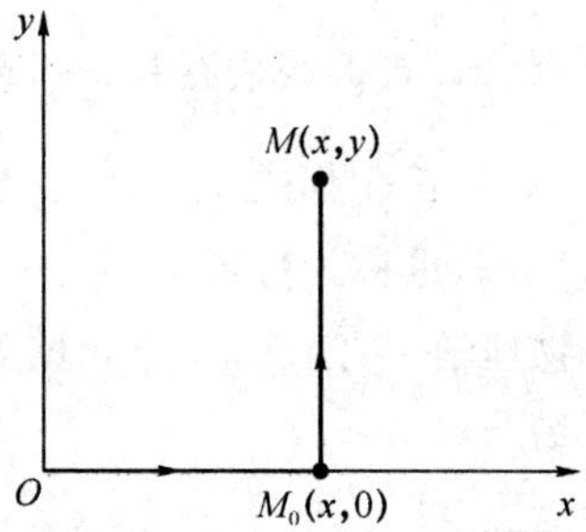

图 12.2.9

例 12.2.7 验证向量场 $\mathbf{A}=(3x^2-6xy,3y^2-3x^2)$ 是有势场并求其势函数.

解 由于

$$\frac{\partial}{\partial x}(3y^2-3x^2)=-6x,\frac{\partial}{\partial y}(3x^2-6xy)=-6x,(x,y)\in\mathbf{R}^2.$$

$\mathbf{A}$ 在 $\mathbf{R}^2$ 上是一有势场.

势函数的求法如下：

解法Ⅰ.（用曲线积分求） 由定理 12.2.5 的证明可知

$$\Phi=\int_{(0,0)}^{(x,y)}[(3x^2-6xy)\mathrm{d}x+(3y^2-3x^2)\mathrm{d}y]$$

是一势函数且与积分与路径无关.

选取路径：沿着 x 轴从 $O(0,0)$到 $M_0(x,0)$，再沿纵线从 M_0 到 $M(x,y)$（见图 12.2.9）. 则由第二类曲线积分的计算法得

$$\begin{aligned}\Phi&=\int_{(0,0)}^{(x,0)}[(3x^2-6xy)\mathrm{d}x+(3y^2-3x^2)\mathrm{d}y]+\int_{(x,0)}^{(x,y)}[(3x^2-6xy)\mathrm{d}x+(3y^2-3x^2)\mathrm{d}y]\\&=\int_0^x 3x^2\mathrm{d}x+\int_0^y(3y^2-3x^2)\mathrm{d}y=x^3+y^3-3x^2y.\end{aligned}$$

因此势函数的一般形式(即原函数)为

$$u(x,y)=x^3+y^3-3x^2y+C,$$

其中 C 是任意常数.

解法Ⅱ.（用偏积分求）　要求势函数 $u(x,y)$ 使得 $\Delta u=\left(\frac{\partial u}{\partial x},\frac{\partial u}{\partial y}\right)$ 就是要求 u 使得 t

$$\frac{\partial u}{\partial x}=3x^2-6xy, \tag{12.2.7}$$

$$\frac{\partial u}{\partial y}=3y^2-3x^2. \tag{12.2.8}$$

式(12.2.7)两边对 x 积分，同时把 y 视为常数，得

$$u=x^3-3x^2y+\varphi(y). \tag{12.2.9}$$

由于 y 被视为常数，故积分常数 φ 中可能还有 y. 将式(12.2.9)两边对 y 求导并与式(12.2.8)比较得

$$-3x^2+\varphi'(y)=3y^2-3x^2,$$

因此

$$\varphi'(y)=3y^2$$

从而

$$\varphi(y)=y^3+C.$$

将 φ 代入式(12.2.9)得 $u=x^3-3x^2y+y^3+C$.

解法Ⅲ.（整理全微分中的项）　为求向量场$(3x^2-6xy,3y^2-3x^2)$的势函数，我们需求函数 $u(x,y)$，其全微分为

$$du=(3x^2-6xy)dx+(3y^2-3x^2)dy.$$

交换项的顺序得

$$\begin{aligned} du &=3x^2dx+3y^2dy-3(x^2dy+2xydx)\\ &=dx^3+dy^3-3(x^2dy+ydx^2)\\ &=dx^3+dy^3-3d(x^2y). \end{aligned}$$

因此势函数为 $u=x^3+y^3-3x^2y+C$. 如果我们熟悉全微分，第三种解法应该是最便捷的.

例 12.2.8　计算曲线积分 $\int_{(C)}\left\{\cos(x+y^2)dx+\left[2y\cos(x+y^2)-\frac{1}{\sqrt{1+y^4}}\right]dy\right\}$，其中 (C) 为摆线 $x=a(t-\sin t)$，$y=a(1-\cos t)$ 从点 $O(0,0)$ 到点 $A(2\pi a,0)$ 的有向弧段.

解　直接计算次积分将十分复杂. 然而由于

$$\frac{\partial P}{\partial y}=-\sin(x+y^2)\times 2y=\frac{\partial Q}{\partial x},$$

此曲线积分与路径无关. 我们选取路径 $\overrightarrow{OA}$ 来替换 (C)，从而

$$\int_{(C)} \left\{\cos(x+y^2)\mathrm{d}x + \left[2y\cos(x+y^2) - \frac{1}{\sqrt{1+y^4}}\right]\mathrm{d}y\right\}$$

$$= \int_{\overrightarrow{OA}} \left\{\cos(x+y^2)\mathrm{d}x + \left[2y\cos(x+y^2) - \frac{1}{\sqrt{1+y^4}}\right]\mathrm{d}y\right\}$$

$$= \int_0^{2\pi a} \cos x\mathrm{d}x = \sin 2\pi a.$$

应指出，由于定理 12.2.5 中等价命题 2°和 3°，我们也可以利用原函数来计算积分与路径无关的第二类曲线积分. 事实上，若曲线积分

$$I = \int_{(x_0,y_0)}^{(x_1,y_1)} [P\mathrm{d}x + Q\mathrm{d}y]$$

与路径无关，因此 $P\mathrm{d}x+Q\mathrm{d}y$ 必为某一函数的全微分，记为 $\boldsymbol{F}(x,y)$. 由于

$$\Phi(x,y) = \int_{(x_0,y_0)}^{(x,y)} [P\mathrm{d}x + Q\mathrm{d}y]$$

也是全微分 $P\mathrm{d}x+Q\mathrm{d}y$ 的一个原函数，

$$\Phi(x,y)=F(x,y)+C.$$

而 $\Phi(x_0,y_0)=0$，故

$$C=-F(x_0,y_0).$$

于是

$$\Phi(x,y)=F(x,y)-F(x_0,y_0).$$

因此，

$$\int_{(x_0,y_0)}^{(x_1,y_1)} [P\mathrm{d}x + Q\mathrm{d}y] = F(x_1,y_1) - F(x_0,y_0) = F(x,y)\Big|_{(x_0,y_0)}^{(x_1,y_1)}. \tag{12.2.10}$$

容易看出式(12.2.10)相当于定积分中的牛顿-莱布尼茨公式.

例 12.2.9 计算 $I_1 = \int_{(C)(1,0)}^{(0,1)} \frac{x\mathrm{d}x + y\mathrm{d}y}{\sqrt{x^2+y^2}}$，其中 (C) 为 $x^2+y^2=1$ $(x>0,y>0)$.

解 容易看出

$$\frac{x\mathrm{d}x+y\mathrm{d}y}{\sqrt{x^2+y^2}}=\frac{\mathrm{d}(x^2+y^2)}{2\sqrt{x^2+y^2}}=\mathrm{d}\sqrt{x^2+y^2},$$

因此当 $x^2+y^2\neq 0$，I_1 中的被积表达式是一全微分，它的一个原函数为 $\sqrt{x^2+y^2}$. 由定理 12.2.5 知 I_1 与积分路径无关，并根据式 (12.2.10)可得

$$I_1 = \int_{(C)(1,0)}^{(0,1)} \frac{x\mathrm{d}x + y\mathrm{d}y}{\sqrt{x^2+y^2}} = \sqrt{x^2+y^2}\Big|_{(1,0)}^{(0,1)} = 0$$

习题 12.2

A

1. 应用格林公式计算下列积分：

(1) $\oint_{(+C)}(x+y)^2\mathrm{d}x-(x^2+y^2)\mathrm{d}y$，$(C)$ 是以点 $A(0,0)$，$B(1,0)$，$C(0,1)$ 为顶点的三角形的边界；

(2) $\oint_{(+C)}(x^3-3y)\mathrm{d}x+3(x+y\mathrm{e}^y)\mathrm{d}y$，$(C)$ 是由 $y=0$，$x+y=1$ 及 $x^2+y^2=1(x\leqslant 0,y\geqslant 0)$ 围城的区域的边界；

(3) $\oint_{(+C)}(1-x^2)y\mathrm{d}x+x(1+y^2)\mathrm{d}y$，$(C)$ 是圆周 $x^2+y^2=4$；

(4) $\oint_{(+C)}(x+y)\mathrm{d}x-(x-y)\mathrm{d}y$，$(C)$ 是椭圆周 $\dfrac{x^2}{a^2}+\dfrac{y^2}{b^2}=1(a,b>0)$；

(5) $\int_{(C)}(\mathrm{e}^x\sin y-my)\mathrm{d}x+(\mathrm{e}^x\cos y-mx)\mathrm{d}y$，$(C)$ 是从点 $A(a,0)$ 到点 $O(0,0)$ 的上半圆周 $x^2+y^2=ax$，其中 m 是常数，$a>0$；

(6) $\int_{(C)}(x^3-\mathrm{e}^x\cos y)\mathrm{d}x+(\mathrm{e}^x\sin y-4x)\mathrm{d}y$，$(C)$ 是从点 $A(0,2)$ 到点 $O(0,0)$ 的右半圆 $x^2+y^2=2y$；

(7) $\int_{(C)}\mathrm{e}^x\cos y\mathrm{d}x+\mathrm{e}^x(y-\sin y)\mathrm{d}y$，$(C)$ 是曲线 $y=\sin x$ 上从 $(0,0)$ 到 $(\pi,0)$ 的一段；

(8) $\int_{(C)}(x^2+y)\mathrm{d}x+(x-y^2)\mathrm{d}y$，$(C)$ 是曲线 $y^3=x^2$ 从点 $A(0,0)$ 到点 $B(1,1)$ 的一段.

2. 利用线积分计算星形线 $x^{\frac{2}{3}}+y^{\frac{2}{3}}=a^{\frac{2}{3}}$ 所围城的图形面积$(a>0)$.

3. 计算曲线积分 $\oint_{(C)}[x\cos(x,\boldsymbol{n})+y\sin(x,\boldsymbol{n})]\mathrm{d}s$，其中 $(x,\boldsymbol{n})$ 为简单闭曲线 (C) 的向外法向量 $\boldsymbol{n}$ 与 x 轴正向的转角.

4. 利用积分与路径无关来计算下列曲线积分：

(1) $\int_{(1,-1)}^{(1,1)}(x-y)(\mathrm{d}x-\mathrm{d}y)$；

(2) $\int_{(0,0)}^{(1,1)}\dfrac{2x(1-\mathrm{e}^y)}{(1+x^2)^2}\mathrm{d}x+\dfrac{\mathrm{e}^y}{1+x^2}\mathrm{d}y$；

(3) $\int_{(1,1)}^{(3,3e)}\left(\ln\frac{y}{x}-1\right)dx+\frac{x}{y}dy$,沿一条不通过原点的路径；

(4) $\int_{(1,0)}^{(6,8)}\frac{xdx+ydy}{\sqrt{x^2+y^2}}$,沿一条不通过原点的路径；

(5) $\int\limits_{(C)}(1+xe^{2y})dx+(x^2e^{2y}-y)dy$, (C) 是从点 $O(0,0)$ 到点 $A(4,0)$ 的上半圆周 $(x-2)^2+y^2=4$ ；

(6) $\int\limits_{(C)}\left(1-\frac{y^2}{x^2}\cos\frac{y}{x}\right)dx+\left(\sin\frac{y}{x}+\frac{y}{x}\cos\frac{y}{x}\right)dy$, (C) 是第一象限和第四象限中从点 $A(1,\pi)$ 到点 $B(2,\pi)$ 的曲线.

5. 验证下列各式为全微分,并求它们的原函数：

(1) $2xydx+x^2dy$；

(2) $(x^2+2xy-y^2)dx+(x^2-2xy-y^2)dy$；

(3) $(e^y+x)dx+(xe^y-2y)dy$；

(4) $(2x\cos y-y^2\sin x)dx+(2y\cos x-x^2\sin y)dy$.

6. 验证下列场为有势场,并求其势函数：

(1) $\boldsymbol{A}=(2x\cos y-y^2\sin x)\boldsymbol{i}+(2y\cos x-x^2\sin y)\boldsymbol{j}$；

(2) $\boldsymbol{A}=e^x[e^y(x-y+2)+y]\boldsymbol{i}+e^x[e^y(x-y)+1]\boldsymbol{j}$.

7. 设

$$\oint\limits_{(+C)}2[x\varphi(y)+\psi(y)]dx+[x^2\psi(y)+2xy^2-2x\varphi(y)]dy=0,$$

其中 (C) 是任意分段光滑简单闭曲线.

(1) 若 $\varphi(0)=-2$ 且 $\psi(0)=1$,求函数 $\varphi(y)$ 与 $\psi(y)$；

(2) 从点 $O(0,0)$ 到点 $A\left(\pi,\frac{\pi}{2}\right)$ 计算此曲线积分.

B

1. 判断下列各题的解法是否正确. 若不正确,指出错误并给出正确解法：

(1) 计算 $\int\limits_{(C)}ydx$,其中 (C) 是 $(x-1)^2+y^2=1$ 从原点到点 $B(1,1)$ 的一段弧（见图 12.2.10).

解 应用格林公式可得

$$\int\limits_{\overset{\frown}{OB}\cup\overrightarrow{BA}\cup\overrightarrow{AO}}ydx=\iint\limits_{(\sigma)}-1d\sigma=-\frac{\pi}{4}.$$

由于 $\int\limits_{\overrightarrow{BA}}ydx=0$, $\int\limits_{\overrightarrow{AO}}ydx=0$,故 $\int\limits_{(C)}ydx=-\frac{\pi}{4}$.

(2) 计算 $I=\int_{(C)}\left[\frac{-y}{x^2+y^2}\,\mathrm{d}x+\frac{x}{x^2+y^2}\mathrm{d}y\right]$，其中 (C) 是从点 $A(0,-1)$ 沿左半平面内的星形线 $x^{\frac{2}{3}}+y^{\frac{2}{3}}=1$ 到点 $D(0,1)$ 的曲线段（见图 12.2.11）.

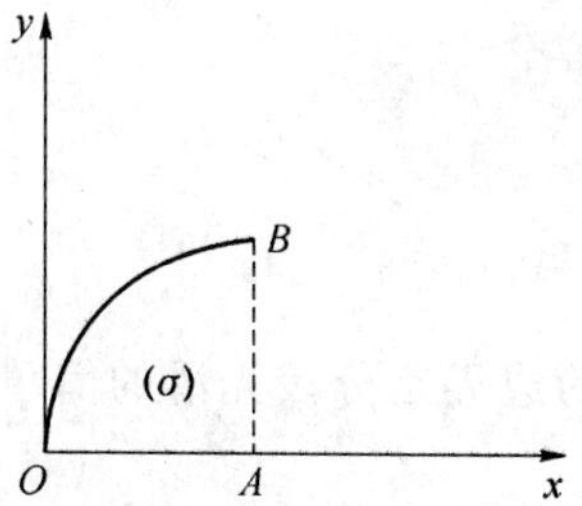

图 12.2.10

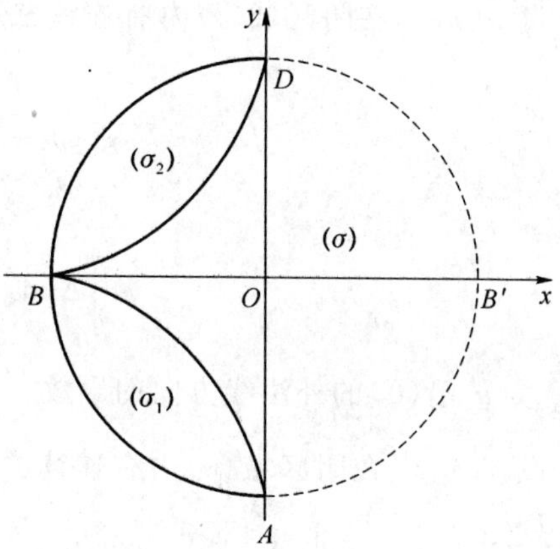

图 12.2.11

解　(1) 作中心在原点半径为 1 的圆：$\begin{cases}x=\cos t,\\ y=\sin t.\end{cases}$

应用格林公式可得

$$\oint_{(C)\cup\overset{\frown}{DB'A}}\frac{-y\mathrm{d}x+x\mathrm{d}y}{x^2+y^2}=-\iint_{\sigma}0\mathrm{d}\sigma=0,$$

因此

$$I=\int_{\overset{\frown}{AB'D}}\frac{-y\mathrm{d}x+x\mathrm{d}y}{x^2+y^2}=\int_{-\frac{\pi}{2}}^{\frac{\pi}{2}}\frac{\sin^2 t+\cos^2 t}{\cos^2 t+\sin^2 t}\mathrm{d}t=\pi.$$

(2)

$$I=\int_{\overset{\frown}{ABD}}\frac{-y\mathrm{d}x+x\mathrm{d}y}{x^2+y^2}=\int_{3\frac{\pi}{2}}^{\frac{\pi}{2}}\frac{\sin^2 t+\cos^2 t}{\cos^2 t+\sin^2 t}\mathrm{d}t=-\pi.$$

2. 将格林公式写成以下两种形式：

$$\iint_{(\sigma)}\left(\frac{\partial X}{\partial x}+\frac{\partial Y}{\partial y}\right)\mathrm{d}\sigma=\oint_{(+C_i)}[X\mathrm{d}y-Y\,\mathrm{d}x];$$

$$\iint_{(\sigma)}\left(\frac{\partial X}{\partial x}+\frac{\partial Y}{\partial y}\right)\mathrm{d}\sigma=\oint_{(+C_i)}[X\cos(x,\boldsymbol{n})+Y\sin(x,\boldsymbol{n})]\mathrm{d}s,$$

其中 $(x,\boldsymbol{n})$ 是从 x 轴正向到(C)的外法向量的转角.

3. 计算 $\int_{(C)}\frac{x\mathrm{d}y-y\mathrm{d}x}{4x^2+y^2}$，其中 (C) 为从点 $A(-1,0)$ 沿下半圆穿过点 $B(1,0)$ 再沿线段 $\overline{BC}$ 到点 $C(-1,2)$ 的一条路径．

4. 证明若 (C)为平面内分段光滑的简单闭曲线 $\boldsymbol{l}$,$\boldsymbol{n}$ 为$(\boldsymbol{C})$的外法向量,则

$$\oint_{(C)} \cos(\boldsymbol{l},\boldsymbol{n})\mathrm{d}s = 0.$$

5. 设 $u(x,y)$在闭区域(σ)内有连续二阶偏导数,(σ)的边界是分段光滑的简单闭曲线(C),并且

$$\Delta u \overset{\text{def}}{=} \frac{\partial^2 u}{\partial x^2}+\frac{\partial^2 u}{\partial y^2}.$$

证明

$$\iint_{(\sigma)} \Delta u \mathrm{d}\sigma = \oint_{(C)} \frac{\partial u}{\partial \boldsymbol{n}}\mathrm{d}s,$$

其中 $\dfrac{\partial u}{\partial \boldsymbol{n}}$ 为u 沿(C)的外法线方向的导数.

6. 设 $u(x,y)$在闭区域(σ)内有连续二阶偏导数,(σ)的边界是分段光滑的简单闭曲线(C),且$\dfrac{\partial^2 u}{\partial x^2}+\dfrac{\partial^2 u}{\partial y^2}=0$. 证明

(1) $\displaystyle\oint_{(C)} u\frac{\partial u}{\partial \boldsymbol{n}}\mathrm{d}s=\iint_{(\sigma)}(u_x^2+u_y^2)\mathrm{d}\sigma$, 其中 $\dfrac{\partial u}{\partial \boldsymbol{n}}$ 为u 沿(C)的外法线方向的导数;

(2) 若在边界(C)上有 $u\equiv 0$,则在区域(σ)内有 $u\equiv 0$.

12.3 曲面积分

12.3.1 对面积的曲面积分

对面积的曲面积分也是从实际问题中抽象出来的,例如,物质曲面的质量问题就可以归结为对面积的曲面积分.

定义 12.3.1 (第一类曲面积分,对面积的曲面积分). 设(S)是一光滑曲面,且 $f(x,y,z)$是定义在此曲面上的有界函数.将曲面划分为 n 个小片 ΔS_k(ΔS_k 也表示第 k 个小片的面积).设(ξ_k,η_k,ζ_k)为 ΔS_k 上的任一点,作和 $\sum\limits_{k=1}^{n} f(\xi_k,\eta_k,\zeta_k)\Delta S_k$. 若和的极限

$$\lim_{d\to 0}\sum_{k=1}^{n} f(\xi_k,\eta_k,\zeta_k)\Delta S_k$$

存在,其中 d 是所有 ΔS_k 的直径的最大值,那么我们称函数 f 在曲面(S)上**可积**,且称此极限为 f 在(S) 上对面积的**曲面积分**,记为

$$\iint_{(S)} f(x,y,z)\mathrm{d}S,$$

即

$$\iint\limits_{(S)} f(x,y,z)\mathrm{d}S = \lim_{d\to 0}\sum_{k=1}^{n} f(\xi_k,\eta_k,\zeta_k)\Delta S_k.$$

类似地，f 称为**被积函数**且(S)称为 **积分曲面**.

存在性　与曲线积分相同，若 f 在光滑曲面(S)上连续，则 f 在(S)上的曲面积分存在.

分片光滑的情况　若(S)为一**分片光滑曲面**，即(S)是有限个光滑曲面(S_1)，(S_2)，…，(S_n)的集合. 那么我们定义 f 在(S)上的积分为 f 在(S)的每一个光滑小片上的积分的和：

$$\iint\limits_{(S)} f(x,y,z)\mathrm{d}S = \iint\limits_{(S_1)} f(x,y,z)\mathrm{d}S + \iint\limits_{(S_2)} f(x,y,z)\mathrm{d}S + \cdots + \iint\limits_{(S_n)} f(x,y,z)\mathrm{d}S.$$

性质　对面积的曲面积分有与对弧长的曲线积分类似的性质(因此这里我们不再阐述).

计算　设曲面(S)的参数表达式如下：

$$\boldsymbol{r}(u,v)=(x(u,v),y(u,v),z(u,v)),(u,v)\in D\subset\mathbf{R}^2.$$

在讨论曲面面积中，我们作曲面面积微元 $\mathrm{d}S=\|\boldsymbol{r}_u\times\boldsymbol{r}_v\|\mathrm{d}u\mathrm{d}v$. 注意类比曲面积分的定义和曲线积分的定义. 我们可得如下计算公式

$$\iint\limits_{(S)} f(x,y,z)\mathrm{d}S = \iint\limits_{(D)} f[(x(u,v),y(u,v),z(u,v)]\|\boldsymbol{r}_u\times\boldsymbol{r}_v\|\mathrm{d}u\mathrm{d}v, \tag{12.3.1}$$

其中 $\iint\limits_{(D)} f[(x(u,v),y(u,v),z(u,v)]\|\boldsymbol{r}_u\times\boldsymbol{r}_v\|\mathrm{d}u\mathrm{d}v$ 是二重积分.

特别地，若(S)的方程为 $z=z(x,y)$ 且(S_{xy})是(S)在 xOy 平面的投影，则以上公式变为

$$\iint\limits_{(S)} f(x,y,z)\mathrm{d}S = \iint\limits_{(S_{xy})} f(x,y,z(x,y))\sqrt{1+z_x^2+z_y^2}\,\mathrm{d}x\mathrm{d}y, \tag{12.3.2}$$

此外，若曲面就在 xy 平面内，即及曲面方程为 $z\equiv 0$ 和$(S)=(S_{xy})$.

那么公式(12.3.2)退化为

$$\iint\limits_{(S)} f(x,y,z)\mathrm{d}S = \iint\limits_{(S_{xy})} f(x,y,0)\mathrm{d}x\mathrm{d}y.$$

它表明在 xy 平面区域(S_{xy})上的曲面积分退化为在(S_{xy})上的二重积分.

当曲面(S)的方程为 $x=x(y,z)$ 或 $y=y(z,x)$，可得类似的公式：

$$\iint\limits_{(S)} f(x,y,z)\mathrm{d}S = \iint\limits_{(S_{yz})} f(x(y,z),y,z)\sqrt{1+x_y^2+x_z^2}\,\mathrm{d}y\mathrm{d}z \tag{12.3.3}$$

或

$$\iint\limits_{(S)} f(x,y,z)\mathrm{d}S = \iint\limits_{(S_{zx})} f(x,y(z,x),z)\sqrt{1+y_z^2+y_x^2}\,\mathrm{d}z\mathrm{d}x, \tag{12.3.4}$$

其中 (S_{yz})和(S_{zx}) 分别是曲面(S)在 yz 平面和 zx 平面的投影.

例 12.3.2　计算曲面积分 $\iint\limits_{(S)} z\mathrm{d}S$，其中曲面$(S)$是圆锥 $z=\sqrt{x^2+y^2}$ 夹在平面 $z=1$ 和

$z=2$中间的部分.

解 (S)在 xOy 平面的投影为

$$(\sigma)=\{(x,y)\mid 1\leqslant x^2+y^2\leqslant 4\}.$$

则根据公式 (12.3.2)有

$$\begin{aligned}\iint_{(S)} z\mathrm{d}S &= \iint_{(\sigma)} \sqrt{x^2+y^2}\sqrt{1+\frac{x^2}{x^2+y^2}+\frac{y^2}{x^2+y^2}}\,\mathrm{d}x\mathrm{d}y \\ &= \sqrt{2}\iint_{(\sigma)}\rho\rho\,\mathrm{d}\rho\mathrm{d}\varphi = \sqrt{2}\int_0^{2\pi}\mathrm{d}\varphi\int_1^2\rho^2\mathrm{d}\rho \\ &= \frac{14}{3}\sqrt{2}\pi.\end{aligned}$$

例 12.3.3 求质量均匀分布的球面 $x^2+y^2+z^2=R^2$ 对其直径的转动惯量.

解 取直径为 z 轴并设面密度为 μ. 划分球面,将曲面面积微元 $\mathrm{d}S$ 上的质量集中到其上一点 $P(x,y,z)$. 则$(\mathrm{d}S)$对 z 轴的转动惯量为

$$\mathrm{d}I_z=(x^2+y^2)\mu\mathrm{d}S.$$

这就是转动惯量微元. 于是球面(S)对 z 轴的转动惯量为

$$I_z=\oint\!\!\!\oint_{(S)}(x^2+y^2)\mu\mathrm{d}S.$$

由被积函数和积分区域的对称性可知

$$I_z=2\iint_{(S_1)}(x^2+y^2)\mu\mathrm{d}S,\text{其中 }(S_1):z=\sqrt{R^2-x^2-y^2}.$$

应用式(11.4.4),可将曲面积分退化为二重积分:

$$I_z=2\mu\iint_{(S_1)}(x^2+y^2)\mathrm{d}S=2\mu\iint_{(\sigma)}(x^2+y^2)\frac{R}{\sqrt{R^2-x^2-y^2}}\mathrm{d}y\mathrm{d}x,(\sigma):x^2+y^2\leqslant R^2.$$

引入极坐标得

$$I_z=2\mu R\int_0^{2\pi}\int_0^R\frac{\rho^2}{\sqrt{R^2-\rho^2}}\rho\,\mathrm{d}\rho\mathrm{d}\varphi=\frac{8}{3}\mu\pi R^4.$$

因为球面质量为 $m=4\pi R^2\mu$,故

$$I_z=\frac{2}{3}mR^2.$$

例 12.3.4 求半径为 a 的球面面积.

解 由例 12.3.3 可知,此球面的参数方程为

$$\boldsymbol{r}(\theta,\varphi)=(a\sin\theta\cos\varphi,a\sin\theta\sin\varphi,a\cos\theta),(\theta,\varphi)\in D=[0,\pi]\times[0,2\pi].$$

由于

$$\boldsymbol{r}_\theta=(a\cos\theta\cos\varphi,a\cos\theta\sin\varphi,-a\sin\theta),$$

$$\boldsymbol{r}_\varphi=(-a\sin\theta\sin\varphi,a\sin\theta\cos\varphi,0),$$

计算得

$$\|\boldsymbol{r}_\theta \times \boldsymbol{r}_\varphi\| = a^2 \sin\theta,$$

因此

$$S = \iint_{(\sigma)} a^2 \sin\theta \mathrm{d}\theta \mathrm{d}\varphi = \int_0^{2\pi} \mathrm{d}\varphi \int_0^{\pi} a^2 \sin\theta \mathrm{d}\theta = 4\pi a^2.$$

例 12.3.5　求质量均匀分布的半径为 R，相角为 $3\pi/4$ 的球缺面的质心坐标(见图 12.3.1).

解　选取 θ 和 φ 作为参数.则所给球缺面的参数方程为

$$\boldsymbol{r} = \boldsymbol{r}(\theta, \varphi) = (R\sin\theta\cos\varphi, R\sin\theta\sin\varphi, R\cos\theta),$$

$$0 \leqslant \theta \leqslant \frac{3\pi}{4}, 0 \leqslant \varphi \leqslant 2\pi.$$

由对称性可知质心位于 z 轴上.在球缺面上任取一点 $P(x, y, z)$，含点 P 的曲面面积微元 $\mathrm{d}S$ 上的质量关于 xOy 平面的静力矩为

$$\mathrm{d}M_{xy} = z\mu \mathrm{d}S,$$

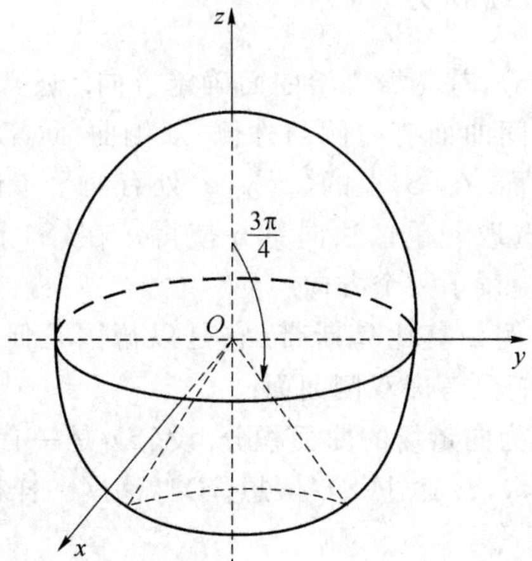

图 12.3.1

其中常数 μ 是面密度.则根据第一类曲面积分的概念及计算公式(12.3.1)可知，球缺面对 xOy 平面的静力矩为

$$M_{xy} = \mu \iint_{(S)} z \mathrm{d}S = \mu \iint_{(\sigma)} R\cos\theta \|\boldsymbol{r}_\theta \times \boldsymbol{r}_\varphi\| \mathrm{d}\theta \mathrm{d}\varphi,$$

其中

$$(\sigma) = \left\{ (\theta, \varphi) \mid 0 \leqslant \theta \leqslant \frac{3\pi}{4}, 0 \leqslant \varphi \leqslant 2\pi \right\}.$$

容易计算得

$$\| \boldsymbol{r}_\theta \times \boldsymbol{r}_\varphi \| = R^2 \sin\theta,$$

故

$$M_{xy} = \mu \iint\limits_{(\sigma)} R^3 \sin\theta\cos\theta \mathrm{d}\theta\mathrm{d}\varphi = \mu R^3 \int_0^{2\pi} \mathrm{d}\varphi \int_0^{\frac{3\pi}{4}} \sin\theta\cos\theta\mathrm{d}\theta = \frac{\pi}{2}\mu R^3.$$

球缺面的质量为

$$M = \mu \iint\limits_{(\sigma)} R^2 \sin\theta\mathrm{d}\theta\mathrm{d}\varphi = \mu R^2 \int_0^{2\pi} \mathrm{d}\varphi \int_0^{\frac{3\pi}{4}} \sin\theta\mathrm{d}\theta = (2+\sqrt{2})\pi\mu R^2.$$

因此球缺面质心垂直坐标为

$$\bar{z} = \frac{M_{xy}}{M} = \frac{R}{2(2+\sqrt{2})},$$

从而球缺面的质心坐标为

$$\left(0,0,\frac{R}{2(2+\sqrt{2})}\right).$$

12.3.2 对坐标的曲面积分

为定义对坐标的曲面积分，首先需要给曲面确定方向. 通常曲面有两个侧面，称这种曲面为**双侧曲面**. 例如，一简单闭曲面有内侧与外侧. 双侧曲面(S)在(S)上的任一点(x,y,z)(除边界上的点)都有一切平面. 在(S)上的(x,y,z)处有两个单位法向量$\boldsymbol{n}_1$和$\boldsymbol{n}_2=-\boldsymbol{n}_1$. 若在双侧曲面$(S)$的每一点处选取一单位法向量$\boldsymbol{n}$使得$\boldsymbol{n}$在$(S)$上连续变化，则称$(S)$为**有向曲面**并且所选取的$\boldsymbol{n}$为$(S)$提供了一个**方向**.

然而，也存在**单侧曲面**，例如**莫比乌斯带**(它是以德国几何学家莫比乌斯命名(1790—1868 年)的). 从现在开始我们只考虑双侧曲面.

对坐标的曲面积分**也称为向量场的曲面积分**. 设(S)是一有向曲面，其单位法向量为$\boldsymbol{n}$，一不可压缩流体以速度$\boldsymbol{v}(x,y,z)$流过(S)(假想(S)像渔网一样横穿溪流). 我们试求流体单位时间内通过曲面的流量.

将(S)分成n个小片$\Delta S_k(k=1,\cdots,n)$. 则ΔS_k近似平面，因此流体穿过ΔS_k的流量可近似为

$$\boldsymbol{v}(\xi_k,\eta_k,\zeta_k)\cdot\boldsymbol{n}(\xi_k,\eta_k,\zeta_k)\Delta S_k,$$

其中(ξ_k,η_k,ζ_k)是ΔS_k上任取的一点且ΔS_k也表示小片ΔS_k的面积. 将这些近似值相加并取极限可得：

$$\iint\limits_{(S)} \boldsymbol{v}(x,y,z)\cdot\boldsymbol{n}(x,y,z)\mathrm{d}S,$$

其物理解释为通过(S)的流量，称为**通量**. 若记$\boldsymbol{F}=\boldsymbol{v}$，则$\boldsymbol{F}$也是在$\mathbf{R}^3$上的向量场且基本变为

$$\iint\limits_{S} \boldsymbol{F}(x,y,z)\cdot\boldsymbol{n}(x,y,z)\mathrm{d}S.$$

物理中经常出现这种形式的曲面积分. 因此我们给出下列定义.

定义 12.3.6(第二类曲面积分,对坐标的曲面积分,向量场的曲面积分]). 设 (S)是一有向光滑曲面,其单位法向量为 $\boldsymbol{n}$ 且 $\boldsymbol{F}$ 是定义在(S)上的向量场. 则$\boldsymbol{F}$ **在**(S)上的曲面积分为

$$\iint\limits_{(S)}\boldsymbol{F}(x,y,z)\cdot \mathrm{d}\boldsymbol{S}=\iint\limits_{(S)}\boldsymbol{F}(x,y,z)\cdot \boldsymbol{n}\mathrm{d}S=\lim_{d\to 0}\sum_{k=1}^{n}\boldsymbol{F}(\xi_k,\eta_k,\zeta_k)\cdot \boldsymbol{n}(\xi_k,\eta_k,\zeta_k)\Delta S_k. \tag{12.3.5}$$

换句话说,我们定义向量场 $\boldsymbol{F}$ 在(S)上的曲面积分为它的法向分量在(S)上对面积的曲面积分. 这里 $\mathrm{d}\boldsymbol{S}=\boldsymbol{n}\mathrm{d}S$ 称为**有向面积微元**. 此积分也称为 $\boldsymbol{F}$ 穿过(S)的**通量**.

式(12.3.5)是向量场曲面积分的向量形式. 它也可以用坐标形式表示. 设

$$\boldsymbol{F}(x,y,z)=(P(x,y,z),Q(x,y,z),R(x,y,z)),$$

$$\boldsymbol{n}=(\cos\alpha,\cos\beta,\cos\gamma).$$

则 $\mathrm{d}\boldsymbol{S}=(\cos\alpha\mathrm{d}S,\cos\beta\mathrm{d}S,\cos\gamma\mathrm{d}S)$,如图 12.3.2 和图 12.3.3 所示. $\cos\alpha\mathrm{d}S$, $\cos\beta\mathrm{d}S$ 和 $\cos\gamma\mathrm{d}S$ 分别是 $\mathrm{d}S$ 在 yz 平面, zx 平面和 xy 平面的投影. 分别记为 $\mathrm{d}y\mathrm{d}z$, $\mathrm{d}z\mathrm{d}x$ 和 $\mathrm{d}x\mathrm{d}y$,即

$$\mathrm{d}\boldsymbol{S}=(\mathrm{d}y\mathrm{d}z,\mathrm{d}z\mathrm{d}x,\mathrm{d}x\mathrm{d}y).$$

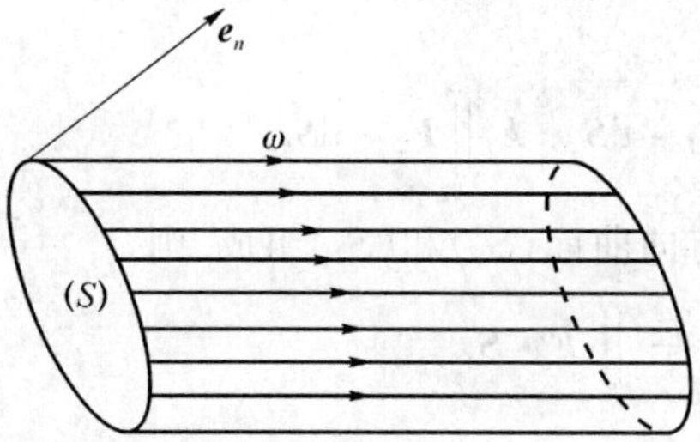

图 12.3.2

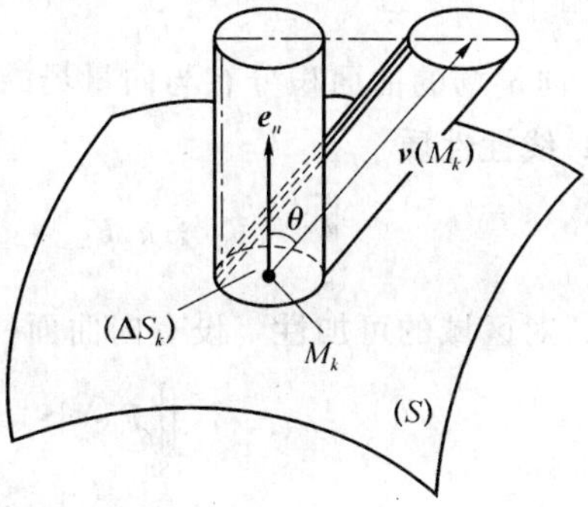

图 12.3.3

有时也可记为

$$\mathrm{d}\boldsymbol{S}=(\mathrm{d}y\wedge\mathrm{d}z,\mathrm{d}z\wedge\mathrm{d}x,\mathrm{d}x\wedge\mathrm{d}y).$$

因此公式(12.3.5)写成坐标形式如下

$$\begin{aligned}&\iint\limits_{(S)}[P(x,y,z)\mathrm{d}y\mathrm{d}z+Q(x,y,z)\mathrm{d}z\mathrm{d}x+R(x,y,z)\mathrm{d}x\mathrm{d}y]\\&=\iint\limits_{(S)}[P(x,y,z)\cos\alpha+Q(x,y,z)\cos\beta+R(x,y,z)\cos\gamma]\mathrm{d}S,\end{aligned}\tag{12.3.6}$$

具体地

$$\iint\limits_{(S)}P(x,y,z)\mathrm{d}y\mathrm{d}z=\iint\limits_{(S)}P(x,y,z)\cos\alpha\mathrm{d}S,$$

$$\iint\limits_{(S)}Q(x,y,z)\mathrm{d}z\mathrm{d}x=\iint\limits_{(S)}Q(x,y,z)\cos\beta\mathrm{d}S,$$

$$\iint_{(S)} R(x,y,z)\mathrm{d}x\mathrm{d}y = \iint_{(S)} R(x,y,z)\cos\gamma \mathrm{d}S. \tag{12.3.7}$$

此时我们称 $\iint_{(S)} P(x,y,z)\mathrm{d}y \wedge \mathrm{d}z$ 为 **P 在(S)上对 y 和 z 的曲面积分**，称 $\iint_{(S)} Q(x,y,z)\mathrm{d}z \wedge \mathrm{d}x$ 为**Q 在(S)上对 z 和 x 的曲面积分**，且称 $\iint_{(S)} R(x,y,z)\mathrm{d}x \wedge \mathrm{d}y$ 为**R 在(S)上对 x 和 y 的曲面积分**.式(12.3.6)和式(12.3.7)给出了两类曲面积分的关系.

存在性 若 $\boldsymbol{F}$ 在有向光滑曲面(S)上为一连续的向量场，则 $\boldsymbol{F}$ 在(S)上的曲面积分必存在，这是因为 $\boldsymbol{F}$ 的法向分量 $\boldsymbol{F}\cdot\boldsymbol{n}$ 在(S)上连续.

分段光滑的情况 若(S)为一分片光滑曲面.即(S)是有限个有向光滑曲面(S_1)，(S_2)，…，(S_n)的集合.则我们定义 $\boldsymbol{F}$ 在(S)上的曲面积分为 $\boldsymbol{F}$ 在(S)上的每一个有向光滑曲面片上的曲面积分的和：

$$\iint_{(S)} \boldsymbol{F}\cdot\boldsymbol{n}\mathrm{d}S = \iint_{(S_1)} \boldsymbol{F}\cdot\boldsymbol{n}\mathrm{d}\boldsymbol{S} + \iint_{(S_2)} \boldsymbol{F}\cdot\boldsymbol{n}\mathrm{d}S + \cdots + \iint_{(S_n)} \boldsymbol{F}\cdot\boldsymbol{n}\,\mathrm{d}S.$$

性质 向量场的曲面积分有与向量场的曲线积分类似的性质.

1. **线性性质**

$$\iint_{(S)} [k_1\boldsymbol{F}_1 + k_2\boldsymbol{F}_2]\cdot\mathrm{d}\boldsymbol{S} = k_1\iint_{(S)} \boldsymbol{F}_1\cdot\mathrm{d}\boldsymbol{S} + k_2\iint_{(S)} \boldsymbol{F}_2\cdot\mathrm{d}\boldsymbol{S}.$$

2. **对区域的可加性** 设有向曲面(S)由两个有向曲面(S_1)和(S_2)组成.则

$$\iint_{(S)} \boldsymbol{F}\cdot\mathrm{d}\boldsymbol{S} = \iint_{(S_1)} \boldsymbol{F}\cdot\mathrm{d}\boldsymbol{S} + \iint_{(S_2)} \boldsymbol{F}\cdot\boldsymbol{S}.$$

3. **方向性** 若$(-S)$表示与(S)含有相同点但只有法向量方向相反的曲面，则我们有

$$\iint_{(-S)} \boldsymbol{F}\cdot\mathrm{d}\boldsymbol{S} = -\iint_{(S)} \boldsymbol{F}\cdot\mathrm{d}\boldsymbol{S}.$$

下面我们考虑对面积的曲面积分的计算.

首先我们考虑由方程 $z=z(x,y)$，$(x,y)\in(S_{xy})$给出的曲面(S)的情况.此时(S)上点 $M(x,y,z)$处的单位法向量为

$$\boldsymbol{n} = \pm\frac{(-z_x,-z_y,1)}{\sqrt{z_x^2+z_y^2+1}}.$$

这里“±”的选取取决于(S)的方向.若有向曲面(S)的方向向上，则我们选取“+”号，这是因为单位法向量对应正的 $\boldsymbol{k}$ 分量，否则，我们选取“−”号.若 $\boldsymbol{F}(x,y,z)=P(x,y,z)\boldsymbol{i}+Q(x,y,z)\boldsymbol{j}+R(x,y,z)\boldsymbol{k}$，则

$$\boldsymbol{F}\cdot\boldsymbol{n} = \frac{-Pz_x - Qz_y + R}{\sqrt{z_x^2+z_y^2+1}}.$$

若我们对面积的曲面积分应用式(12.3.2)，可得

$$\iint\limits_{(S)} \boldsymbol{F}\cdot \mathrm{d}\boldsymbol{S}=\iint\limits_{(S)} P(x,y,z)\mathrm{d}y\mathrm{d}z+Q(x,y,z)\mathrm{d}z\mathrm{d}x+R(x,y,z)\mathrm{d}x\mathrm{d}y=\iint\limits_{(S)} \boldsymbol{F}\cdot \boldsymbol{n}\mathrm{d}S$$

$$=\pm\iint\limits_{(S_{xy})}\frac{-P(x,y,z(x,y))z_x(x,y)-Q(x,y,z(x,y))z_y(x,y)+R(x,y,z(x,y))}{\sqrt{z_x^2+z_y^2+1}}$$

$$\sqrt{z_x^2+z_y^2+1}\,\mathrm{d}x\mathrm{d}y$$

$$=\pm\iint\limits_{(S_{xy})}[-P(x,y,z(x,y))\,z_x(x,y)-Q(x,y,z(x,y))\,z_y(x,y)+R(x,y,z(x,y))]\mathrm{d}x\mathrm{d}y.$$

$$\iint\limits_{(S)} \boldsymbol{F}\cdot \mathrm{d}(\boldsymbol{S})=\iint\limits_{(S)} P(x,y,z)\mathrm{d}y\mathrm{d}z+Q(x,y,z)\mathrm{d}z\mathrm{d}x+R(x,y,z)\mathrm{d}x\mathrm{d}y$$

$$=\pm\iint\limits_{(S_{xy})}[-P(x,y,z(x,y))\,z_x(x,y)-Q(x,y,z(x,y))\,z_y(x,y)$$

$$+R(x,y,z(x,y))]\mathrm{d}x\mathrm{d}y. \tag{12.3.8}$$

其中，(S_{xy})是(S)在 xOy 平面的投影. 且“±”号的选择取决于(S)的方向，若(S)的方向向上，我们选取“+”号，否则选取“−”号.

特别地，由式(12.3.8)，有

$$\iint\limits_{(S)} R(x,y,z)\mathrm{d}x\mathrm{d}y=\pm\iint\limits_{(S_{xy})} R(x,y,z(x,y))\mathrm{d}x\mathrm{d}y.$$

类似地，

$$\iint\limits_{(S)} P(x,y,z)\mathrm{d}y\mathrm{d}z=\pm\iint\limits_{(S_{yz})} P(x(y,z),y,z)\mathrm{d}y\mathrm{d}z,$$

$$\iint\limits_{(S)} Q(x,y,z)\mathrm{d}z\mathrm{d}x=\pm\iint\limits_{(S_{zx})} Q(x,y(z,x),z)\mathrm{d}z\mathrm{d}x.$$

其中(S_{yz}) 是(S)在 yOz 平面的投影，(S_{zx})是(S)在 zOx 平面的投影.

例 12.3.7　计算曲面积分 $I=\oiint\limits_{(S)} z\mathrm{d}x\mathrm{d}y$，其中 (S)是由第一卦限内的 $x^2+y^2+z^2=R^2$ 及三坐标平面所围城的立体的边界曲面的外侧(见图 12.3.4).

解　将(S)分成四部分：球面部分(S_1)以及分别位于 xOy，yOz 和 zOx 平面的(S_2)，(S_3) 和(S_4)，它们的法向量都指向(S)的外侧.

(S_1)的方程为

$$z=\sqrt{R^2-x^2-y^2},$$

它在 xOy 平面的投影是区域$(S_{xy})=\{(x,y)\mid x^2+y^2\leqslant R^2,x\geqslant 0,y\geqslant 0\}$.

注意到法向量是向上的，因此我们有

$$\iint\limits_{(S_1)} z\mathrm{d}x \wedge \mathrm{d}y = \iint\limits_{(S_{xy})} \sqrt{R^2 - x^2 - y^2}\,\mathrm{d}x\mathrm{d}y = \frac{1}{6}\pi R^3.$$

(S_2)的方程为 $z=0$. 投影区域仍未(S_{xy})，此时，(S_2)的法向量朝下，因此

$$\iint\limits_{(S_2)} z\mathrm{d}x \wedge \mathrm{d}y = -\iint\limits_{(S_{xy})} 0\mathrm{d}x\mathrm{d}y = 0.$$

由于(S_3)与(S_4)的法向量 $\boldsymbol{n}$ 都垂直与 z 轴，它们在 xOy 平面的投影为零，即 $\mathrm{d}x\mathrm{d}y=0$，因此在这两个曲面上关于 z 的曲面积分的值都为零. 故

$$I=\frac{1}{6}\pi R^3.$$

例 12.3.8 计算 $I=\oiint\limits_{(S)}[x^2+y^2]\mathrm{d}y \wedge \mathrm{d}z+z\mathrm{d}x \wedge \mathrm{d}y$，其中 (S) 由柱面 $x^2+y^2=R^2$ 和平面 $z=0, z=H(H>0)$所围立体的边界曲面的外侧.

解 将(S)分成三部分：柱面(S_1)，底面(S_2)及顶(S_3)（见图 12.3.5）.

我们先计算积分 $\oiint\limits_{(S)}[x^2+y^2]\mathrm{d}y \wedge \mathrm{d}z$. 其中 $\mathrm{d}y \wedge \mathrm{d}z$ 表明(S)应投影到 yOz 平面，因此我们需将柱面(S_1)分成前后两个部分，分别记为(S_{11})和(S_{12}). 它们的方程分别为

$$x=\sqrt{R^2-y^2}, x=-\sqrt{R^2-y^2}, |y| \leqslant R.$$

(S_{11})与(S_{12})在 yOz 平面的投影都是

$$(S_{yz})=\{(y,z) \mid |y| \leqslant R, 0 \leqslant z \leqslant H\}.$$

根据假设(S_{11})，(S_{12})的法向量与 x 轴夹角分别是锐角和钝角；注意到(S_2)和(S_3)的法向量都垂直于 x 轴，因此它们在 yOz 平面的投影都是零. 从而

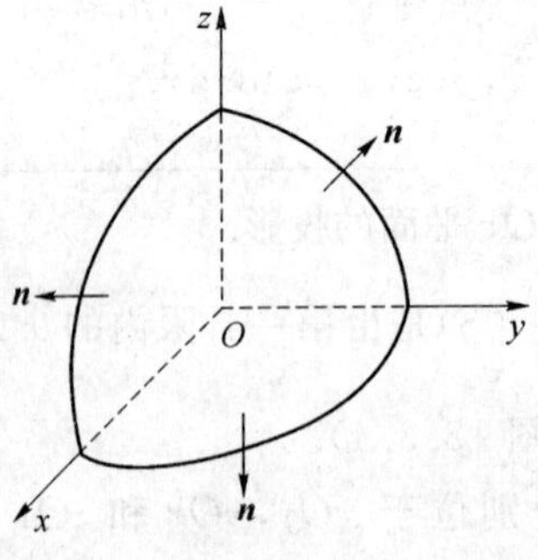

图 12.3.4

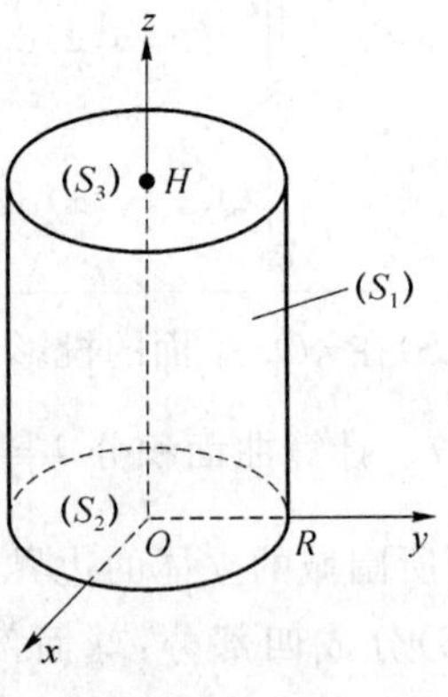

图 12.3.5

$$\oiint\limits_{(S)}[x^2+y^2]\mathrm{d}y \wedge \mathrm{d}z = \iint\limits_{(S_{11})}[x^2+y^2]\mathrm{d}y \wedge \mathrm{d}z + \iint\limits_{(S_{12})}[x^2+y^2]\mathrm{d}y \wedge \mathrm{d}z + \iint\limits_{(S_2)}[x^2+y^2]\mathrm{d}y \wedge \mathrm{d}z + \iint\limits_{(S_3)}[x^2+y^2]\mathrm{d}y \wedge \mathrm{d}z$$

$$= \iint\limits_{(S_{yz})} [(R^2 - y^2) + y^2]\mathrm{d}y\mathrm{d}z - \iint\limits_{(S_{yz})} [(R^2 - y^2) + y^2]\mathrm{d}y\mathrm{d}z$$
$$= 0.$$

现在计算积分 $\oiint\limits_{(S)} z\mathrm{d}x \wedge \mathrm{d}y$. $\mathrm{d}x \wedge \mathrm{d}y$ 表明(S)被投影到 xOy 平面. 由于柱面(S_1)的法向量垂直与 z 轴,(S_1)在 xOy 平面的投影为. (S_2)和(S_3)在 xOy 平面的投影都是区域:

$$(S_{xy}) = \{(x,y) \mid x^2 + y^2 \leqslant R^2\}.$$

注意到(S_2)的法向量向下而(S_3)的法向量向上,有

$$\oiint\limits_{(S)} z\mathrm{d}x \wedge \mathrm{d}y = \iint\limits_{(S_2)} z\mathrm{d}x \wedge \mathrm{d}y + \iint\limits_{(S_3)} z\mathrm{d}x \wedge \mathrm{d}y$$
$$= -\iint\limits_{(S_{xy})} 0\mathrm{d}x\mathrm{d}y + \iint\limits_{(S_{xy})} H\mathrm{d}x\mathrm{d}y$$
$$= \pi R^2 H.$$

因此,

$$I = \pi R^2 H.$$

例 12.3.9 求向量场 $\boldsymbol{r} = \{x, y, z\}$穿过有向曲面$(S)$的通量,其中

(1) (S) 是球面 $x^2 + y^2 + z^2 = 1$ 的外侧;

(2) (S) 是由 $z = \sqrt{x^2 + y^2}$ 和平面 $z = 1$ 所围空间区域边界曲面的外侧.

解　用矢量运算直接求通量 Φ 十分方便. 根据通量的定义得

$$\Phi = \oiint\limits_{(S)} \boldsymbol{r} \cdot \mathrm{d}\boldsymbol{S} = \oiint\limits_{(S)} \boldsymbol{r} \cdot \boldsymbol{e}_n \mathrm{d}S.$$

(1) 当 (S) 为球面时,由于 $\boldsymbol{r}$ 与 $\boldsymbol{e}_n$ 平行且方向相同,

$$\boldsymbol{r} \cdot \boldsymbol{e}_n = \| \boldsymbol{r} \| = 1,$$

因此

$$\Phi = \oiint\limits_{(S)} \mathrm{d}S = 4\pi.$$

(2) 将 (S) 分成两部分:圆锥部分(S_1)和顶部(S_2)(见图 12.3.6). 在锥面(S_1)上,由于$\boldsymbol{r} \perp \boldsymbol{e}_n$, $\boldsymbol{r} \cdot \boldsymbol{e}_n = \boldsymbol{0}$.

故

$$\iint\limits_{(S_1)} \boldsymbol{r} \cdot \mathrm{d}S = \iint\limits_{(S_1)} \boldsymbol{r} \cdot \boldsymbol{e}_n \mathrm{d}S = 0.$$

在顶面(S_2)上,由于

$$\boldsymbol{r} \cdot \boldsymbol{e}_n = (x, y, 1) \cdot (0, 0, 1) = 1,$$

有

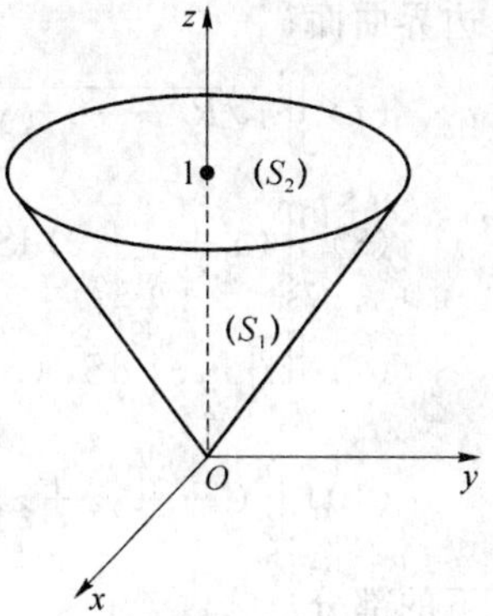

图 12.3.6

$$\iint\limits_{(S_2)} \boldsymbol{r} \cdot \mathrm{d}\boldsymbol{S} = \iint\limits_{(S_1)} \mathrm{d}S = \pi.$$

因此

$$\Phi = \oiint\limits_{(S)} \boldsymbol{r} \cdot \mathrm{d}\boldsymbol{S} = \pi.$$

习题 12.3

A

1. 计算下列曲面积分：

(1) $\iint\limits_{(S)} (2x+3y+4z)\mathrm{d}S$，$(S)$是平面$\dfrac{x}{2}+\dfrac{y}{3}+\dfrac{z}{4}=1(x\geqslant 0, y\geqslant 0, z\geqslant 0)$；

(2) $\oiint\limits_{(S)} \dfrac{1}{(1+x+y)^2}\mathrm{d}S$，$(S)$ 是由 $x+y+z=1, x=0, y=0$ 及 $z=0$ 围成立体的边界曲面；

(3) $\oiint\limits_{(S)} (x^2+y^2+z^2)\mathrm{d}S$，$(S)$ 是球面 $x^2+y^2+z^2=1$；

(4) $\iint\limits_{(S)} z\mathrm{d}S$，$(S)$ 是曲面 $z=\dfrac{1}{2}(x^2+y^2)$被平面 $z=0$ 及 $z=1$ 所夹的部分；

(5) $\oiint\limits_{(S)} (x^2+y^2)\mathrm{d}S$，$(S)$ 是区域$(\mathrm{V})=\{(x,y,z)\mid\sqrt{x^2+y^2}\leqslant z\leqslant 1\}$的边界曲面；

(6) $\oiint\limits_{(S)} (x^2+y^2+z^2)\mathrm{d}S$，$(S)$ 是区域$(V)=\{(x,y,z)\mid x^2+y^2\leqslant R^2, 0\leqslant z\leqslant h(h>0)\}$的边界曲面；

(7) $\iint\limits_{(S)} \sqrt{R^2-x^2-y^2}\,\mathrm{d}S$，$(S)$ 是上半球面 $z=\sqrt{R^2-x^2-y^2}$；

(8) $\iint\limits_{(S)} (x+y+z)\mathrm{d}S$，$(S)$ 是半球面 $z=\sqrt{1-x^2+y^2}$位于平面 $z=\dfrac{1}{2}$上边的部分；

(9) $\iint\limits_{(S)} |xyz|\,\mathrm{d}S$，$(S)$是曲面 $z=x^2+y^2$ 位于平面 $z=1$ 下边的部分；

(10) $\iint\limits_{(S)} (xy+yz+zx)\mathrm{d}S$，$(S)$ 是圆锥面 $z=\sqrt{x^2+y^2}$被曲面 $x^2+y^2=2ax\ (a>0)$所截下的部分.

2. 一形为悬链线的曲线 $y=\dfrac{a}{2}(\mathrm{e}^{\frac{x}{a}}+\mathrm{e}^{-\frac{x}{a}})$，曲线上任一点的线密度与该点的纵坐标成正比，且在点$(0,a)$处的密度为 μ. 求该曲线横坐标在 $x_1=0$ 与 $x_2=a$ 之间部分的质量.

3. 一球面三角形 $x^2+y^2+z^2=a^2, x\geqslant 0, y\geqslant 0, z\geqslant 0$,

(1) 求球面三角形边界的中心坐标(即密度为 1 的质心 1);

(2) 求球面三角形的中心坐标.

4. 设平面 π 是椭圆面$(S)=\left\{(x,y,z)\,\middle|\,\dfrac{x^2}{a^2}+\dfrac{y^2}{b^2}+\dfrac{z^2}{c^2}=1\right\}$在点 $P(x,y,z)$处的切平面,且 R 是 $O(0,0,0)$到平面 π 的距离. 证明 $\oiint\limits_{(S)} R\mathrm{d}S=4\pi abc$.

5. 将下列第二类曲面积分化为累次积分:

(1) $\iint\limits_{(S)} \dfrac{\mathrm{e}^x}{\sqrt{x^2+y^2}}\mathrm{d}x\wedge\mathrm{d}y$, (S)是锥面 $z=\sqrt{x^2+y^2}$ 被平面 $z=1$ 和 $z=2$ 截下部分的外侧;

(2) $\oiint\limits_{(S)}[(x+y+z)\mathrm{d}x\wedge\mathrm{d}y+(y-z)\mathrm{d}y\wedge\mathrm{d}z]$, (S)是三坐标平面和平面 $x=1, y=1, z=1$ 围成的四面体的边界的外侧.

6. 计算下列曲面积分:

(1) $\iint\limits_{(S)} y^2z\mathrm{d}x\wedge\mathrm{d}y$, (S) 是半球面 $x^2+y^2+z^2=R^2\,(z\geqslant 0)$的外侧;

(2) $\iint\limits_{(S)} x^2\mathrm{d}y\wedge\mathrm{d}z$, (S) 是球面 $x^2+y^2+z^2=4$ 的外侧;

(3) $\iint\limits_{(S)} \dfrac{z^2}{x^2+y^2}\mathrm{d}x\wedge\mathrm{d}y$, (S) 是半球面 $z=\sqrt{2ax-x^2-y^2}$ 被柱面 $x^2+y^2=a^2$ 截下部分的上侧;

(4) $\iint\limits_{(S)} x\mathrm{d}y\wedge\mathrm{d}z+y\mathrm{d}z\wedge\mathrm{d}x$, (S)是柱面 $x^2+y^2=1$ 被平面 $z=0$ 和 $z=3$ 截下部分的外侧;

(5) $\iint\limits_{(S)}[(z^2+x)\mathrm{d}y\wedge\mathrm{d}z-z\mathrm{d}x\wedge\mathrm{d}y]$, (S) 是曲面 $z=\dfrac{1}{2}(x^2+y^2)$ 夹在平面 $z=0$ 和 $z=2$ 之间部分的下侧;

(6) $\iint\limits_{(S)}[-y\mathrm{d}z\wedge\mathrm{d}x+(z+1)\mathrm{d}x\wedge\mathrm{d}y]$, (S) 是柱面 $x^2+y^2=4$ 被平面 $z=0$ 和 $x+z=2$ 截下部分的外侧;

(7) $\oiint\limits_{(S)}(xy\mathrm{d}y\wedge\mathrm{d}z+yz\mathrm{d}z\wedge\mathrm{d}x+zx\mathrm{d}x\wedge\mathrm{d}y)$, (S) 是由 $x=0, y=0, z=0$ 和 $x+y+z=1$ 围成的四面体的边界的外侧;

(8) $\iint\limits_{(S)}[(y-z)\mathrm{d}y\wedge\mathrm{d}z+(z-x)\mathrm{d}z\wedge\mathrm{d}x+(x-y)\mathrm{d}x\wedge\mathrm{d}y]$, (S) 是圆锥面 $z^2=x^2+y^2\,(0\leqslant z\leqslant b)$的外侧;

(9) $\iint\limits_{(S)}(x^2\mathrm{d}y\wedge\mathrm{d}z+y^2\mathrm{d}z\wedge\mathrm{d}x+z^2\mathrm{d}x\wedge\mathrm{d}y)$, (S)是球面$(x-1)^2+(y-1)^2+(z-1)^2=1$

的外侧；

(10) $\iint\limits_{(S)}\{[f(x,y,z)+x]\mathrm{d}y\wedge\mathrm{d}z+[2f(x,y,z)+y]\mathrm{d}z\wedge\mathrm{d}x+[f(x,y,z)+z]\mathrm{d}x\wedge\mathrm{d}y\}$，$(S)$ 是平面 $x-y+z=1$ 位于第四卦限部分的上侧，f 是一连续函数.

7. 计算 $\iint\limits_{(S)}\boldsymbol{F}\cdot\mathrm{d}\boldsymbol{S}$，其中

(1) $\boldsymbol{F}=x\boldsymbol{i}+y\boldsymbol{j}+z\boldsymbol{k}$，$(S)$ 是球面 $x^2+y^2+z^2=a^2$ 的外侧；

(2) $\boldsymbol{F}=y\boldsymbol{i}-x\boldsymbol{j}+z^2\boldsymbol{k}$，$(S)$是圆锥面 $z=\sqrt{x^2+y^2}$ 落在$0\leqslant x\leqslant 1$和 $0\leqslant y\leqslant 1$ 部分的下侧；

(3) $\boldsymbol{F}=\dfrac{x\boldsymbol{i}+y\boldsymbol{j}+z\boldsymbol{k}}{x^2+y^2+z^2}$，$(S)$ 是上半球面 $z=\sqrt{R^2-x^2-y^2}$ 的下侧.

8. 求向量场 $\boldsymbol{r}=(x,y,z)$穿过一下曲面的通量：

(1) 圆柱体 $x^2+y^2\leqslant a^2(0\leqslant z\leqslant h)$的侧面的外侧；

(2) 以上圆柱体的所有表明的外侧.

9. 将第二类曲面积分 $\iint\limits_{(S)}[P(x,y,z)\mathrm{d}y\wedge\mathrm{d}z+Q(x,y,z)\mathrm{d}z\wedge\mathrm{d}x+R(x,y,z)\mathrm{d}x\wedge\mathrm{d}y]$ 化为第一类曲面积分，其中(S)为

(1) 平面 $3x+2y+z=6$ 位于第一卦限部分的上侧；

(2) 抛物面 $z=8-(x^2+y^2)$落在 xOy 平面上面部分的下侧.

B

1. 计算曲面积分：

(1) $\iint\limits_{(S)}z\mathrm{d}S$，$(S)$螺旋面部分：$x=\mu\cos\theta, y=\mu\sin\theta, z=\theta\ (0\leqslant\mu\leqslant a, 0\leqslant\theta\leqslant 2\pi)$；

(2) $\iint\limits_{(S)}z^2\mathrm{d}S$，$(S)$ 圆锥面部分：$x=r\cos\varphi\sin\alpha, y=r\sin\varphi\sin\alpha, z=r\cos\alpha\ (0\leqslant r\leqslant a, 0\leqslant\varphi\leqslant 2\pi)$，且 α 是常数$\left(0<\alpha<\dfrac{\pi}{2}\right)$；

(3) $\iint\limits_{(S)}\dfrac{x\mathrm{d}y\wedge\mathrm{d}z+z^2\mathrm{d}x\wedge\mathrm{d}y}{x^2+y^2+z^2}$，其中 (S)是由曲面 $x^2+y^2=R^2$ 和平面 $z=R, z=-R\ (R>0)$ 所围的空间区域的边界的外侧.

2. 设球面(S)的半径为 R 且球心位于给定球面 $x^2+y^2+z^2=a^2(a>0)$上. 求 R 的值使得(S)位于给定球面的内部的面积最大.

3. 设(S)是上半椭圆面$\dfrac{x^2}{2}+\dfrac{y^2}{2}+z^2=1$，取一点 $P(x,y,z)\in(S)$. 设 π 为(S)在点 P 处的切平面并设$\rho(x,y,z)$是点 $O(0,0,0)$到平面 π 的距离. 求 $\iint\limits_{(S)}\dfrac{z}{\rho(x,y,z)}\mathrm{d}S$.

4. 求圆锥面$\frac{x^2}{a^2}+\frac{y^2}{a^2}-\frac{z^2}{b^2}=0$ $(0\leqslant z\leqslant b, a>0)$，对 z 轴的转动惯量，其中密度是常数 μ.

5. 求以 R 为半径，$2h$ 为高的质量均匀分布的直圆柱体对以下各线的转动惯量：

(1) 中心轴；

(2) 圆柱体中间横截面的直径；

(3) 底面的直径.

6. 设半径为 r 的小球 B 的中心在一半径为 a 的给定小球的表面上，求 r 使得小球 B 的表面落在给定小球内部的面积最大.

7. 设 $P(x,y,z)$，$Q(x,y,z)$，$R(x,y,z)$都是连续函数，M 为 $\sqrt{P^2+Q^2+R^2}$ 的最大值，且 (S)是光滑曲面其面积 S. 证明

$$\left|\iint_{(S)} P(x,y,z)\mathrm{d}y\wedge\mathrm{d}z+Q(x,y,z)\mathrm{d}z\wedge\mathrm{d}x+R(x,y,z)\mathrm{d}x\wedge\mathrm{d}y\right|\leqslant MS.$$

12.4 高斯公式

在第 12.2 节，我们介绍了计算平面封闭曲线上的曲线积分与其围成区域上的二重积分联系的格林公式，本节我们将介绍格林公式在三维空间上的推广——高斯公式，该公式给出了空间封闭曲面上的曲面积分与其围成的立体上的三重积分的联系式.

定理 12.4.1 (高斯公式). 设空间区域(V)的边界是一分片光滑的简单闭曲面(S)的外侧，并设向量场 $\boldsymbol{F}=(P(x,y,z),Q(x,y,z),R(x,y,z))\in C^{(1)}((V))$. 则

$$\iiint_{(V)}\left(\frac{\partial P}{\partial x}+\frac{\partial Q}{\partial y}+\frac{\partial R}{\partial z}\right)\mathrm{d}V=\oint\!\!\!\oint_{(S)} P\mathrm{d}y\mathrm{d}z+Q\mathrm{d}z\mathrm{d}x+R\mathrm{d}x\mathrm{d}y. \qquad (12.4.1)$$

证明　我们只证明

$$\iiint_{(V)}\frac{\partial R}{\partial z}\mathrm{d}V=\oint\!\!\!\oint_{(S)} R\mathrm{d}x\mathrm{d}y, \qquad (12.4.2)$$

这是因为式(12.4.1)中的其他两项的证明与这一项是类似的. 我们分两步证明式(12.4.2).

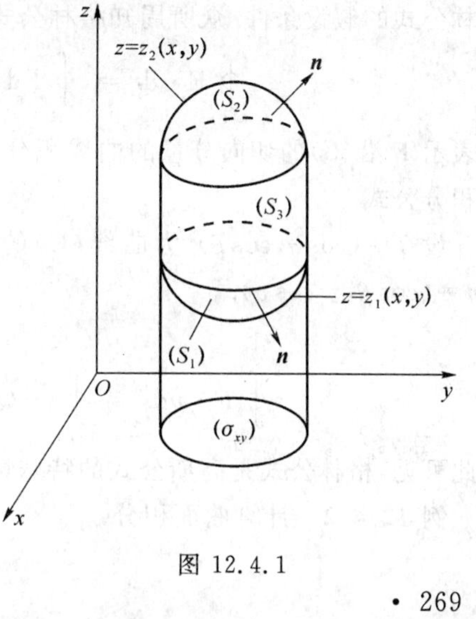

图 12.4.1

步骤 1. 设空间区域(V)是一 xy 型区域，其边界曲面(S)包含三片：底面(S_1)，顶(S_2)，及一大概的垂直面(S_3)（见图 12.4.1），即

$(V)=\{(x,y,z)\mid z_1(x,y)\leqslant z\leqslant z_2(x,y),$
$(x,y)\in(\sigma xy)\}$，

其中 (σ_{xy})是(V)在 xOy 平面的投影. 则

$$\iiint_{(V)} \frac{\partial R}{\partial z}\mathrm{d}V = \iint_{(\sigma_{xy})} \mathrm{d}\sigma \int_{z_1(x,y)}^{z_2(x,y)} \frac{\partial R}{\partial z}\mathrm{d}z$$
$$= \iint_{(\sigma_{xy})} \{R[x,y,z_2(x,y)] - R[x,y,z_1(x,y)]\}\mathrm{d}\sigma.$$

另外，曲面积分

$$\oiint_{(S)} R\mathrm{d}x\mathrm{d}y = \iint_{(S_2)} R\mathrm{d}x\mathrm{d}y + \iint_{(S_3)} R\mathrm{d}x\mathrm{d}y + \iint_{(S_1)} R\mathrm{d}x\mathrm{d}y$$
$$= \iint_{(\sigma_{xy})} R[x,y,z_2(x,y)]\mathrm{d}\sigma + 0 + \iint_{(\sigma_{xy})} -R[x,y,z_1(x,y)]\mathrm{d}\sigma$$
$$= \iint_{(\sigma_{xy})} \{R[x,y,z_2(x,y)] - R[x,y,z_1(x,y)]\}\mathrm{d}\sigma.$$

因此，当(V)是 xy 型区域时，公式(12.4.2)成立.

步骤 2. 若(V)不是 xy 型区域，我们可将区域(V)划分成若干子区域使得每一个子区域都是 xy 型区域. 对每一个子区域都应用上面步骤 1 的结论，并将它们相加，可证明公式(12.4.2)成立.

注 若空间区域(V)的边界是曲面(S)且(S)包含若干分片光滑的简单闭曲面，则高斯公式在区域(V)上仍成立.

应用算子的运算，高斯公式可化简成向量形式：

$$\iiint_{(V)} \Delta \cdot \boldsymbol{F}\mathrm{d}V = \oiint_{(+S)} \Delta \boldsymbol{F} \cdot \mathrm{d}\boldsymbol{S}, \tag{12.4.3}$$

其中 $(+S)$表示(V)的边界曲面(S)的向外的方向.

高斯公式的另一种形式 设平面区域(σ)，其边界曲线为(C)，且向量场 $\boldsymbol{F}=(P,Q)$ 满足格林公式的假设条件. 众所周知格林公式为

$$\oint_{(+C)} \boldsymbol{F} \cdot \mathrm{d}\boldsymbol{r} = \oint_{(+C)} P\mathrm{d}x + Q\mathrm{d}y = \iint_{(\sigma)} \left(\frac{\partial Q}{\partial x} - \frac{\partial P}{\partial y}\right)\mathrm{d}x\mathrm{d}y.$$

它表示 $\boldsymbol{F}$ 沿(C)的切向分量的曲线积分. 现在我们推导类似结论：$\boldsymbol{F}$ 沿(C)的法向分量的曲线积分公式.

设 $\boldsymbol{T}=(\cos\alpha,\cos\beta)$ 为曲线(C)的正向单位切向量，则(C)的向外单位法向量 $\boldsymbol{n}$ 必为$\boldsymbol{n}=(\cos\beta,-\cos\alpha)$.

故

$$\oint_{(+C)} \boldsymbol{F} \cdot \boldsymbol{n}\mathrm{d}s = \oint_{(+C)} -Q\mathrm{d}x + P\mathrm{d}y = \iint_{(\sigma)} \left(\frac{\partial P}{\partial x} + \frac{\partial Q}{\partial y}\right)\mathrm{d}x\mathrm{d}y.$$

由此可见，格林公式是高斯公式的特殊情形.

例 12.4.2 计算曲面积分

$$I=\iint\limits_{(S)}[x^3\mathrm{d}y\wedge\mathrm{d}z+y^3\mathrm{d}z\wedge\mathrm{d}x+(z^3+x^2+y^2)\mathrm{d}x\wedge\mathrm{d}y],$$

其中 (S)为：

(1) 球面 $x^2+y^2+z^2=R^2$ 的外侧；

(2) 上半球面 $z=\sqrt{R^2-x^2-y^2}$的上侧.

解　(1) 设(S)所围成的区域为(V). 由高斯公式可得

$$I=\iiint\limits_{(V)}3(x^2+y^2+z^2)\mathrm{d}V=3\int_0^{2\pi}\mathrm{d}\varphi\int_0^{\pi}\mathrm{d}\theta\int_0^R r^4\sin\theta\mathrm{d}r=\frac{12}{5}\pi R^5.$$

(2) 曲面(S)不是封闭的. 为应用高斯公式，我们首先补上 xOy 平面上的圆面(S_1)：$x^2+y^2=R^2$，其法线方向朝下. 由半球面(S)和圆面(S_1)所围成的区域记为(V_1). 显然地，区域(V_1)的边界法向量朝外. 应用高斯公式可得

$$\begin{aligned}I&=\iint\limits_{(S)\text{上}}[x^3\mathrm{d}y\wedge\mathrm{d}z+y^3\mathrm{d}z\wedge\mathrm{d}x+(z^3+x^2+y^2)\mathrm{d}x\wedge\mathrm{d}y]\\&=\iint\limits_{(S)\text{上}}[x^3\mathrm{d}y\wedge\mathrm{d}z+y^3\mathrm{d}z\wedge\mathrm{d}x+(z^3+x^2+y^2)\mathrm{d}x\wedge\mathrm{d}y]+\\&\quad\iint\limits_{(S_1)\text{下}}[x^3\mathrm{d}y\wedge\mathrm{d}z+y^3\mathrm{d}z\wedge\mathrm{d}x+(z^3+x^2+y^2)\mathrm{d}x\wedge\mathrm{d}y]-\\&\quad\iint\limits_{(S_1)\text{下}}[x^3\mathrm{d}y\wedge\mathrm{d}z+y^3\mathrm{d}z\wedge\mathrm{d}x+(z^3+x^2+y^2)\mathrm{d}x\wedge\mathrm{d}y]\\&=\iint\limits_{(S\cup S_1)\text{外}}[x^3\mathrm{d}y\wedge\mathrm{d}z+y^3\mathrm{d}z\wedge\mathrm{d}x+(z^3+x^2+y^2)\mathrm{d}x\wedge\mathrm{d}y]+\\&\quad\iint\limits_{(S_1)\text{上}}[x^3\mathrm{d}y\wedge\mathrm{d}z+y^3\mathrm{d}z\wedge\mathrm{d}x+(z^3+x^2+y^2)\mathrm{d}x\wedge\mathrm{d}y]\\&=\iiint\limits_{(V_1)}3(x^2+y^2+z^2)\mathrm{d}V+\iint\limits_{(S_1)}(x^2+y^2)\mathrm{d}\sigma=\frac{6}{5}\pi R^5+\frac{\pi R^4}{2}.\end{aligned}$$

在物理学中，高斯定理又被称为散度定理，下面我们从**散度**的角度来考察高斯定理，为此先介绍散度的定义.

定义 12.4.3　设 $\boldsymbol{F}$ 在$(\mathbf{V})$ $((V)\subset\mathbf{R}^3)$上是一连续向量场. 对任意点$M\in(V)$，设$(\Delta V)\subset(V)$是包含 M 的区域且(ΔS)是(ΔV)的向外的边界曲面. 若极限

$$\lim_{(\Delta V)\to M}\frac{\oiint\limits_{(\Delta S)}\boldsymbol{F}\cdot\mathrm{d}\boldsymbol{S}}{\Delta V}\tag{12.4.4}$$

存在，则此极限称为 $\boldsymbol{F}$ 在点 M 处的散度，记为 $\mathrm{div}\boldsymbol{F}(M)$.

物理中，$\boldsymbol{F}$ 在点 M 处的散度表示向量场 $\boldsymbol{F}$ 在点 M 处的通量密度.

若 $\boldsymbol{F}=(P(x,y,z),Q(x,y,z),R(x,y,z))$ 有连续的偏导数，则其散度可用一简单的公

式来表示.事实上,由高斯公式及积分中值定理可得

$$\begin{aligned}\mathrm{div}\boldsymbol{F}(M) &= \lim_{(\Delta V)\to M}\frac{1}{\Delta V}\oint\!\!\!\!\oint_{(\Delta S)}\boldsymbol{F}\cdot\mathrm{d}\boldsymbol{S}\\ &= \lim_{(\Delta V)\to M}\frac{1}{\Delta V}\iiint_{(\Delta V)}\left(\frac{\partial P}{\partial x}+\frac{\partial Q}{\partial y}+\frac{\partial R}{\partial z}\right)\mathrm{d}V\\ &= \lim_{M'\to M}\left(\frac{\partial P}{\partial x}+\frac{\partial Q}{\partial y}+\frac{\partial R}{\partial z}\right)\bigg|_{M}\\ &= \left(\frac{\partial P}{\partial x}+\frac{\partial Q}{\partial y}+\frac{\partial R}{\partial z}\right)\bigg|_{M'}\end{aligned}$$

即

$$\mathrm{div}\boldsymbol{F}=\frac{\partial P}{\partial x}+\frac{\partial Q}{\partial y}+\frac{\partial R}{\partial z}. \tag{12.4.5}$$

高斯公式可改写为

$$\iiint_{(V)}\mathrm{div}\boldsymbol{F}\mathrm{d}V=\oint\!\!\!\!\oint_{(S)}\boldsymbol{F}\cdot\mathrm{d}\boldsymbol{S}. \tag{12.4.6}$$

例 12.4.4 求由矢径 $\boldsymbol{r}=(x,y,z)$ 构成的向量场的散度.

解 根据散度的计算公式(12.4.5)有

$$\Delta\cdot\boldsymbol{r}=\frac{\partial x}{\partial x}+\frac{\partial y}{\partial y}+\frac{\partial z}{\partial z}=3.$$

例 12.4.5 在带电量为 q 的位于点 M_0 处的点电荷产生的电场中.(1)求电位移矢量 $\boldsymbol{D}$ 穿过以 M_0 为中心 R 为半径的球面(S)的电通量 Φ_e;(2)求 $\boldsymbol{D}$ 的散度.

解 众所周知,电位移矢量为

$$\boldsymbol{D}=\frac{q}{4\pi r^2}\boldsymbol{e}_r\ (r\neq 0),$$

其中 r 为 $M_0\neq 0$ 与任一点 M 的距离,$\boldsymbol{e}_r$是从点 M_0 指向点 M 的单位向量.

(1) 由于 $\boldsymbol{e}_r$可看作是球面(S)的法向量 $\boldsymbol{e}_n$,

$$\Phi_e=\oint\!\!\!\!\oint_{(S)}\boldsymbol{D}\cdot\mathrm{d}\boldsymbol{S}=\oint\!\!\!\!\oint_{(S)}\frac{q}{4\pi r^2}\boldsymbol{e}_r\cdot\boldsymbol{e}_n\mathrm{d}S=\frac{q}{4\pi R^2}\oint\!\!\!\!\oint_{(S)}\mathrm{d}\boldsymbol{S}=q.$$

这一结果表明在球面(S)的内部有一电量为 q 的点电荷.

(2) 将 $\boldsymbol{D}$ 先通过坐标标出在利用公式(12.4.5)求散度是十分烦琐的.但是,利用散度的运算法则 1°和 3°可得

$$\begin{aligned}\mathrm{div}\boldsymbol{D} &= \nabla\cdot\boldsymbol{D}=\nabla\cdot\left(\frac{q}{4\pi r^2}\boldsymbol{e}_r\right)=\frac{q}{4\pi}\nabla\cdot\left(\frac{1}{r^3}\boldsymbol{r}\right)\\ &= \frac{q}{4\pi}\left(\frac{1}{r^3}\nabla\cdot\boldsymbol{r}+\nabla\frac{1}{r^3}\cdot\boldsymbol{r}\right)(r\neq 0).\end{aligned}$$

由例 12.4.4 知$\nabla\cdot\boldsymbol{r}=3$,而

$$\nabla\frac{1}{r^3}=-3\frac{1}{r^4}\nabla r=-3\frac{1}{r^5}\boldsymbol{r},$$

因此

$$\Delta\cdot\boldsymbol{D}=\frac{q}{4\pi}\left(\frac{3}{r^3}-\frac{3}{r^5}\boldsymbol{r}\cdot\boldsymbol{r}\right)=\frac{q}{4\pi}\left(\frac{3}{r^3}-\frac{3}{r^3}\right)=0(r\neq 0).$$

习题 12.4

A

1. 应用高斯公式计算下列曲面积分：

(1) $\oiint\limits_{(S)}[xy\,\mathrm{d}y\wedge\mathrm{d}z+yz\,\mathrm{d}z\wedge\mathrm{d}x+zx\,\mathrm{d}x\wedge\mathrm{d}y]$,$(S)$是平面 $x=0,y=0,z=0$ 及 $x+y+z=1$ 所围成的四面体表面的外侧；

(2) $\oiint\limits_{(S)}[x^2\mathrm{d}y\wedge\mathrm{d}z+y^2\mathrm{d}z\wedge\mathrm{d}x+z^2\mathrm{d}x\wedge\mathrm{d}y]$,$(S)$ 是立方体 $0\leqslant x\leqslant a,0\leqslant y\leqslant a,0\leqslant z\leqslant a$ 表面的外侧；

(3) $\oiint\limits_{(S)}[x^3\mathrm{d}y\wedge\mathrm{d}z+y^3\mathrm{d}z\wedge\mathrm{d}x+z^3\mathrm{d}x\wedge\mathrm{d}y]$,$(S)$球面 $x^2+y^2+z^2=R^2$ 的外侧；

(4) $\oiint\limits_{(S)}[(x^2-2xy)\mathrm{d}y\wedge\mathrm{d}z+(y^2-2yz)\mathrm{d}z\wedge\mathrm{d}x+(1-2xz)\mathrm{d}x\wedge\mathrm{d}y]$,$(S)$是以原点为圆心 a 为半径的上半球面的上侧；

(5) $\oiint\limits_{(S)}[yz\,\mathrm{d}z\wedge\mathrm{d}x+(x^2+y^2)z\,\mathrm{d}x\wedge\mathrm{d}y]$,$(S)$ 是由 $z=x^2+y^2,x=0,y=0$ 及 $z=1$ 所围立方体在第一卦限内的边界表明的上侧；

(6) $\oiint\limits_{(S)}[x^2\cos\alpha+y^2\cos\beta+z^2\cos\gamma]\mathrm{d}S$,$(S)$ 是圆锥面 $x^2+y^2\leqslant z^2,0\leqslant z\leqslant h,\cos\alpha,\cos\beta,\cos\gamma$ 为曲面(S)的外法向量的方向余弦；

(7) $\iint\limits_{(S)}[x\mathrm{d}y\wedge\mathrm{d}z+y\mathrm{d}z\wedge\mathrm{d}x+(x+y+z+1)\mathrm{d}x\wedge\mathrm{d}y]$,$(S)$是半椭圆 $z=c\sqrt{1-\frac{x^2}{a^2}-\frac{y^2}{b^2}}$ $(a,b,c>0)$的上侧；

(8) $\iint\limits_{(S)}[4xz\,\mathrm{d}y\wedge\mathrm{d}z+2yz\,\mathrm{d}z\wedge\mathrm{d}x+(1-z^2)\mathrm{d}x\wedge\mathrm{d}y]$,其中$(S)$由曲线 $z=\mathrm{e}^y(0\leqslant y\leqslant a)$在 yOz 平面绕 z 轴旋转形成的旋转面的下侧.

2. 设 (S) 为上半球面 $x^2+y^2+z^2=a^2(z\geqslant 0)$，其法向量 $\boldsymbol{n}$ 与 z 轴正向的夹角为锐角. 求向量场 $\boldsymbol{r}=x\boldsymbol{i}+y\boldsymbol{j}+z\boldsymbol{k}$ 向 $\boldsymbol{n}$ 所指的一侧穿过 (S) 的通量.

3. 求下列向量场 $\boldsymbol{A}$ 在给定点的散度：

(1) $\boldsymbol{A}=x^3\boldsymbol{i}+y^3\boldsymbol{j}+z^3\boldsymbol{k}$ 在点 $M(1,0,-1)$；

(2) $\boldsymbol{A}=4x\boldsymbol{i}-2xy\boldsymbol{j}+z^2\boldsymbol{k}$ 在点 $M(1,1,3)$；

(3) $\boldsymbol{A}=xyz\boldsymbol{r}$ 在点 $M(1,2,3)$，其中 $\boldsymbol{r}=x\boldsymbol{i}+y\boldsymbol{j}+z\boldsymbol{k}$.

B

1. 设函数 $\boldsymbol{F}(x,y,z)=f\left(xy,\dfrac{x}{z},\dfrac{y}{z}\right)$ 有二阶连续偏导数. 求 $\mathrm{div}(\mathrm{grad}\boldsymbol{F})$.

2. 求 $\mathrm{div}(\mathrm{grad}\ f(r))$，其中 $r=\sqrt{x^2+y^2+z^2}$. 求 $f(r)$ 的值使得 $\mathrm{div}(\mathrm{grad}f(r)=0)$.

3. 设 (Σ) 任一光滑闭曲面且向量场 $\boldsymbol{F}$ 的各分量都具有连续一阶偏导数. 证明

$$\iint\limits_{(\Sigma)} \mathrm{rot}\boldsymbol{F}\cdot\boldsymbol{n}\mathrm{d}S=0,$$

其中 $\boldsymbol{n}$ 是 (Σ) 的法向量.

12.5 斯托克斯公式及其应用

高斯公式是格林公式在三维空间的推广，而格林公式还可从另一方面推广，就是将曲面 (S) 的曲面积分与沿着该曲面的边界闭合曲线 (C) 的曲线积分联系起来，这就是本节要介绍的斯托克斯公式.

12.5.1 斯托克斯公式

定理 12.5.1(斯托克斯公式). 设(S)是一分片光滑的有向曲面且其边界 (C) 是分段光滑的有向闭曲线，它们的正向符合右手螺旋法则. 并设函数 P,Q,R 在(S)上有连续偏导数. 则

$$\int_{(C)}[P\mathrm{d}x+Q\mathrm{d}y+R\mathrm{d}z]=\iint\limits_{(S)}\left[\left(\frac{\partial R}{\partial y}-\frac{\partial Q}{\partial z}\right)\mathrm{d}y\mathrm{d}z+\left(\frac{\partial P}{\partial z}-\frac{\partial R}{\partial x}\right)\mathrm{d}z\mathrm{d}x+\left(\frac{\partial Q}{\partial x}-\frac{\partial P}{\partial y}\right)\mathrm{d}x\mathrm{d}y\right]. \tag{12.5.1}$$

设 $\boldsymbol{F}=(P,Q,R)$. 则有

$$\left(\frac{\partial R}{\partial y}-\frac{\partial Q}{\partial z}\right)\boldsymbol{i}+\left(\frac{\partial P}{\partial z}-\frac{\partial R}{\partial x}\right)\boldsymbol{j}+\left(\frac{\partial Q}{\partial x}-\frac{\partial P}{\partial y}\right)\boldsymbol{k}=\begin{vmatrix}\boldsymbol{i} & \boldsymbol{j} & \boldsymbol{k}\\ \dfrac{\partial}{\partial x} & \dfrac{\partial}{\partial y} & \dfrac{\partial}{\partial z}\\ P & Q & R\end{vmatrix}=\Delta\times\boldsymbol{F}. \tag{12.5.2}$$

于是斯托克斯公式写成向量形式为

$$\oint_{(C)} \boldsymbol{F} \cdot \mathrm{d}\boldsymbol{r} = \iint_{(S)} (\Delta \times \boldsymbol{F}) \cdot \mathrm{d}\boldsymbol{S} = \iint_{(S)} (\Delta \times \boldsymbol{F}) \cdot \boldsymbol{n}\mathrm{d}S, \tag{12.5.3}$$

其中 $\boldsymbol{n}$ 有向曲面(S)的正单位法向量.

特别地，若 $\boldsymbol{F}$ 退化为平面向量场，即 $\boldsymbol{F}=(P,Q)$，斯托克斯公式将退化成格林公式(12.2.1).

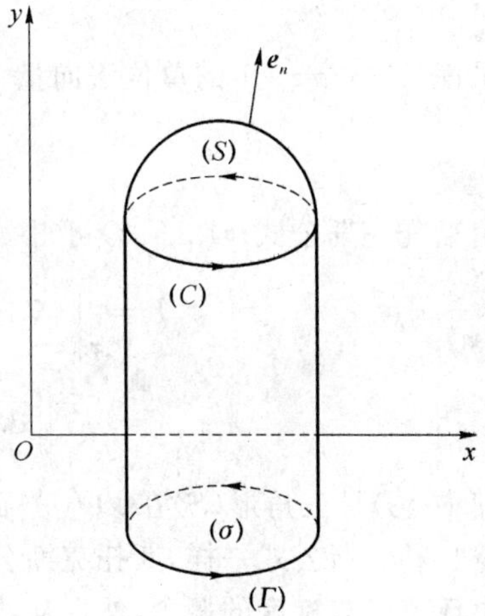

图 12.5.1

证明　公式(12.5.1) 里包含了涉及函数 P,Q 及 R 的三个积分. 这里只证明关于 P 的积分：

$$\oint_{(C)} P\mathrm{d}x = \iint_{(S)} \left[\frac{\partial P}{\partial z}\mathrm{d}z\mathrm{d}x - \frac{\partial P}{\partial y}\mathrm{d}x\mathrm{d}y\right] \tag{12.5.4}$$

我们只考虑特殊情况：曲线(S)的方程是一函数 $z=z(x,y)$，$(x,y)\in(\sigma)$. 此时(σ)的边界(Γ)恰好是曲面的边界在 xy 面的投影(C)，如图 12.5.1 所示. 此外，我们假设(S)的方向是向上的，则(C)的正方向就是(Γ)的正方向.

等式(12.5.4)的右边应用公式(12.3.8)可得

$$\iint_{(S)} \left[\frac{\partial P}{\partial z}\mathrm{d}z\mathrm{d}x - \frac{\partial P}{\partial y}\mathrm{d}x\mathrm{d}y\right] = -\iint_{(\sigma)} [P_z z_y(x,y) + P_y]\mathrm{d}xy,$$

其中 P 偏导数是在点$(x,y,z(x,y))$处求得的.

设(Γ)的参数方程为

$$x=x(t),y=y(t)\ (\alpha\leqslant t\leqslant\beta),$$

其中 t 的增加方向为(Γ)的正向，则(C)的参数方程为

$$x=x(t),y=y(t),z=z\ (x(t),y(t))\ (\alpha\leqslant t\leqslant\beta).$$

故有

$$\begin{aligned}\oint_{(C)} P(x,y,z)\mathrm{d}x &= \int_\alpha^\beta P(x(t),y(t),z(x(t),y(t)))\ x'(t)\mathrm{d}t \\ &= \oint_{(\Gamma)} P(x,y,z(x,y))\mathrm{d}x \\ &= -\iint_{(\sigma)} [P_y(x,y,z(x,y)) + P_z(x,y,z(x,y))z_y(x,y)]\mathrm{d}\sigma.\end{aligned}$$

因此式(12.5.4)成立.

例 12.5.2　计算 $I=\oint_{(C)} [z\mathrm{d}x + x\mathrm{d}y + y\mathrm{d}z]$，其中 (C)是平面 $x+y+z=1$ 被三个坐标平面所截称的三角形边界，其正向与平面 $x+y+z=1$ 的向上法向量构成右手系.

解　设 $\boldsymbol{F}=(z,x,y)$，则

$$\nabla\times\boldsymbol{F}=\begin{vmatrix}\boldsymbol{i}&\boldsymbol{j}&\boldsymbol{k}\\ \dfrac{\partial}{\partial x}&\dfrac{\partial}{\partial y}&\dfrac{\partial}{\partial z}\\ z&x&y\end{vmatrix}=\boldsymbol{i}+\boldsymbol{j}+\boldsymbol{k}.$$

平面 $x+y+z=1$ 的单位法向量为

$$\boldsymbol{n}=\left(\frac{1}{\sqrt{3}},\frac{1}{\sqrt{3}},\frac{1}{\sqrt{3}}\right).$$

由斯托克斯公式 (12.5.3)可得

$$\begin{aligned}I&=\iint\limits_{(S)}(\nabla\times\boldsymbol{F})\cdot\boldsymbol{n}\mathrm{d}S=\iint\limits_{(S)}(1,1,1)\cdot\left(\frac{1}{\sqrt{3}},\frac{1}{\sqrt{3}},\frac{1}{\sqrt{3}}\right)\mathrm{d}S\\&=\sqrt{3}\iint\limits_{(S)}\mathrm{d}S=\sqrt{3}\iint\limits_{(\sigma)}\sqrt{3}\,\mathrm{d}\sigma=\frac{3}{2},\end{aligned}$$

其中 (σ)是三角形(S)在 xOy 平面的投影区域.

和高斯公式一样,斯托克斯公式在物理学中有着重要的意义.下面,我们首先介绍物理中**环流量与旋度**的概念,然后从物理学角度来理解斯托克斯公式.

称曲线积分

$$\oint\limits_{(C)}\boldsymbol{F}(x,y,z)\cdot\mathrm{d}\boldsymbol{r}=\oint\limits_{(C)}[P(x,y,z)\mathrm{d}x+Q(x,y,z)\mathrm{d}y+R(x,y,z)\mathrm{d}z]$$

为向量场 $\boldsymbol{F}(x,y,z)$沿闭曲线(C)的**环流量**.我们称向量场

$$\left(\frac{\partial R}{\partial y}-\frac{\partial Q}{\partial z},\frac{\partial P}{\partial z}-\frac{\partial R}{\partial x},\frac{\partial Q}{\partial x}-\frac{\partial P}{\partial y}\right)$$

为向量场 $\boldsymbol{F}$ 的**旋度**,记为 $\mathrm{curl}\boldsymbol{F}$ 或 $\mathrm{rot}\boldsymbol{F}$. $\mathrm{curl}\boldsymbol{F}(M)$表示向量场 $\boldsymbol{F}$ 在点 M 处环流量密度:

$$\mathrm{rot}\boldsymbol{F}=\nabla\times\boldsymbol{F}=\begin{vmatrix}\boldsymbol{i}&\boldsymbol{j}&\boldsymbol{k}\\ \dfrac{\partial}{\partial x}&\dfrac{\partial}{\partial y}&\dfrac{\partial}{\partial z}\\ P&Q&R\end{vmatrix}=\left(\frac{\partial R}{\partial y}-\frac{\partial Q}{\partial z},\frac{\partial P}{\partial z}-\frac{\partial R}{\partial x},\frac{\partial Q}{\partial x}-\frac{\partial P}{\partial y}\right).\tag{12.5.5}$$

根据环流量定义,斯托克斯公式可写成如下形式:

$$\oint\limits_{(C)}\boldsymbol{F}\cdot\mathrm{d}\boldsymbol{r}=\iint\limits_{(S)}(\mathrm{rot})\boldsymbol{F}\cdot\mathrm{d}\boldsymbol{S}.\tag{12.5.6}$$

例 12.5.3 设一静电场是由一点电荷 q 产生的.求电场强度 $\boldsymbol{E}$ 的旋度.

解 我们知道

$$\boldsymbol{E}=\frac{q}{4\pi\varepsilon r^3}\boldsymbol{r}(r\neq0),$$

其中 $\boldsymbol{r}=(x,y,z)$ 且 $r=\|\boldsymbol{r}\|$.则

$$\mathrm{curl}\boldsymbol{E} = \nabla \times \boldsymbol{E} = \frac{q}{4\pi\varepsilon} \nabla \times \left(\frac{1}{r^3}\boldsymbol{r}\right)$$

$$= \frac{q}{4\pi\varepsilon}\begin{vmatrix} \boldsymbol{i} & \boldsymbol{j} & \boldsymbol{k} \\ \dfrac{\partial}{\partial x} & \dfrac{\partial}{\partial y} & \dfrac{\partial}{\partial z} \\ \dfrac{x}{r^3} & \dfrac{y}{r^3} & \dfrac{z}{r^3} \end{vmatrix} = (0,0,0).$$

12.5.2　*空间曲线积分与路径无关的条件

定义 12.5.4　考虑一空间区域$(G)\subseteq \mathbf{R}^3$. 若对$(G)$中的所有给定简单闭曲线$(C)$,我们总可以构造一完全包含在$(G)$中曲面$(S)$,其边界为$(C)$,则区域$(G)$称为**一维单连通区域**. 若对所有给定自身不相交的闭曲面$(S)\subset(G)$,曲面(S)围成的区域完全包含在(G)中,则称(G)为**二维单连通区域**.

定理 12.5.5　设(G)是一维单连通区域,并设$\boldsymbol{F}=(P,Q,R)\in C^{(1)}((G))$. 则以下四个命题是等价的:

1° $\boldsymbol{F}$ 是无旋场,即对(G)中的任一点总有

$$\frac{\partial R}{\partial y}=\frac{\partial Q}{\partial z},\frac{\partial P}{\partial z}=\frac{\partial R}{\partial x},\frac{\partial Q}{\partial x}=\frac{\partial P}{\partial y};$$

2° 沿(G)中的任意简单闭曲线(C)的环流量

$$\oint_{(C)} \boldsymbol{F}\cdot \mathrm{d}\boldsymbol{r} = \oint_{(C)} P\mathrm{d}x + Q\mathrm{d}y + R\mathrm{d}z = 0;$$

3° $\boldsymbol{F}$ 是保守场,曲线积分 $\int_{(C)} \boldsymbol{F}\cdot \mathrm{d}\boldsymbol{r}$ 在(G)中与路径无关;

4° $\boldsymbol{F}$ 是有势场,即 $P\mathrm{d}x+Q\mathrm{d}y+R\mathrm{d}z$ 是(G)内的某一函数的全微分.

例 12.5.6　验证 $\boldsymbol{F}=(x^2-y^2,y^2-2xy,z^2+2)$是有势场,并求其势函数.

解　因为

$$\mathrm{rot}\boldsymbol{F}=\nabla\times\boldsymbol{F}=\begin{vmatrix} \boldsymbol{i} & \boldsymbol{j} & \boldsymbol{k} \\ \dfrac{\partial}{\partial x} & \dfrac{\partial}{\partial y} & \dfrac{\partial}{\partial z} \\ x^2-y^2 & y^2-2xy & z^2+2 \end{vmatrix}=(0,0,0),$$

$\boldsymbol{F}$ 是一有势场.

正如平面曲线积分,对空间势场来说,我们选择一简单的路径通过计算空间曲线积分来求其势函数,我们也可以用偏积分来求势函数. 前者留给读者,我们现在介绍偏积分法.

求 $\boldsymbol{F}$ 的势函数即求函数 $u(x,y,z)$,满足:

$$\frac{\partial u}{\partial x}=x^2-y^2, \tag{12.5.7}$$

$$\frac{\partial u}{\partial y}=y^2-2xy, \tag{12.5.8}$$

$$\frac{\partial u}{\partial z}=z^2+2. \tag{12.5.9}$$

方程(12.5.7)两边对 x 积分，应注意积分常数可能含有变量 y 和 z. 得

$$u=\frac{1}{3}x^3-xy^2+\varphi(y,z). \tag{12.5.10}$$

对 y 取偏导数并与式(12.5.8)比较得

$$\frac{\partial u}{\partial y}=-2xy+\frac{\partial \varphi}{\partial y}=y^2-2xy,$$

故

$$\frac{\partial \varphi}{\partial y}=y^2.$$

上式两边对 y 积分得

$$\varphi(y,z)=\frac{1}{3}y^3+\psi(z).$$

代入式(12.5.10)得

$$u=\frac{1}{3}x^3-xy^2+\frac{1}{3}y^3+\psi(z).$$

取 u 对 z 的偏导数并与式(12.5.9)比较得

$$\frac{\partial u}{\partial z}=\frac{\partial \psi}{\partial z}=z^2+2,$$

故

$$\psi(z)=\frac{1}{3}z^3+2z+C.$$

因此 $\boldsymbol{F}$ 的势函数为

$$\begin{aligned} u &=\frac{1}{3}x^3-xy^2+\frac{1}{3}y^3+\frac{1}{3}z^3+2z+C \\ &=\frac{1}{3}(x^3+y^3+z^3)-xy^2+2z+C. \end{aligned}$$

习题 12.5

1. 应用斯托克斯公式计算下列曲线积分：

(1) $\oint\limits_{(C)}[y\mathrm{d}x+z\mathrm{d}y+x\mathrm{d}z]$，其中$(C)$ 是圆：$x^2+y^2+z^2=a^2$，$x+y+z=0$，其方向与平面 $x+y+z=0$ 的法向量，及 $\boldsymbol{n}=(1,1,1)$ 构成右手系；

(2) $\oint_{(C)}[y(z+1)\mathrm{d}x+z(x+1)\mathrm{d}y+x(y+1)\mathrm{d}z]$，其中$(C)$ $x^2+y^2+z^2=2(x+y)$与$x+y=2$的交线，方向为从原点$O(0,0,0)$看去的逆时针方向；

(3) $\oint_{(C)}[3y\mathrm{d}x-xz\mathrm{d}y+yz^2\mathrm{d}z]$，其中$(C)$是圆周：$x^2+y^2=2z$，$z=2$方向为从$z$轴正向看去的逆时针方向；

(4) $\oint_{(C)}[(z-y)\mathrm{d}x+(x-z)\mathrm{d}y+(y-x)\mathrm{d}z]$，其中$(C)$是三角形边界从点$(a,0,0)$穿过点$(0,a,0)$和$(0,0,a)$最后回到点$(a,0,0)$，$(a>0)$.

2. 求向量场$\boldsymbol{A}=(-y,x,c)$(c是常数)沿下列曲线的正方向的环流量：

(1) 圆周 $x^2+y^2=r^2$，$z=0$；

(2) 圆周 $(x-2)^2+y^2=R^2$，$z=0$.

3. 求向量场$\boldsymbol{A}=xyz(\boldsymbol{i}+\boldsymbol{j}+\boldsymbol{k})$在点$M(1,3,2)$处的旋度以及$\boldsymbol{A}$在点$M$沿方向$\boldsymbol{n}=\boldsymbol{i}+2\boldsymbol{j}+2\boldsymbol{k}$的环流密度.

4. 求下列各场的旋度：

(1) $\boldsymbol{A}=x^2\boldsymbol{i}+y^2\boldsymbol{j}+z^2\boldsymbol{k}$；

(2) $\boldsymbol{A}=yz\boldsymbol{i}+zx\boldsymbol{j}+xy\boldsymbol{k}$；

(3) $\boldsymbol{A}=\mathrm{e}^{xy}\boldsymbol{i}+\cos xy\boldsymbol{j}+\cos xz^2\boldsymbol{k}$ 在点$M(0,1,2)$处；

(4) $\boldsymbol{A}=(3x^2-2yz,y^3+yz^2,xyz-3xz^2)$在点$M(1,-2,2)$处.

5. 设$\boldsymbol{A}=3y\boldsymbol{i}+2z^2\boldsymbol{j}+xy\boldsymbol{k}$，$\boldsymbol{B}=x^2\boldsymbol{i}-4\boldsymbol{k}$，求 $\mathrm{rot}\boldsymbol{A}\times\boldsymbol{B}$.

6. 证明下列场为有势场并求其势函数：

(1) $\boldsymbol{A}=y\cos xy\boldsymbol{i}+x\cos xy\boldsymbol{j}+\sin z\boldsymbol{k}$；

(2) $\boldsymbol{A}=(2x\cos y-y^2\sin x)\boldsymbol{i}+(2y\cos x-x^2\sin y)\boldsymbol{j}+z\boldsymbol{k}$；

(3) $\boldsymbol{A}=2xyz^2\boldsymbol{i}+(x^2z^2+z\cos yz)\boldsymbol{j}+(2x^2yz+y\cos yz)\boldsymbol{k}$.

7. 求下列全微分的原函数：

(1) $\mathrm{d}u=(x^2-2yz)\mathrm{d}x+(y^2-2xz)\mathrm{d}y+(z^2-2xy)\mathrm{d}z$；

(2) $\mathrm{d}u=(3x^2-6xy^2)\mathrm{d}x+(6x^2y+4y^3)\mathrm{d}y$.

8. 证明全微分表达式$P\mathrm{d}x+Q\mathrm{d}y$的任意两个原函数仅仅相差一个常数.

9. 设(G)是一维简单连通域，$\boldsymbol{A}(M)=(P,Q,R)\in C^{(1)}((G))$. 证明 $\nabla\times\boldsymbol{A}(M)=0$，$\forall M\in(G)$，等价于$\oint_{(C)}\boldsymbol{A}\cdot\mathrm{d}\boldsymbol{s}=0$，其中$(C)$是$(G)$中任一分段光滑闭曲线.

10. 证明$\boldsymbol{A}=-2y\boldsymbol{i}-x\boldsymbol{j}$是一平面调和场，并求其势函数.

参考文献

［1］ C. B. Boyer. *Newton as an Originator of Polar Coordinates*. American Mathematical Monthly, 1949, 56: 73-78.

［2］ J. Coolidge. *The Origin of Polar Coordinates*. American Mathematical Monthly, 1952, 59: 78-85.

［3］ Z. Ma, M. Wang and F. Brauer. *Fundamentals of Advanced Mathematics*. Higher Education Press, 2005.

［4］ D. E. Smith. *History of Mathematics*, *Vol* Ⅱ. Boston: Ginn and Co., 1925, 324.

［5］ J. Stewart. *Calculus*. Higher Education Press, 2004.